\ 初心者から /

ちゃんとしたプロになる

Illustrator

基礎入

Illustrator 2021 対応!

NEW STANDARD FOR ILLUSTRATOR

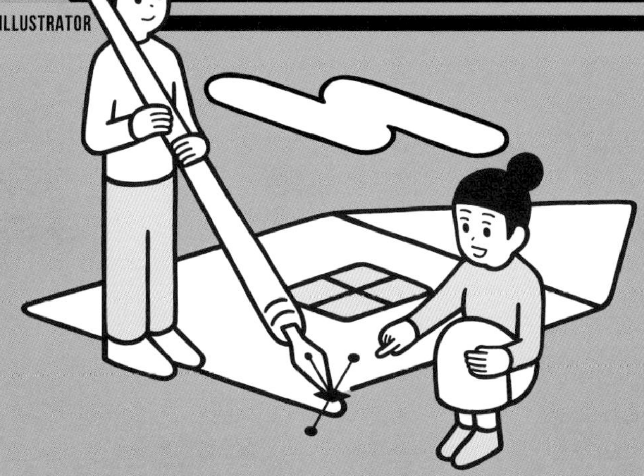

尾花 暁
高橋としゆき
樋口泰行
川端亜衣
五十嵐華子 共著

books.MdN.co.jp
MdN
エムディエヌコーポレーション

はじめに

Illustratorはさまざまな機能と用途をもつアプリケーションですが、最大の特徴は、ベクター形式のグラフィックを作成できる点です。一般に印刷物のデザインに使われることが多いものの、習熟すればPhotoshopよりも図形などが描きやすく、文字も扱いやすいことから、ビットマップ形式が一般的であるWebのグラフィック作成でも活用されています。

本書は、Illustratorの初学者の方に、「Illustratorを使いこなせる」と自信を持って言っていただくための一冊です。Illustratorの基本である「図形」「文字」「線と塗り」に関わる多くの機能を、ただ読むだけでなく、手を動かしながら学ぶことができます。さらに文字を縁取りしたり、図形を変形して動きをつけたり、パターンを作ったりと、多彩なデザインのアレンジ方法も身につけられます。いままでなんとなく使っていた方も、本書を読み通すことで「こうすればいいのか！」としっかり理解して操作できるようになります。

また、Illustratorのデータは「作って終わり」ではなく、最終的にWebに公開する画像にしたり、パッケージ化やPDFへの変換を行って印刷会社に入稿したりするケースが多いはずです。本書では、Web・印刷での納品データの書き出し方や注意点もフォローしているので、どちらの用途にもお役立ていただけます。

Illustratorは最初のバージョンのリリースから34年の年月を重ねており、いい意味で“枯れたソフトウェア”といえます。身につけたIllustratorのスキルは、ほかのソフトウェアのスキルと比べても長く役立つことになるはずです。ぜひ、本書でIllustratorの実力を養い、グラフィックデザインやイラスト制作を貴方の強みにしてください。

2021年4月
MdN編集部

Contents 目次

はじめに …… 3
本書の使い方 …… 8
サンプルのダウンロードデータについて …… 10

Lesson 1
Illustratorの基本 …… 11

01 Illustratorとは？ …… 12
02 Illustratorの画面構成 …… 15
03 ドキュメントとアートボード …… 24
04 環境設定 …… 26
05 オブジェクトについて …… 31
06 ベクターイメージとラスターイメージ …… 39
07 RGBとCMYK …… 41

Lesson 2
図形を描いてみよう …… 43

01 四角形や円形を描く …… 44
02 多角形や星型を描く …… 48
03 直線や自由な線を描く …… 50
04 図形の色、線の太さを変える（塗り・線の設定） …… 53
05 さまざまな矢印を描く …… 57
06 オブジェクトを変形する …… 62
07 ライブシェイプを使った編集 …… 66
08 オブジェクトの重なり順 …… 72
09 2つ以上の図形をきれいに揃える …… 76

Lesson 3

文字を入力してみよう …… 81

01 Illustratorで文字を入力するには？ …… 82
02 テキストを扱うために必要なもの …… 84
03 文字パネル・段落パネルについて …… 88
04 文字を入力する(ポイント文字) …… 94
05 書式設定を変更する(テキスト全体) …… 96
06 縦書き文字を入力する(ポイント文字) …… 99
07 文字ごとに異なる書式を設定する …… 101
08 範囲を決めて文字を入力する(エリア内テキスト) …… 103
09 パスに沿って文字を配置する …… 106
10 縦書き中の半角英数字の処理 …… 110
11 文字と文字の間隔を調整する …… 113
12 字形パネルについて …… 117
13 文字組みアキ量設定を変更して和欧間のアキを詰める …… 120

Lesson 4

線や塗りをアレンジしてみよう …… 127

01 線と塗りを理解する …… 128
02 アピアランスについて …… 130
03 グラフィックスタイルを使う …… 136
04 オブジェクトのカラーを設定する …… 139
05 スウォッチでカラーを効率的に管理する …… 142
06 ブラシを使ったフレームとリボン …… 146
07 淡いグラデーションを使ってロゴを配色する …… 152

08 3種の和柄パターンを作る …… 158
09 線幅ツールで線に強弱をつけたロゴ …… 166
10 描画モードで輝きと色収差風効果を演出 …… 172
11 再配色でカラーバリエーションを作る …… 178

Lesson 5
図形をアレンジしてみよう …… 183
01 ペンツールを使ってパスを描く …… 184
02 変形パネルを使う …… 189
03 図形を組み合わせてアイコンを作る …… 191
04 効果を組み合わせて作るエンブレム …… 200
05 シンボルを使って効率的にデザインを管理する …… 206
06 ワープ効果で凹凸のあるロゴを作る …… 214
07 ラフな形の円で画像をマスクする …… 220

Lesson 6
文字をアレンジしてみよう …… 227
01 文字の一部をアレンジしてロゴを作る …… 228
02 文字がランダムに配置されたロゴを作る …… 231
03 縁取りされた文字を作る …… 236
04 異なるフォントを組み合わせてタイトルを作る …… 239
05 縦書き文字をアレンジする …… 243

Lesson 7
納品データを作ってみよう …… 247
01 ショップカードを作る …… 248
02 A4チラシを作る …… 255
03 Webサイト用のバナーとサイズバリエーションを作成する …… 267

Lesson 8
知っておきたい便利な機能 …… 275
01 変形の繰り返し …… 276
02 共通項目でオブジェクトを選択 …… 278
03 フリーグラデーション …… 280
04 3D効果 …… 282
05 グラフ機能 …… 284
06 ライブペイント …… 287
07 シェイプ形成ツール …… 291
08 画像トレース …… 293
09 ラバーバンド …… 296
10 タブとインデント …… 297
11 個別に変形 …… 299
12 ロック・隠す …… 301
13 Adobe Fonts …… 303
14 ガイド …… 306
15 定規 …… 310
16 CCライブラリ …… 314

用語索引 …… 316
著者紹介 …… 319

本書の使い方

本書は、Illustratorを仕事で使えるようになることを目指している方を対象に、制作現場の実践的な操作技術や印刷データ制作の周辺知識を解説したものです。紙面の構成は以下のようになっています。

① 記事テーマ

記事番号とテーマタイトルを示しています。

② 解説文

記事テーマの解説。文中の重要部分は黄色のマーカーで示しています。

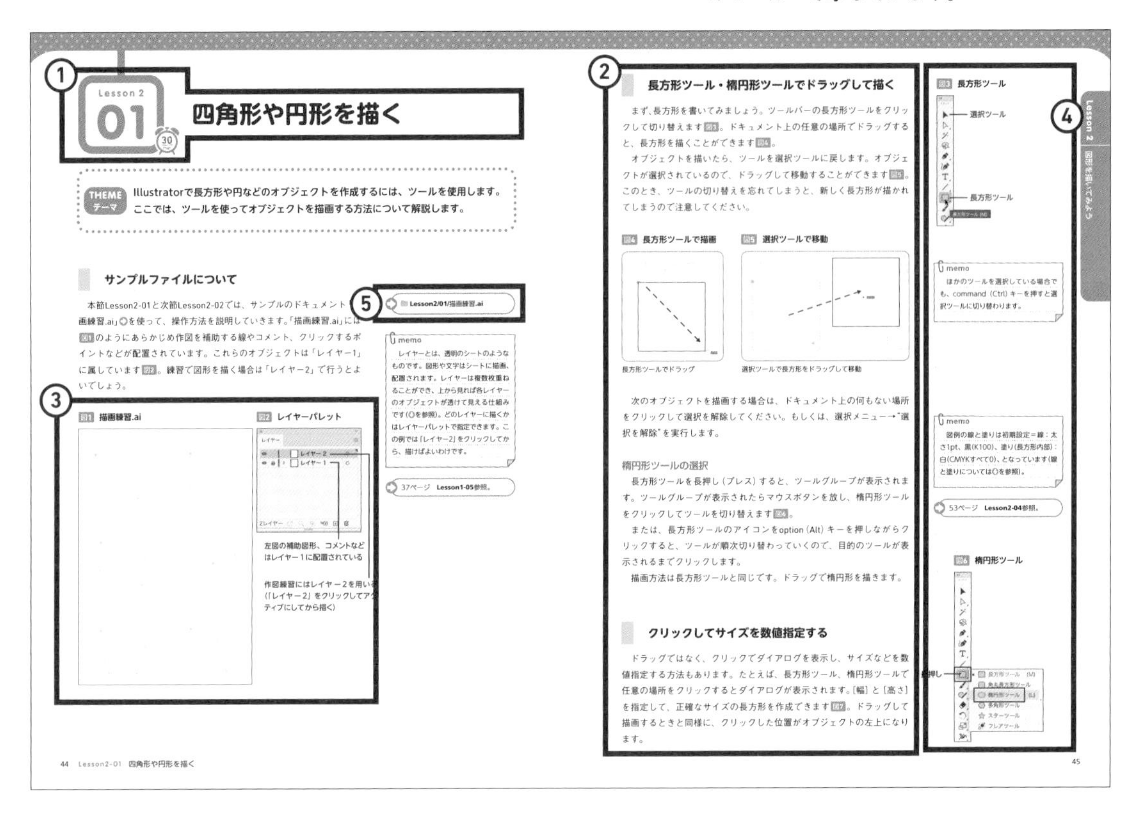

③ 図版

Illustratorのパネル類や作例画像などの図版を掲載しています。

⑤ サンプルファイル

学習用のダウンロードデータが収録されているフォルダ名、ファル名を示しています。

④ 側注

POINT 解説文の黄色マーカーに対応し、重要部分を詳しく掘り下げています。

memo 実制作で知っておくと役立つ内容を補足的に載せています。

WORD 用語説明。解説文の色つき文字と対応しています。

● メニューの表記

画面上部に表示されるIllustratorのメニューを、本書では「メニュー」、ないし「メニューバー」と表記しています。右図のようなメニュー内の項目を指す場合は、「オブジェクトメニュー→"変形"→"個別に変形..."」といった表記をしています。

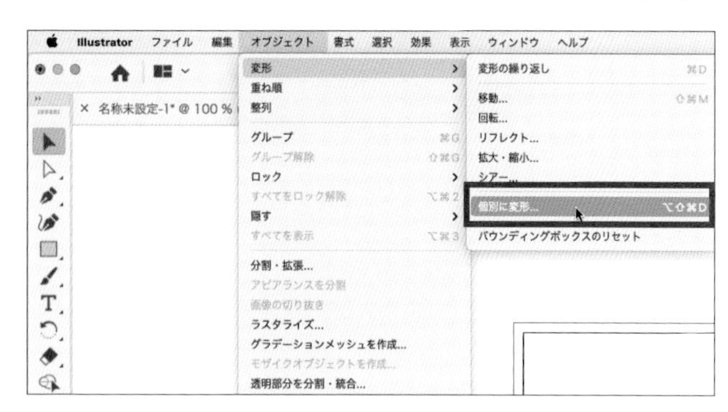

● MacとWindowsの違い

本書の内容はMacとWindowsの両OSに対応していますが、紙面の解説や画面はMacを基本にしています。MacとWindowsで操作キーが異なる場合は、Windowsの操作キーをoption（Alt）のように、（ ）で囲んで表記しています。また、Macの⌘キーはcommandキーと表記しています。

ショートカットキーの表記例

● command（Ctrl）キー
➡ **Mac**：command（⌘）キー
➡ **Win**：Ctrlキー

● command（Ctrl）+S
➡ **Mac**：command（⌘）キーとSキーを同時に押す
➡ **Win**：CtrlキーとSキーを同時に押す

● option（Alt）キー
➡ **Mac**：optionキー
➡ **Win**：Altキー

● option（Alt）+クリック
➡ **Mac**：optionキーを押しながらクリック
➡ **Win**：Altキーを押しながらクリック

サンプルのダウンロードデータについて

本書の解説で使用しているサンプルデータは、下記のURLからダウンロードしていただけます。

https://books.mdn.co.jp/down/3220303034/

数字

【注意事項】

・弊社Webサイトからダウンロードできるサンプルデータは、本書の解説内容をご理解いただくために、ご自身で試される場合にのみ使用できる参照用データです。その他の用途での使用や配布などは一切できませんので、あらかじめご了承ください。

・弊社Webサイトからダウンロードできるサンプルデータの著作権は、それぞれの制作者に帰属します。

・弊社Webサイトからダウンロードできるサンプルデータを実行した結果については、著者および株式会社エムディエヌコーポレーションは一切の責任を負いかねます。お客様の責任においてご利用ください。

Lesson 1

Illustratorの基本

最初のLessonでは、Illustratorの用途、画面の見方、基本的な操作方法などを解説します。最初に読んでいただくだけでなく、Lesson2以降で操作に迷った際などに読み返していただくと、より理解が深まります。

Illustratorとは？

Illustratorは、名称から「イラストを描くためのアプリケーション」と捉えられることもありますが、実際にはさまざまな用途で使用されるアプリケーションです。まずはIllustratorの概要と役割を知っておきましょう。

Illustratorってどんなアプリケーション？

Illustratorは、アドビシステムズ（以下アドビ）が開発・販売する**ベクターイメージ**編集ソフトです。ラスターデータを編集する一般的なペイント系アプリケーションと比較して、描画したデータが再編集しやすい特徴があります。このため、イラストだけでなく、ロゴや図版の制作、**DTP**データ（主にチラシやパッケージ）、Webのバナーやパーツの制作など、さまざまな用途で使用されています 図1 ～ 図6。

アドビが一番最初にリリースしたアプリケーションとして、1987年に最初のバージョンが発表されました。以来、バージョンアップを重ね、本書執筆時点での最新バージョンは2020年10月にリリースされた「2021（Ver.25）」です。歴史の長いアプリケーションだけあって、仕事の現場で使用されているバージョンはさまざまです。本書では最新バージョンを使用して解説していますが、バージョンごとに機能やインターフェイスに違いがあります。

古いバージョンでは使用できない機能があったり、コマンドを使用する手順が異なることがありますので、すでにIllustratorをお使いの方は、使用中のバージョンを確認しておくことをお勧めします。

WORD ベクター（形式）

直線、曲線、四角形、円など、図形の幾何学的データで表現する形式。拡大／縮小しても品質が落ちないことが特徴。

WORD DTP

DeskTop Publishingの略。書籍、雑誌、広告チラシなどのレイアウトをパソコン(机上＝デスクトップ)で行うこと。

図1 ロゴの作成

図形と文字の組み合わせ。Illustratorの得意とするところ

図2 文字の加工

文字はさまざまな加工ができる

図3 Webバナーの作成

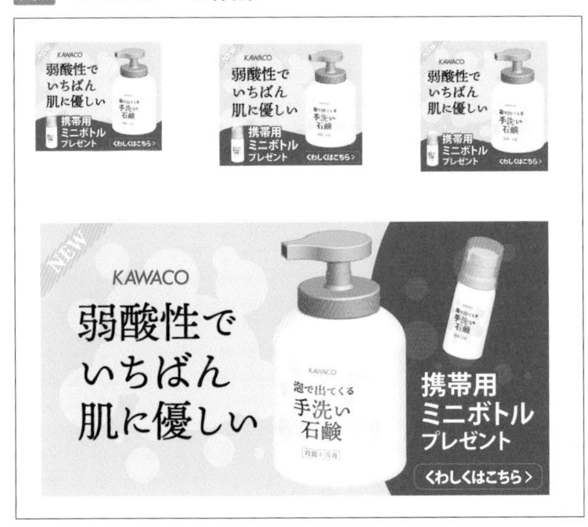

入稿先のフォーマットに応じてサイズをつくりわける

図4 DMはがきの作成

DMはがきの例。文字と図形を加工して印象づける

Illustratorを使用するために

現在、アドビからリリースされているアプリケーションはCreative Cloudというブランドから「サブスクリプション」として販売されています。これは、使用期間に応じて使用料を支払ってアプリケーションを利用する契約形態です。従来のような「買い切り型」では購入できません。

Creative Cloudでは新規にインストールできるバージョンは、最新バージョンと1つ前のバージョンの2つのみです。2021年3月現在では、2021（Ver25）と2020（Ver24）で、2021の対応OSバージョンはWindowsはWindows10（V1809以降）、macOSは10.14（Mojave）以降となっています。

図5 広告チラシの作成

タブによる書式設定、図形のマスクなど使った広告チラシの例

図6 さまざまなパーツを作成

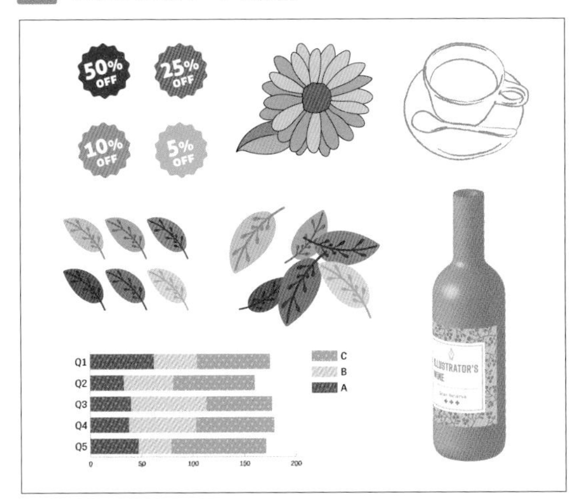

塗り、バリエーション、3D効果、画像トレース、グラフなど、多彩な機能でさまざまなパーツを作成

それ以外のOS、たとえばWIndows 8ではCreative Cloudをインストールすることはできません。また、スマートフォンやタブレット向けに「Illustrator」の名を冠したアプリケーションがリリースされていますが、これらは本書で解説するPC用のアプリケーションである「Illustrator」とはまったく異なるものですのでご注意ください。

各バージョンごとの新機能や動作環境などについての資料は、右memoのリンク先からPDFをダウンロードしてください。

Creative Cloudでは、IllustratorをインストールするOSは自由に選択できます。macOSとWindowsで機能は同じ(操作感もほぼ同じ)です。また、Illustratorのドキュメント(データ)についてもバージョンが同じであればmacOSとWindowsで互換性があります。

Illustratorをインストールするパソコンは、動作環境を満たすスペックであれば操作に問題ありません。Windows、macOSとも最新のOSが動作する環境であればインストール・動作ともに可能です。ただし、Illustrator(やAdobeのアプリケーション)をインストールするパソコンはできれば専用に用意したほうがよいでしょう。

memo

2020年9月、Appleのタブレット iPad向けにIllustrator iPad版がリリースされている。

https://www.adobe.com/jp/products/illustrator/ipad.html

memo

PDF&出力の手引き 2021 (Adobe Blog)

https://blog.adobe.com/jp/publish/2020/12/09/cc-design-printguide-2021.html

Adobe Fonts

レイアウトデータの作成にIllustratorを使う場合、ドキュメント内に文字を配置することがあります。その際、フォントが必要になります。パソコンにインストールされているフォントを使用することもできますが、Creative Cloudの契約では「Adobe Fonts」➡というフォントをダウンロードして追加でインストールできるサービスが付属しています。

さまざまなフォントを使用することでデザインの幅を拡げることができますが、ほかのユーザーが別のパソコンでドキュメントを開く場合、同じフォントがないとドキュメントを正しく開くことができません。複数のメンバーで作業する場合、Illustratorのバージョンとともに、パソコンの環境についても確認しておきましょう 図7。

➡ 84ページ **Lesson3-02**、303ページ **Lesson8-13**参照。

図7 ドキュメントに使用されているフォントやリンク画像に注意

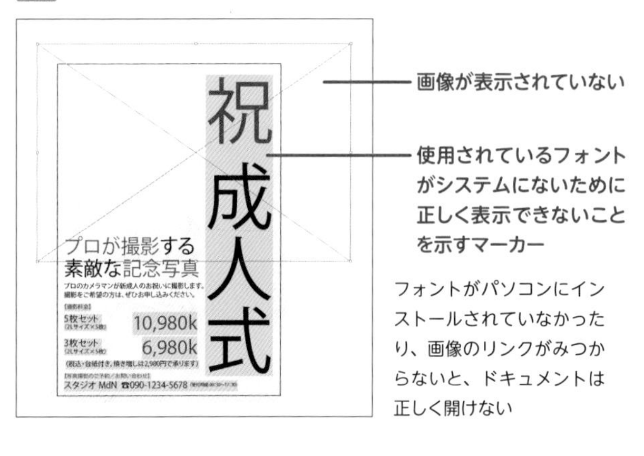

フォントがパソコンにインストールされていなかったり、画像のリンクがみつからないと、ドキュメントは正しく開けない

フォント、リンク画像が揃って正しく表示された状態

Illustratorの画面構成

Illustratorを起動すると「ホーム画面」が表示されます。ドキュメントを作成するか、既存のドキュメントを開くと作業用の画面「ワークスペース」が表示されます。

ホーム画面

「ホーム画面」図1 はドキュメントを開いていないときに表示されます。ホーム画面では、チュートリアル①②や新機能③などの情報にアクセスすることができます。また、[クラウドドキュメント] ④をクリックすることで Illustrator iPad 版との連携が可能になります。

ドキュメントを作成する際には [新規作成] ボタン⑤から作成します。[新規ファイルを作成] ⑥からもドキュメントを作成することができますが、こちらの使用はあまりお勧めできません。

memo

「学ぶ」①、「クラウドドキュメント」④を選択すると、次回の起動時にも選択された状態になります。ホームに戻したい場合は「ホーム」⑦を押して戻ってください。

図1 ホーム画面

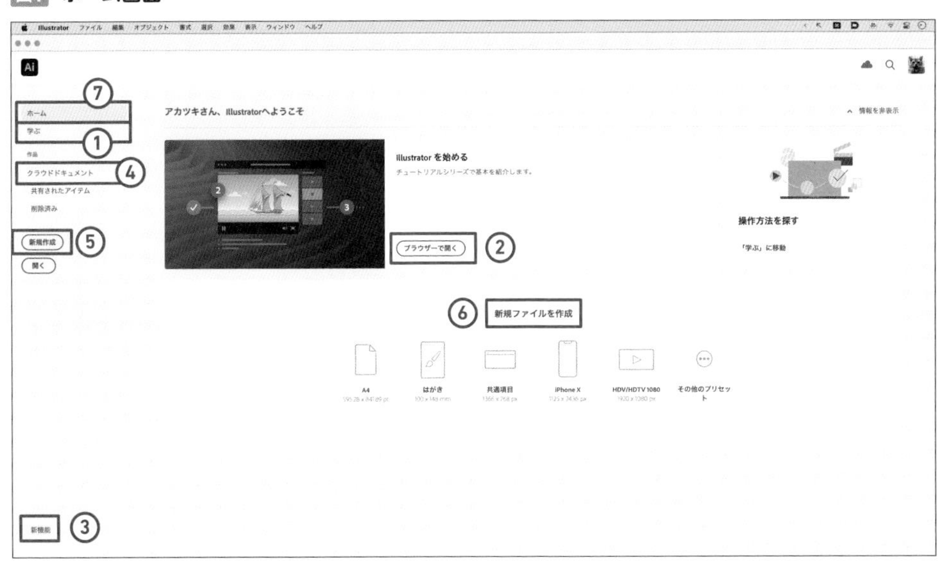

Illustratorのインターフェースは初期設定では暗いグレーベースですが、本書では図の見やすさを考慮して、明るいグレーベースに変更しています。インターフェースの変更方法については➡を参照してください。なお、暗いグレーベースのままでも表示内容は変わりません。

28ページ **Lesson1-04**参照。

［新規作成］ボタンをクリックすると「新規ドキュメント」ダイアログが表示されます 図2 。まず、ダイアログ上部①のメディアの種類から、作成したいメディアの種類を選択します。Webや印刷物など、目的のメディアを選択しないと、カラーモードや単位などの設定が不正確になってしまいます。画面は「印刷」を選択した状態です。

［空のドキュメントプリセット］②から、作成したい印刷物のサイズを選択します。［すべてのプリセットを表示］を選ぶと、さらの多くのドキュメントプリセットが表示されます。

ドキュメントプリセットにないサイズの印刷物を作成する場合は、ダイアログ右側の「プリセットの詳細」にある［幅］［高さ］③にサイズを入力します。

設定が完了したら［作成］ボタン⑤をクリックして新しいドキュメントを作成します。

memo

新規ドキュメントを作成する際、「アートボード」で複数のアートボードを作成できます。

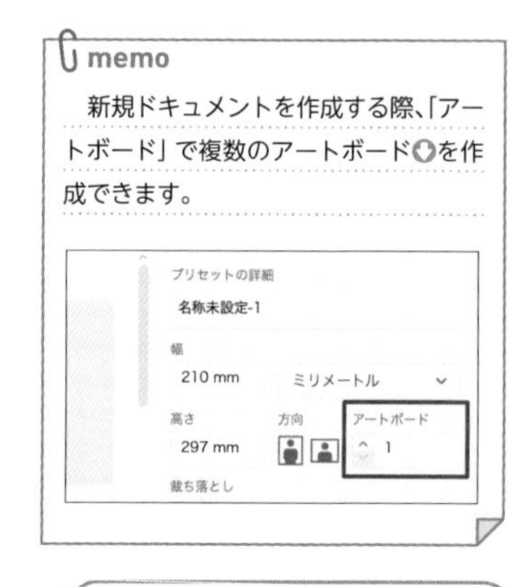

25ページ Lesson1-03参照。

図2 「新規ドキュメント」ダイアログ

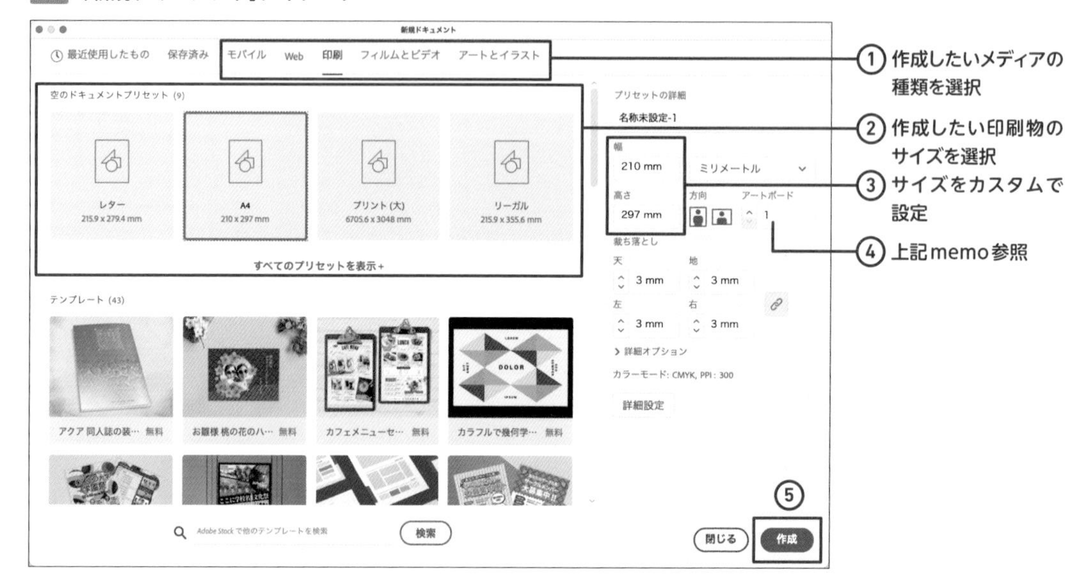

ワークスペースの構成

ドキュメントを新規作成するか、既存のドキュメントを開くと表示されるのが「ワークスペース」です（次ページ 図3 ）。

ワークスペースは、画面右上の［ワークスペースの切り替え］アイコン 図4 をクリックして表示されるメニュー（またはウィンドウメニュー→“ワークスペース”のサブメニュー）で管理できます。

メニューをプルダウンし、“Web”～“自動処理”のいずれかを選択するとパネルの配置が変更されます。“初期設定（クラシック）”を選んでみましょう。そうすると、画面右側のパネル配置が変更されます 図5 。

memo

ホーム画面を開いている場合、ホーム画面左上のIllustratorアイコンをクリックすると、ワークスペースを表示できます。

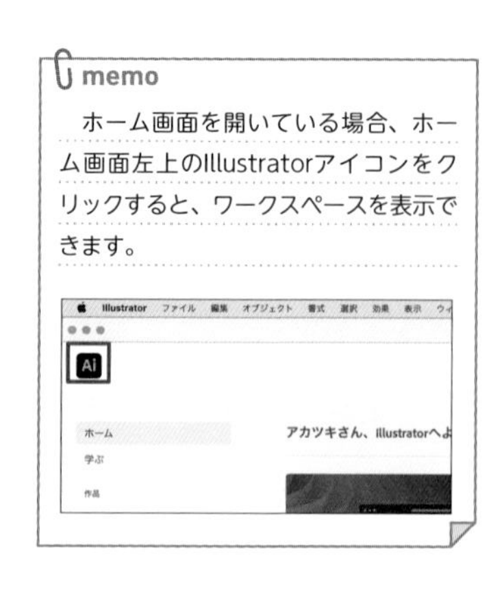

図3 新規ドキュメント(「初期設定」ワークスペース)の画面

図4 ワークスペースの選択

図5 「初期設定(クラシック)」ワークスペースの画面

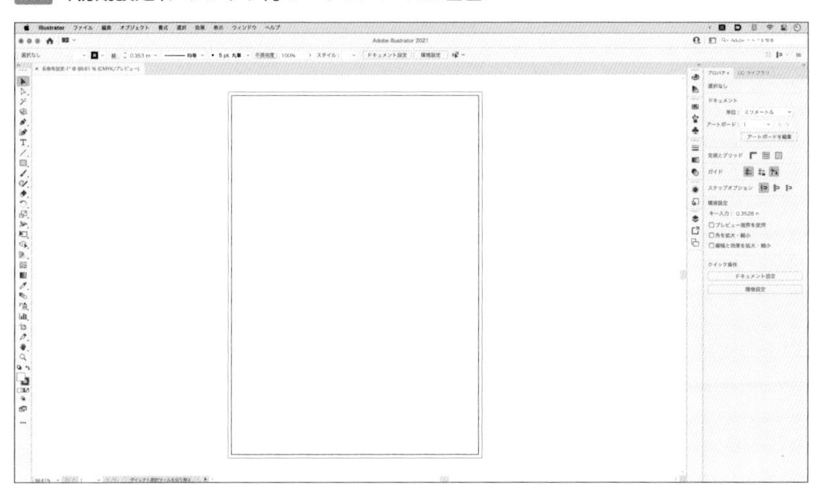

パネル配置などを変更したワークスペースを保存する

パネルの配置を好みの状態に整えて、[ワークスペースの切り替え]アイコンのメニュー 図4 から“新規ワークスペース...”を選択すると、カスタマイズしたワークスペースを保存することができます 図6。

ワークスペースに付ける名前はできるだけ簡単な名称にしましょう。ワークスペースを新たに保存する際、同じ名前を付けるとワークスペースを上書きできます 図7。簡単な名称にしておくことでカスタマイズしたワークスペースの更新がしやすくなります。

図6 ワークスペースの保存

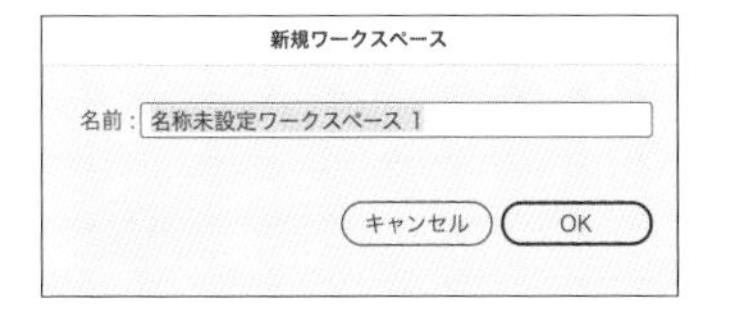

図7 同じ名称で上書き保存できる

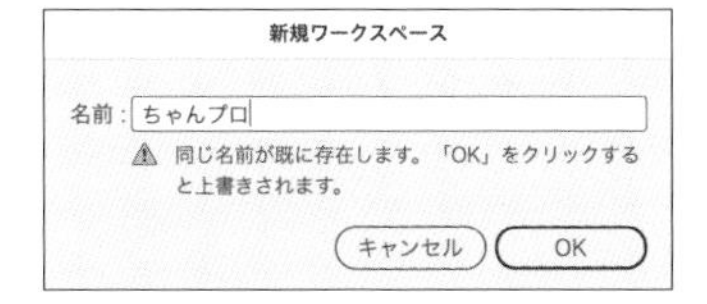

メニューバー

画面上部にあるのがメニューバーです 図8 。たとえば、ファイルメニューをクリックして開くプルダウンメニュー 図9 から“開く…”、“保存”などのコマンドを選択して実行します。本書では「ファイルメニュー→“開く…”を選択」というように記載しています。

コマンドのなかには、オブジェクトやテキストを選択していないと実行できないものがあります。これらはメニューをプルダウンした際、グレーアウトして表示されます。また、コマンド名の末尾に「…」があるコマンドは選択するとダイアログが表示されます。

図8 メニューバー

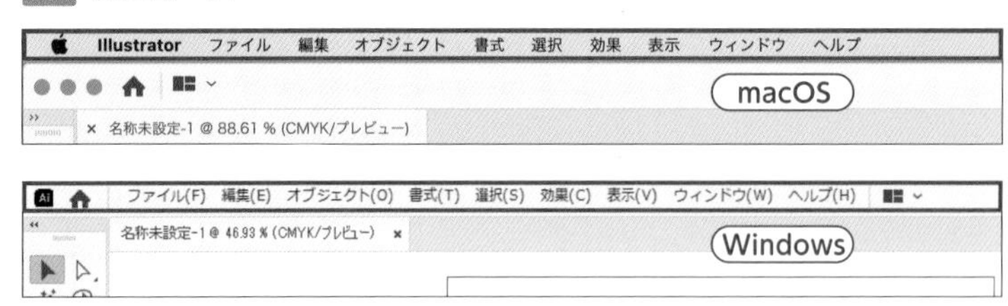

図9 メニューコマンド

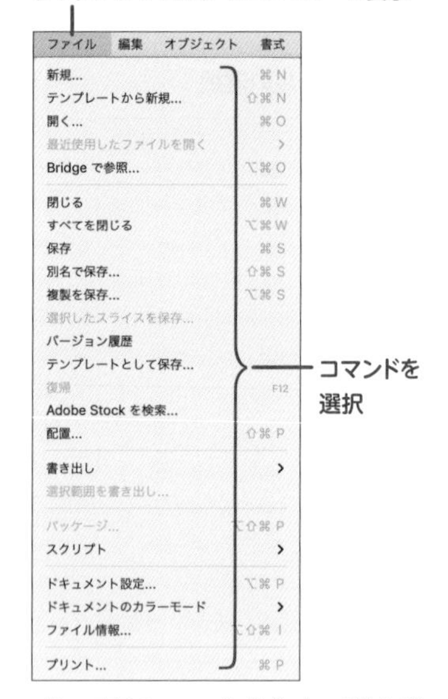

グレー表示のコマンド（“パッケージ” など）は実行不可のコマンド。どのコマンドが実行不可になるかは作業時の状況で変化する

ツールバー

画面左側にあるのがツールバーです 図10 。ツールバーには描画機能に関するツール（道具）が並んでいます。ツールバーの上部にある右矢印 » をクリックするとパネルの配置が2列になります 図11 。

ツールバーは「初期設定」ワークスペースでは「基本」、「初期設定（クラシック）」ワークスペースでは「詳細」となっており 図12 、表示されるツールの数が異なります。この設定もワークスペースに保存されます。

memo

ツールバーの「基本」と「詳細」はウィンドウメニュー→“ツールバー”→“基本”と“詳細”でも切り替えられます。

図10 ツールバー1列　図11 ツールバー2列

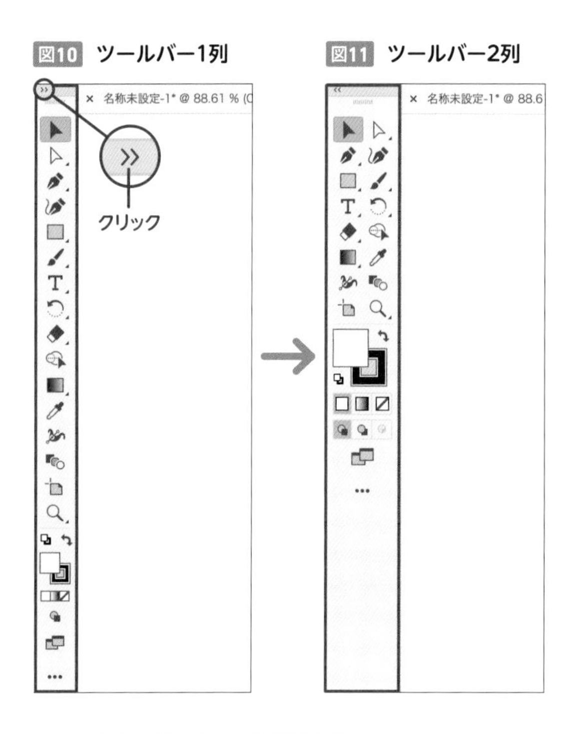

図12 ツールバーの基本と詳細

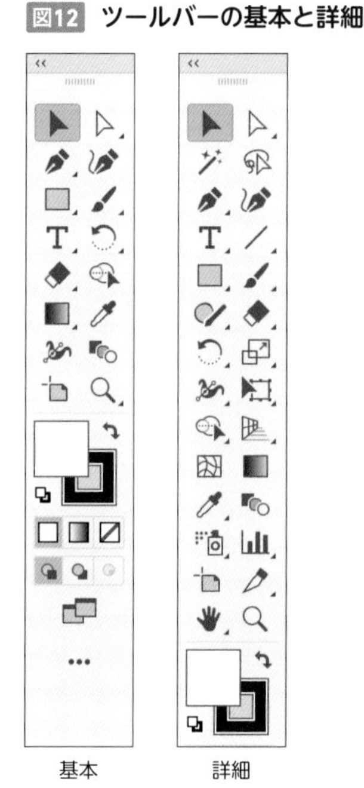

ツールを切り替えるにはアイコンをクリックします図13。ツールは自動的に切り替わらないので、操作ごとに必要なツールに切り替えます。

図13 ツールの選択

ツールアイコンの中には、右下に三角のマークがついているものがあります図14。こちらには、非表示のツールが格納されています。アイコンを長押しするとツールグループが表示されます。長押しを終了し、任意のツールまでカーソルを移動させてクリックすると、ツールを切り替えられます図15。

図14 右下に三角マークがついているツールアイコン

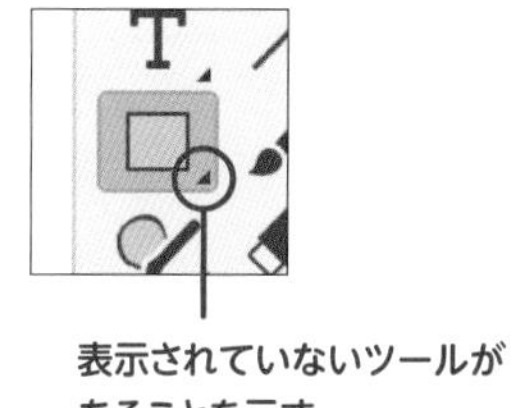

図15 表示されていないツールの選択

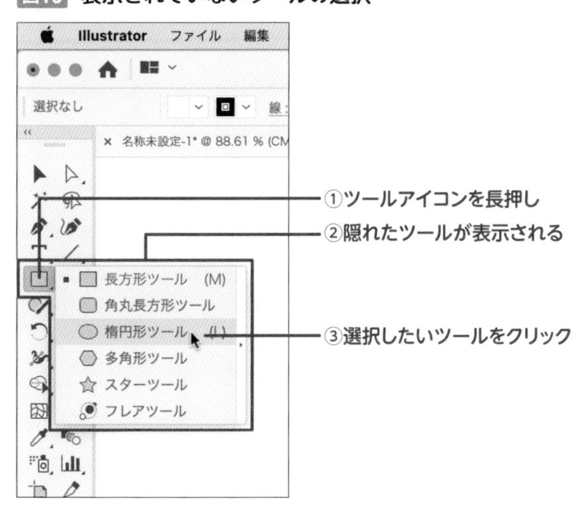

また、表示されたツールグループ右側の矢印をクリックするとフローティングパネルとなります図16。パネルを閉じるには☒ボタンをクリックします。

図16 非表示のツールをパネルに分離する

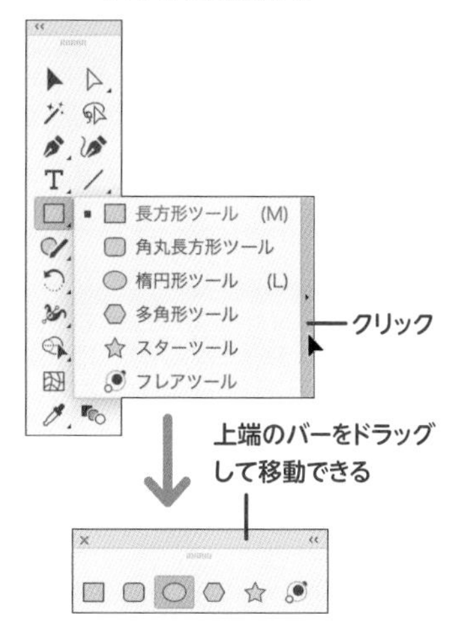

パネル

「初期設定」「初期設定（クラシック）」のワークスペースで、画面の右側にあるのは「プロパティパネル」です 図17。CC 2018から搭載されているパネルで、操作状況によって表示が切り替わります。従来のパネルとプロパティパネルでは役割や使い方が異なるので注意してください。

図17 「初期設定（クラシック）」ワークスペースのプロパティパネル

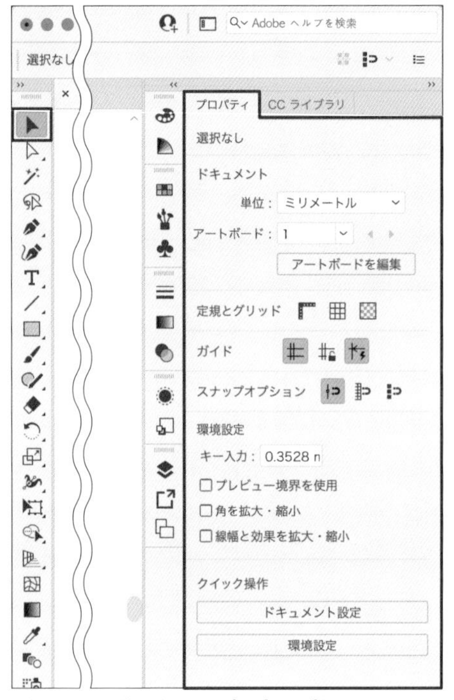

選択ツールを選択したときのプロパティパネル

状況によって表示項目が切り替わる

長方形ツールを選択したときのプロパティパネル

「初期設定（クラシック）」ワークスペースで、プロパティパネルの左側に縦に並んでいるアイコンはパネルです 図18。オブジェクトの色や線の太さを変更したり、テキストの書式を設定したりする際に使用します。パネルは色々な種類があり、それぞれ役割が決まっています。これらのパネルの表示項目は固定されています。

アイコンをクリックするとパネルが表示されます 図19。

図18 「初期設定（クラシック）」ワークスペースのパネル

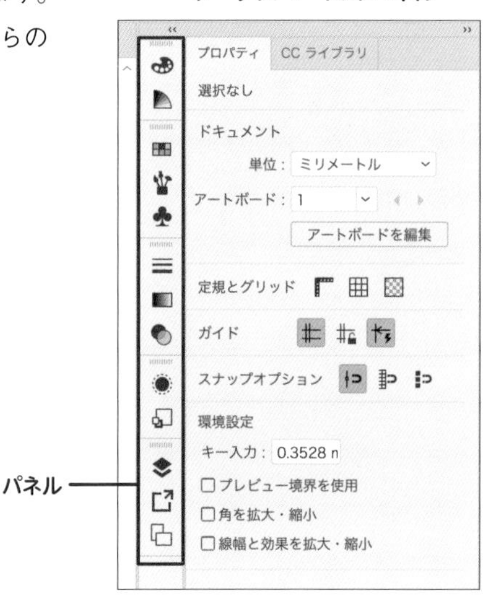

図19 パネル

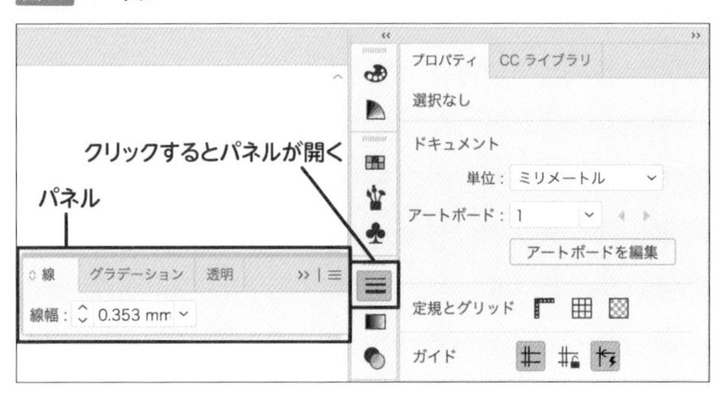

パネル名の先頭に◇が表示されているパネルはオプション項目の展開／折りたたみができます。◇をクリックするか、パネル右上のオプション≡から“オプションを表示”を選択すると、展開することができます図20。線パネルなどは作業でよく使用する設定項目が折りたたまれているので、使用するときにはパネルを展開して使用するとよいでしょう。

memo
パネルアイコンがなくても、ウィンドウメニューからパネル名を選択すれば表示できます。

図20 パネルの表示と展開

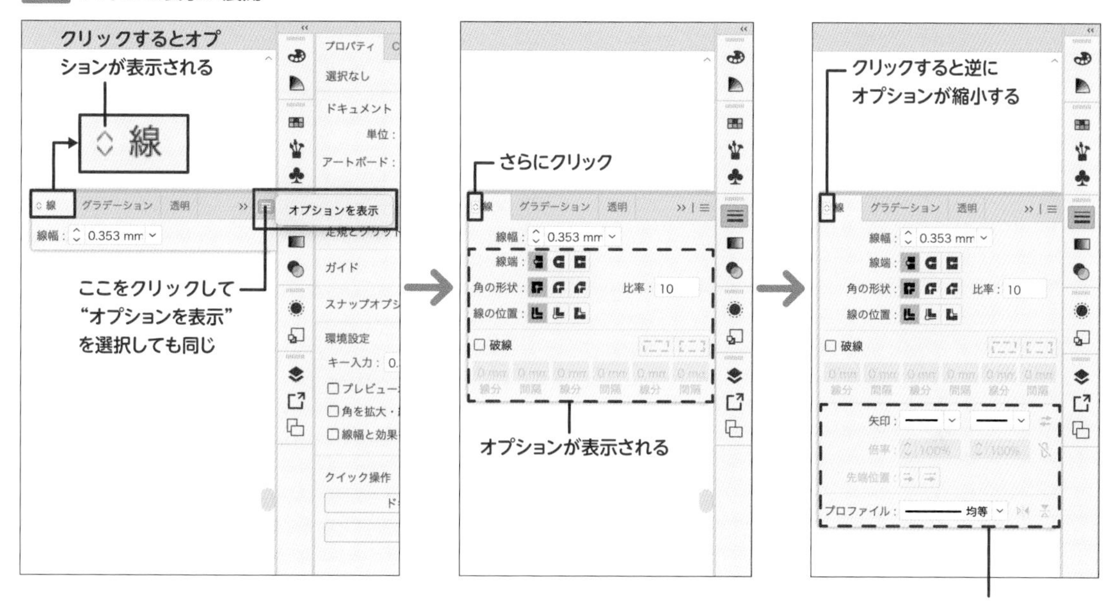

パネルの操作

パネル名が記載されているタブの部分をドラッグすると、パネルを自由に移動(フローティング)させることができます図21。

図21 フローティングパネルにする

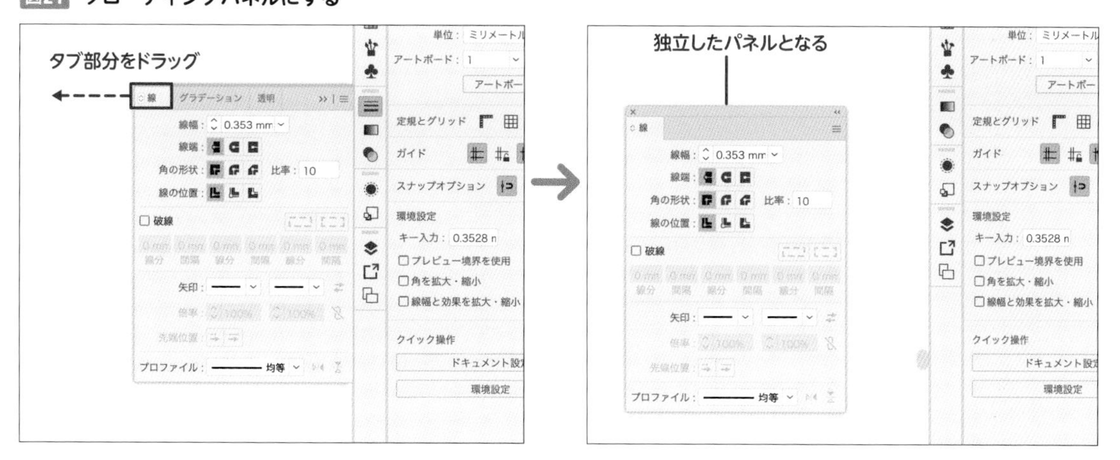

☒ をクリックするとパネルは閉じられます。再度表示させるにはウィンドウメニューからパネル名を選択します 図22。

パネルタブ右上の « をクリックするとパネルはアイコンパネル化されます 図23。

図23 パネルを閉じる／アイコン化する

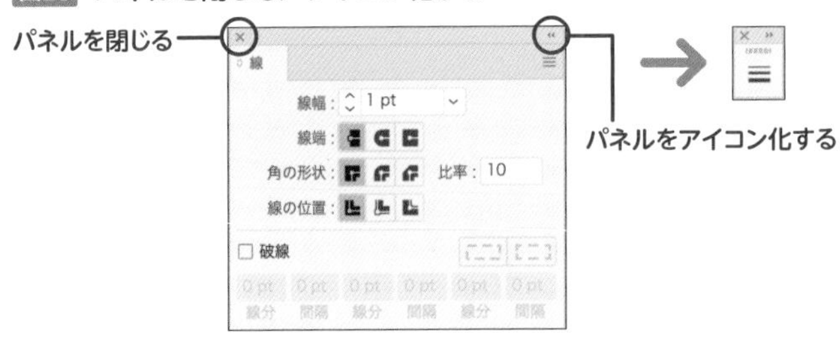

フローティングしたパネル同士をドッキングさせることもできます。パネルのタブをドラッグして、別のパネルの左右・下側にドラッグするとパネルをそれぞれドッキングさせることができます。

また、タブの部分にドラッグをするとタブとしてドッキングさせることができます 図24。

図24 パネルのドッキング

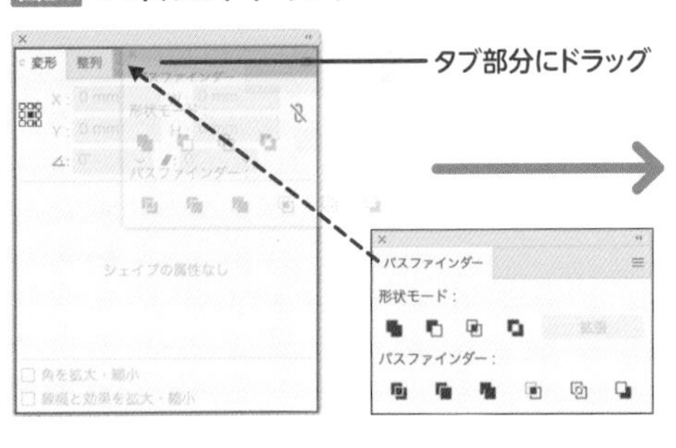

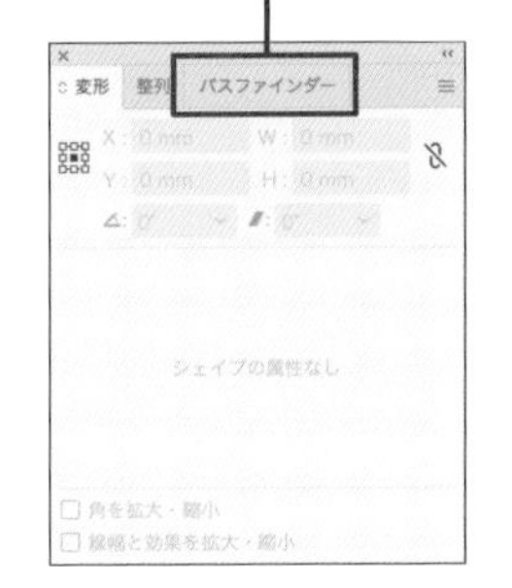

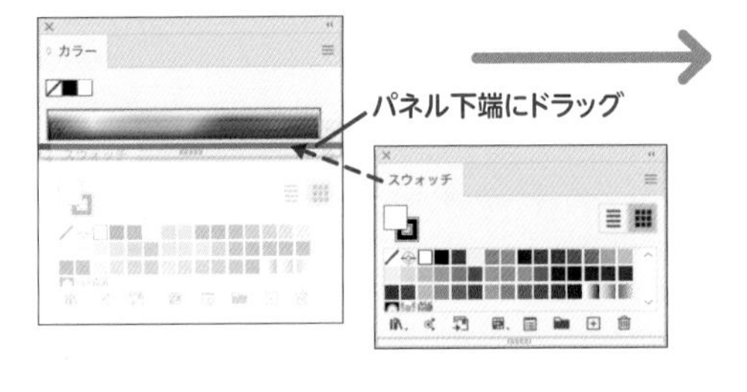

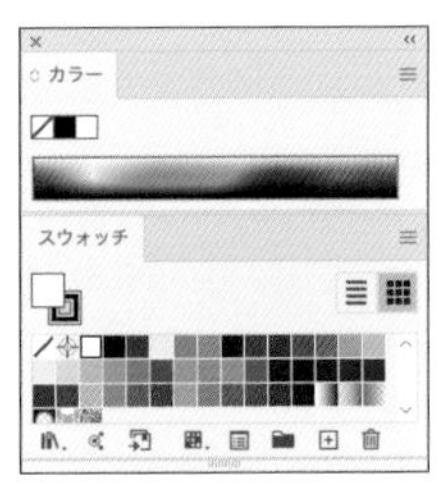

パネル下側にドッキング

パネルが散らばってきたら…

作業をすすめていくと、画面上にパネルが散乱して操作しづらくなってしまうことがあります。その場合、ウィンドウメニュー→“ワークスペース”→“(ワークスペース名) をリセット”を選ぶと、パネルの配置が元の状態に戻ります。パネルの配置が乱雑になってきたら、定期的にパネルの配置を初期状態に戻しましょう。

図22 ウィンドウメニュー

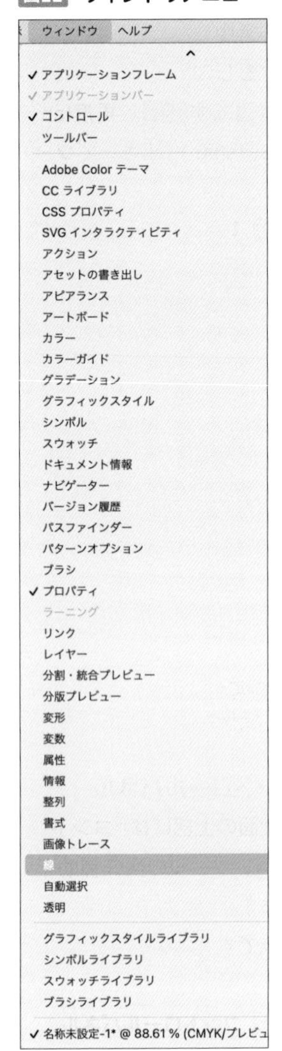

表示されていないパネルはウィンドウメニューから表示できる

memo

変形、整列、パスファインダー、文字、段落、OpenTypeなどのパネルは、表示メニューからパネルを呼び出すと、ドッキングされた状態で表示されます。

パネルが突然すべて消えてしまった！ときは

作業中に突然パネルがすべて消えてしまった、というようなことがあるかもしれません。この現象、じつはtabキーを誤って押してしまったのが原因です 図25 。再度tabキーを押せば元通りパネルが表示されます。なお、shift＋tabキーでツールバー以外の表示をオン／オフできます。

図25 tabキーを押すとすべてのパネルが非表示になる

「初期設定（クラシック）」ワークスペースでtabキーを押した状態。画面の両端に黒い帯が表示され、パネルが隠されていることを示す

コントロールパネル

画面の上部には「コントロールパネル」と呼ばれるパネルがあります 図26 。ツールの操作補助をするパネルで、操作状況に応じて表示が変わります。パネルを開かなくてもオブジェクトに対する設定を行うことも可能です。

> **POINT**
>
> 「初期設定」ワークスペースでは、コントロールパネルが非表示になっています。ウィンドウメニュー→"コントロール"で表示できます。または、ワークスペースを「初期設定（クラシック）」に切り替えて表示しましょう。

図26 コントロールパネル

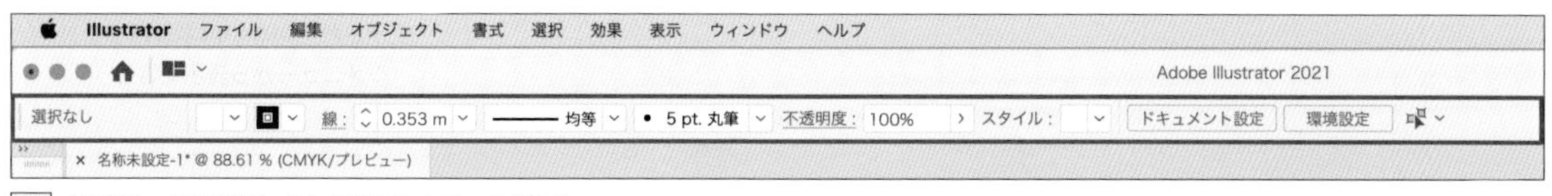

選択ツールを選択したときのコントロールパネル

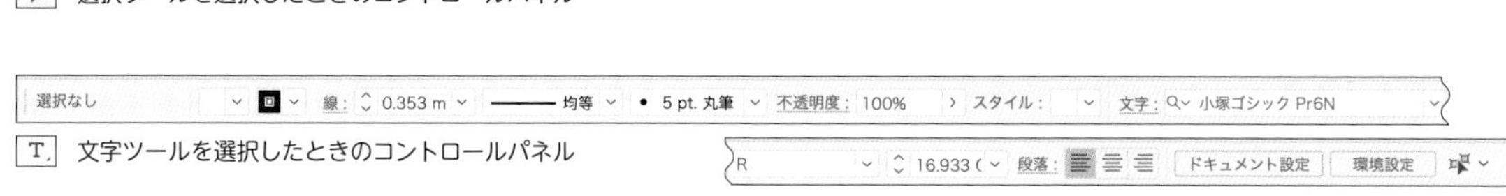

T. 文字ツールを選択したときのコントロールパネル

> **memo**
>
> プロパティパネルほどではありませんが、コントロールパネルもツールの選択状況によって一部表示が異なります。

アプリケーションウィンドウは最大化して使用する

macOSもWindowsも、標準設定ではアプリケーションが一つのウィンドウにまとめられた「アプリケーションウィンドウ」として起動します。ウィンドウのサイズが小さいと、Illustratorを操作するスペースも小さくなってしまいます。作業時はアプリケーションウィンドウを最大化して使用しましょう。

ドキュメントとアートボード

Illustratorのドキュメントは、1枚の大きな紙（キャンバス）のようなエリアを持っています。このドキュメントのなかで、印刷や書き出しのサイズを決めるのが「アートボード」です。

ドキュメントウィンドウ

ドキュメントウィンドウは初期状態ではタブで開かれます 図1 。ドキュメントウィンドウ内の黒い線で囲まれた部分がアートボード、赤い線の部分が裁ち落としエリアです。裁ち落としは、メディアの種類が［印刷］のときのみ設定されます。

16ページ Lesson1-02参照。

Illustratorのドキュメントエリアは大きなサイズになっており、その中から特定の場所をアートボードとして設定します。アートボードは複数設定することも可能です。

図1 ドキュメントウィンドウ

アートボード

アートボードは、印刷をしたり、Web用に画像を書き出したりする際の基準となるエリアです。ドキュメントを新規に作成する際に指定するサイズはすべてアートボードのサイズになります。アートボードは複数作成(マルチアートボード)することも可能です 図2 。

図2 はがきの表面・裏面をマルチアートボードで作成した例

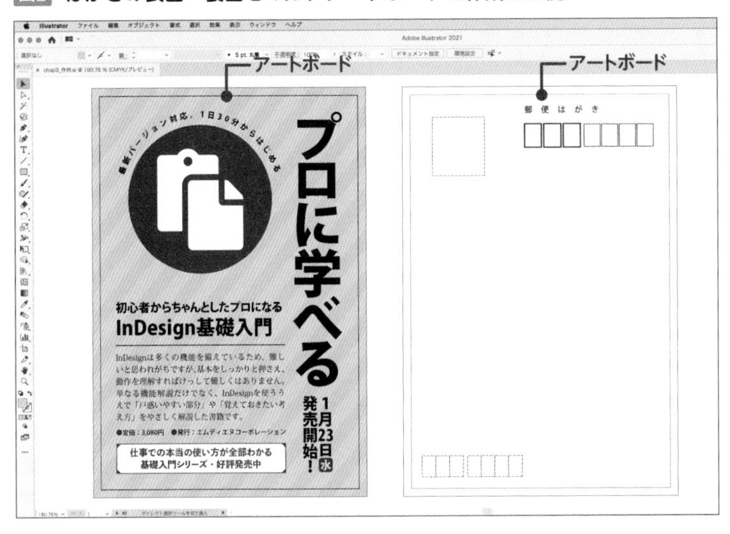

> **memo**
>
> アートボードの外側に置いたオブジェクトは、印刷や書き出しが行われません。パーツの置き場として使用することも可能ですが、不要なオブジェクトが多くなるとIllustratorの動作が重たくなることがあります。あまり多くなりすぎないように気をつけてください。

ドキュメント内に複数のアートボードを作成する方法はいくつかあります。作業中のドキュメントにアートボードを追加するには、ツールバーからアートボードツールを選択し 図3 ①、プロパティパネルまたはコントロールパネルの「新規アートボード」ボタン②④をクリックします。追加されるアートボードのサイズは、ドキュメントにあるアートボードのサイズと同じです。

> **memo**
>
> 複数のアートボードの位置を調整するには、プロパティパネルまたはコントロールパネルの「すべて再配置」ボタン 図3 ③⑤をクリックし、表示されるダイアログで設定します。
>
> 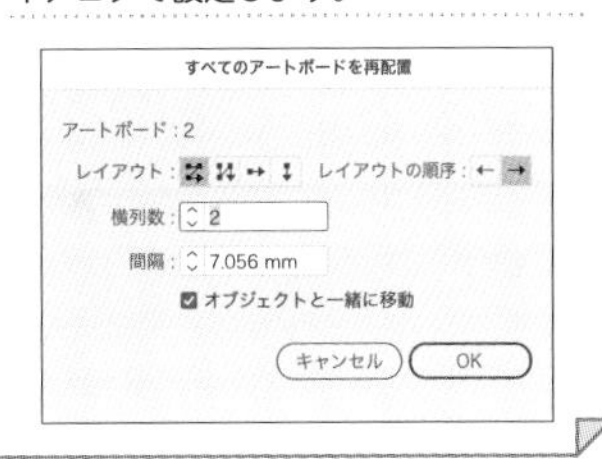
>

図3 アートボードの追加・編集

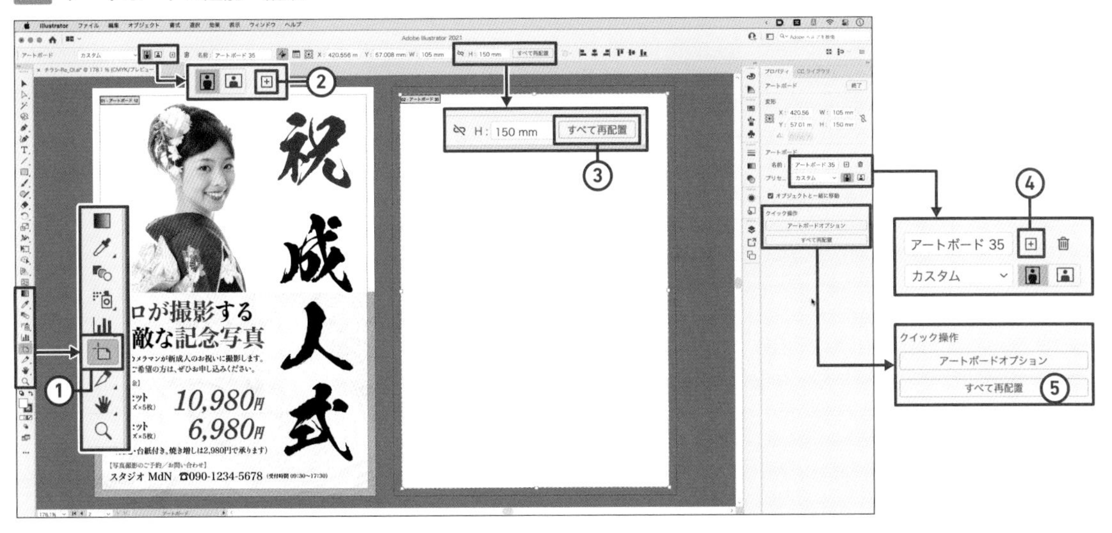

環境設定

Illustratorでの作業を始める前に、環境設定を確認しましょう。環境設定の設定内容によっては作業結果が異なることがあるので必要に応じて設定を変更します。

環境設定の変更

環境設定はIllustratorメニュー（Windowsでは編集メニュー）→“環境設定...”で行います。本書では大きく変更せず、最低限の変更と覚えておきたい項目などについて解説します。

[一般]

図1 「環境設定」ダイアログ→[一般]

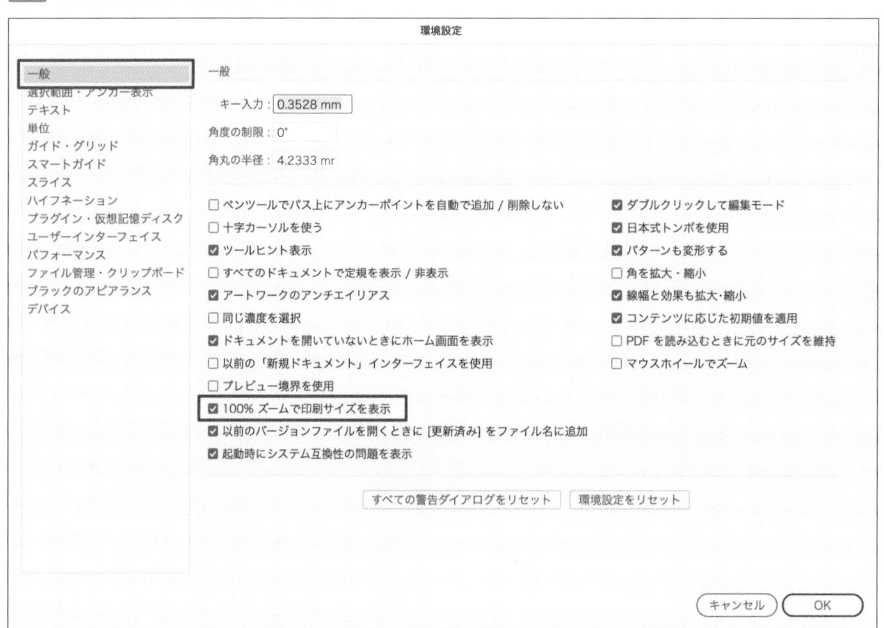

[100%ズームで印刷サイズを表示]（デフォルト：オン／推奨：オン）

表示メニュー→“100%表示”を選択すると、アートボードの表示サイズが実際の用紙サイズに一致します。CC2019から搭載された機能で、印刷物を作成する際には必須の項目です。

[選択範囲・アンカー表示]

図2 「環境設定」ダイアログ→[選択範囲・アンカー表示]

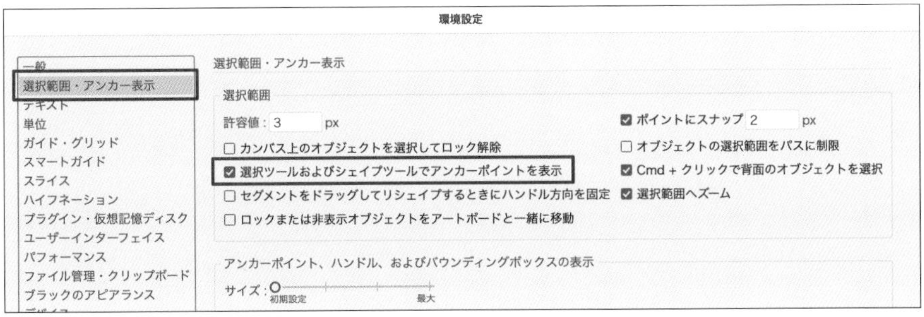

[選択ツールおよびシェイプツールでアンカーポイントを表示]（デフォルト：オフ／推奨：オン）

選択ツールでオブジェクトを選択した際、アンカーポイントを表示させます。

[テキスト]

図3 「環境設定」ダイアログ→[テキスト]

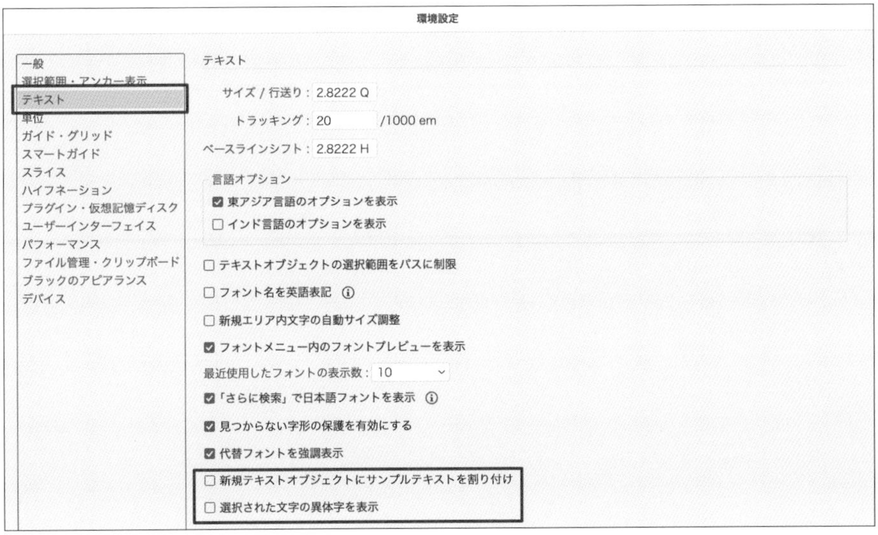

[新規テキストオブジェクトにサンプルテキストを割り付け]（デフォルト：オン／推奨：オフ）

文字ツールでテキストを入力する際に、サンプルテキストを入力する設定です。サンプルの文字が入力されるため、事前に書式設定を確認できる便利な面もありますが、意図せず不要な文字が入力されることもあるので、必要がなければオフにしておくとよいでしょう。

「選択された文字の異体字を表示」（デフォルト：オン／推奨：オフ）

入力した文字を選択すると、記号などの異体字がポップアップ表示されるようになります。これも誤って選択してしまうと、意図せず文字が置き換わってしまいますので、オフにしておくことをお勧めします。

[単位]

図4 「環境設定」ダイアログ→[単位]

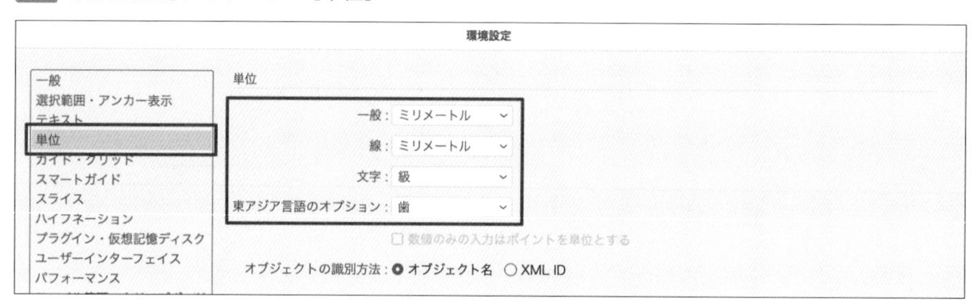

Illustratorを使用する用途によって以下のように単位を変更します。

- **印刷物を作成する場合**
  [一般]：ミリ
  [線]：ミリまたはポイント
  [文字]：級またはポイント
  [東アジア言語のオプション]：歯またはポイント
- **Web用コンテンツを作成する場合**
  すべてをピクセル

[ユーザーインターフェイス]

図5 「環境設定」ダイアログ→[ユーザーインターフェイス]

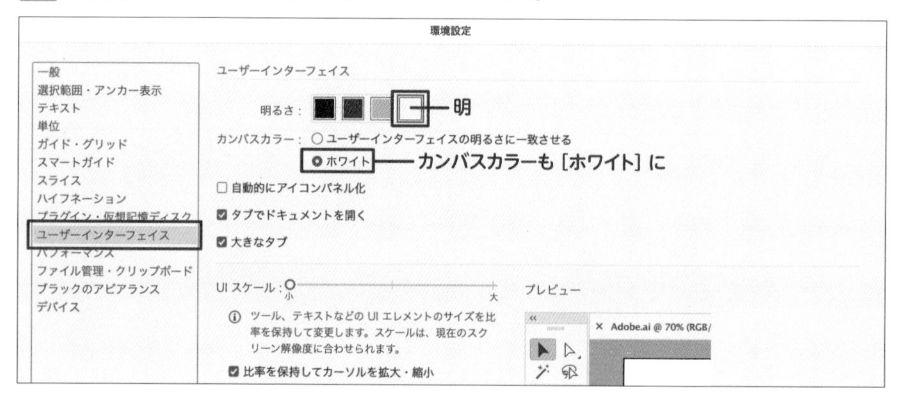

[明るさ]：(デフォルト：「暗」／本書の設定「明」)
[カンバスカラー]：(デフォルト：[ユーザーインターフェイスの明るさに一致させる]／本書の設定：[ホワイト])

アプリケーションの外観の明るさを変更します。本書の画面表示はすべて「明」の状態でキャプチャしています。明るさは作業や好みに応じて変更できますが、明るいほうが視認性が高いので、慣れるまでは「明」に設定しておくとよいでしょう。

[パフォーマンス]

図6 「環境設定」ダイアログ→[パフォーマンス]

[アニメーションズーム](デフォルト:オン/推奨:オフ)

「ズーム」ツールを使用する際、マウスボタンを押し続けるとズーム(拡大)されます。また、右にドラッグすると拡大表示、左にドラッグすると縮小表示されます。

オフにすると、旧来のAdobeアプリケーションと同じ挙動になります。この場合は、クリックして拡大、ドラッグして選択した範囲を拡大表示となります。推奨はオフですが、使いやすい設定でかまいません。

memo

「リアルタイムの描画と編集」はデフォルトでオンになっていますが、作業中に描画が乱れることがあります。その場合はチェックを外してオフにしてみてください。

[ファイル管理・クリップボード]

図7 「環境設定」ダイアログ→[ファイル管理・クリップボード]

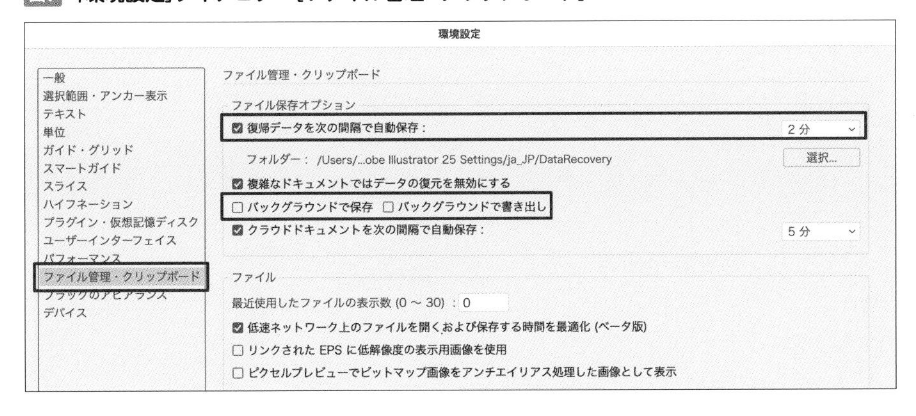

[復帰データを次の間隔で自動保存]

CC 2015からIllustratorにも自動保存の機能が搭載されました。ただし、指定した間隔で自動保存が実行される機能で、クラッシュ時のリアルタイム復元機能ではありません。また「複雑なドキュメント」では自動保存が無効になるので、この機能を過信せず、こまめな保存を心がけましょう。

[バックグラウンドで保存]（デフォルト：オン／推奨：オフ）
[バックグラウンドで書き出し]（デフォルト：オン／推奨：オフ）

ドキュメントの保存や書き出しをする際にも作業が続行できるよう、バックグラウンドで書き出し保存する機能です。ただし、これらの機能は不具合が報告されていたり、作業中の動作が重たくなってしまうため、使用はお勧めできません。

[ブラックのアピアランス]

図8 「環境設定」ダイアログ→[ファイル管理・クリップボード]

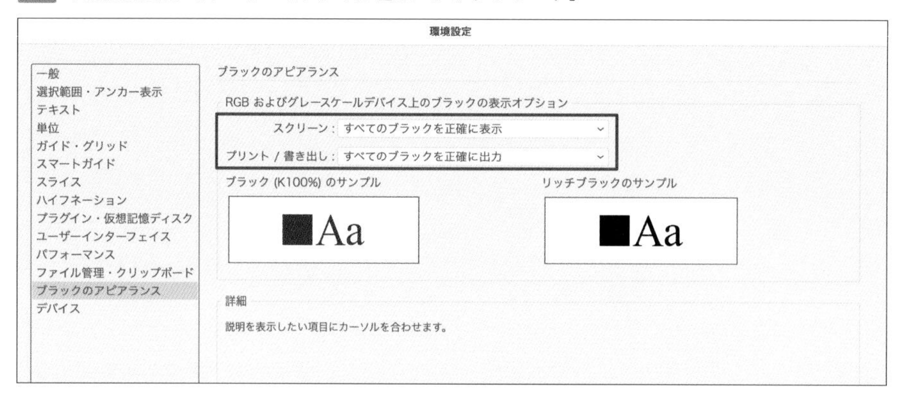

[スクリーン]：すべてのブラックを正確に表示（デフォルト：リッチブラックとして表示）
[プリント／書き出し]：すべてのブラックを正確に出力（デフォルト：リッチブラックとして出力）

Illustratorで印刷物を作成する場合には、ブラックのアピアランスの表示オプションは、ともに「正確に表示」・「正確に出力」に変更します。これらは画面の表示、プリントアウト時に黒を正しく表示・出力するように設定する機能です。

環境設定を変更したらIllustratorを再起動

環境設定を変更したら、必ずIllustratorを再起動させてください。環境設定はIllustratorの終了時に設定ファイルが保存されます。作業中にIllustratorがクラッシュした場合、環境設定は保存されませんので注意してください。

オブジェクトについて

THEME テーマ Illustratorのオブジェクトにはさまざまな種類があります。ここでは、オブジェクトの種類と選択した際に表示・使用できる機能について解説します。

オブジェクトについて

Illustratorのデータを構成する一つひとつのパーツを「オブジェクト」といいます。オブジェクトには大きくわけて以下の3種類があります。

- **パスオブジェクト** 図1 ：アンカーポイント（点）とパス（線）で構成されるオブジェクト
- **テキストオブジェクト** 図2 ：テキスト（文字）を入力して作成するオブジェクト
- **リンクオブジェクト** 図3 ：画像やファイルなど、外部のファイルを配置したオブジェクト

memo

図1 は、「環境設定」ダイアログ→［選択範囲・アンカー表示］→［選択ツールおよびシェイプツールでアンカーポイントを表示］をオンにして、オブジェクトを選択した状態です。

27ページ Lesson1-04参照。

図1 パスオブジェクト

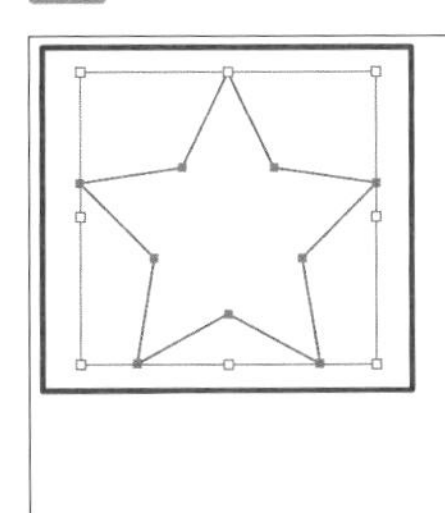

図2 テキストオブジェクト

図3 リンクオブジェクト

パスとアンカーポイントについて

パスオブジェクトは、アンカーポイント（点）とパスまたはセグメント（線）から構成されます。アンカーポイントとアンカーポイントを結んでセグメントが描画され、複数のアンカーポイントとセグメントによってパスオブジェクトが構成されます 図4。

図4 パスオブジェクトの構成要素

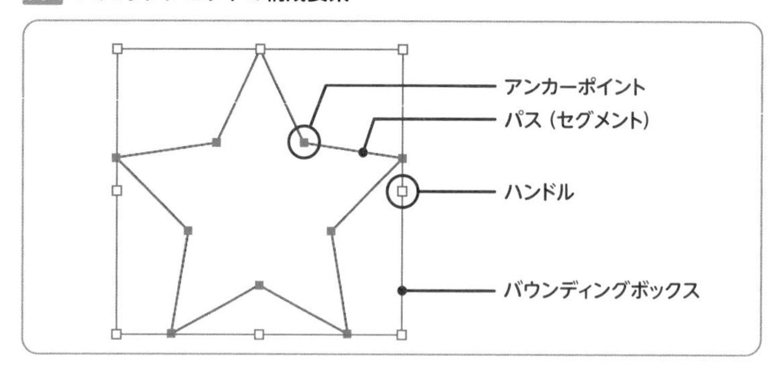

パスオブジェクトは選択ツールで選択すると1つのオブジェクトとして選択されます。選択したオブジェクトの周囲にはバウンディングボックスが表示されます。

個々のアンカーポイントやパスを編集したい場合にはダイレクト選択ツールを使用して編集を行います 図5。

パスの始点と終点が同一のパスを「クローズパス」、同一ではないパスを「オープンパス」といいます。円や矩形などを描画したい場合にはクローズパスを作成します 図6。

図5 2種類の選択ツール

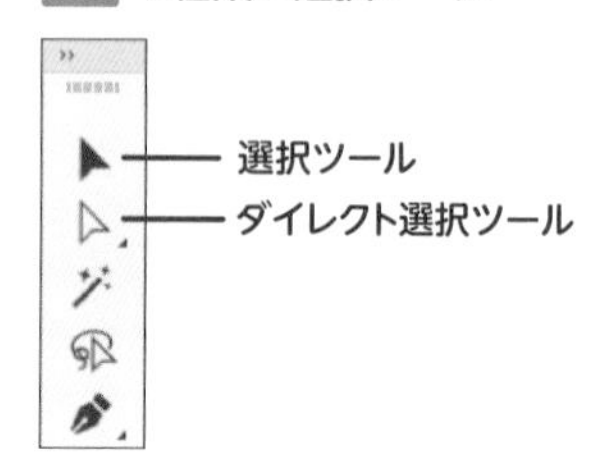

図6 クローズパスとオープンパス

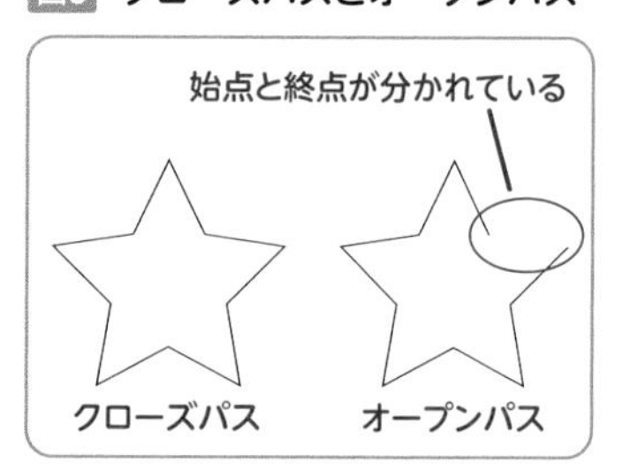

オブジェクトの選択について

オブジェクトを編集するには、そのオブジェクトを選択する必要があります。オブジェクトを選択するには選択ツールでクリックするか 図7、オブジェクトの一部を選択ツールでドラッグして選択します。

図7 オブジェクトの選択

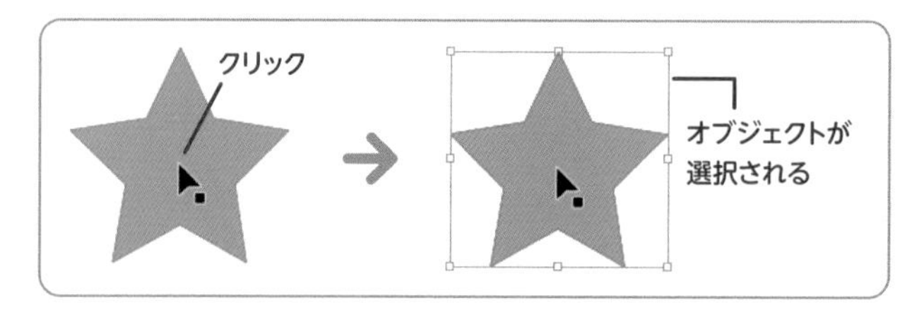

また、1つのオブジェクトを選択し、shiftキーを押しながら別のオブジェクトを選択すると複数のオブジェクトを選択できます。複数のオブ

ジェクトの一部をドラッグすることでも複数のオブジェクトを選択できます 図8 。

図8 複数のオブジェクトを選択

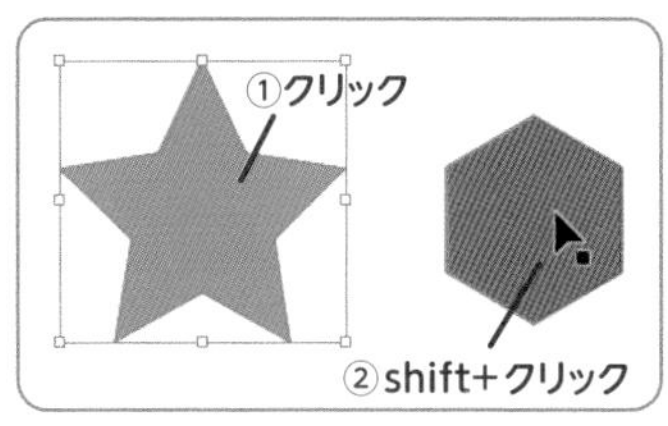

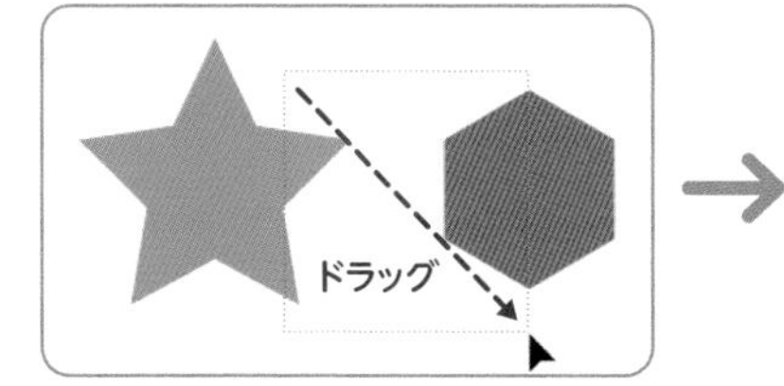

shift+クリックして選択、あるいはオブジェクトの一部を含むようにドラッグ

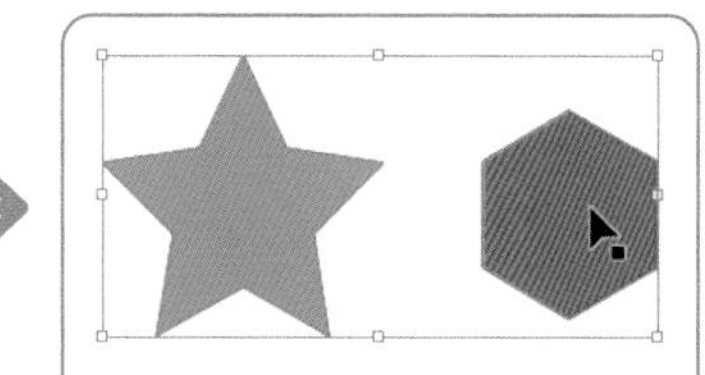

複数のオブジェクトが選択される

複数のオブジェクトを選択した際、不要なオブジェクトが含まれていた場合はshiftキーを押しながら、すでに選択しているオブジェクトをクリックすると、選択が解除されます 図9 。

すべてのオブジェクトの選択を解除するには、ドキュメント上の何もない場所」をクリックします。

図9 オブジェクトの選択を解除

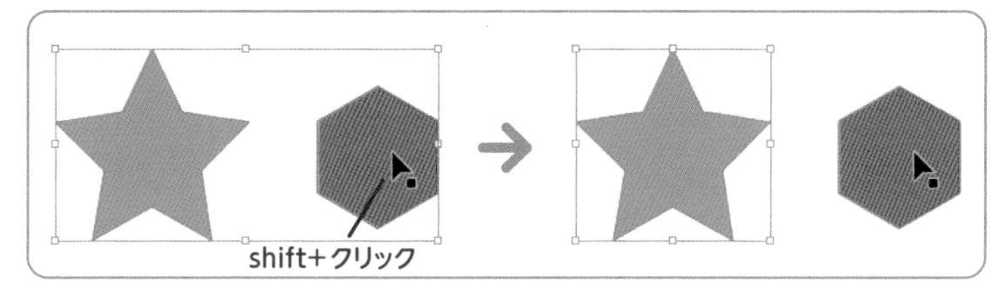

shift+クリックしたオブジェクトだけ選択が解除される

memo

オブジェクトのカラーが「線」だけの場合、パスをクリックしないと選択できません。

グループについて

複数のオブジェクトを1つのオブジェクトのように扱うには「グループ化」を行います。グループ化されたオブジェクトは、ひとかたまりのオブジェクトとして扱われます。

グループ化するには、複数のオブジェクトを選択してオブジェクトメニュー→"グループ"を実行します 図10 。

図10 グループ化

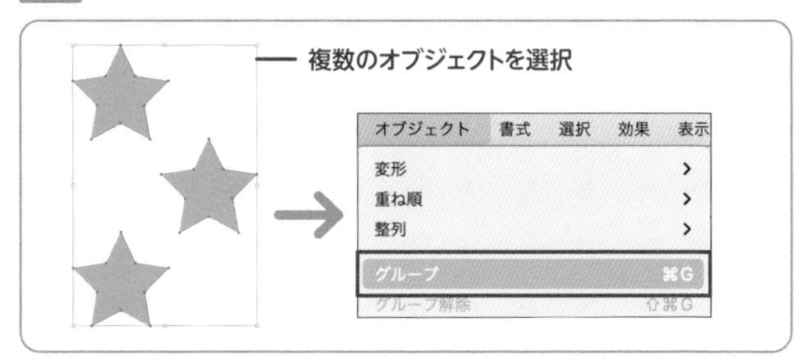

グループ化を行うと、選択ツールで選択した際にグループ全体が選択されます。グループ内の個々のオブジェクトを編集する場合には、ダイレクト選択ツールまたはグループ選択ツールを使用して個々のオブジェクトを選択します 図11。

グループを解除したい場合には、グループ化されたオブジェクトを選択し、“グループ解除”を実行します 図12。なお、“グループ解除”を実行したあともグループのオブジェクトはすべて選択されたままとなります。個々のオブジェクトを選択して編集したい場合には、一度選択を解除してから編集したいオブジェクトを再度選択してください。

図11 グループ選択ツール

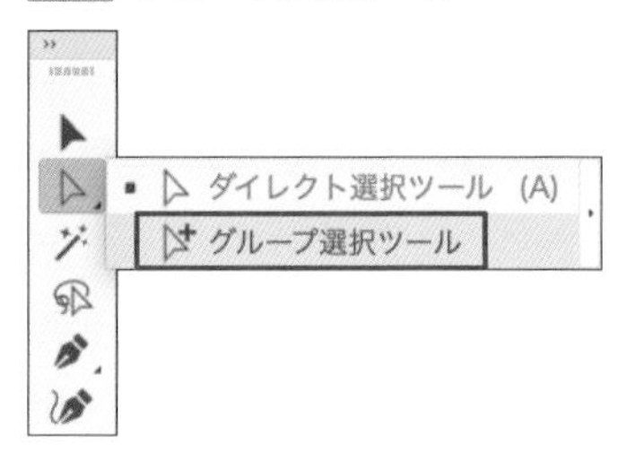

図12 グループ解除

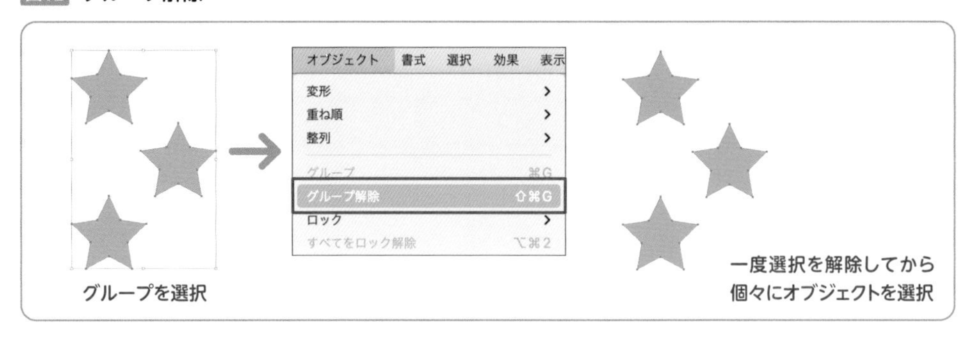

ダイレクト選択ツールは、オブジェクト内のアンカーポイントやセグメントを選択する機能です。オブジェクトの「塗り」をクリックすることでオブジェクト全体を選択できますが、アンカーポイントやセグメントを選択した場合にはオブジェクト全体が選択されません。

グループ選択ツールでは、グループ内の個々のオブジェクトをクリックして選択できますが、同じオブジェクトを続けてクリックすると、ほかのオブジェクトも複数選択されていくので注意が必要です。

編集モードでの編集

グループ内のオブジェクトをダブルクリックするか、グループを選択して、コントロールパネルの［選択オブジェクト編集モード］アイコンをクリックすると、グループの編集モードに入ります（次ページ 図13）。編集モードでは、選択ツールでも個々のオブジェクトを選択でき、編集できるようになります。

選択されたグループに属さないオブジェクトは半透明で表示され、選択できません。

編集モードを終了するには、escキーを押すか、グレーのバーをクリックします。

図13 グループの編集モードに入る

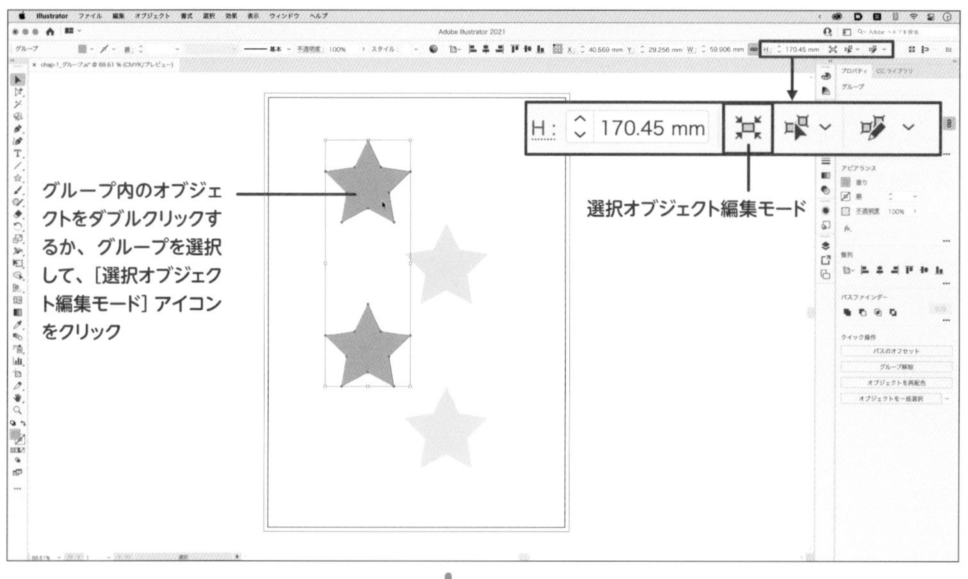

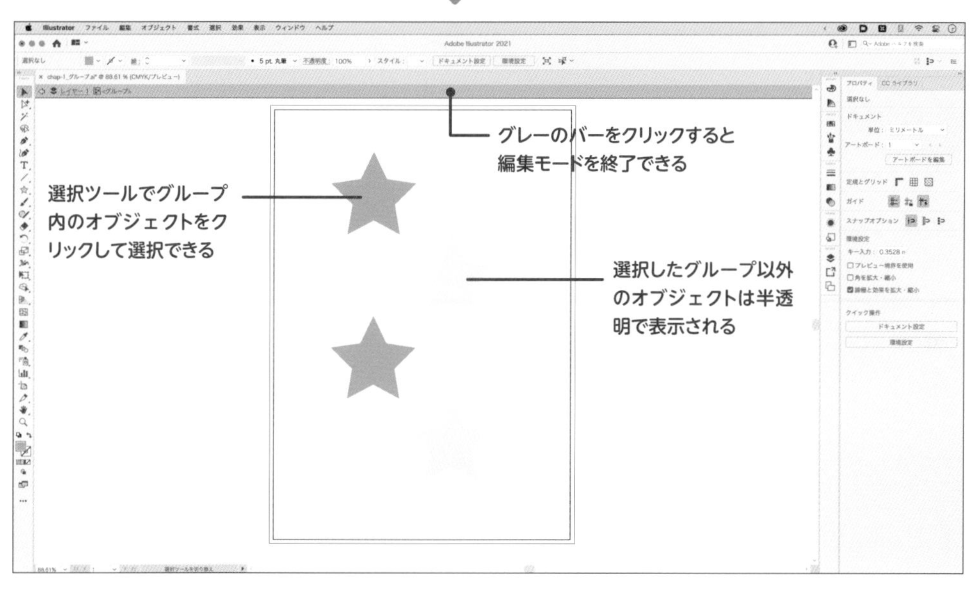

編集モードの誤動作に注意

「編集モード」は1つのオブジェクトだけでもオンにすることができます。そのため、誤ってオブジェクトをダブルクリックすると編集モードに入ってしまう場合があります。

グレーのバーが表示される、他のオブジェクトの表示が半透明になった際は「編集モード」に入っていることを覚えておき、誤ってオンになった場合はescキーで終了させましょう。

バウンディングボックスについて

オブジェクトを選択したときに表示される枠を「バウンディングボックス」といいます。バウンディングボックスの表示／非表示は、表示メニュー→"バウンディングボックスを表示"または"バウンディングボックスを隠す"で切り替えが可能です。

バウンディングボックスの上下左右四角に表示されている「ハンドル」を操作することで、オブジェクトを拡大／縮小したり回転させたりすることができます 図14 。

図14 バウンディングボックス

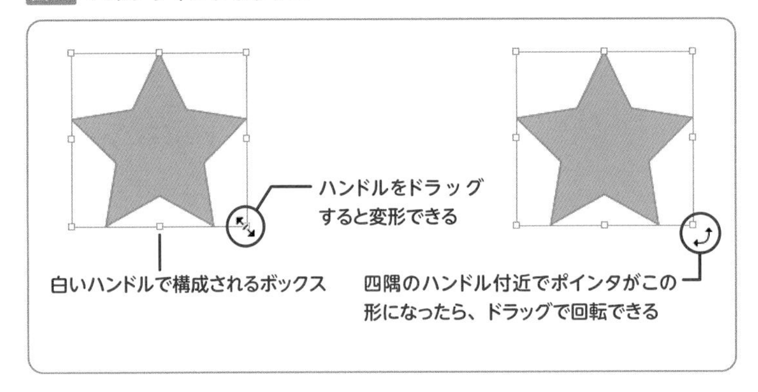

バウンディングボックスのハンドルをドラッグしてオブジェクトを拡大／縮小するときにはshiftキーを押しながらハンドルをドラッグすると、縦横比を維持して拡大／縮小できます。shiftキーを押さずにドラッグすると、縦横比が崩れてしまうので注意が必要です。

ライブコーナー

一部のオブジェクトでは、バウンディングボックスの内側に「蛇の目のマーク」◉が表示されます。このマークを「コーナーウィジェット」といいます 図15 。コーナーウィジェットをドラッグするとオブジェクトのコーナー（角）を自由に変形させることができます。

71ページ Lesson2-07参照。

図15 コーナーウィジェット

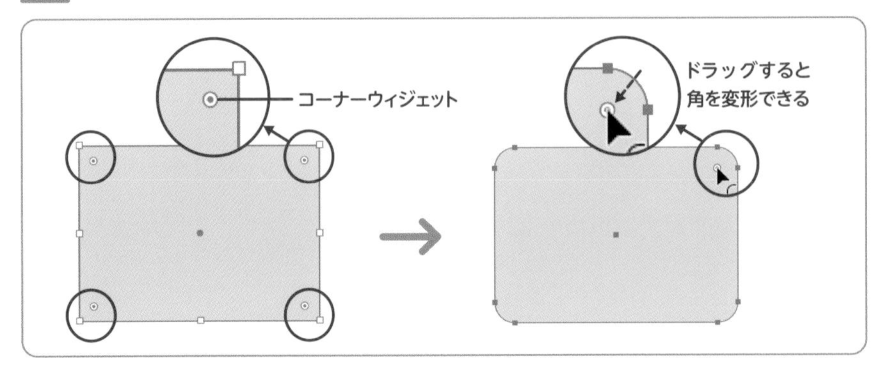

円形オブジェクトの場合は、バウンディングボックスの外側にピンのようにコーナーウィジェットが表示されます。これをドラッグすると扇形にオブジェクトを変形させることも可能です。

memo

スターツールで描画したオブジェクトの場合、選択ツールで選択後にダイレクト選択ツールに切り替えないとコーナーウィジェットは表示されません。

図16 コーナーウィジェット

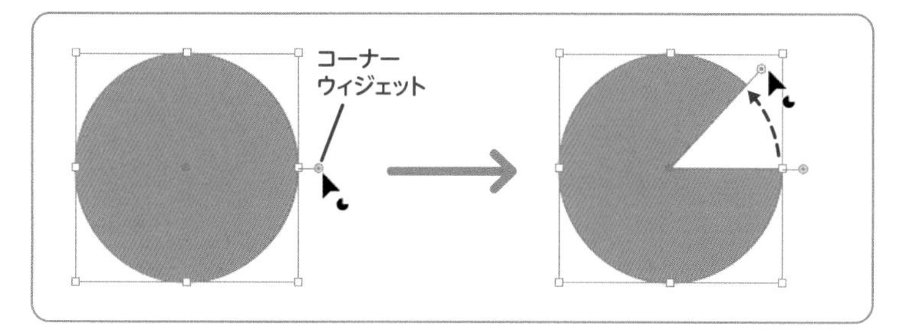

図16 ライブコーナー

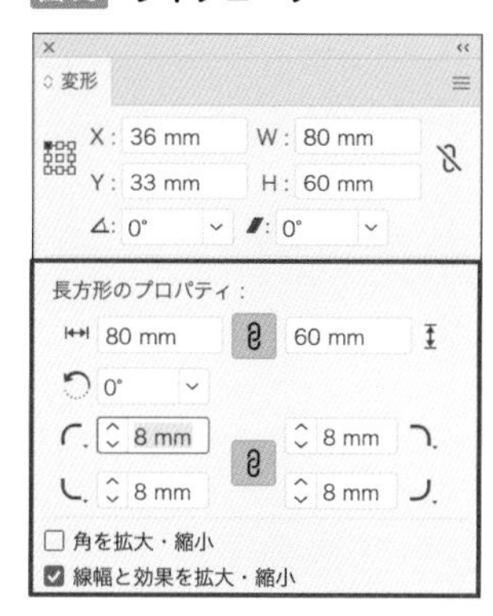

これらのコーナーウィジェットの設定値は変形パネルの「プロパティ」(シェイプの属性)に表示されます図16。こちらを操作することで、ドラッグして変形させた角丸の半径や楕円形の形状を数値で変更することもできます。このようにコーナーなどを自由に変形・再編集できる機能を「ライブコーナー」といいます。

memo

コーナーウィジェットの表示は、表示メニュー→"コーナーウィジェットを表示/非表示"で切り替えられます。

なお、バウンディングボックスを非表示にすると、コーナーウィジェットも表示されなくなります(変形パネルのプロパティは表示されます)。

レイヤーについて

Illustratorのドキュメントは、透明なシートのようになっており、そのシートにオブジェクトを描画していきます。このシートは複数重ねることができます。個々のシートを「レイヤー」といいます。レイヤーはレイヤーパネルで操作を行います図17。

図17 レイヤーパネル

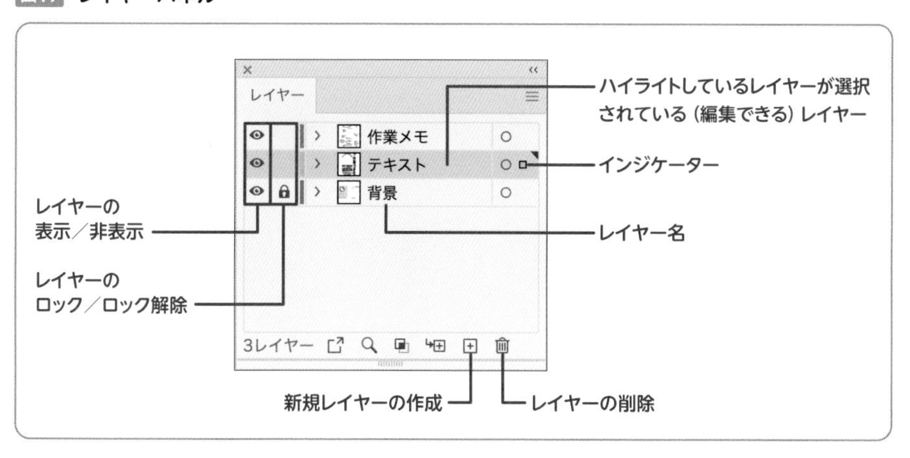

レイヤーの表示／非表示

「目」のアイコン をクリックすることでレイヤーの表示／非表示を切り替えられます図18。非表示のレイヤーは編集できません。レイヤーが1つしかなくても表示をオフにすることができます。

図18 レイヤーの表示／非表示

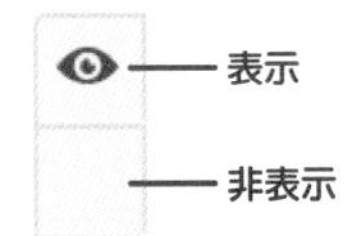

レイヤーのロック

左から2番目のボックスをクリックすると「鍵」のマーク が表示され、レイヤーをロックすることができます。ロックされたレイヤーにあるオブジェクトは編集できません。

レイヤー名

レイヤーの名前が表示されています。複数のレイヤーを作成した場合には、レイヤー名が複数表示さます。レイヤー名を変更するには名称をダブルクリックします。

レイヤーの重なり順と選択レイヤー

レイヤーの重なり順は、レイヤーの上下関係を示しています。オブジェクトの上下関係よりも優先されます。指定したレイヤーにオブジェクトを作成するには、レイヤーを選択してからオブジェクトを作成します。

インジケーター

選択されたオブジェクトがどのレイヤー上にあるかを示すインジケーターが表示されます。このインジケータをドラッグしてオブジェクトが配置されるレイヤーを変更することができます図19。

図19 オブジェクトが配置されるレイヤーを変更

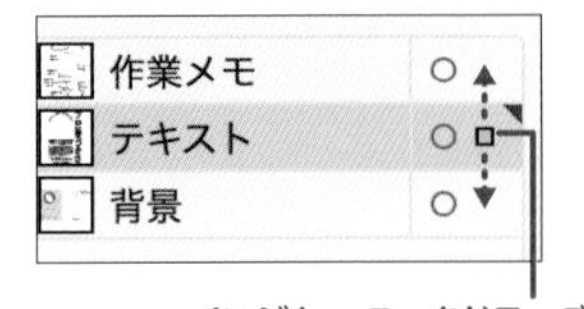

インジケーターをドラッグ

新規レイヤーの作成

レイヤーを新規に作成するにはレイヤーパネル下端のボタン をクリックします。

レイヤーの削除

レイヤーを削除するには、レイヤーパネル下端のボタン をクリックします。レイヤーを削除するとそのレイヤーに置かれているオブジェクトもすべて削除されるので注意してください。

レイヤーの重なり順の変更

レイヤーの重なり順（上下関係）を変更するには、変更したいレイヤーを選択してドラッグします図20。

図20 レイヤーの重なり順を変更

一番上の「作業メモ」レイヤーを「テキスト」レイヤーの下に移動

レイヤーと個々のオブジェクト設定の関係

レイヤーの表示・ロックの設定、上下関係は、個々のオブジェクトやガイドの表示・ロック、上下関係よりも優先されます。

ベクターイメージとラスターイメージ

パソコンで扱われるイメージ(画像)には、「ベクターイメージ」と「ラスターイメージ」の2つの種類があります。Illustratorは「ベクターイメージ編集ソフト」という位置づけで、描画されるイメージはベクターイメージとなります。

ベクターイメージ(ベクトルイメージ)

イメージ(画像)を、点(アンカーポイント)と線(パス)で構成されるオブジェクトで描画したのがベクターイメージです図1。アンカーポイントとアンカーポイントをパスで結んで線や図形などのオブジェクトを描画し、オブジェクトの線や領域内に色をつけていきます。画像は、複数のオブジェクトを組み合わせて構成します。

曲線の描画にはベジェ曲線が使用されます。フリーハンドで描画するのとは違い、独自の描画方法となるため、慣れるまでは操作しづらいですが、「何度でも描き直せる(修正できる)」というメリットがあります。また、拡大/縮小してもイメージが劣化しません。

図1 ベクターイメージ

Illustratorの描画方式。拡大してもイメージが劣化しない。線や図形で構成されるので修正しやすい

ベクターオブジェクトは拡大・縮小してもオブジェクトの形状（パスの形状）が維持されますが、オブジェクトに設定した「線」の太さもそのまま維持されます（デフォルト設定）。そのため、拡大・縮小によってイメージの見た目が変化することがあります図2。

図2 ベクターオブジェクトを拡大・縮小

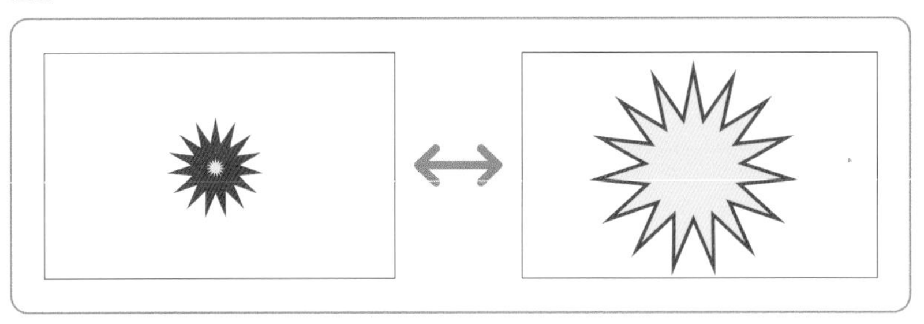

「線」が設定されているオブジェクトを縮小すると、相対的に線が太くなるため、見た目が大きく変化することがある

ラスターイメージ

イメージを点（ビット／ピクセル）の集合で描画したデータをラスターイメージといいます。ピクセル一つひとつに色をつけていき、ピクセルが集まって画像が描画されます図3。

デジタルカメラのデータなどで、Photoshopで編集する画像になります。イメージを描画する際にピクセル数が決められるため、画像を拡大していくと徐々にピクセルが見えてきて、モザイク状の表示となっていきます。これを「画像が荒れる」ともいいます。

また、ピクセルに色を付けていくため、一度描画したあとは修正（描き直し）が難しくなります。

Illustratorでは、ラスター画像を編集することはできませんが、ドキュメントに配置（挿入）することができます。また、作成した画像をラスターイメージとして書き出すこともできます。

図3 ラスターイメージ

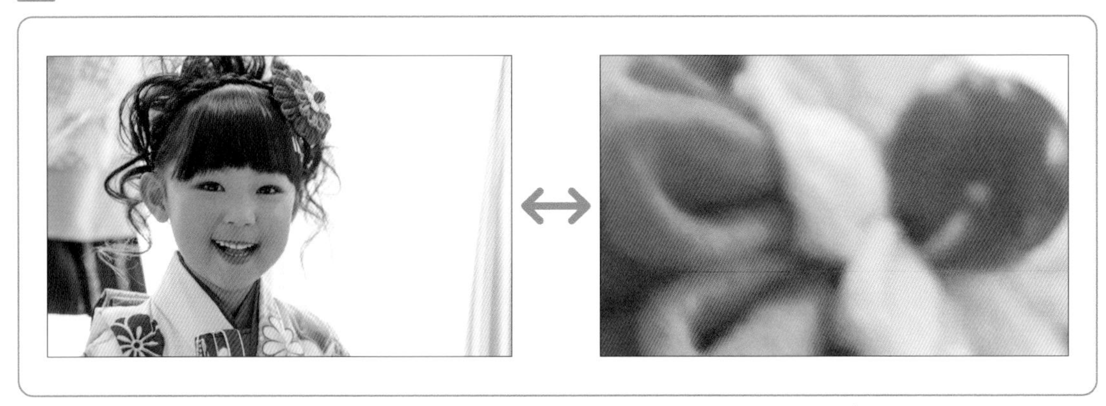

拡大すると画像を構成するピクセルが目立ってモザイク状の表示となる。ピクセルに色を付けていくため、修正が困難。画像の編集はPhotoshopなどで行う

RGBとCMYK

THEME テーマ

Illustratorのドキュメントに設定できるカラーモードには、「RGB」と「CMYK」の2つがあります。Webや動画で使用する素材を作成する際はRGB、印刷物を作成する場合にはCMYKのカラーモードを指定します。

RGB（加法混色）とCMYK（減法混色）

RGB、CMYKカラーモードともに、基本となる色（原色）を混ぜて色を表現しています。RGBでは「レッド（R）」「グリーン（G）」「ブルー（B）」の3色図1、CMYKでは「シアン（C）」「マゼンタ（M）」「イエロー（Y）」の3色に「ブラック（K）」加えた4色を組み合わせます図2。これら原色の濃さは数値で管理されています。

RGBでは色が強くなる（数値が大きくなる）と色が白くなっていきます。このような色の組み合わせ方（混色方法）を「加法混色」といいいます。

CMYKでは色が強くなる（数値が大きくなる）と色が黒くなっていきます。このような混色方法を「減法混色」といいます。本来の減法混色では、CMYの3色で色を構成しますが、印刷などの都合でKを加えた4色で構成します。

図1 RGB（加法混色）

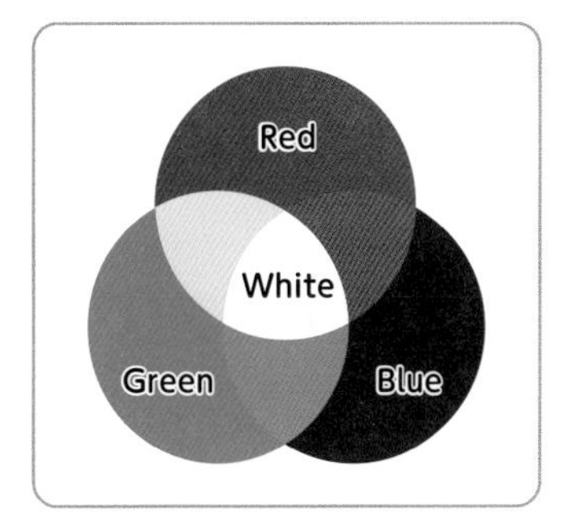

図2 CMYK（減法混色）

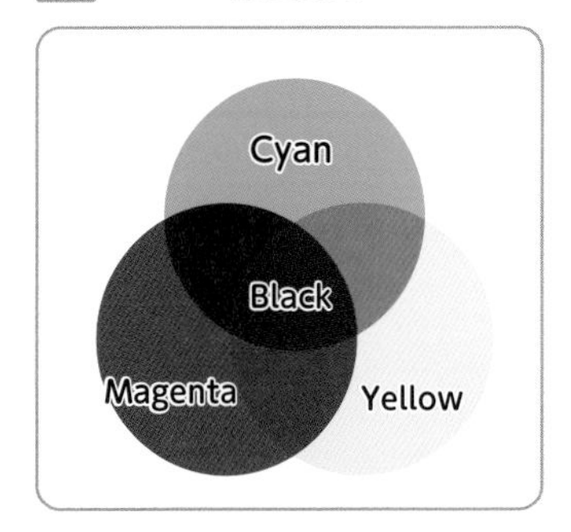

ドキュメントのカラーモードについて

ドキュメントに設定されるカラーモードは、新規ドキュメントを作成する際に指定できますが、メディアの種類を選ぶことで自動的に最適なカラーモードが指定されます。

- モバイル・Web・フィルムとビデオ・アートとイラスト…RGB
- 印刷…CMYK

ドキュメントのカラーモードは「新規ドキュメント」ダイアログの［プリセットの詳細］の［詳細オプション］で切り替えられますが、メディアの種類にあわせてカラーモードが指定されているので、デフォルトから変更する必要はありません（次ページ図3）。

POINT

ドキュメントの作成後にカラーモードを変更することもできますが、見た目の色が大きく変わるなどトラブルの原因となるため、極力行わないようにしましょう。

図3 「新規ドキュメント」ダイアログ

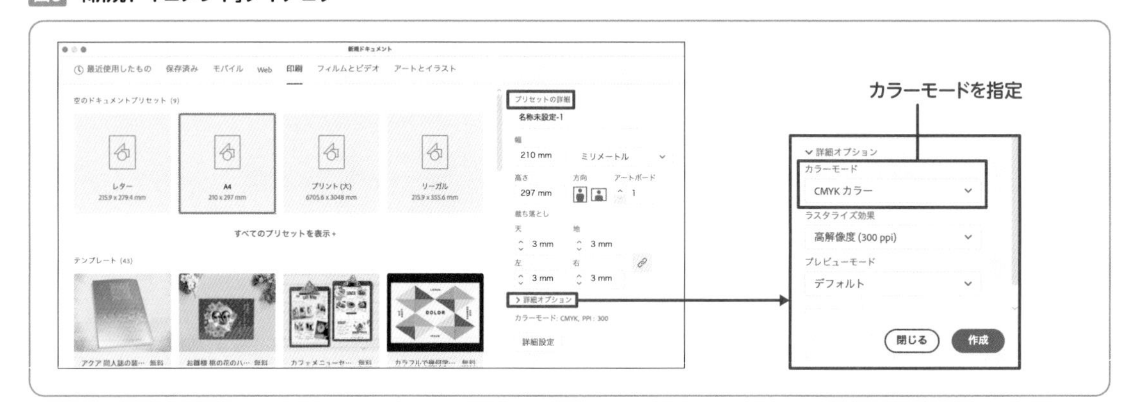

ドキュメント内のカラー指定

ドキュメント内のオブジェクトにカラーを指定する場合は、以下の5種類のカラーモードで指定することができます。

- グレースケール…白から黒のモノクロ指定
- RGB
- HSB：色相（Hue）、彩度（Saturation）、明度（Brightness）の3属性で色を表記
- CMYK
- WebセーフRGB：RGBの色を16進数で表すときに「00,33,66,99,CC,FF」の6段階のみを使い、6（R）×6（G）×6（B）＝216色で色を表記

カラーモードは、カラーパネルのパネルオプションや、スウォッチパネルの[新規スウォッチ]→[スウォッチオプション]の[カラーモード]から選択できます 図4 図5。

基本的にはドキュメントのカラーモードと同じカラーモードを指定します。ドキュメントのカラーモードと異なるカラーモードを使用した場合、カラーはドキュメントのカラーモードに変換されます。

図5 スウォッチのカラーモード指定

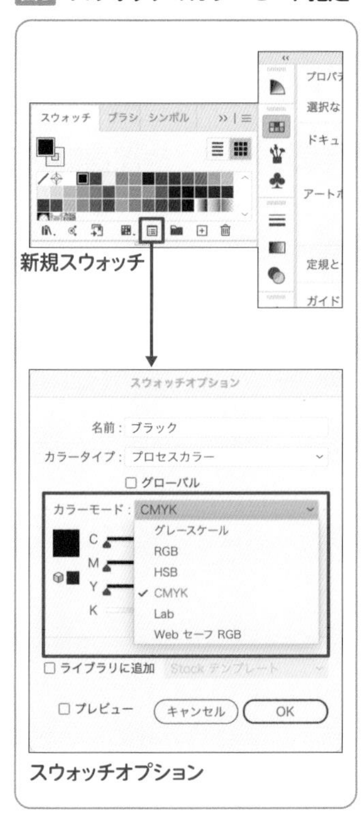

図4 カラーパネルのカラーモード指定

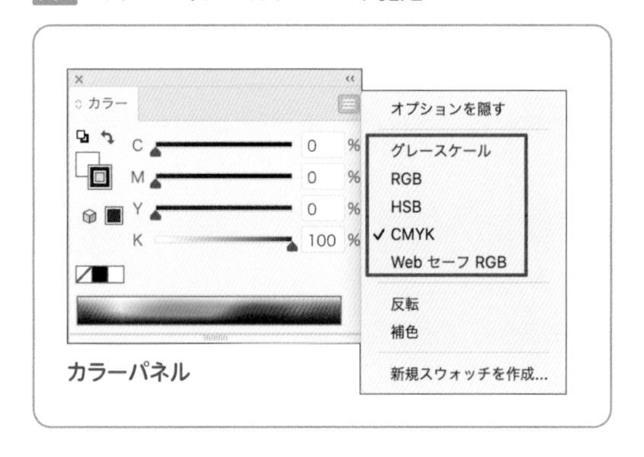

Lesson 2

図形を描いてみよう

Illustratorの描画機能は多岐にわたりますが、ここでは線と図形、およびその色や形状の設定といった基本的な機能を説明します。また、イラスト作成に必須の図形の重なりや配置機能などについても取り上げます。

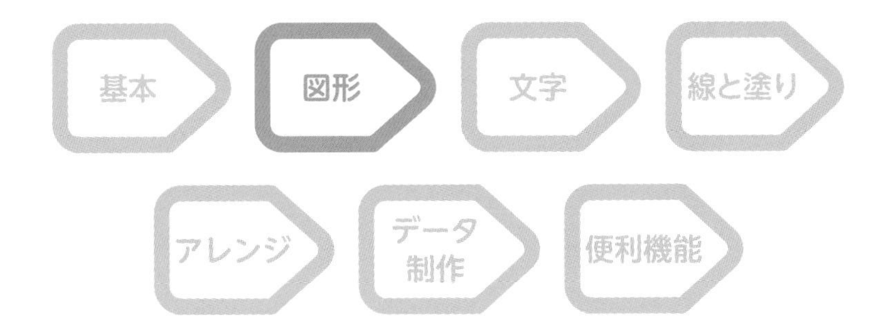

四角形や円形を描く

Illustratorで長方形や円などのオブジェクトを作成するには、ツールを使用します。ここでは、ツールを使ってオブジェクトを描画する方法について解説します。

サンプルファイルについて

本節Lesson2-01と次節Lesson2-02では、サンプルのドキュメント「描画練習.ai」を使って、操作方法を説明していきます。「描画練習.ai」には図1のようにあらかじめ作図を補助する線やコメント、クリックするポイントなどが配置されています。これらのオブジェクトは「レイヤー1」に属しています図2。練習で図形を描く場合は「レイヤー2」で行うとよいでしょう。

Lesson2/01/描画練習.ai

memo

レイヤーとは、透明のシートのようなものです。図形や文字はシートに描画、配置されます。レイヤーは複数枚重ねることができ、上から見れば各レイヤーのオブジェクトが透けて見える仕組みです（を参照）。どのレイヤーに描くかはレイヤーパレットで指定できます。この例では「レイヤー2」をクリックしてから、描けばよいわけです。

37ページ　Lesson1-05参照。

図1 描画練習.ai

図2 レイヤーパレット

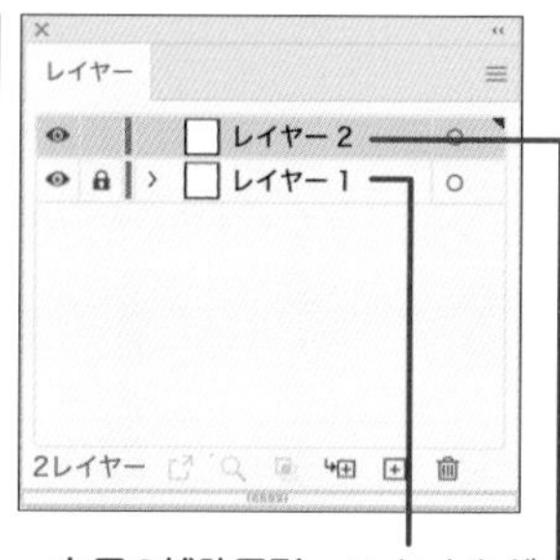

左図の補助図形、コメントなどはレイヤー1に配置されている

作図練習にはレイヤー2を用いる（「レイヤー2」をクリックしてアクティブにしてから描く）

長方形ツール・楕円形ツールでドラッグして描く

まず、長方形を書いてみましょう。ツールバーの長方形ツールをクリックして切り替えます 図3。ドキュメント上の任意の場所でドラッグすると、長方形を描くことができます 図4。

オブジェクトを描いたら、ツールを選択ツールに戻します。オブジェクトが選択されているので、ドラッグして移動することができます 図5。このとき、ツールの切り替えを忘れてしまうと、新しく長方形が描かれてしまうので注意してください。

図3 長方形ツール

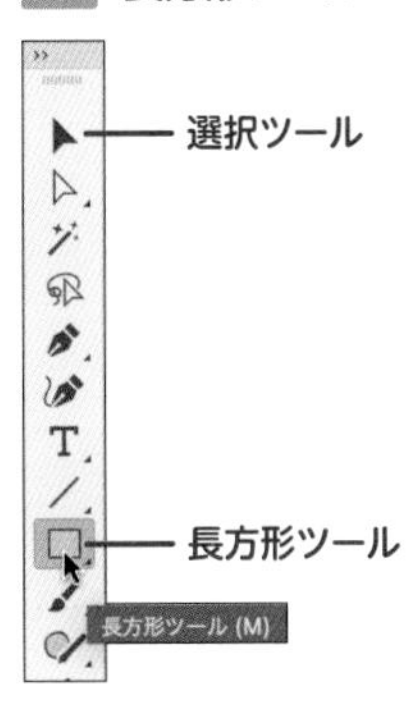

図4 長方形ツールで描画

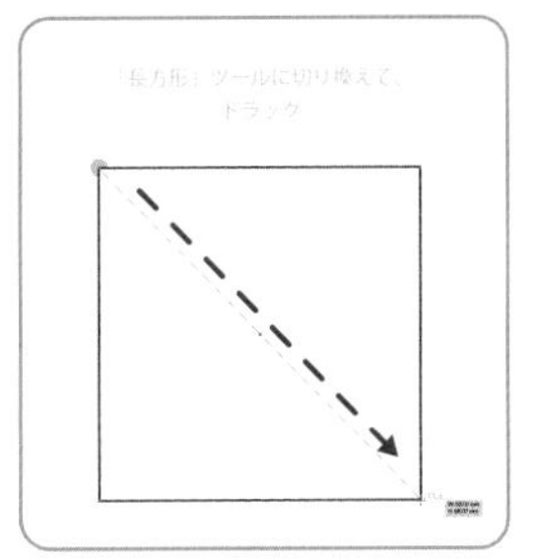

長方形ツールでドラッグ

図5 選択ツールで移動

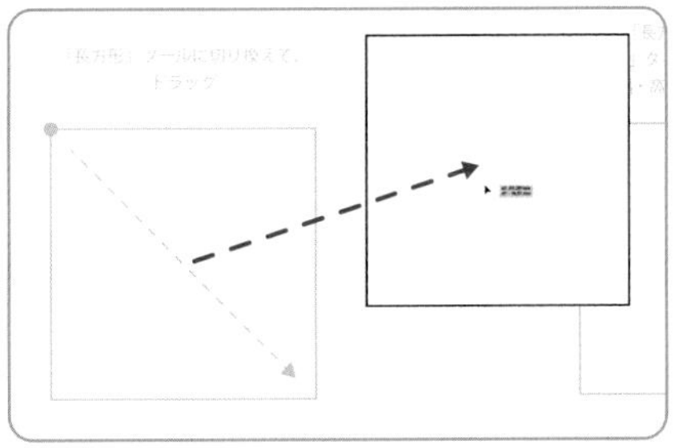

選択ツールで長方形をドラッグして移動

memo

ほかのツールを選択している場合でも、command（Ctrl）キーを押すと選択ツールに切り替わります。

次のオブジェクトを描画する場合は、ドキュメント上の何もない場所をクリックして選択を解除してください。もしくは、選択メニュー→"選択を解除"を実行します。

memo

図例の線と塗りは初期設定＝線：太さ1pt、黒(K100)、塗り(長方形内部)：白(CMYKすべて0)、となっています(線と塗りについては➡を参照)。

➡ 53ページ **Lesson2-04**参照。

楕円形ツールの選択

長方形ツールを長押し（プレス）すると、ツールグループが表示されます。ツールグループが表示されたらマウスボタンを放し、楕円形ツールをクリックしてツールを切り替えます 図6。

または、長方形ツールのアイコンをoption（Alt）キーを押しながらクリックすると、ツールが順次切り替わっていくので、目的のツールが表示されるまでクリックします。

描画方法は長方形ツールと同じです。ドラッグで楕円形を描きます。

図6 楕円形ツール

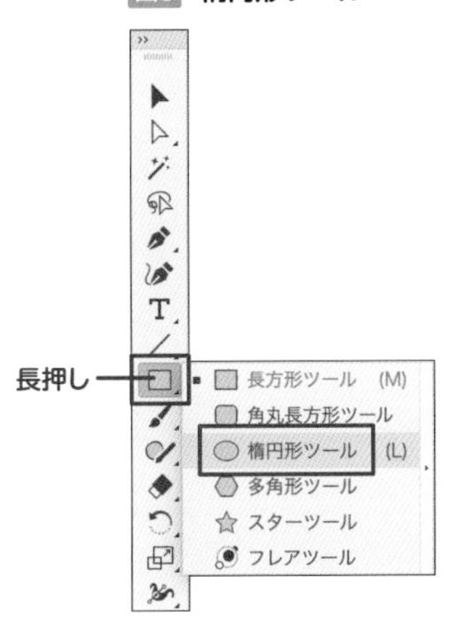

クリックしてサイズを数値指定する

ドラッグではなく、クリックでダイアログを表示し、サイズなどを数値指定する方法もあります。たとえば、長方形ツール、楕円形ツールで任意の場所をクリックするとダイアログが表示されます。[幅] と [高さ] を指定して、正確なサイズの長方形を作成できます（次ページ 図7）。ドラッグして描画するときと同様に、クリックした位置がオブジェクトの左上になります。

図7 ダイアログで図形の[幅]と[高さ]を指定

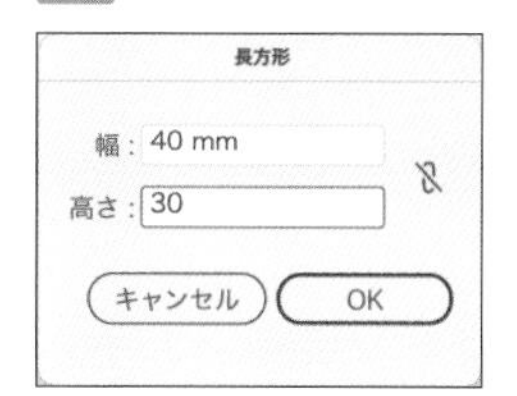

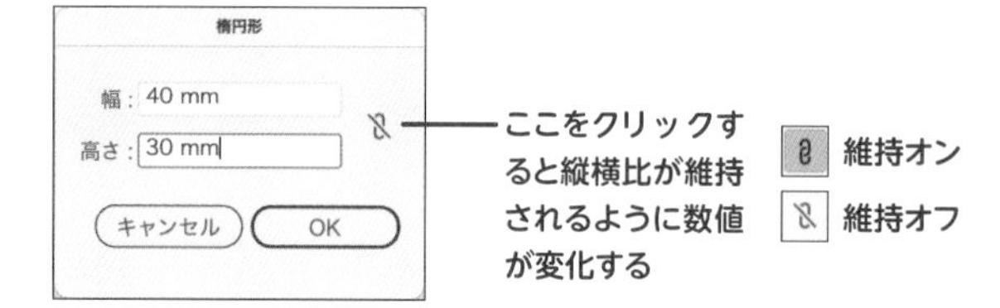

正方形、正円を描く

長方形ツール／楕円形ツールでドラッグ時にshiftキーを押すと、正方形、正円を描くことができます 図8。

図8 shift+ドラッグで正円を描く

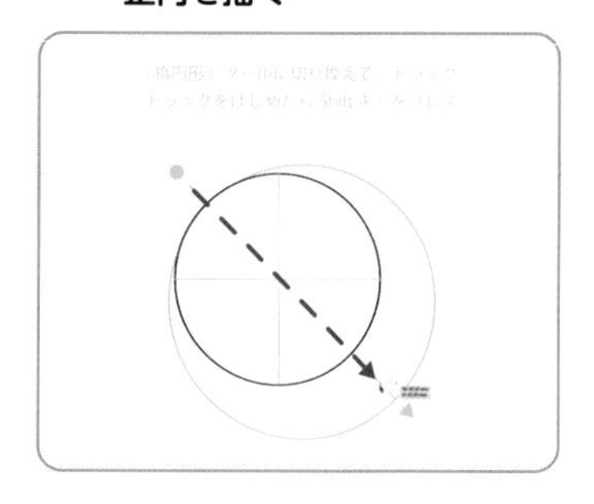

図形の中心から描く

描画を始めてからoption (Alt) キーを押すと、ドラッグを始めた位置がオブジェクトの中心になります 図9。

また、shiftキーとoption (Alt) キーを同時に押せば正方形(正円) を中心から描くことができます。なお、shiftキー、option(Alt) キーは「描画し始めてから」押すのがお勧めです。shiftキーを先に押すと、オブジェクトの複数選択／解除と混同する可能性があるためです。

図9 option (Alt) +ドラッグで中心から描く

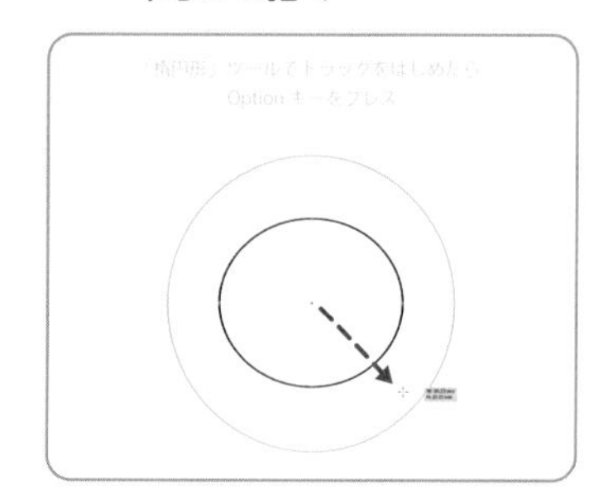

描き直しは「command (Ctrl) + Z」で

オブジェクトを意図した形状に描画できなかった場合は、オブジェクトを修正したり、削除して書き直すのではなく、command (Ctrl) + Zで描画を「取り消し」ます。Illustratorはデジタルツールですので、何度でも取り消し・やり直しができます。この操作に慣れておくと、以降の操作がやりやすくなりますので、今のうちに覚えておきましょう。

「スマートガイド」と「ポイントにスナップ」

Illustratorには、既存のオブジェクトを基準にガイドを表示させる「スマートガイド」と、オブジェクトを描画したり移動させる際に、既存のオブジェクトのアンカーポイントに自動吸着させる「ポイントにスナップ」という機能が搭載されています。機能のオン／オフは表示メニューの同名のコマンドで切り替えられます 図10。

「スマートガイド」は、オブジェクトを描画したり移動したりする際に参考となるガイドをピンクの文字や線で表示します 図11。「ポイントにスナップ」は、ポイントに自動的に吸着して位置を簡単に合わせることができる機能です。デフォルトでは両方ともオンになっています。

「スマートガイド」ではアンカーポイントへの吸着も表示されるため、

図10 表示メニューの“スマートガイド”“ポイントにスナップ”

表示　ウィンドウ　ヘルプ
CPU で表示 ⌘E
アウトライン ⌘Y
オーバープリントプレビュー ⌥⇧⌘Y
グラデーションガイドを隠す ⌥⌘G
コーナーウィジェットを隠す
✓スマートガイド ⌘U
遠近グリッド
定規
テキストのスレッドを隠す ⇧⌘Y
ガイド
グリッドを表示 ⌘¥
グリッドにスナップ ⇧⌘¥
ピクセルにスナップ
✓ポイントにスナップ ⌥⌘¥
✓グリフにスナップ

図11 スマートガイド

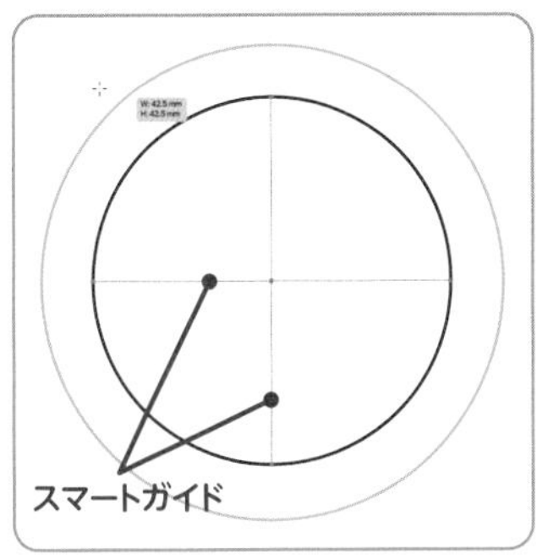

幅と高さが均等であること示すガイド

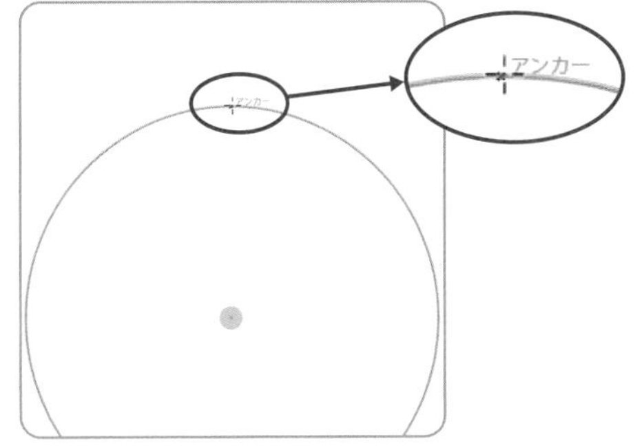

ヒント表示

機能的に「スマートガイド」が優先されます。「スマートガイド」をオフにすると、「ポイントにスナップ」が機能します。

「スマートガイド」の設定は、Illustratorメニュー（Windowsでは編集メニュー）→“環境設定”→“スマートガイド...”で変更できます 図12。

図12 「環境設定」ダイアログの[スマートガイド]

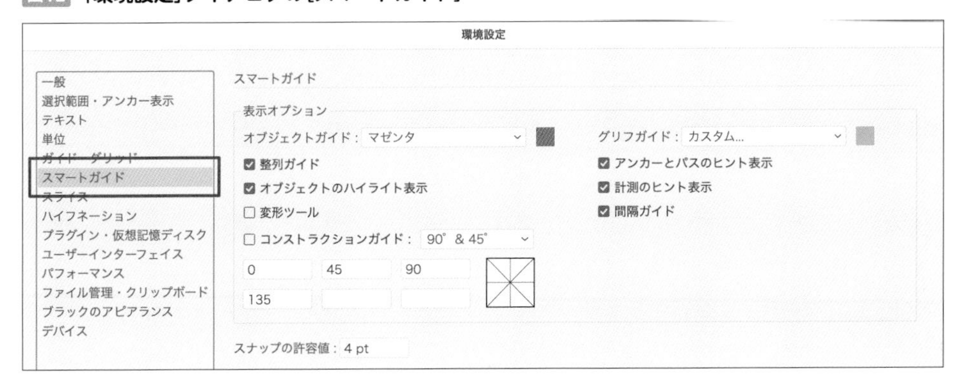

また、メディアの種類をWebにした場合、[ピクセルグリッドに整合]がオンになり 図13、アンカーポイントやオブジェクトの位置はピクセルグリッドに吸着します。

16ページ **Lesson1-02**参照。

図13 ピクセルグリッドに整合

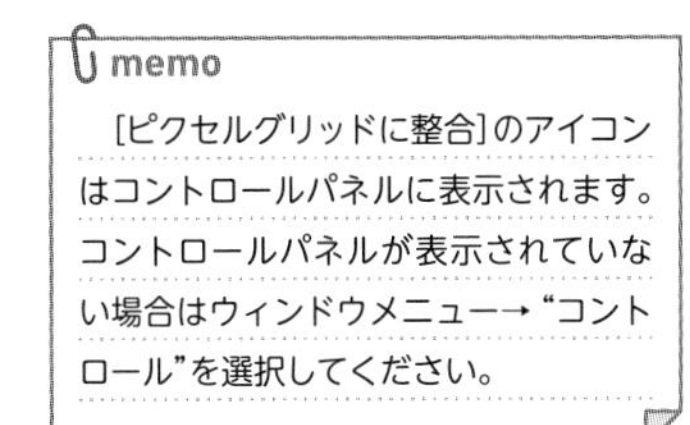

memo

[ピクセルグリッドに整合]のアイコンはコントロールパネルに表示されます。コントロールパネルが表示されていない場合はウィンドウメニュー→“コントロール”を選択してください。

多角形や星型を描く

THEME テーマ 多角形や星を描くには、多角形ツールやスターツールを使います。ツールの使い方は長方形ツールや楕円形と同じですが、ツール独自の機能について解説します。

ドラッグ中の追加操作で頂点(辺)の数を変更する

多角形ツールやスターツールは、長方形ツールを長押し(プレス)すると表示されるサブツールから選択します 図1。または、長方形ツールのアイコンをoption(Alt)キーを押しながらクリックすると、ツールが順次切り替わっていくので、目的のツールが表示されるまでクリックします。

多角形ツールやスターツールでオブジェクトを描画する方法は長方形ツールや楕円形ツールと同じです。ツールに切り替えて、ドラッグするかクリックします。ただし、長方形/楕円形ツールと異なり、オブジェクトは中心から描画されますので、ドラッグで描画する際は、中心の位置を指定します 図2。

オブジェクトを描画中(ドラッグ中)に上下の矢印キーを押すと、頂点の数を変更することができます 図3。上矢印キーで頂点を増やし、下矢印キーで頂点を減らします。いずれも最小の形状は三角形になります。矢印キーは押し続けることで連続的に頂点(辺)の数を増減できます。

スターツールで頂点(辺)の数を増やすと「バクダン」状のオブジェクトを描画できます 図4。

図1 多角形ツール スターツール

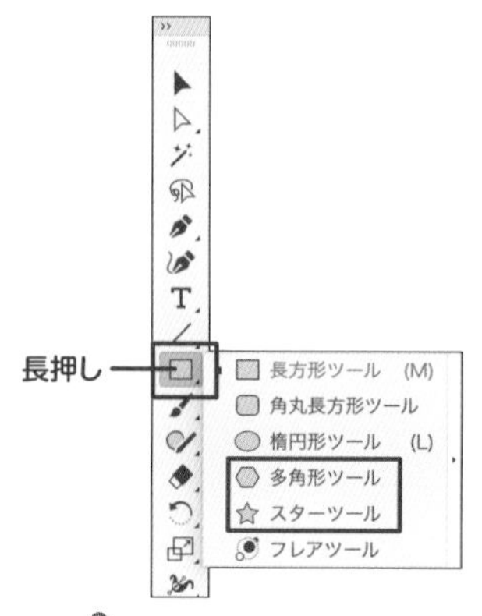

memo

図例の薄い水色の線と文字は本書のサンプルドキュメント「描画練習.ai」にあらかじめ作成されている練習用の補助線、説明です。

44ページ **Lesson2-01**参照。

図2 中心から描く

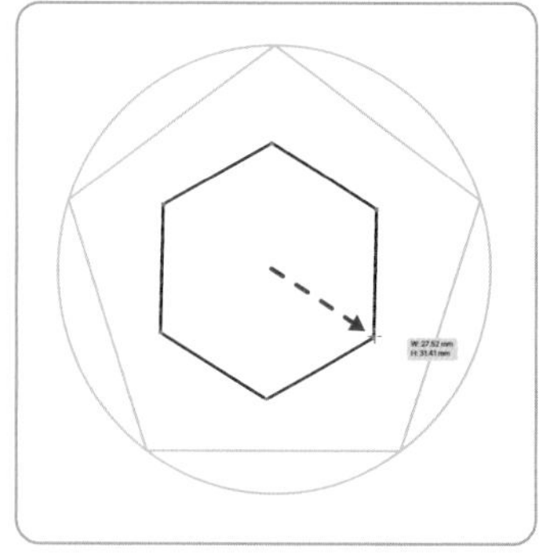

多角形ツール、スターツールは中心から描かれる

図3 頂点(辺)の数を増減できる

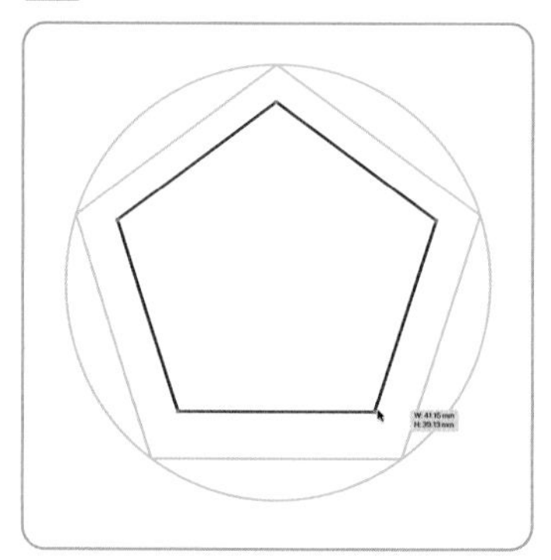

図4 スターツールで描画

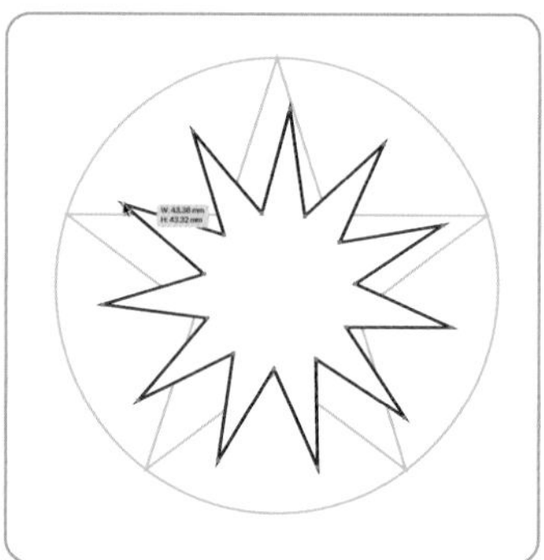

多角形ツールやスターツールではドラッグ中に上下の矢印キーで頂点(辺)の数を増減できる

shiftキー、option (Alt)キーの動作

多角形ツールでshiftキーを押すと一辺が水平に固定されます 図5。スターツールでshiftキーを押すとひとつの頂点が直上の位置に固定されます。

option (Alt) キーは、多角形ツールでは中心から描画されるため動作しません。スターツールでは「五芒星」(第2半径が正五角形の星) を描くことができます 図6。

また、スターツールで描画中にcommand (Ctrl) キーを押すと、第2半径のサイズを固定して描画できます 図7。command (Ctrl) キーで固定した第2半径と第1半径の比率は記憶されるので、以降の描画時にも引き継がれます。変更するにはスターツールでcommand (Ctrl) キーを押しながら星型を再描画します。または、Illustratorを再起動すると初期状態にリセットできます。

ダイアログでの操作

多角形ツール、スターツールも、任意の場所でクリックをすることでダイアログを表示し、頂点の数やサイズを指定してオブジェクト描画することができます 図8。

[半径] は、多角形、スターの頂点が円周上に接する「外接円」の半径を示します。スターツールの[第2半径] は、内側のコーナーのサイズです。

なお、多角形と星を外接円と接するには整列パネル➡を使いますが、このとき [オブジェクトの整列] の垂直方向は [垂直方向上に整列] を使ってください。[垂直方向中央に整列] ではオブジェクトが正しく整列しないので注意してください 図9。

多角形ツールやスターツールは前回描画した頂点の数 (辺の数) を記憶しています。そのため、極端に辺の数を増やした場合、数を減らすのが面倒な場合があります。頂点の数を元に戻したい場合には、任意の場所でクリックをしてダイアログを表示させ、頂点の数を数値入力して調整してください。

図5 shift+ドラッグ

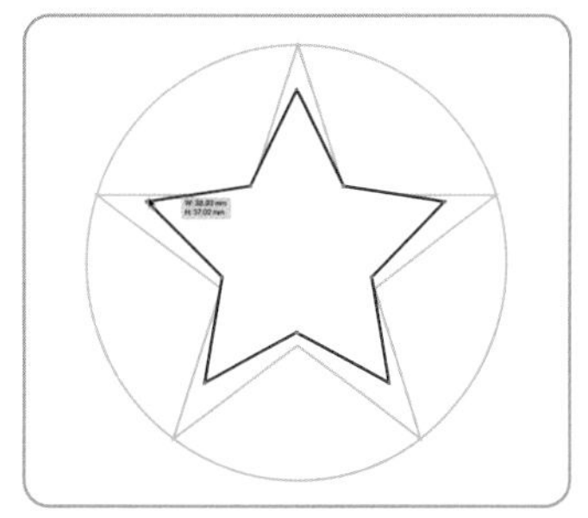

ひとつの頂点が直上の位置に固定される

図6 option (Alt) +ドラッグ

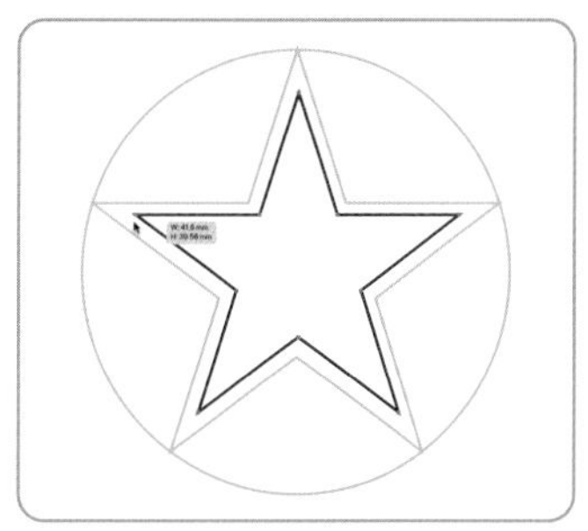

「五芒星」(第2半径が正五角形の星)となる

図7 command (Ctrl) +ドラッグ

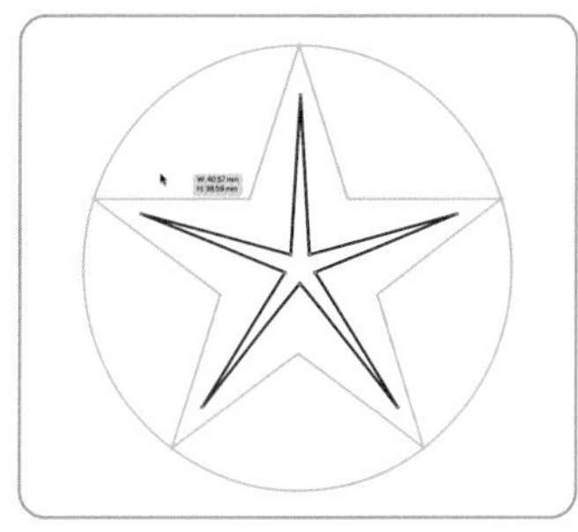

第2半径のサイズが固定される。意図せずこのようなヒトデ状になってしまった場合はcommand (Ctrl) キーで再描画するかIllustratorを再起動しよう

図8 半径と頂点(辺)の数を指定

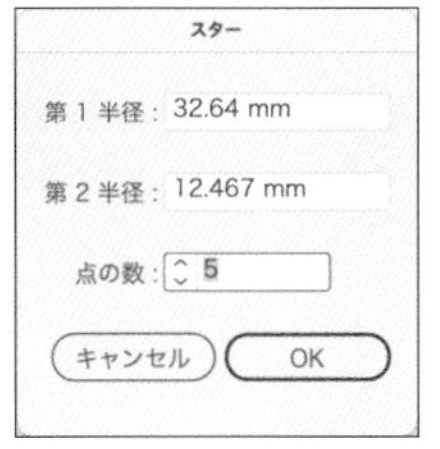

図9 外接円とあわせる

外接円とあわせる場合は [垂直方向上に整列] を使う

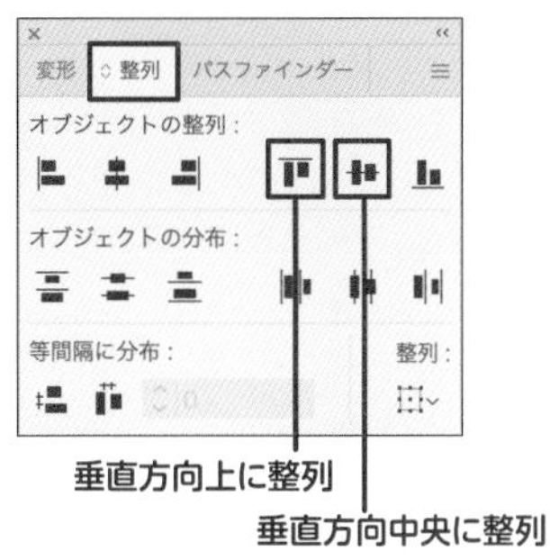

➡ 76ページ Lesson2-09参照。

直線や自由な線を描く

THEME テーマ

直線を描くには直線ツール、フリーハンドで自由に線を描くにはブラシツール、鉛筆ツールを使います。フリーハンドの線は、ベクターデータ（ベジェ曲線）に変換される精度、アンカーポイントの数などの調整ができます。

直線ツールで直線を描く

直線ツール 図1 は、ドラッグした長さや角度で直線を描画できます。直線ツールに切り替え、任意の場所から任意の場所へドラッグすると、直線を描くことができます 図2。

このときshiftキーを押しながらドラッグをすると、描画する角度を45度単位（水平・垂直・斜め45°）に制限することができます。

図2 ドラッグで描画

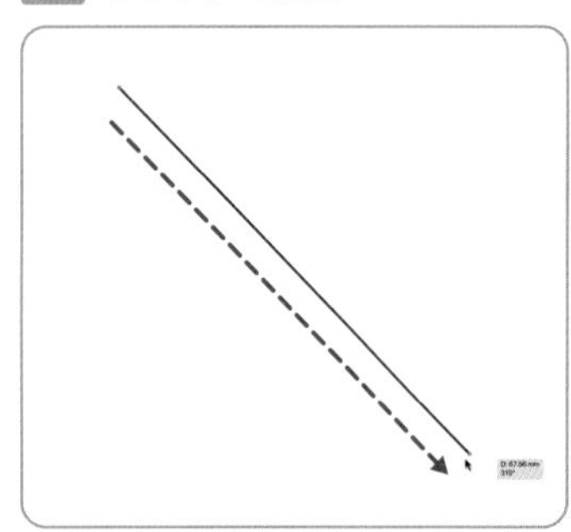

shift+ドラッグで45度単位（水平・垂直・斜め45°）の直線を描ける

フリーハンドで線を描く

マウスをドラッグして自由な線を描くには、鉛筆ツール 図3 またはブラシツール 図4 を使用します。ほかの描画ツールと同じく、ドラッグで線を描くことができます 図5。

線を描画する際は、[塗り] [線]の設定➡で[塗り]をなしに、[線]を任意のカラーに変更します。設定によって異なりますが、[塗り] だけを設定して線を描き始めた場合、パスに色がつかないため、描いた線の形状を確認しづらい場合があります。

図1 直線ツール

図3 鉛筆ツール

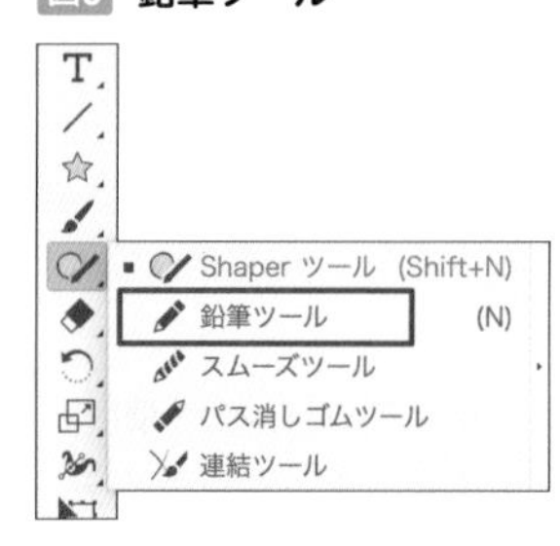

図4 ブラシツール

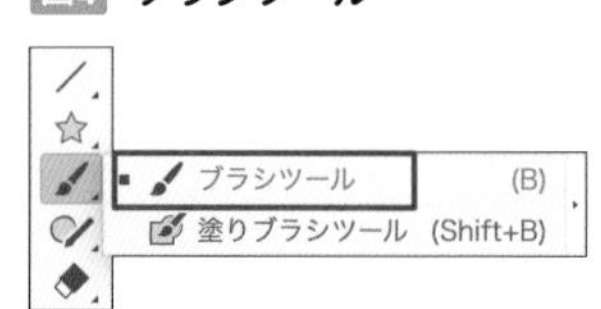

memo

ツールの配置はワークスペースによって異なります。図は「初期設定（クラシック）」ワークスペースのものです。ウィンドウメニュー→“ツールバー”→“詳細”を選択するとワークスペースにかかわらず、図の配置になります。

➡ 53ページ **Lesson2-04**参照。

図5 ドラッグで描画

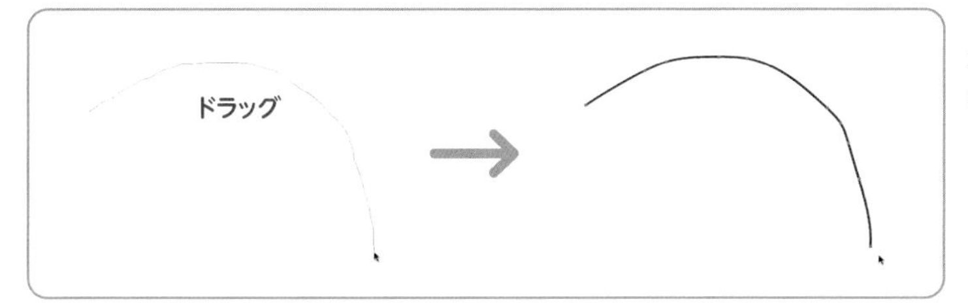

ドラッグをやめると（マウスボタンを放すと）ベクターデータに変換される

これらのツールで描画した線は、描画後にベクターデータ（ベジェ曲線）に変換されます。このため線の形状がある程度変形することがあります。変換の精度は、ツールアイコンをダブルクリックして表示されるツールオプションダイアログで設定できます 図6。

図6 ツールオプションダイアログ

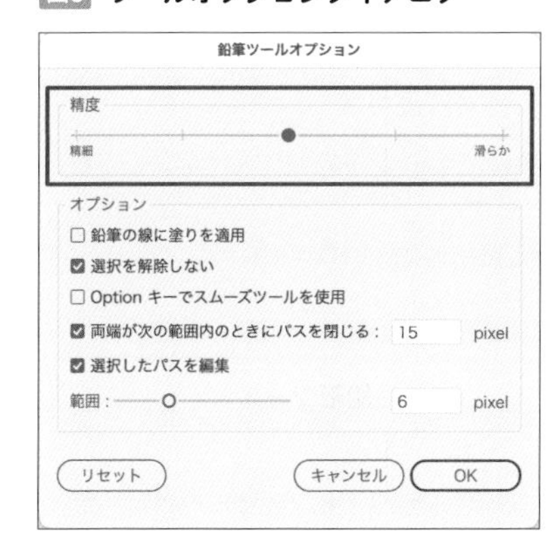

鉛筆ツール、ブラシツールのポイント

ツールオプションの「精度」を上げると、ドラッグした線に忠実な線を描けますが、それだけアンカーポイントの数は増えてしまいます。

ペンツールを使ってアンカーポイントやパスをあとから編集することもできるので、鉛筆ツール、ブラシツールの線はあとで編集することを前提に描くとよいでしょう。

鉛筆ツール、ブラシツールで線を描いたのち、選択された状態のまま修正したい箇所から再度ドラッグすると、線を描き直すことができます 図7。操作が多少複雑になりますので、command（Ctrl）＋ Zで描画を取り消して再度描き直すほうがよいかもしれません。

184ページ Lesson4-01参照。

POINT

描画中によく使うキー

Illsutratorで描画している際に、選択ツールで少しオブジェクトを移動したり、画面の端まで来てしまったのでアートボードの表示位置を動かしたいことはよくあります。

そのようなときは、いちいちツールバーからツールを切り替える必要はありません。どのツールを選んでいても、command（Ctrl）キーを押している間は選択ツールに切り替わります。

なお、選択ツールを選択しているときにcommand（Ctrl）キーを押すとダイレクト選択ツール（またはグループ選択ツール）に切り替わります。

ダイレクト選択ツールかグループ選択ツールを選択している場合は、選択ツールに切り替わります。

また、スペースキーを押している間は手のひらツールに切り替わるので、ドラッグして表示位置を移動できます。

さらに、option（Alt）キーを押しながら選択ツールでドラッグすると、オブジェクトを複製できます。

これらを覚えておくと作業効率が格段に上がるので、ぜひ身につけておきましょう。

図7 途中から線を描き直す

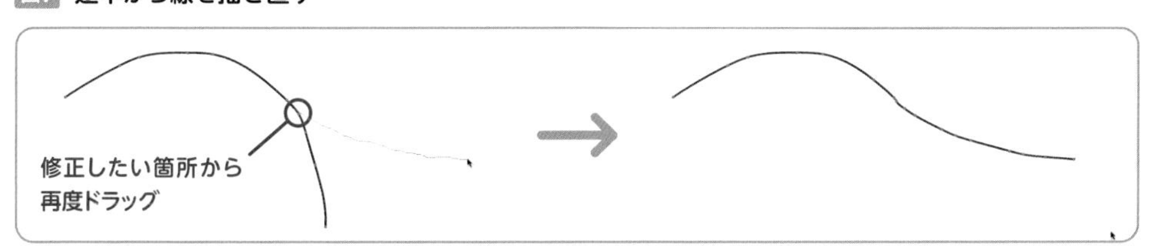

いったん描き終わった線の続きを描くには、選択ツールでオブジェクトを選択し、線の端から再度ドラッグします。これにより、線をつなげて描くことができます 図8 。

図8 線の続きを描く

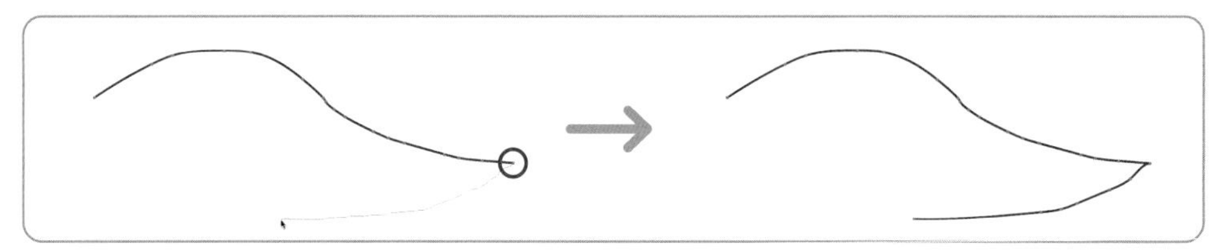

描き始めた点の位置に戻ってくると始点と終点をつなげることができます 図9 。ただし、こちらも自動での処理になりますので、うまくつながらないことがあります。この場合も、あとでペンツールなどを使って再編集するとよいでしょう。

図9 始点と終点をつなげる

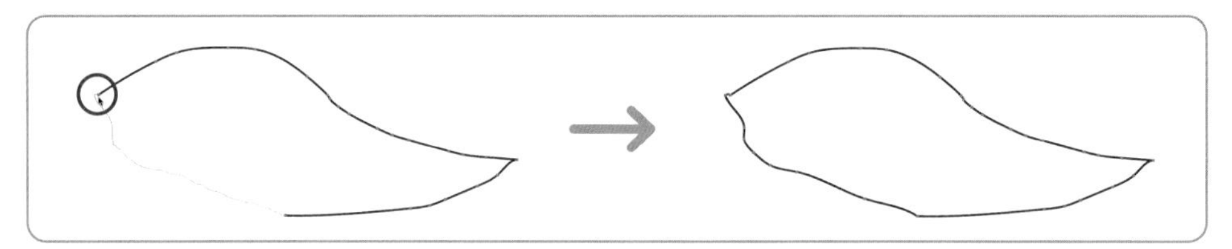

パスの単純化

鉛筆ツール、ブラシツールで線を描いたあとで、オブジェクトメニュー→“パス”→“単純化...” 図10 を使用して、アンカーポイントの数を整理することができます。

ダイアログが表示されたら、スライダーをドラッグします 図11 。左に調節するほどパス（アンカーポイント）の数が削減されますが、線の形状が変化します。元の線の形状をできるだけ維持しつつ、アンカーポイントの数が減るバランスを調整しましょう。[詳細オプション] ボタンをクリックすると、より詳細に設定を変更できます 図12 。

図10 オブジェクトメニュー→“パス”→“単純化...”

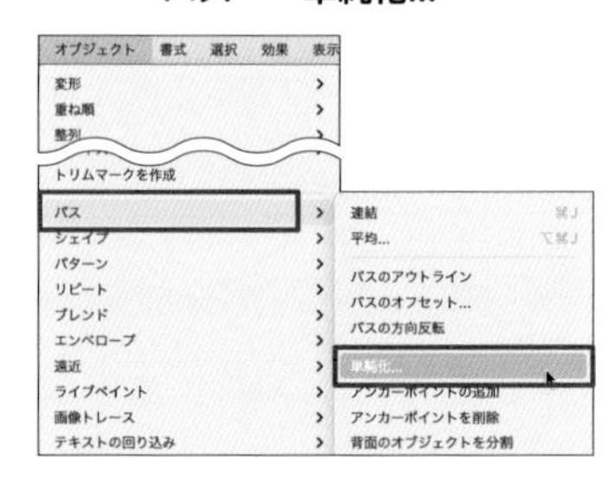

図11 スライダーでパスの数を調節

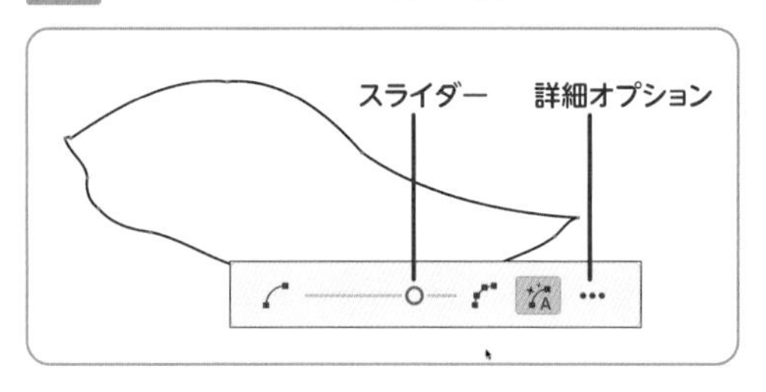

図12 「単純化」ダイアログ

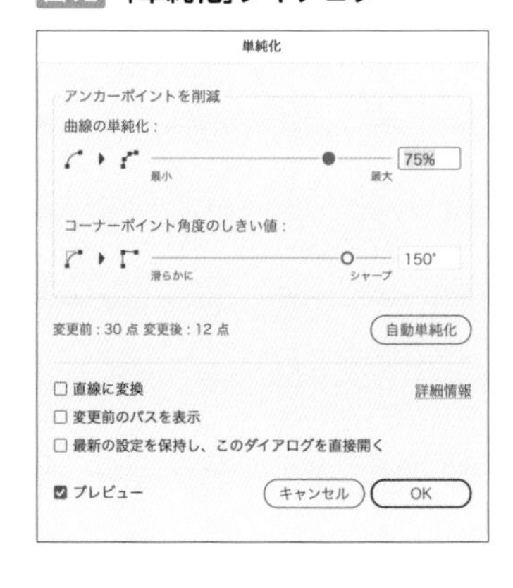

図形の色、線の太さを変える（塗り・線の設定）

図形の色は、「塗り」と「線」に分けて、スウォッチパネルやカラーパネルで設定することができます。線は色のほかに太さや形状を変更することができます。

オブジェクトのカラーを変更する

Illustratorで設定する「塗り」はパスで囲まれた内側の部分、「線」はパスに対する設定です 図1。長方形ツールや多角形ツールなどの描画の初期設定は、「塗り」が白、「線」が黒になっています！。カラーを変更する際は、編集する対象（塗りや線）を指定し、選択した対象の色を変えていきます。編集する対象を正しく選択しないと意図した結果になりません。

図1 「塗り」と「線」

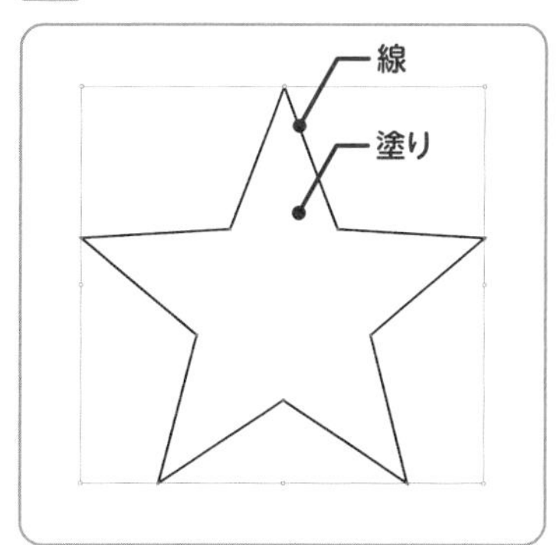

カラーの設定には［なし］があります。これは文字通り［塗り］や［線］を適用しない設定です。

塗りの色を変更するには、オブジェクトを選択し、プロパティパネル→［アピアランス］セクションの［塗り］の色をクリックします 図2 ①。スウォッチパネルが表示されるので、設定したい色のスウォッチをクリックします。なお、②は塗り［なし］の設定となります。

RGBやCMYKのカラー値で指定したい場合は、スウォッチパネルの「カラー」のアイコン③をクリックします。カラーパネルに切り替わるので、スライダーの値を調整してください（次ページ 図3）。

色の調整が終わったら、プロパティパネルの何もないところをクリックしてパネルを閉じます。または、カラーのアイコンをクリックして閉じることができます。

図2 スウォッチパネルを表示

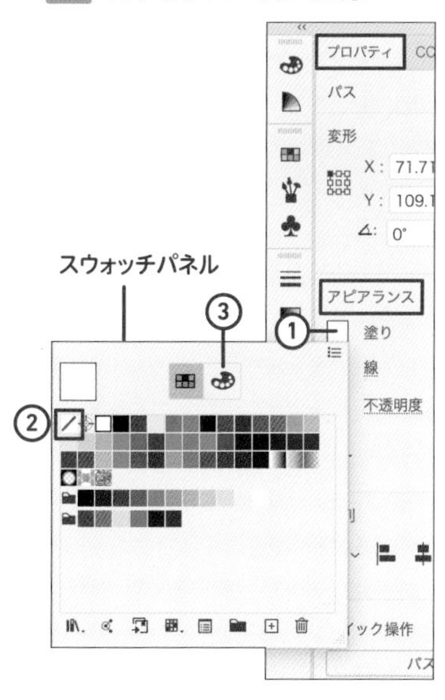

図3 カラーパネルで塗りの色を設定

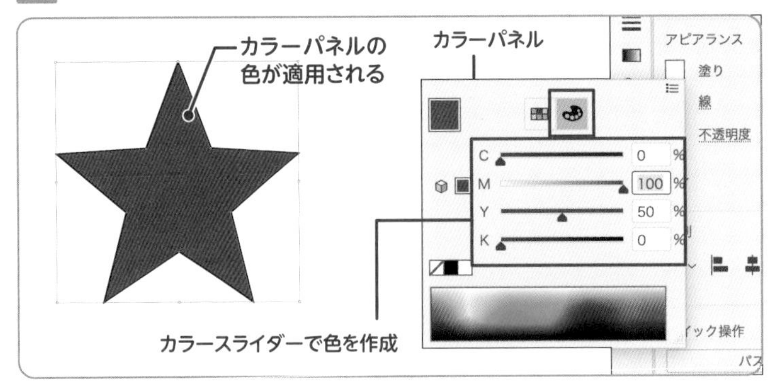

線の色を変更するには、[アピアランス] セクションの [線] の色をクリックして、スウォッチパネルで同様に操作します。

なお、直線ツールで描画した線は、塗りを指定しても反映されません。そのため、初期設定では塗りは[なし]になっています 図4。

ペンツールなどで描いた線の場合、始点と終点が開いたオープンパスでは、始点と終点を結んだエリアが塗りの対象になります 図5。塗りがいらない場合は、塗りを[なし]に設定します。塗りを設定したい場合は、始点と終点を同一のポイントにしてクローズパスにしてください 図6。オープンパスのままだとオブジェクトの形状を変更（再編集）しづらくなります。

図4 線の塗りの設定

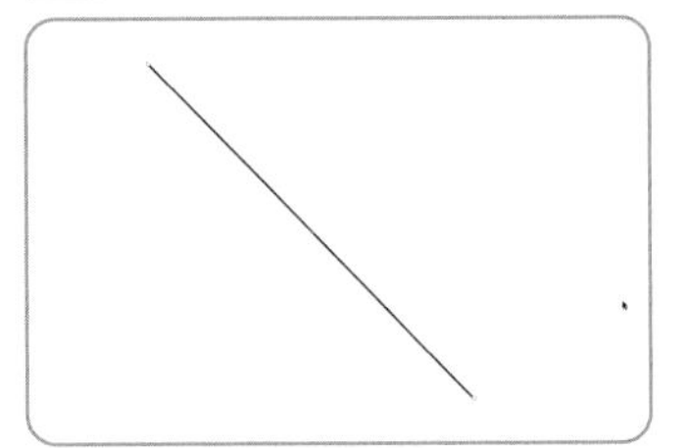

直線ツールで描画した線の［塗り］は初期設定は[なし]になっている

図5 オープンパス

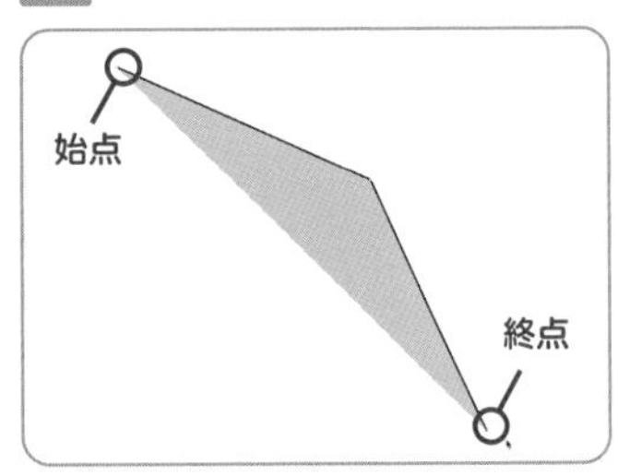

始点と終点はむずばれていないが、内部の塗りは設定される

図6 クローズパス

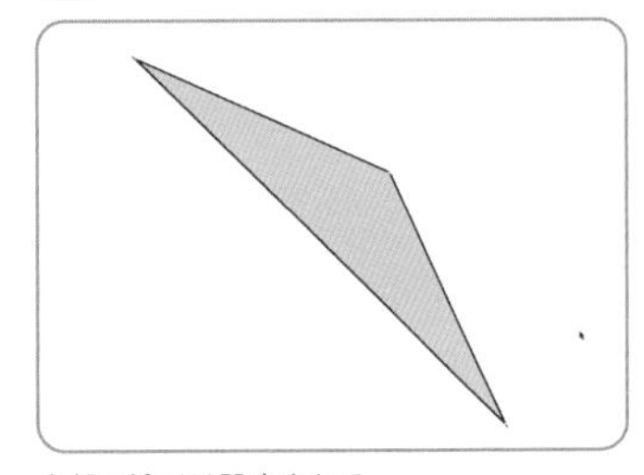

内部の塗りは設定される

パネルアイコンのカラーパネル、スウォッチパネル

カラーパネル、スウォッチパネルは、パネルアイコンから表示して、色を変更することもできます 図7。カラーパネルは初期状態では折りたたまれているので、タブの◇をクリックしてパネルを展開してスライダーを表示します。

図7 カラーパネル、スウォッチパネルはパネルアイコンからも表示できる

memo

カラーパネル、スウォッチパネルはウィンドウメニュー→“カラー”“スウォッチ”でも表示できます。

コントロールパネルのカラーパネル、スウォッチパネル

コントロールパネルの［塗り］［線］から変更することも可能です。［塗り］［線］はクリックするとスウォッチパネル図8、shiftキーを押しながらクリックするとカラーパネルが表示されます図9。

図8 コントロールパネルのスウォッチパネル

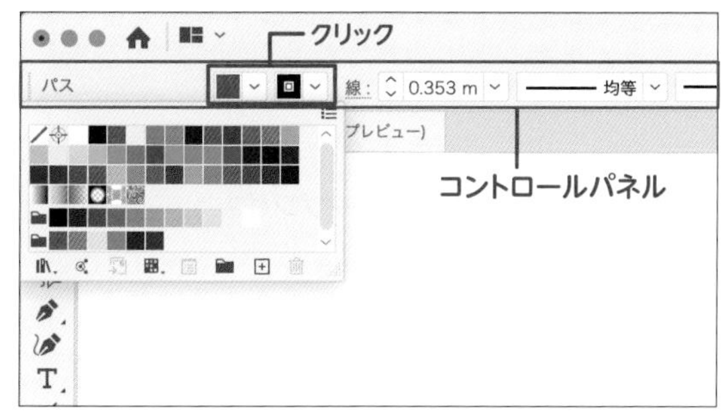

［塗り］［線］をクリックするとスウォッチパネルが表示される

図9 コントロールパネルのカラーパネル

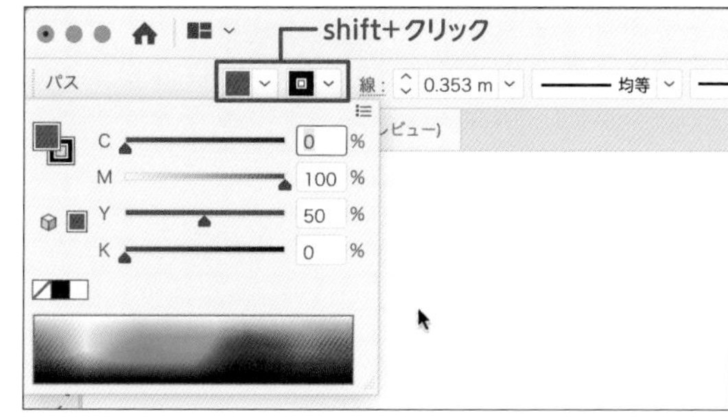

shiftキーを押しながら［塗り］［線］をクリックするとスウォッチパネルが表示される

「塗り」「線」のカラーとして設定できるのは単色のカラーだけではありません。「グラデーション」や「パターン」を設定することができます。さまざまな設定を使いこなすことで表現力を高めることができます（それぞれの使用方法については右の参照先を参照してください）。

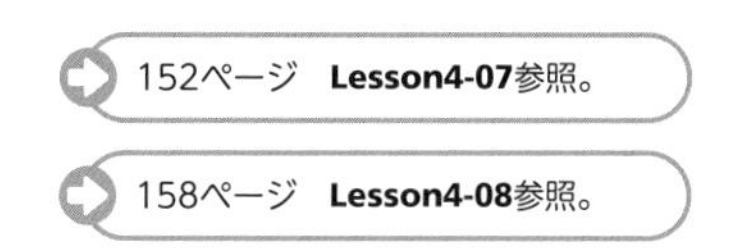

152ページ **Lesson4-07**参照。
158ページ **Lesson4-08**参照。

線パネルで線の太さや形状を変更する

線の色を設定すると、線パネルで線の太さや形状を変更できます。線パネルは、ウィンドウメニュー→“線”で呼び出します。あるいは、プロパティパネルのアピアランス→［線］、コントロールパネルの［線］をクリックしても呼び出せます。線パネルも折りたたまれているので、タブのをクリックして展開してください。

線パネル図10①では、［線幅］（線の太さ）、［線端］（オープンパスの両端の形状）、［角の形状］、［線の位置］（クローズパスに対する線の位置）などを設定できます。また、［破線］②で点線のパターンを設定したり、「矢印」③でオープンパスの両端に矢印などを設定したりできます。

図10 線パネル

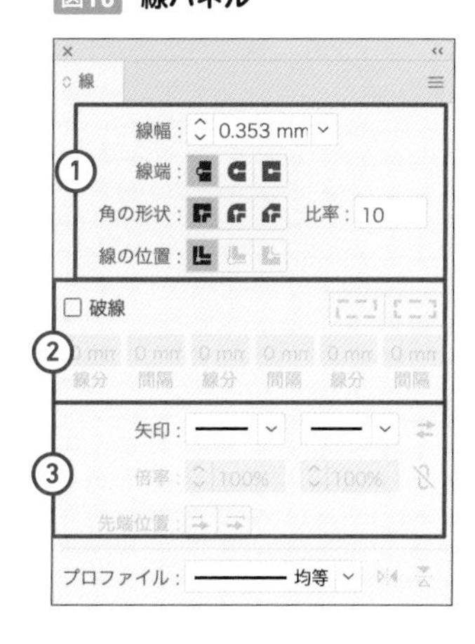

ブラシの設定

ブラシパネル（次ページ図11）では、線に対してさまざまなイメージを適用できます。ブラシパネルは、ウィンドウメニュー→“ブラシ”、あるいはパネルアイコンの［ブラシ］で表示できます。

図11 ブラシパネル

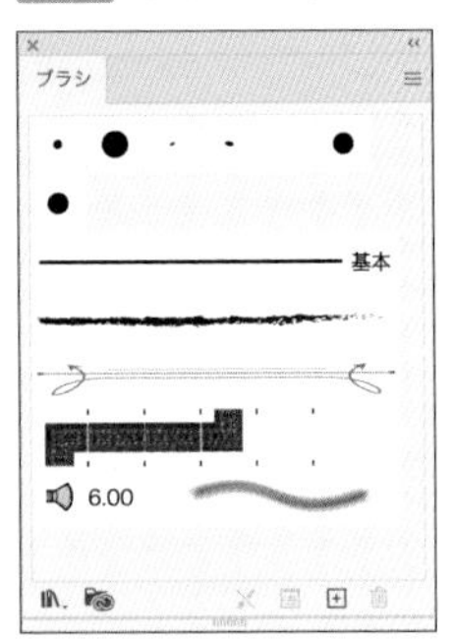

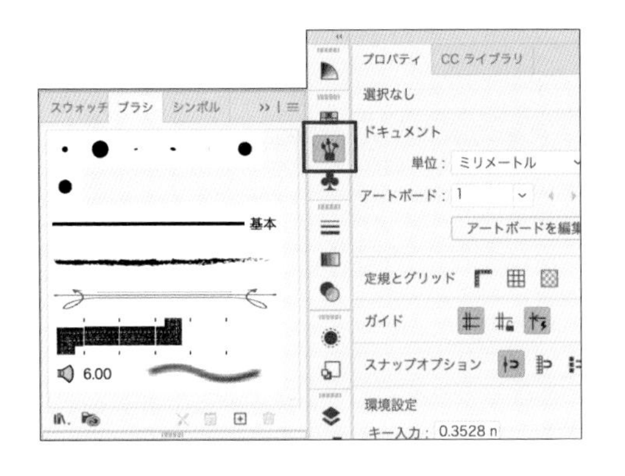

初期設定では種類が少ないですが、オプションの“ブラシライブラリを開く”のサブメニューからさまざまなブラシを呼び出すことができます 図12 図13 図14。

図12 “ブラシライブラリを開く”

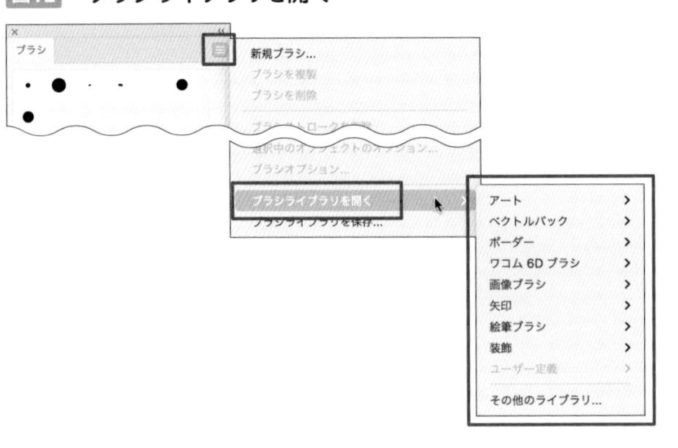

図13 アート_木炭・鉛筆

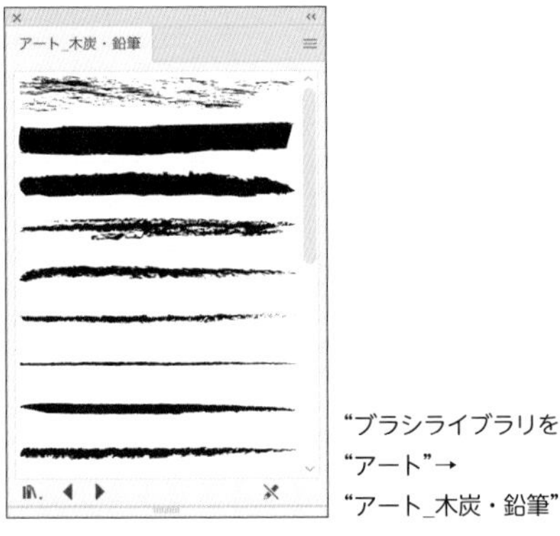

“ブラシライブラリを開く”→
“アート”→
“アート_木炭・鉛筆”

図14 [アート_木炭・鉛筆]ブラシの適用例

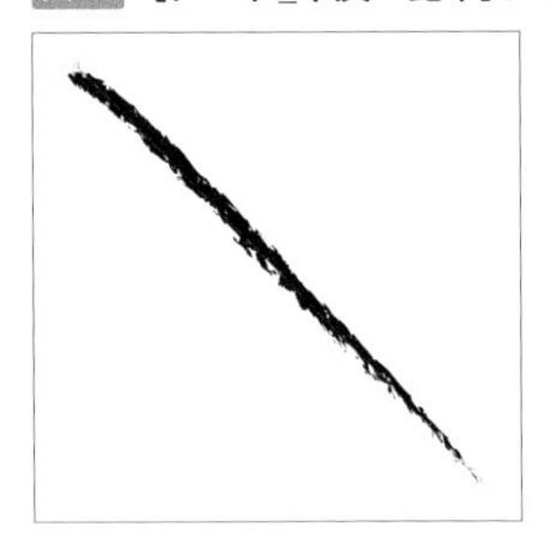

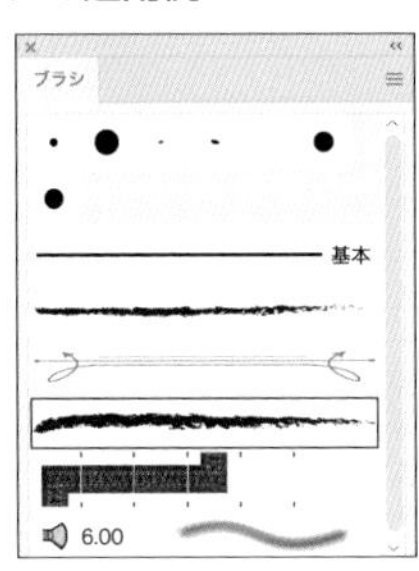

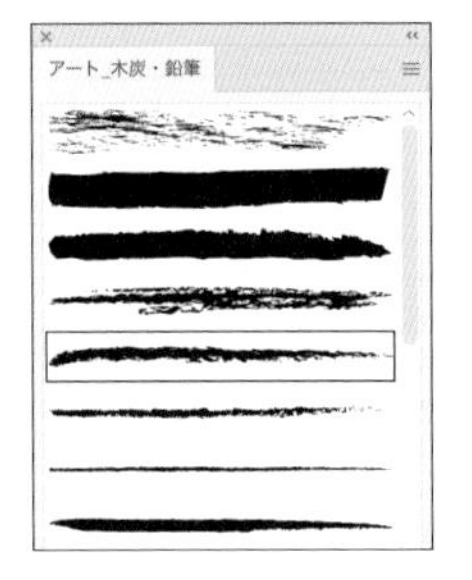

ブラシは基本の太さが1ptになっており、線幅を変更すると、相対的にブラシの形状が太くなったり細くなります。

なお、[線幅：0]に設定すると線は[なし]になり、線パネルやブラシパネルで設定した線の形状は消去されます。線にさまざまな形状を設定したら、[線幅：0]にしないように注意してください。

また、線パネルの設定は次に描画するオブジェクトにも引き継がれます。その場合、オブジェクトを選択していない状態で線を［なし］にし、再度線の色を設定してください。

さまざまな矢印を描く

直線ツールで描いた線に線幅や色を設定し、さまざまな線を描いてみましょう。ポイントは、次に描くオブジェクトにも「設定が引き継がれることがある」点です。オブジェクトの選択状態や設定をチェックしながら線を描いていきましょう。

01 直線ツールで線を描いて、色や形状を設定する

本節ではサンプルのファイル「作例1.ai」を使って実習形式で説明していきます。

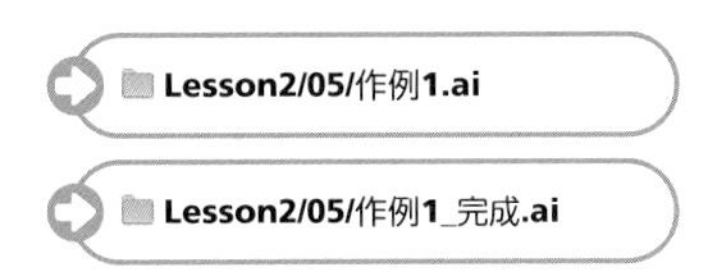

1 「作例1.ai」を開き、直線ツールで線を描きます。
あらかじめ描画されているオブジェクトの上部に、任意の線を描いてください。画面左から右へドラッグして描画します。ドラッグ中にshiftキーを押すと、水平な線を描けます 1-1。

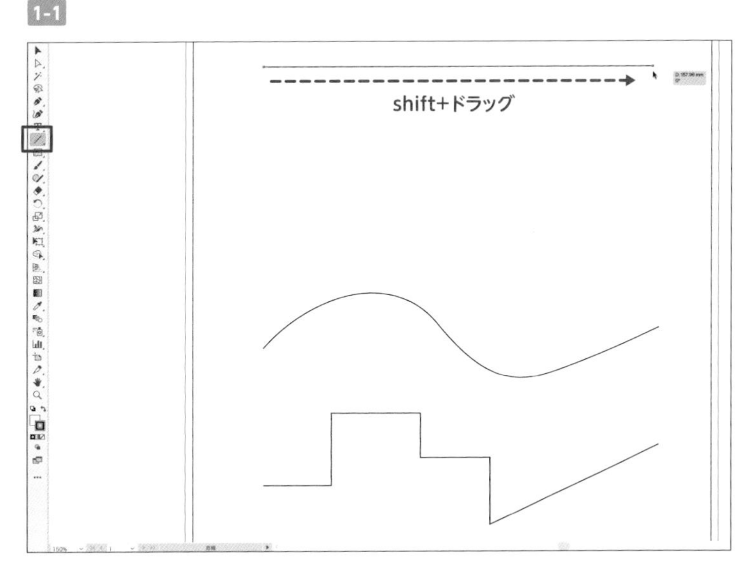

1-1

2 線を描いたら、選択ツールに切り替えます。このとき、ツールバーの選択ツールのアイコン以外の場所をクリックしないように注意してください。描いた線の選択が解除されることがあります。

3 プロパティパネルの［アピアランス］→［線］のカラーをクリックして、スウォッチパネルの［CMYKブルー］をクリックして、線の色を変更します 3-1。

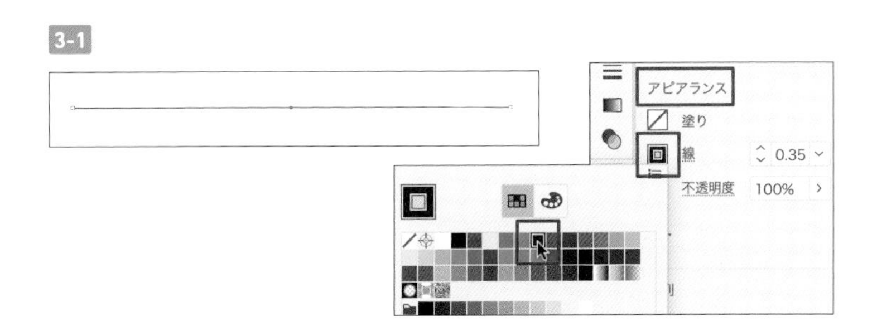

3-1

4 変更したら、escキーまたはenterキーを押すか、プロパティパネル内の何もないところをクリックしてパネルを閉じます。

5 パネルを閉じたら、「線」の文字をクリックして線パネルを表示、[線幅：1mm]に設定します5-1。設定したら先ほどと同じようにパネルを閉じ、ドキュメント内のなにもないところをクリックして選択を解除します。

5-1

memo

線幅の単位は、Illustratorの環境設定によって変わります。ここではミリメートルに設定した状態を前提に解説を進めます。単位の環境設定についてはP.28をご覧ください

6 再度直線ツールに切り替え、新しい線を描画します。この線は前回の設定をそのまま引き継いで描画されます。描画の方向は左から右へ描画します（マウスポインタから縦に伸びる赤い縦線はスマートガイドです）6-1。

6-1

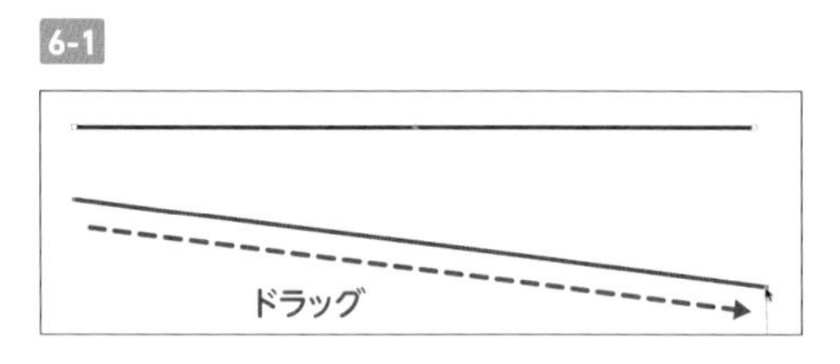

7 [線] のカラーを [CMYKレッド]に、[線幅：2mm]に設定します7-1。

7-1

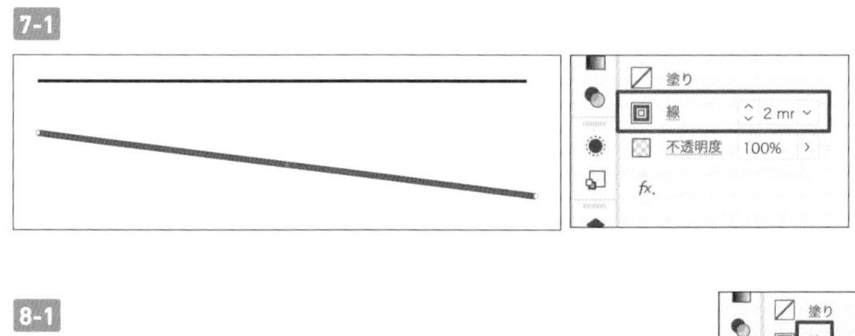

8 設定が終わったら、再度線パネルを表示、[矢印]右側（パスの終点）のプルダウンメニューから「矢印1」を選択します8-1。

8-1

9 線端の飾りは [倍率] で大きさを変更できます。今回は50%に設定します9-1。

9-1

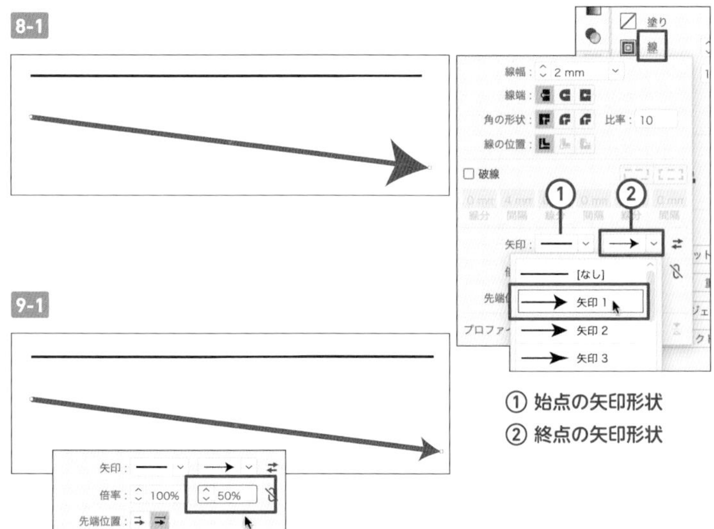

① 始点の矢印形状
② 終点の矢印形状

10 直線ツールで線を描画します。今度は画面の右側から左へドラッグして描画してください。線の色、太さはそのまま引き継がれ、線端の設定は引き継がれずに描画されます 10-1。

10-1

11 描画したらカラーを［CMYKグリーン］に変更します 11-1。

11-1

12 線端を再度設定します。手順 8 と同じように［矢印］右側（パスの終点）のプルダウンメニューから［矢印1］を選択します。線の左側に矢印が設定されました 12-1。このように、矢印の設定はパスの始点（描画し始めたアンカーポイント）と終点（描画が終わるアンカーポイント）に対して設定されます。

12-1

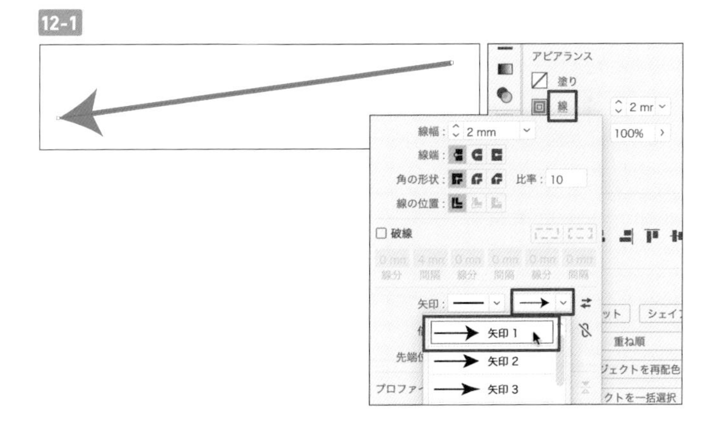

13 矢印の大きさを［倍率：50%］に設定します 13-1。

13-1

14 始点と終点を入れ替えたい場合は「矢印の始点と終点を入れ替え」をクリックします 14-1。

14-1

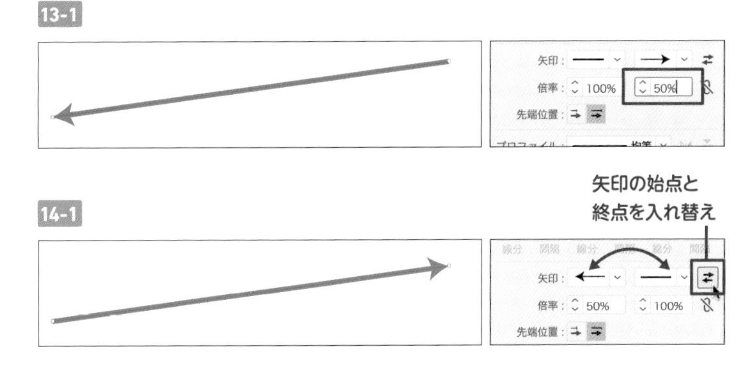

15 点線にするには［破線］にチェックを入れ、［線分］と［間隔］を指定します。ここでは［線分：6mm］、［間隔：2mm］に設定しました 15-1。

最後にenterキーを押してください。設定が終了してパネルが閉じられます。

15-1

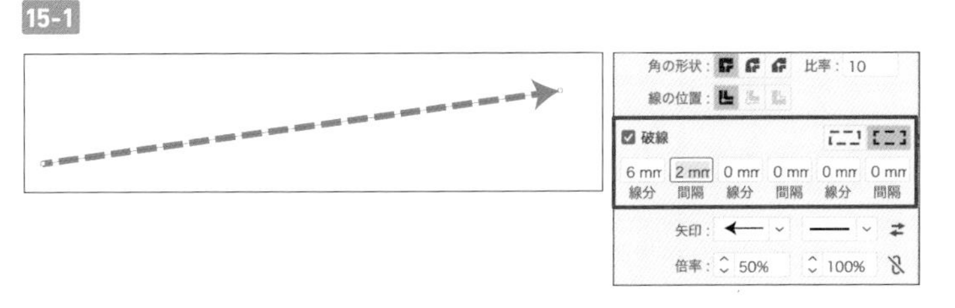

02 既存の線の設定を変更する（コーナーの線分・丸点線を作成）

サンプルのファイル「作例1.ai」にあらかじめ作成されている線を使って、破線、矢印の設定をもう少し細かく見ていきましょう。

16 あらかじめ作成されている曲線を選択ツールで選択して設定を変更します。[線] のスウォッチカラーを[CMYKマゼンタ]、[線幅：2mm]に設定します 16-1。

16-1

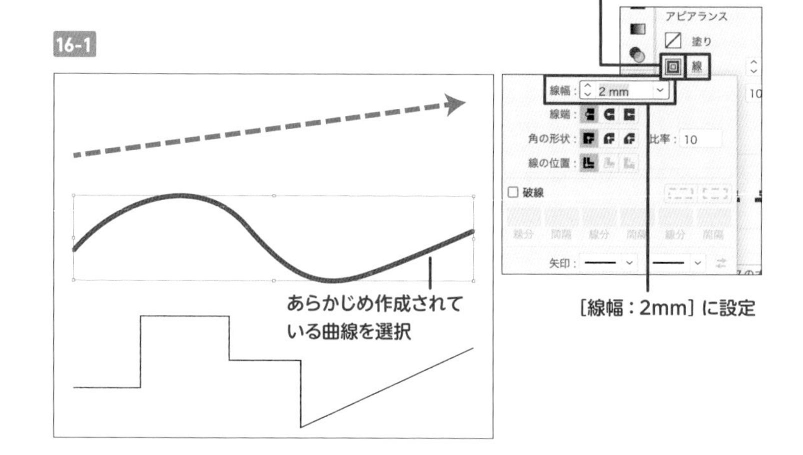

17 設定が終わったら、「破線」にチェックを入れます。すると、前回設定した破線の設定がそのまま適用されます。続いて [矢印] [倍率] を設定し、点線の矢印にします 17-1。

17-1

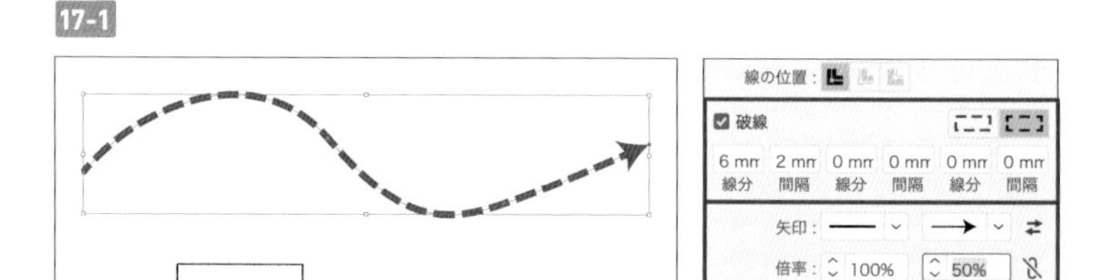

18 次に、曲線の下の直線の図形を選択して設定を変更します。[線] のスウォッチカラーを茶色系のスウォッチ、[線幅：2mm] に設定し、[破線] にチェックを入れ、[矢印] を設定します 18-1。

18-1

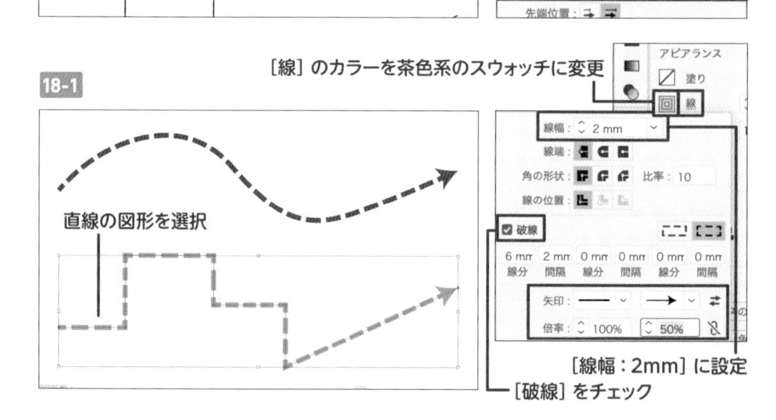

19 破線の設定の右側にあるオプション、[コーナーやパス先端に破線の先端を整列] にチェックが入っているため、コーナー部分（アンカーポイントがある箇所）に線があります 19-1。

これを [線分と間隔の正確な長さを保持] に変更すると、角に線がない箇所が発生するため、オブジェクトの元の形状がわかり

19-1

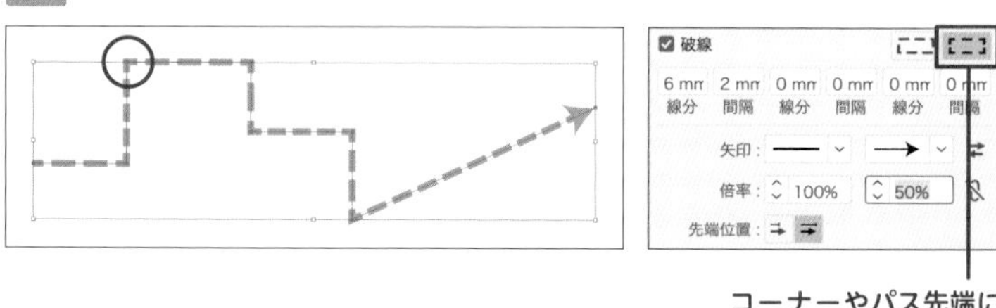

にくくなります19-2。

このように、破線を描く際、[コーナーやパス先端に破線の先端を整列]にチェックを入れると、破線の設定は正確ではなくなりますが、コーナーに線分を発生させることができます。

19-2

線分と間隔の正確な長さを保持

20

再度、マゼンタの線を選択します。線パネルを表示し、線端を[丸型線端]に設定します20-1。

20-1

線端なし
丸型線端
突出線端

21

[破線]を[線分：0mm]、[間隔:6mm]、線端を[丸型線端]に設定すると、丸が連続する点線を描画できます。間隔の値を変更すると点線の間隔を縮めたり伸ばすことができます22-1。

22-1

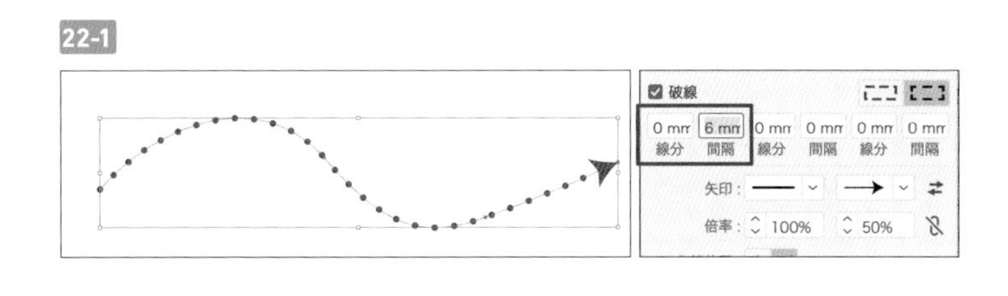

22

線端を[突出線端]に設定すると四角の点線になります22-1。

22-1

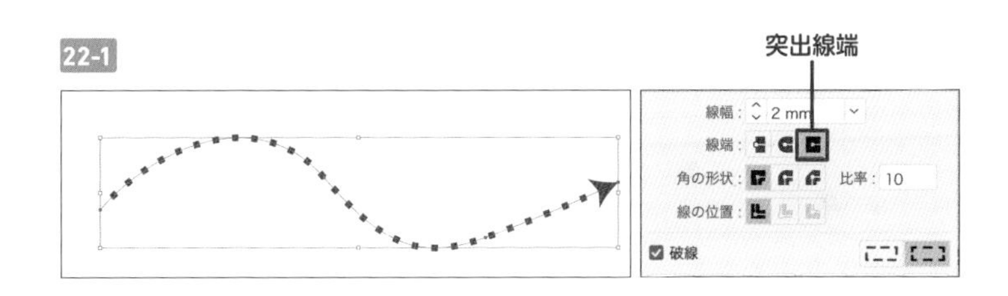

23

[矢印]を[矢印22]に変更すると線端の形状を変更できます23-1。

このように、線パネルの設定を変更することで、さまざまな線(矢印)を描くことができます23-2。

23-1

23-2

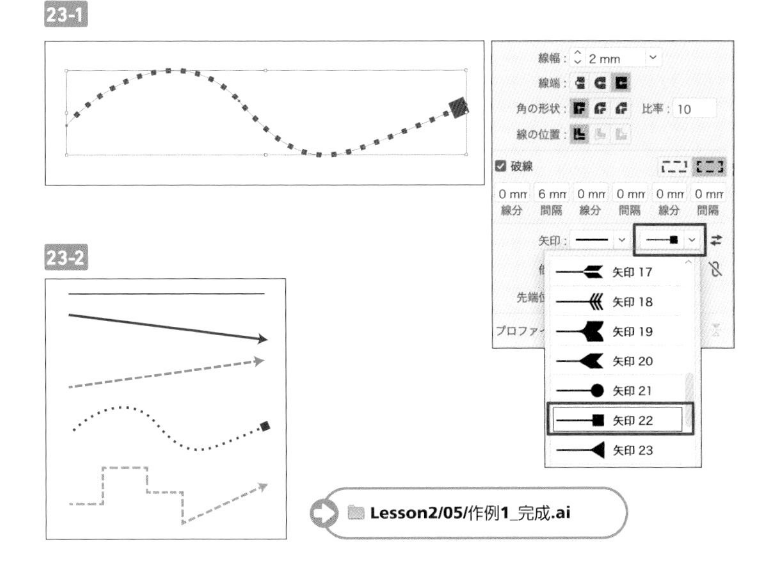

Lesson2/05/作例1_完成.ai

memo

[破線]の[線分]と[間隔]は3組用意されています。単純な点線の場合ははじめの1組(2つ)のみを設定します。すべての線分と間隔を使うと、複雑な点線を描画することができます。

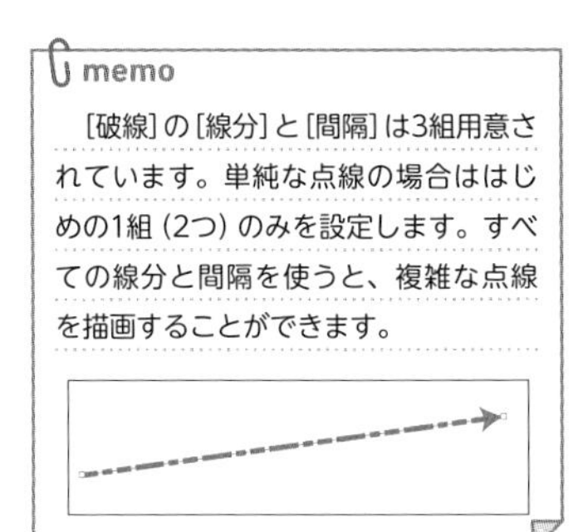

オブジェクトを変形する

描画したオブジェクトを変形させせるには、拡大・縮小ツール、回転ツール、リフレクト（反転）ツール、シアー（傾斜、歪み）ツールを使用します。いずれもオブジェクトを選択して、クリックまたはドラッグで変形という流れが基本になります。

ツールを使用したオブジェクト変形

選択ツールでオブジェクトを選択してから、変形ツール 図1 に切り替え、ドラッグして変形します。ドラッグ中にshiftキーを押すと、変形の動きや角度を制限することができます 図2 ～ 図7。

オブジェクトを変形させたらツールを選択ツールに戻し、何もない箇所でクリックして選択を解除します。

memo

練習用のドキュメント「作例2.ai」があります。

図1 本節で取り上げる変形ツール

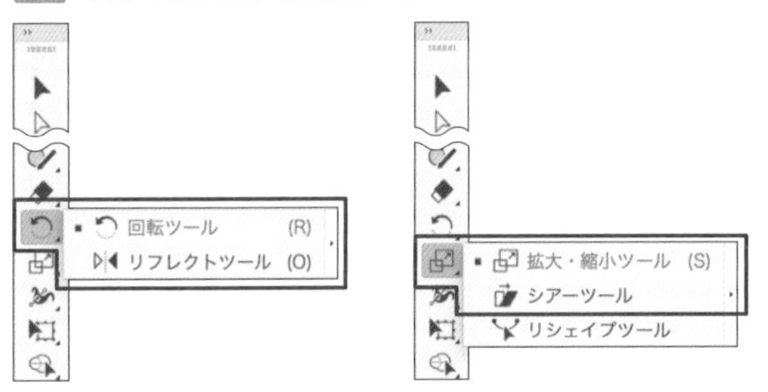

memo

ひとつのオブジェクトだけでなく複数のオブジェクトを選択して変形することもできます。

図2 変形したいオブジェクトを選択

選択ツールでオブジェクトを選択

図3 拡大／縮小

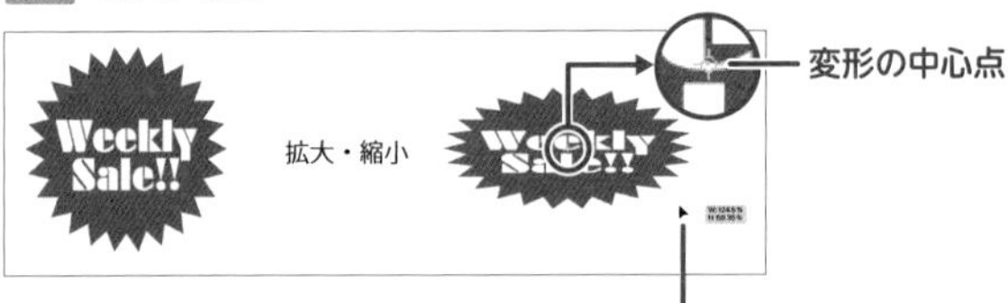

拡大・縮小ツールでドラッグ

図4 拡大／縮小：shift+ドラッグ

shift+ドラッグの方向によって、縦／横方向のみの変形、縦横比を保持した変形となる（図は縦横比を保持した変形）

図5 回転

shift+ドラッグで45度間隔の回転に限定できる

回転ツールでドラッグ

図6 **リフレクト(反転)**

反転して回転

図7 **シアー（傾斜、歪み）**

ドラッグで歪み、shift+ドラッグで傾斜するように変形

なお、変形の原点（中心点）は、初期設定ではバウンディングボックスの中央になります図3。原点の位置を変更するには、変形ツールを選択してから、原点に指定したい位置でクリックをします図8。この状態でドラッグすると、移動した原点を中心にオブジェクトが変形します。

図8 **原点を移動して変形(回転の例)**

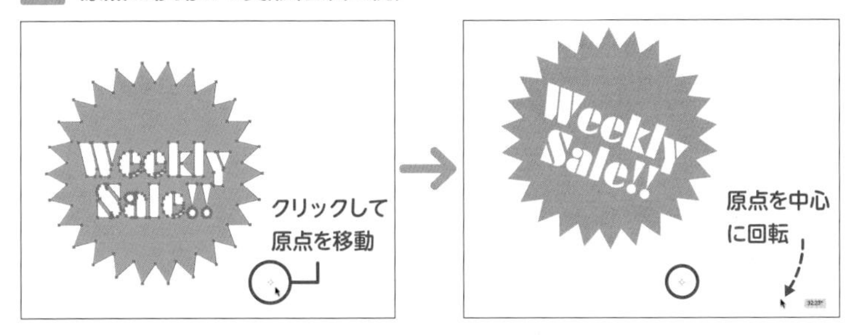

ダイアログを使用したオブジェクト変形

選択ツールでオブジェクトを選択し、変形ツールに切り替えてenterキーを押すと、変形を数値で指定するダイアログが表示されます。

[プレビュー］にチェックを入れると、変形値の結果がプレビューできます。[OK]ボタンをクリックすると変形が確定します図9 図10。

また、[コピー］ボタンをクリックすると、元のオブジェクトは変形せずに、そのコピーを変形できます。

図9 **数値指定ダイアログ①**

図10 数値指定ダイアログ②

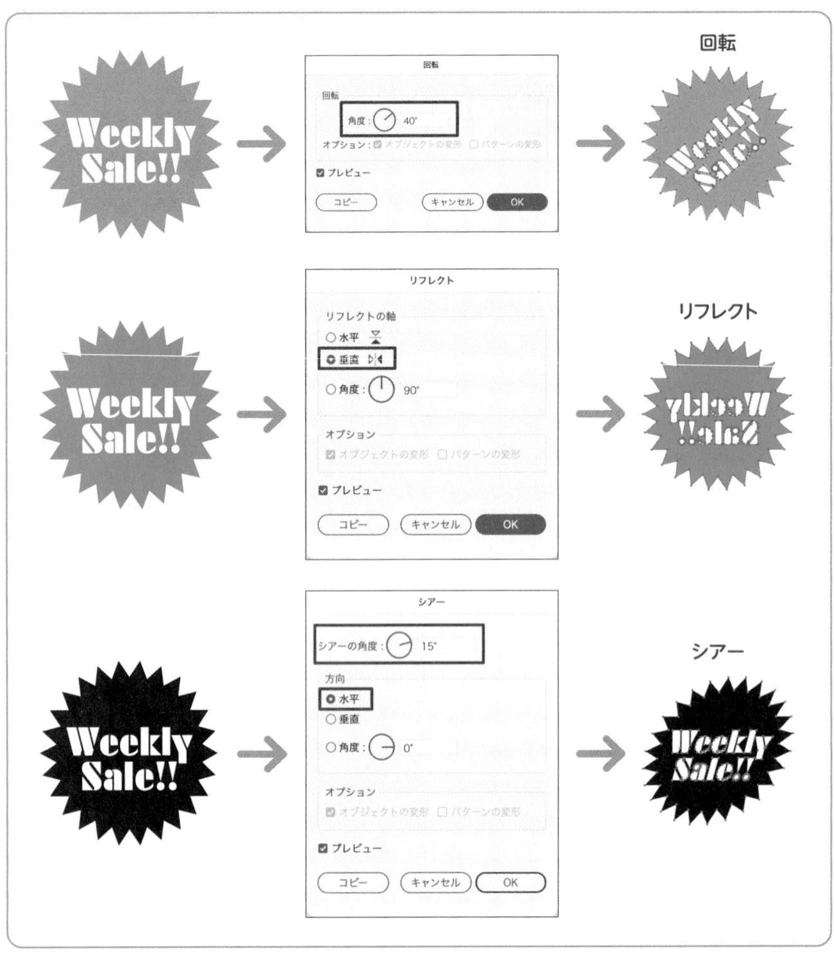

memo
図10のサンプルドキュメント「作例2_完成.ai」があります。

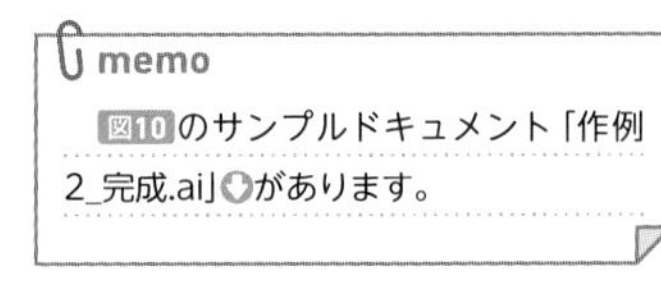

「個別に変形」で複数の変形を同時に実行する

移動、回転、リフレクト、拡大・縮小を同時に実行したい場合は、オブジェクトメニュー→"変形"→"個別に変形..."を選択します 図11。

図11 オブジェクトメニュー→"変形"→"個別に変形..."

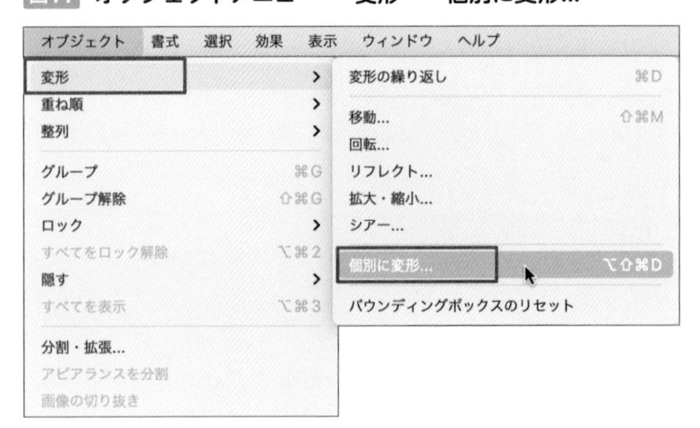

「個別に変形」ダイアログ 図12 が表示されたら、数値を指定して［OK］または［コピー］ボタンをクリックして実行します。なお、リフレクトは［オプション］の［水平方向に反転］［垂直方向に反転］で指定します。

複数のオブジェクトを選択して“個別に変形...”を選択し、「ランダム」にチェックを入れると、変形の設定値を最大値としたランダムな値で、ランダムにオブジェクトに実行できます。

結果が気に入らない場合、いったん［ランダム］のチェックを外し、再度チェックを入れると結果が変わります 図13。

図13 変形をランダムに実行

図12 「個別に変形」ダイアログ

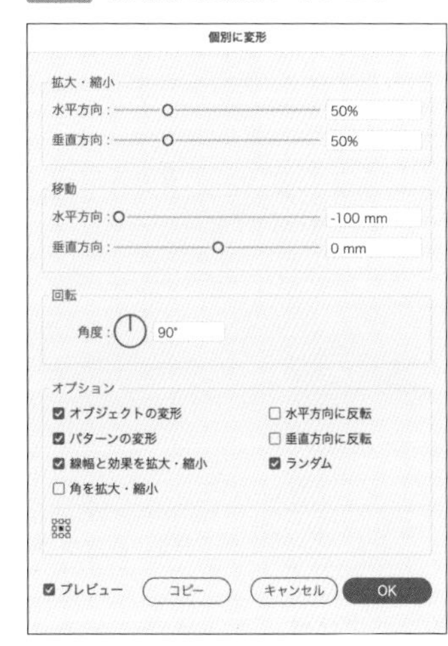

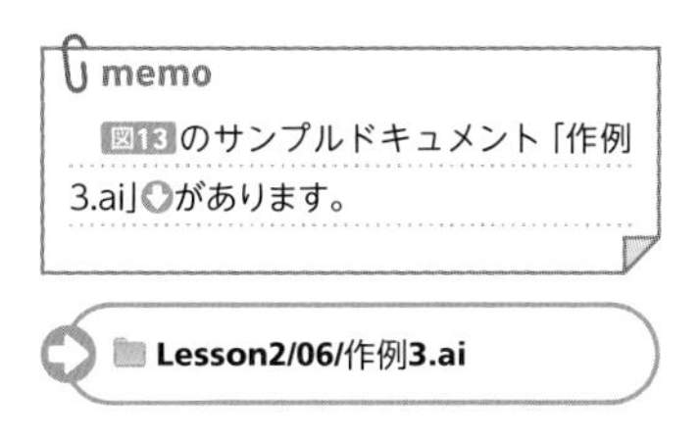

ライブシェイプを使った編集

長方形や楕円、多角形、直線などのオブジェクトを描画後に再編集できる機能があります。これらを総称してライブシェイプと言います。

ライブシェイプとは？

長方形ツールで描画したオブジェクトを選択して変形パネルを確認すると、幅や高さ、角度、コーナーの形状を確認・指定することができます 図1 。これらの項目はプロパティとしてオブジェクトに記述され、再編集することが可能です。この機能を「ライブシェイプ」と呼びます。

ライブシェイプは、描画したオブジェクトによって設定できる項目が異なります。また、極端な変形をかけた場合やペンツールで描画したオブジェクトなどは、ライブシェイプの編集対象とならないことがあります。

図1 ライブシェイプのプロパティ

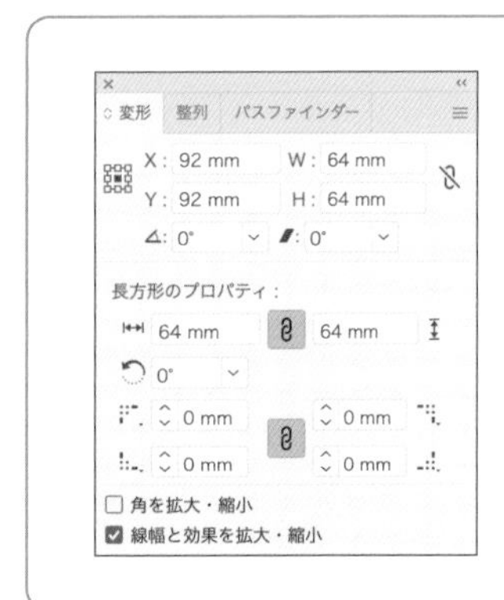

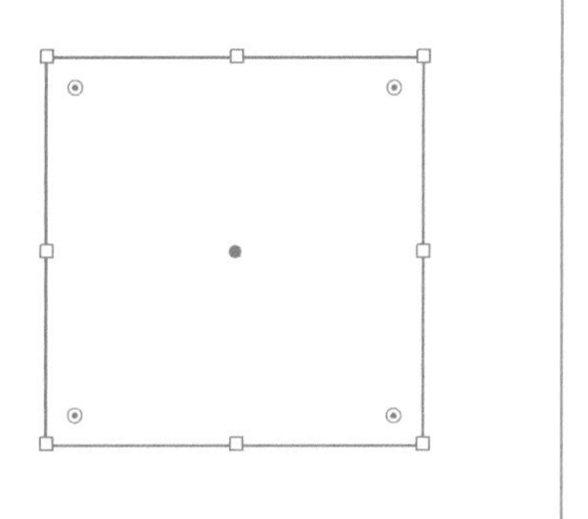

ライブシェイプの使いかた

長方形ツールで描画したオブジェクトを選択し、変形パネルを見てみましょう。[長方形のプロパティ] という項目に、いくつかの項目が表示されています。

[角度] を指定すると、オブジェクトを回転することができます 図2 。実は回転ツールによる回転でも同じですが、オブジェクトの中に回転角

度が保持されるので、元の状態に戻したり、再度編集して角度を調整したりできます。

［角の種類］図3では、角（コーナー）の形状を変更することができます。角の種類は［角丸］［角丸（内側）］［面取り］の3種類から選択でき、それぞれ半径を指定して、形状の大きさ（かかり具合）を変更できます図4。

コーナーの半径は［角丸の半径値をリンク］をオンにすると一括で指定できますが、形状はそれぞれ変更する必要があります図5 ！。

［角丸の半径値をリンク］をオフにし、ひとつのコーナーだけ変形してアイコンなどに使用できるカコミを作ることもできます図6。

POINT

ただし、後述71ページの「ライブコーナー」を使用すれば、一括で変更できます。

図2 ［角度］

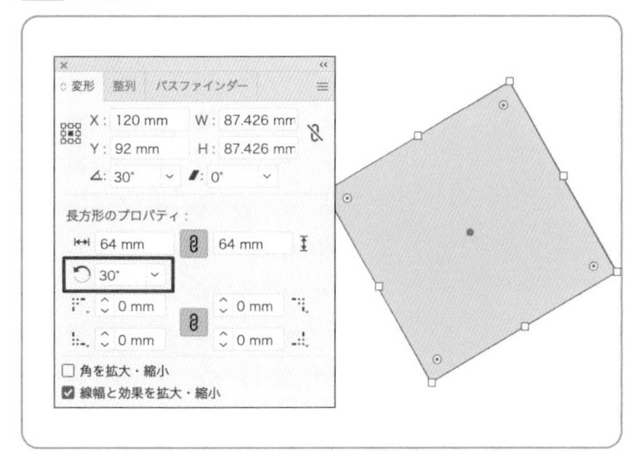

図3 ［角の種類］

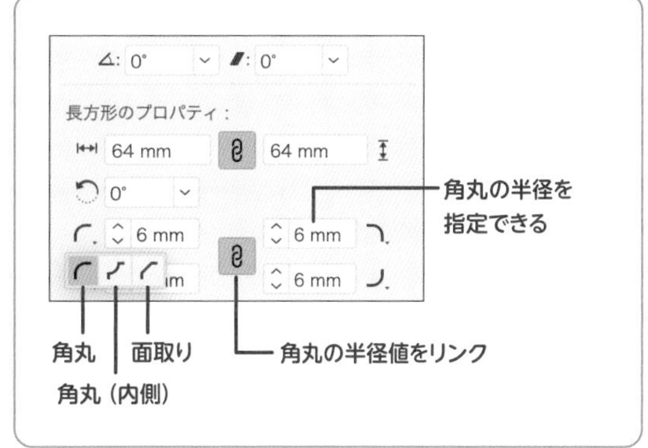

図4 ［角丸］

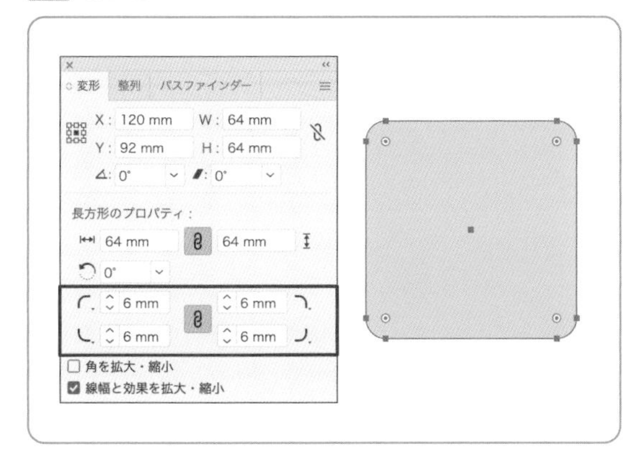

図5 ［角の種類］を個別に設定

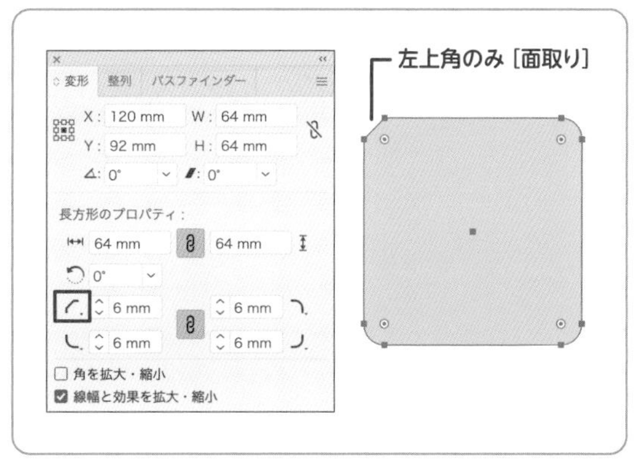

図6 角丸の種類と半径と個別に設定

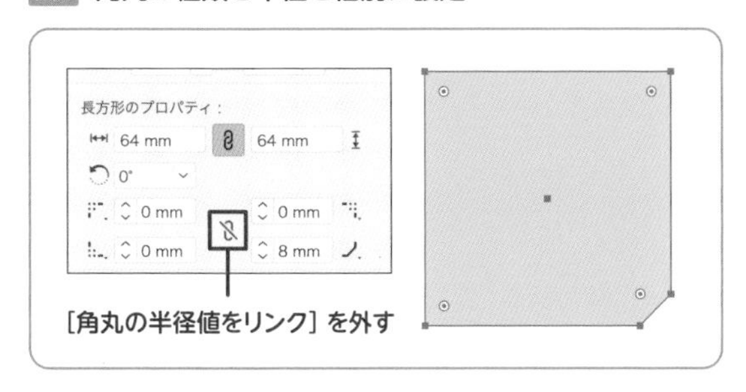

楕円オブジェクトでは［扇形の開始角度］［扇形の終了角度］で、楕円を扇形に変形することができます図7。［扇形を反転］では、表示する部分と消去する部分を反転できます図8。

なお、この扇形の角度は変形パネルでの指定だけでなく、オブジェクトを選択したときのウィジェットで変更することができます。

図7 楕円形の［扇形の開始角度］［扇形の終了角度］

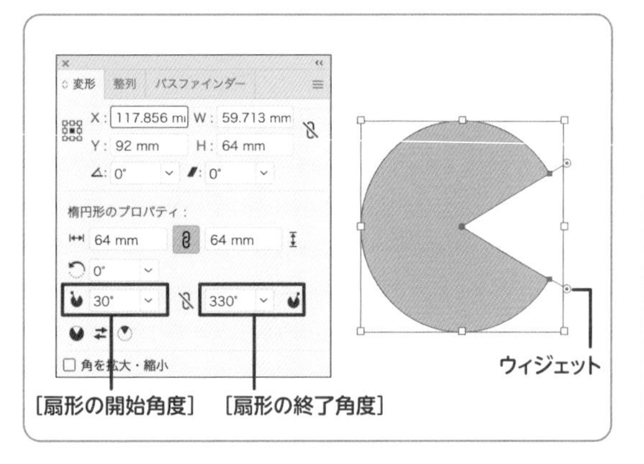

図8 ［扇形を反転］

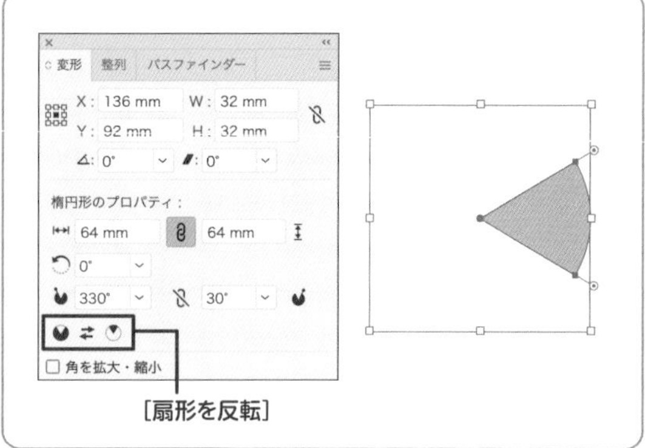

多角形オブジェクトの場合は、［多角形の辺の数］つまり多角形の頂点の数と、［角の種類］を変更できます。また、［多角形の半径］［多角形の辺の長さ］によりサイズを変更することもできます図9。

直線ツールで描画した線については、［線の長さ］や［線の角度］を変更できます図10。描画した線の角度が数値で示されるので、角度を精密に指定したいときに便利です。

図9 多角形のプロパティ

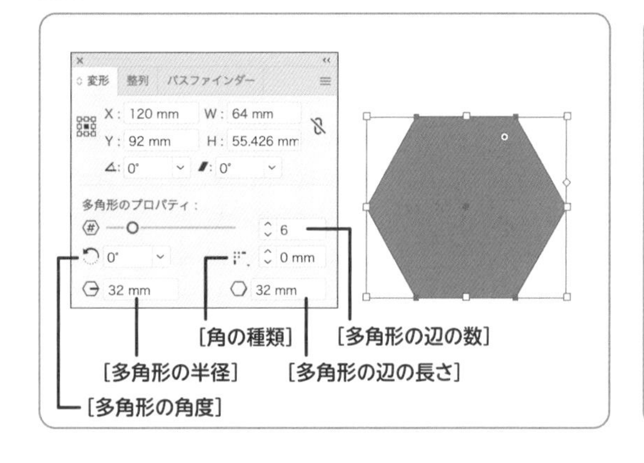

図10 直線ツールで描画した線のプロパティ

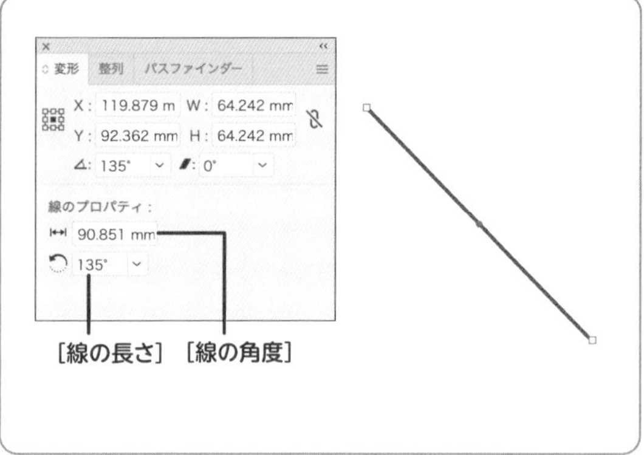

ライブシェイプの注意点

ライブシェイプは便利な機能ですが、いくつか注意が必要な点があります。

線は、ペンツールで2つのアンカーポイントを作成して描画することもできますが、直線ツールで描いた線と異なり、描画後に線のプロパティで変更することはできません図11。

同様に、ペンツールで描いたクローズパスも、ライブシェイプの編集対象となりません図12。

これらのオブジェクトをライブシェイプの編集対象にするには、オブジェクトを選択してオブジェクトメニュー→"シェイプ"→"シェイプに変換"を選択して変換します図13。

図11 ペンツールで描いた線はライブシェイプにならない

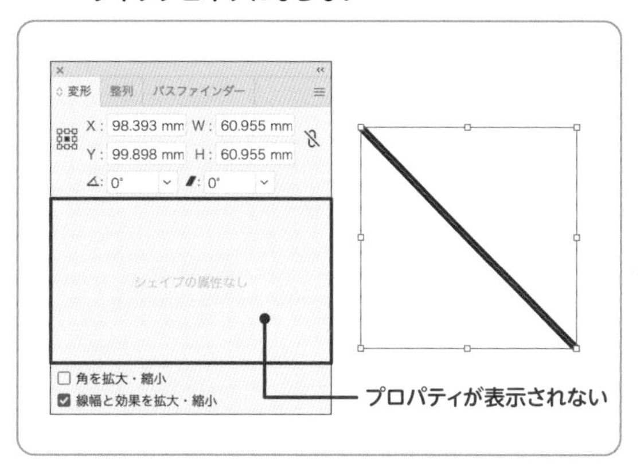

図12 ペンツールで描いたクローズパスもライブシェイプにならない

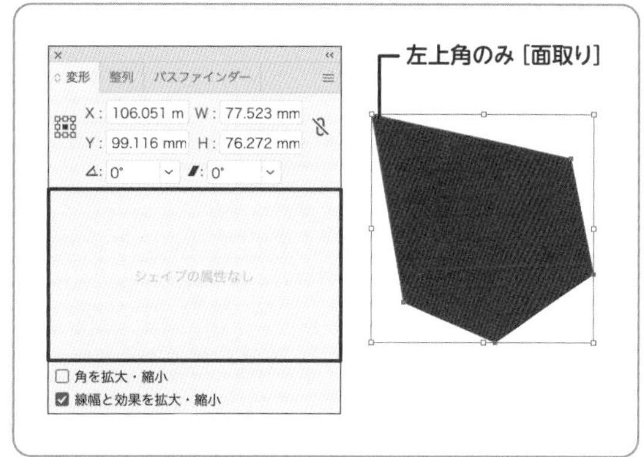

図13 オブジェクトメニュー→"シェイプ"→"シェイプに変換"でライブシェイプに変換

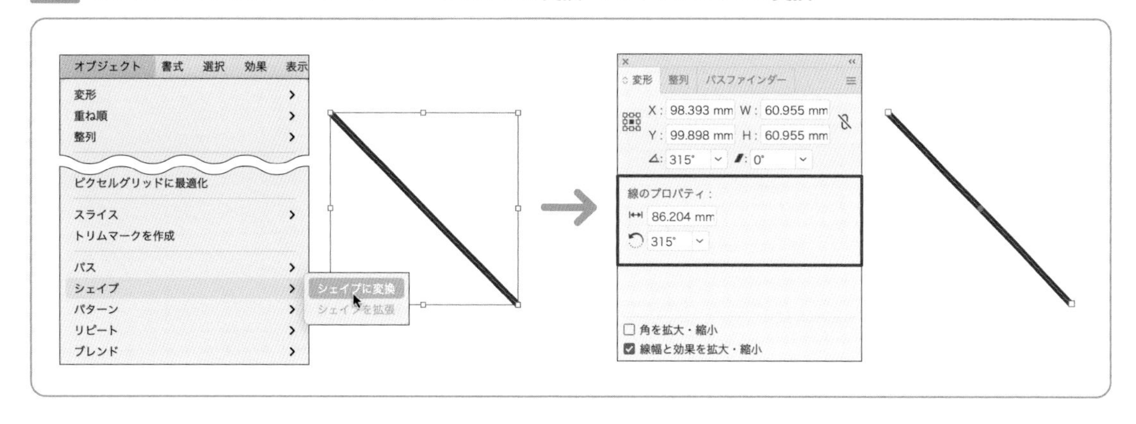

ただし、"シェイプに変換"でもライブシェイプの編集対象とならない場合もあるので注意が必要です。この場合「オブジェクトが変換されていません」というメッセージが表示されます（次ページ図14）。

図14 形状によっては“シェイプに変換”が効かないこともある

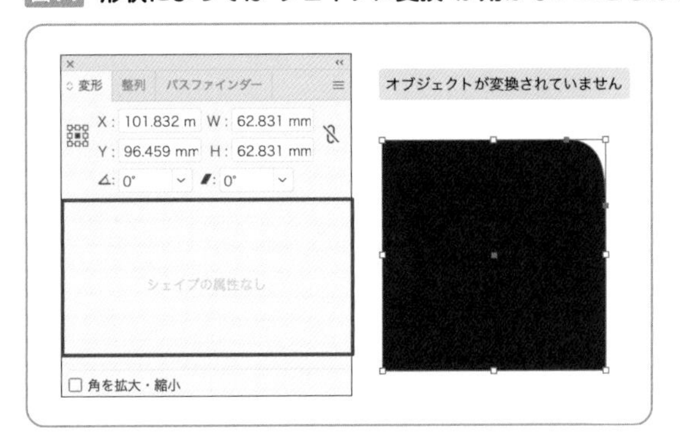

また、“シェイプに変換”した場合、オブジェクトの形状が変更されることがあります。たとえば、ペンツールで多角形のオブジェクトを描画して“シェイプに変換”を実行し、多角形のプロパティでオブジェクトのサイズや形状を変更しようとすると、バウンディングボックスの幅と高さを維持したまま、アンカーポイントが均等に配置されます。図15。

図15 “シェイプに変換”後に形状が変わる場合もある

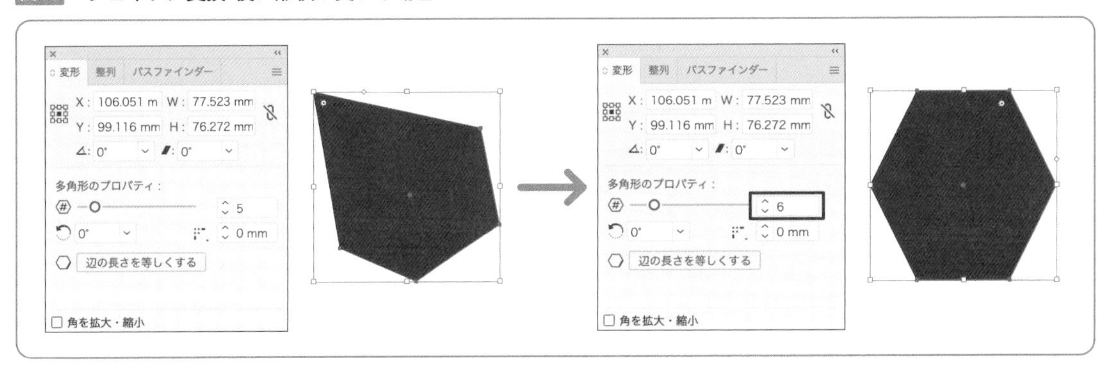

また、ライブシェイプでオブジェクトを変形したのち、バウンディングボックスをドラッグするなどして極端な形にオブジェクトを変更すると「シェイプを拡張」というアラートが表示され、オブジェクトがライブシェイプの編集対象とならなくなります図16。

図16 シェイプを拡張

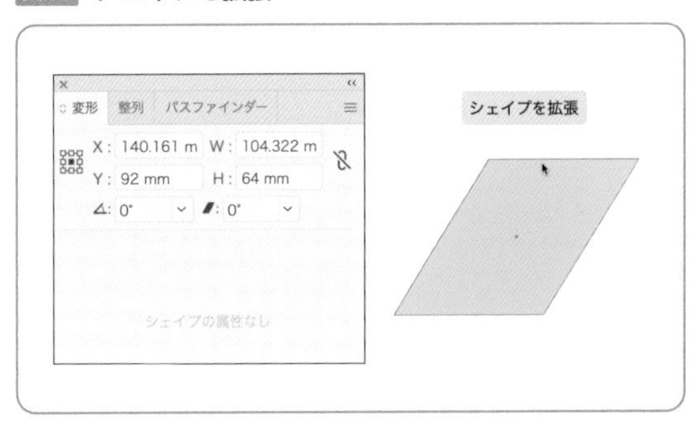

ライブコーナーの使いかた

ライブシェイプの機能のなかで、**コーナーポイント**を含むオブジェクトを選択すると、コーナーの内側に蛇の目のアイコンが表示されます。このアイコンを「コーナーウィジェット」と呼びます図17。

コーナーウィジェットをドラッグすると、ライブシェイプの「角の半径」を同じように角の形状を変形できます図18 ❗。また、option (Alt) キーを押しながらコーナーウィジェットをクリックすると［角の形状］の種類を一括で変更できます。

図18 コーナーウィジェットで角の形状を変えられる

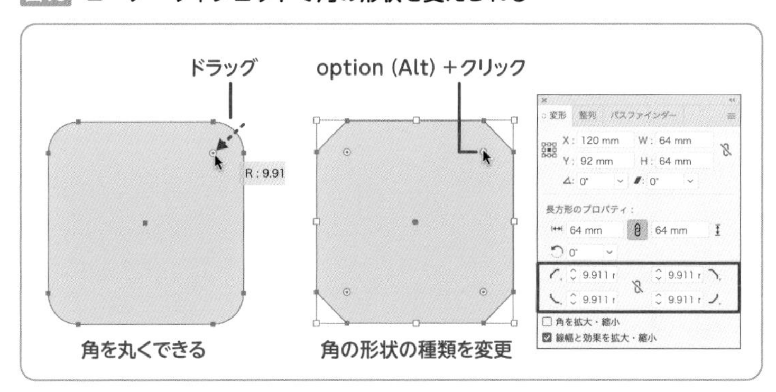

スターツールで描画したオブジェクトなどは、ダイレクト選択ツールでオブジェクトを選択すると「コーナーウィジェット」が表示されます図19。

コーナーウィジェットが表示されたらウィジェットをドラッグして角を丸め、option (Alt) キーを押しながら2回クリックすると、歯車を作ることができます。

図19 ［角の種類］を個別に設定

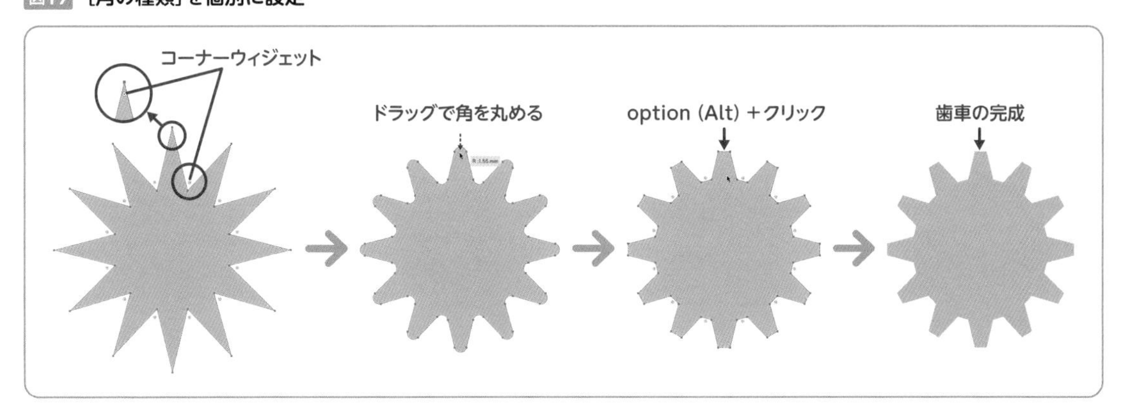

WORD コーナーポイント

方向線（パスのハンドル）のないアンカーポイントのこと。

図17 コーナーウィジェット

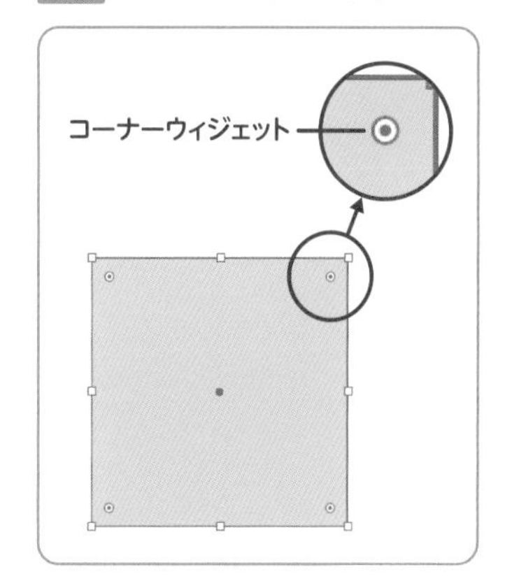

POINT

ダイレクト選択ツールでコーナーを選択した場合は、選択したコーナーのみ「コーナーウィジェット」をコントロールできます。

オブジェクトの重なり順

Illustratorで描画したオブジェクトには重なり順があります。オブジェクトの数が多くなると重なり順も複雑になっていきます。オブジェクトがどのように重なっているかを把握してコントロールすることは、Illustratorを操作する上で重要です。

重なり順の仕組みと操作

Illustratorはオブジェクトを描画した順番に上下関係が構成されます。あとから描いたオブジェクトが上に位置します 図1。

オブジェクトを編集・複製した場合は、複製元のオブジェクトの上に配置されます。ただし、複製前のオブジェクトの上にあったオブジェクトより上になることはありません。

なお、オブジェクトの重なり順よりも「レイヤー」の重なり順が優先されます 図2。重なり順は同一レイヤー内のオブジェクトに対してのみ適用され、その上位の上下関係として、レイヤーの重なり順があります。

図1 オブジェクトの重なり順

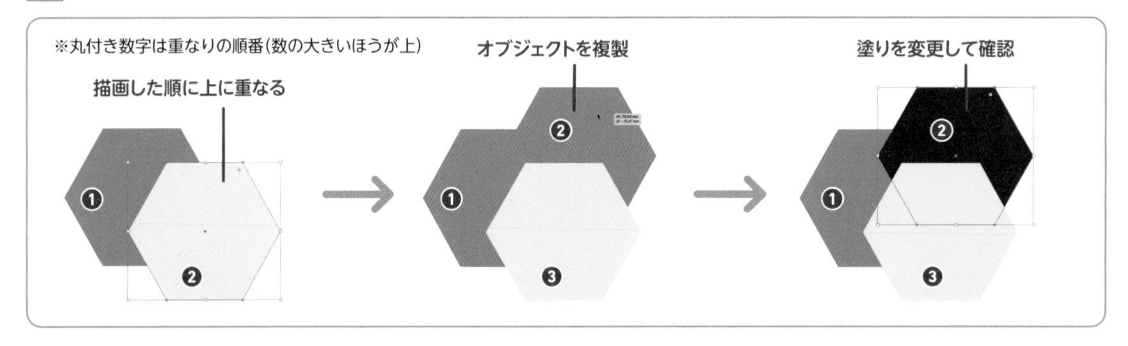

図2 レイヤーの上下関係

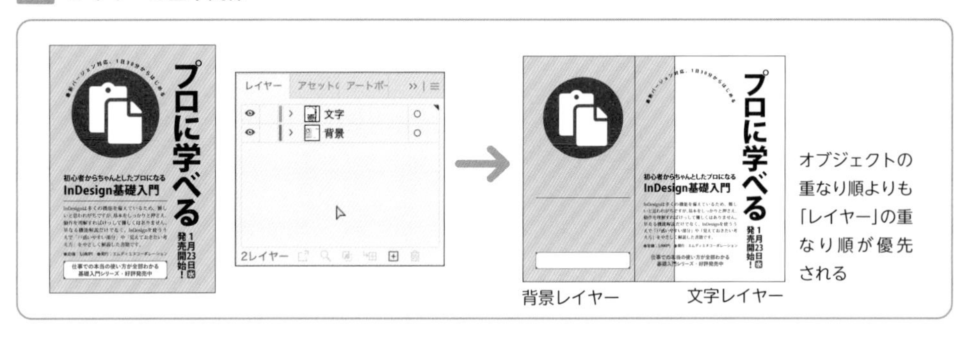

オブジェクトの重なり順を変更するには、オブジェクトを選択してオブジェクトメニュー→"重ね順"サブメニューのコマンドで重なり順を変更します 図3。

"重ね順"サブメニューの"最前面へ"はオブジェクトを一番手前へ、"最背面へ"は一番背後へ、"前面へ"はひとつ手前へ、"背面へ"はひとつ背後へ移動するコマンドです 図4。

図3 重なり順を変更するコマンド

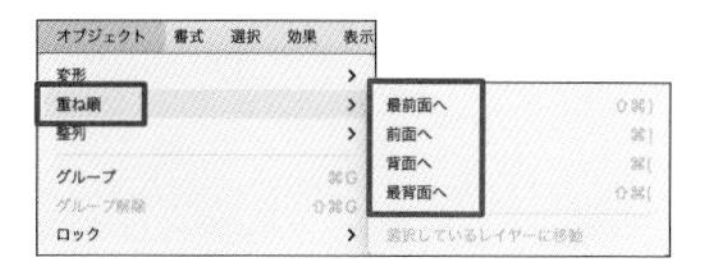

図4 "重ね順"サブメニューによる重なり順の変更

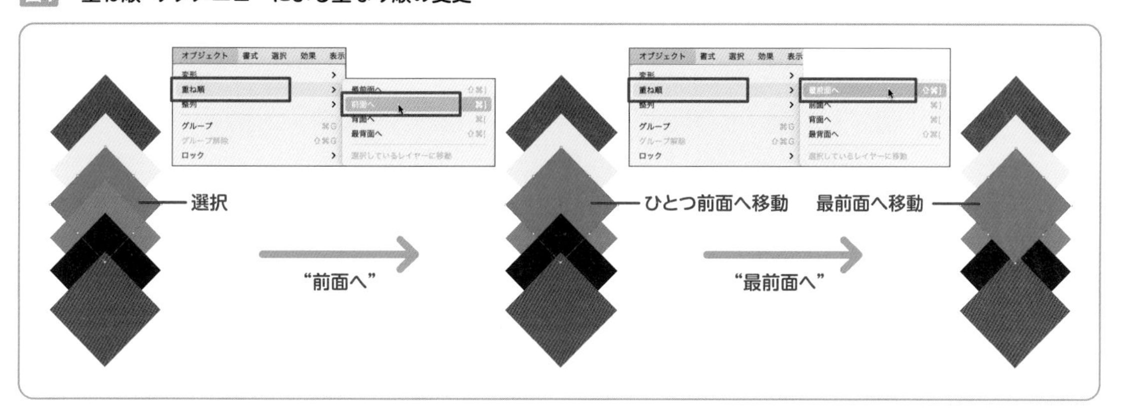

ただし、"前面へ"と"背面へ"は意図したように動かないことがあります。Illustratorのオブジェクトの上下関係はすべてのオブジェクトが関係するため、多数のオブジェクトを描画している場合には、重なり順は隣り合ったオブジェクトだけでなく、ほかのオブジェクトを含んだ上下関係となるためです 図5。

memo

図4 のサンプルドキュメント「作例4.ai」があります。

図5 "重ね順"サブメニューによる重なり順の変更

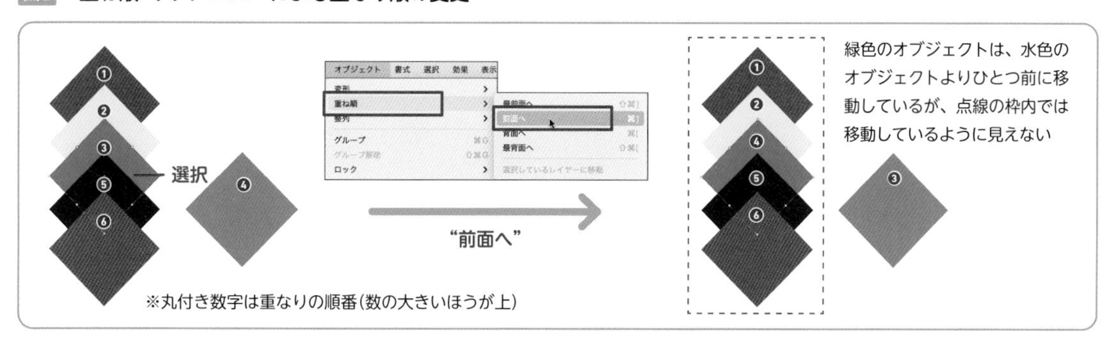

このため、オブジェクトの重ね順を調整するときには、"最前面へ""最背面へ"の2つを使ってコントロールすると作業がしやすいです。

また、重ね順の変更は複数のオブジェクトを選択しても実行できます。この場合は、選択したオブジェクトの上下関係はそのままに、オブジェクトの重ね順を変更できます(次ページ 図6)。

memo

図5 のサンプルドキュメント「作例4-2.ai」があります。

Lesson2/08/作例4-2.ai

図6 複数のオブジェクトをまとめて移動

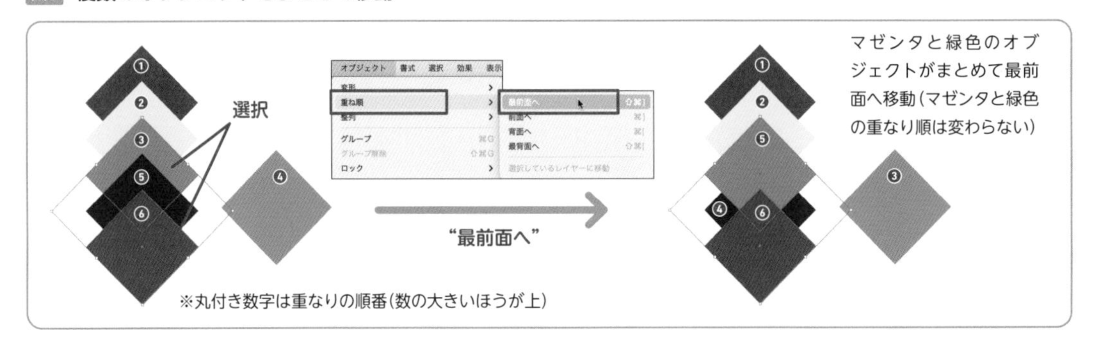

「サブレイヤー」を使用して重なり順を変更する

レイヤーパネルのレイヤー名の先頭にある[>]をクリックすると、サブレイヤーを表示することができます 図7。

サブレイヤーは、レイヤー内のオブジェクトやグループ、クリッピングマスクなどを一覧表示する機能です。サブレイヤーの並び順はオブジェクトの重なり順でもあるので、上にあるオブジェクト(サブレイヤー)は前面に、下にあるオブジェクトは背面に配置されています。

図7 サブレイヤーを開く

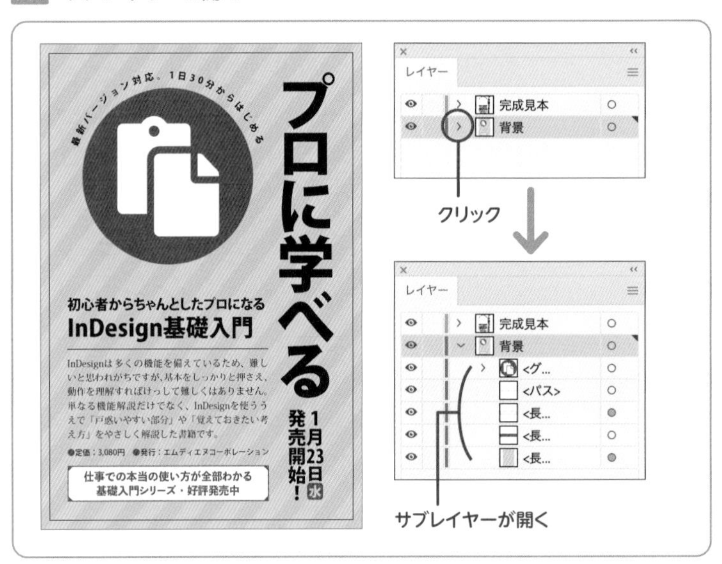

選択しているオブジェクトは［選択中のアート］インジケータ■が表示されるので、サブレイヤー内のどこにあるかを確認できます 図8。

また、[対象をクリックしてドラッグしアピアランスを移動]◎をクリックすると、オブジェクトを選択できます。

図8 サブレイヤーでオブジェクトの重なり順を確認

オブジェクトを選択後、サブレイヤー名をドラッグして移動させると重なり順を変更できます 図9 。

サブレイヤーを使ったオブジェクトの移動は、背面に隠れてしまって選択しづらいオブジェクトを移動させる際や、重なり順を変更する場合に便利な機能です。ただ、オブジェクト数が増えるとサブレイヤーの表示は長くなり、操作がしづらくなります。

オブジェクトの重なり順を変更する際は「重なり順」のコマンドをメインとしつつ、サブレイヤーを補助として使用するようにしましょう。

図9 サブレイヤーを移動して重なりを変更

2つ以上の図形をきれいに揃える

THEME テーマ 描画した複数のオブジェクトを整列させるには「整列パネル」を使用します。整列パネルでは、オブジェクトを整列させる以外にも、均等に並べることも可能です。

整列パネルの機能

整列パネルは、機能ごとに［オブジェクトの整列］［オブジェクトの分布］［等間隔に分布］の3つにわかれています 図1 。整列パネルの各機能を使う場合に重要なのが整列パネル内の［整列］①です。ここで、整列の基準（範囲）を指定します。基準は［選択範囲に整列］［キーオブジェクトに整列］［アートボードに整列］の3通りあります②。

オブジェクトの位置を揃える整列を実行する際、［選択範囲に整列］では複数のオブジェクトを選択したときのバウンディングボックスの上下、左右、中央に整列しますが、［アートボードに整列］ではアートボードの上下、左右、中央に整列します。正しく設定しないと意図した整列にならないので、必ず［整列］の設定を確認しましょう。以下、「選択範囲に整列」での動作を解説します。

図1 整列パネル

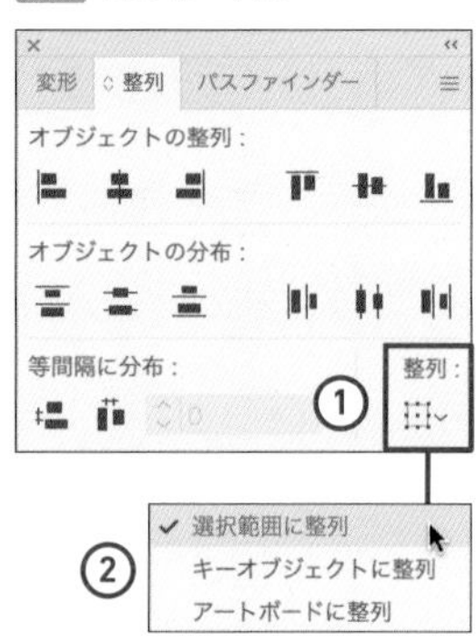

［選択範囲に整列］での動作

［オブジェクトの整列］ 図2 は、複数のオブジェクトの左端・中央・右端、上端・中央・下端の位置を揃える機能です。

［水平方向左に整列］①、［水平方向中央に整列］②、［水平方向右に整列］③を実行すると、バウンディングボックスの左・中央・右にオブジェクトが整列します 図3 。

［垂直方向上に整列］④、［垂直方向中央に整列］⑤、［垂直方向下に整列］⑥を実行すると、バウンディングボックスの上・中央・下にオブジェクトが整列します 図4 。

図2 オブジェクトの整列

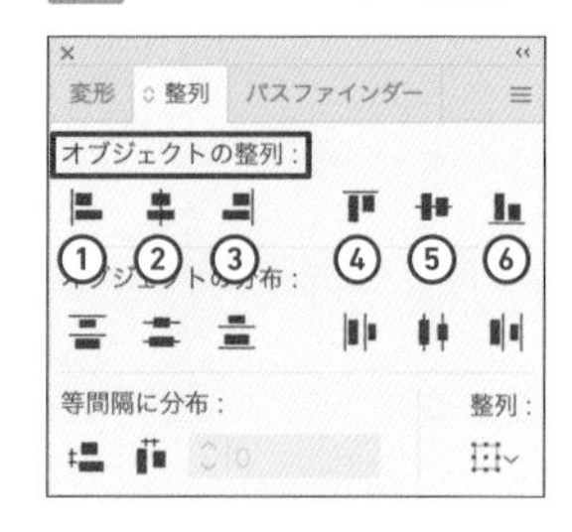

① 水平方向左に整列
② 水平方向中央に整列
③ 水平方向右に整列
④ 垂直方向上に整列
⑤ 垂直方向中央に整列
⑥ 垂直方向下に整列

memo

練習用のドキュメント「作例5.ai」 があります。

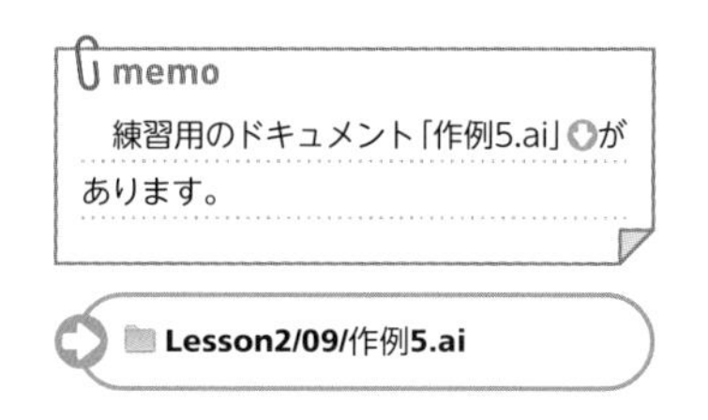

図3 水平方向の整列

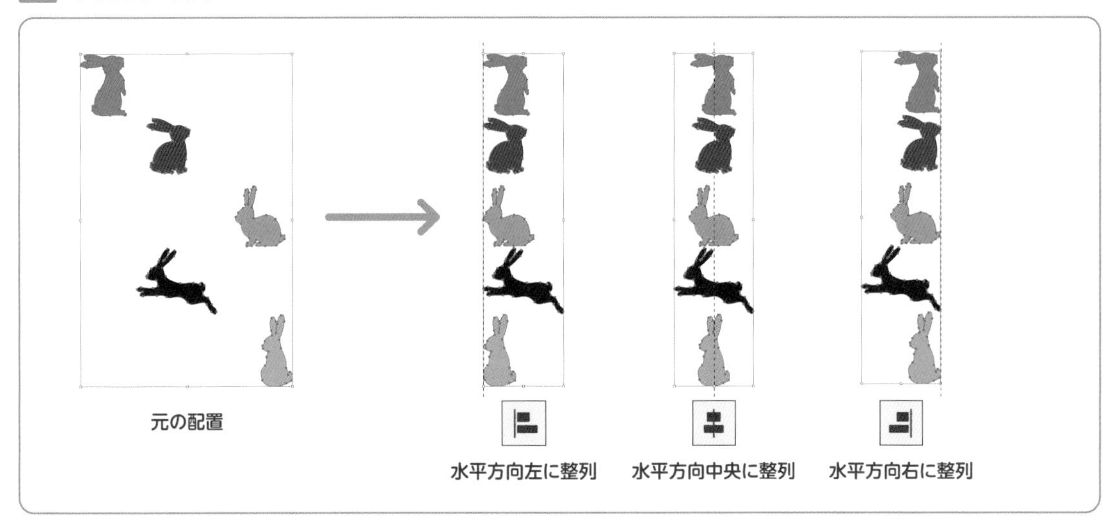

図4 垂直方向の整列

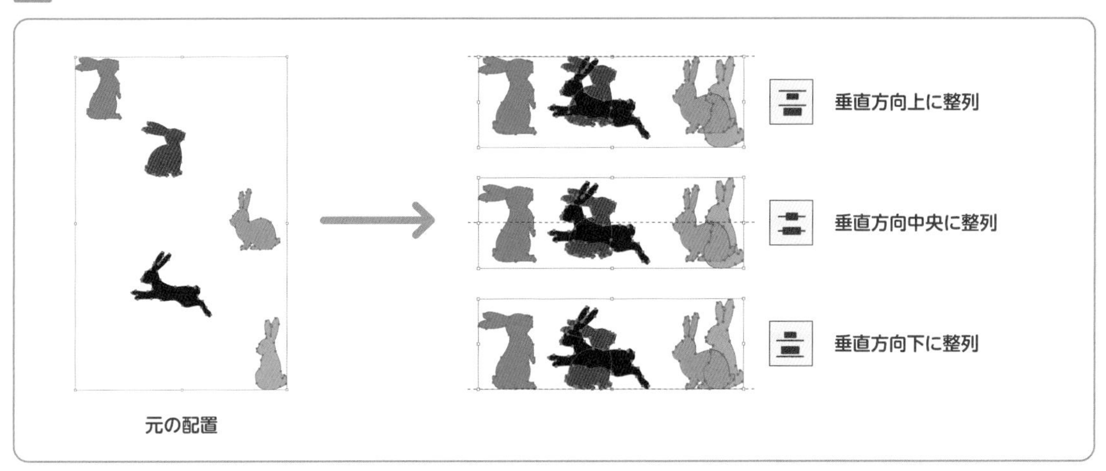

［オブジェクトの分布］図5 は、オブジェクトの上端と上端、中央と中央、下部と下部の間隔のように、それぞれ同じ位置同士の間隔を整列させます。［分布］オブジェクトのサイズは関係ありません。

［垂直方向中央に分布］②を実行すると、各オブジェクトの上下中央が均等に配置（分布）されます（次ページ 図6）。

［水平直方向中央に分布］⑤を実行すると、各オブジェクトの左右中央が均等に配置（分布）されます（次ページ 図7）。

図5 オブジェクトの分布

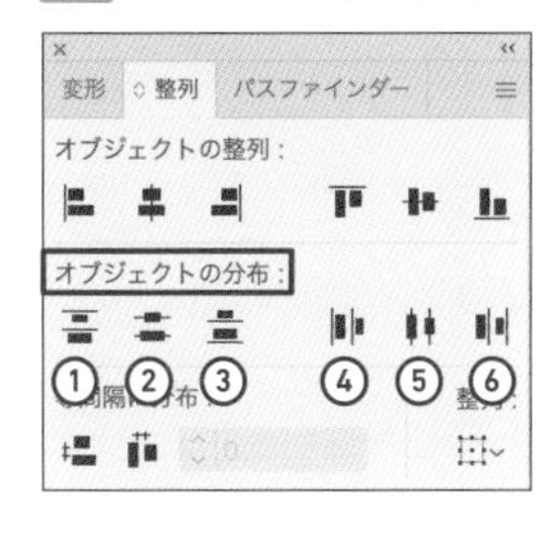

①垂直方向上に分布
②垂直方向中央に分布
③垂直方向下に分布

④水平方向左に分布
⑤水平方向中央に分布
⑥水平方向右に整列

図6 **垂直方向中央に分布**

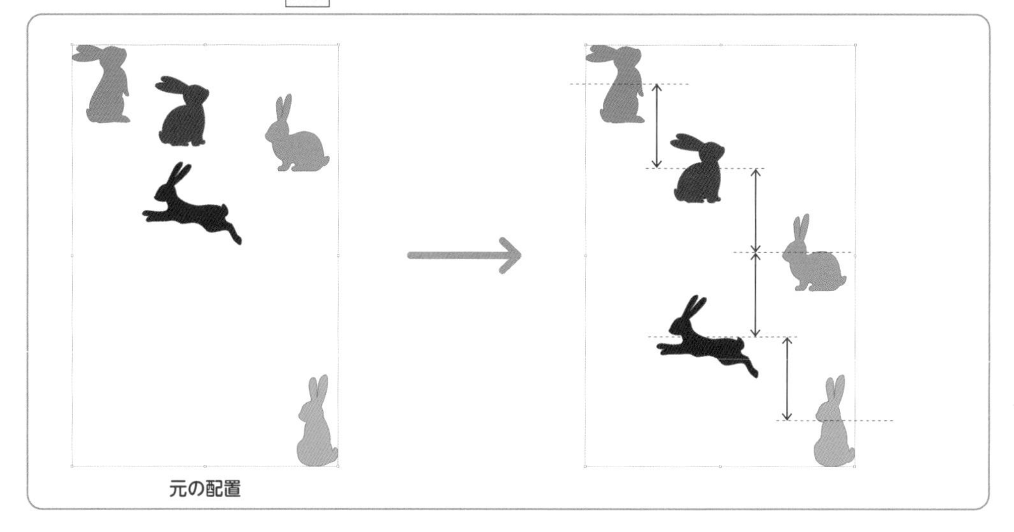

図7 **水平方向中央に分布**

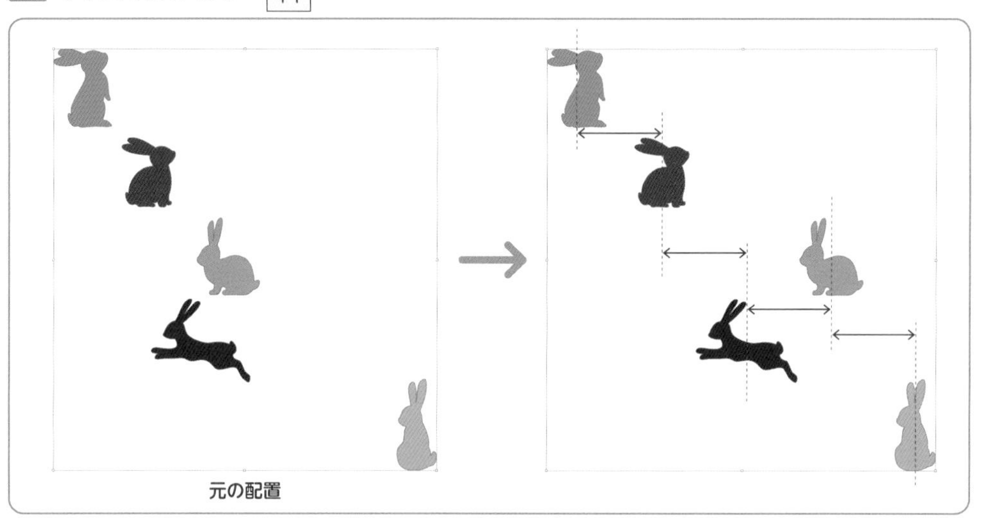

［等間隔に分布］図8は、複数のオブジェクトの間隔を揃える機能です。オブジェクトを等間隔に並べたり、距離（間隔）を指定して並べることができます。

［垂直方向等間隔に分布］①を実行すると、上下方向（垂直方向）のオブジェクトの間隔が均等に並びます図9。

［水平方向等間隔に分布］②を実行すると、左右方向（水平方向）のオブジェクトの間隔が均等に並びます図10。

図8 **オブジェクトの分布**

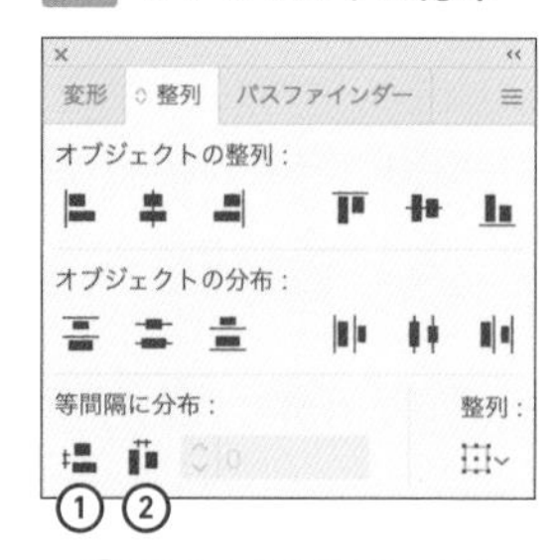

①垂直方向等間隔に分布
②水平方向等間隔に分布

図9 垂直方向等間隔に分布

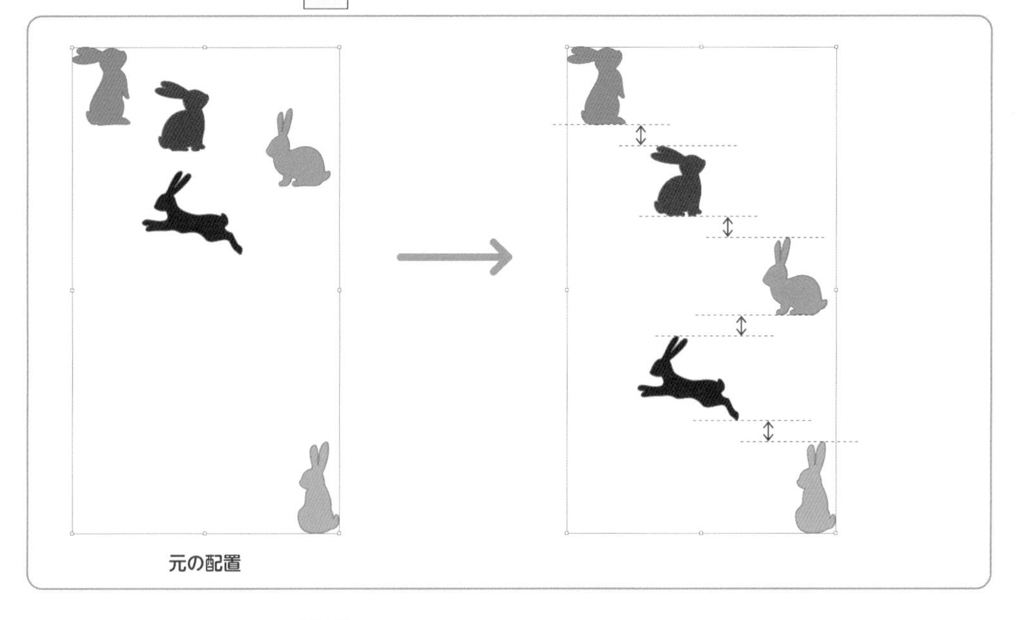

図10 水平方向等間隔に分布

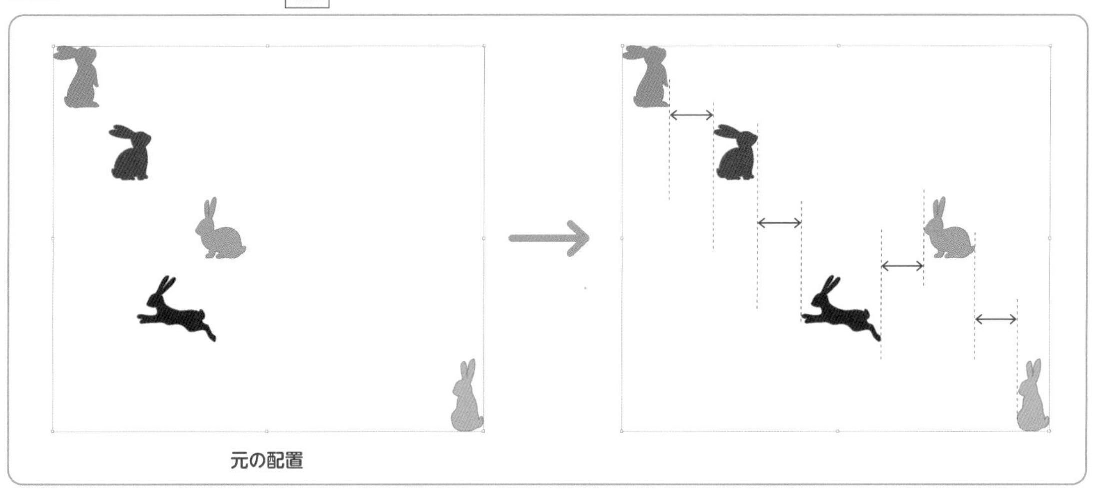

整列のオプションの中で便利なのが「キーオブジェクトに整列」機能です。基準となるオブジェクトを指定すると、そのオブジェクトを動かさずに、ほかの選択されたオブジェクトを整列できます。

「キーオブジェクトに整列」を指定するには、整列したいオブジェクトを選択した直後に、基準となるオブジェクトをクリックします。キーオブジェクトに指定したオブジェクトは、周囲が太い線で囲まれ、ハイライト表示されます(次ページ図 図11)。

キーオブジェクトを指定後に整列を実行（図11では［水平方向左に整列］を実行）すると、キーオブジェクトに整列したオブジェクトは位置が移動せず、そのオブジェクトの上下・左右・中央にオブジェクトを整列できます。

図11 キーオブジェクトに整列

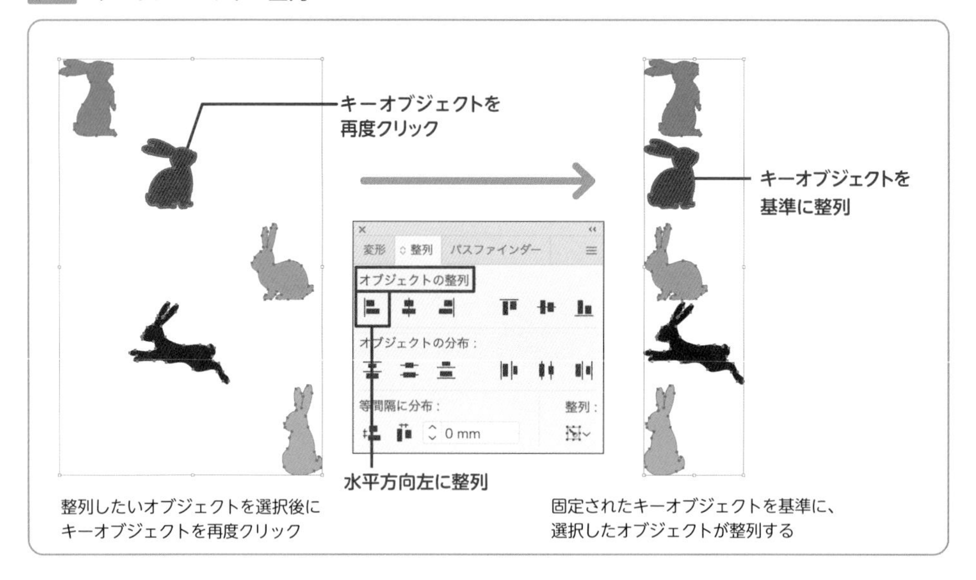

キーオブジェクトを指定すると、[等間隔に分布] でオブジェクト同士の間隔値（数値）を指定することができるようになります図12。オブジェクトの間隔を揃える場合に重宝する機能です。上記の作例に [垂直方向等間隔に分布] [間隔：0mm] を実行すると、それぞれのオブジェクトが隙間なくぴったり並びます。

図12 間隔0mmで隙間なく並べる

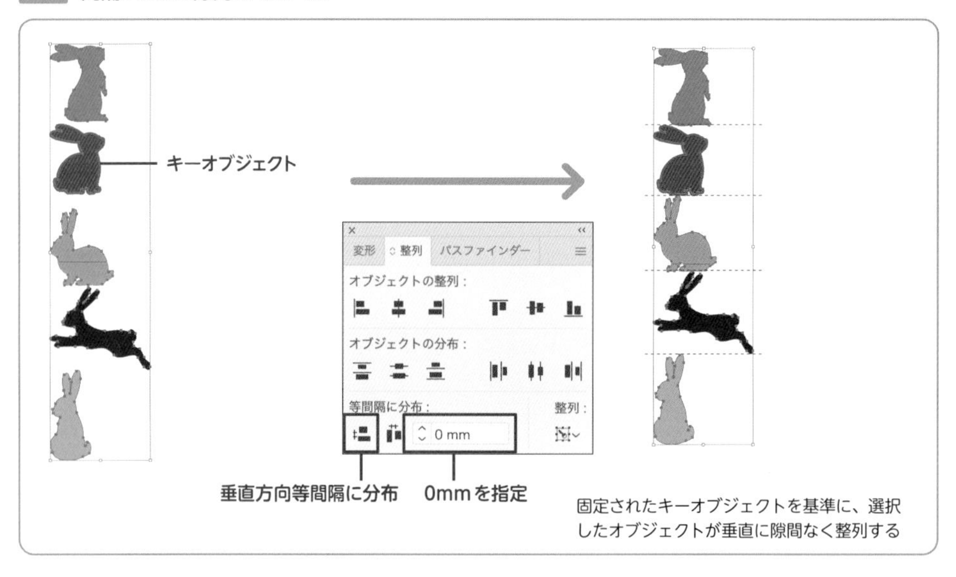

Lesson 3

文字を入力してみよう

Illustratorでのデザイン作業では、文字を正しく扱う必要があります。正しく文字を入力・配置できないと読みづらくなってしまい、折角のデザインを活かすことができません。文字の扱い方をマスターしましょう。

Illustratorで文字を入力するには？

Illustratorで文字を入力・編集するには、文字ツールを使用します。文字ツールにはさまざまな種類があり、用途によって使い分ける必要があります。まずは、文字を入力する方法と操作の流れを理解しましょう。

文字入力に使用するツール

Illustratorで文字を入力するツールには、文字の種類に応じて3種類あり、それぞれ縦書き／横書きを選択できます。つまり、ツールの数は全部で6個あり、用途に応じたツールで入力を行います 図1 ～ 図5 。

図1 文字入力関連のツール

文字の種類	入力に使用するツール
ポイント文字	文字ツール 文字（縦）ツール
エリア内テキスト	エリア内文字ツール エリア内文字（縦）ツール
パス上テキスト	パス上文字ツール パス上文字（縦）ツール

図2 文字入力関連のツール

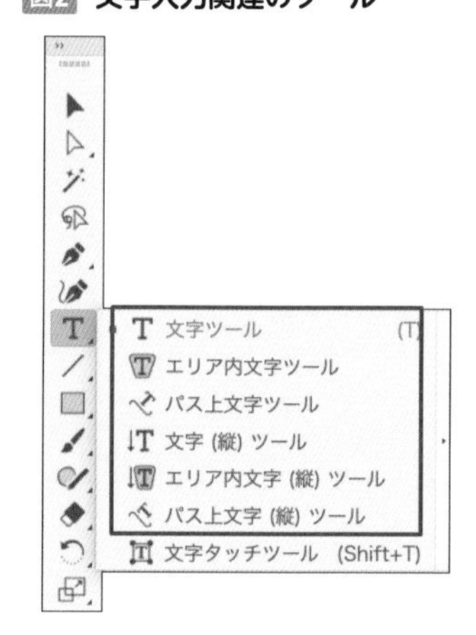

図3 ポイント文字

初心者からちゃんとしたプロになる Illustrator 基礎入門

図4 エリア内テキスト

初心者からちゃんとしたプロになる
Illustrator 基礎入門

クローズパスを作成し、エリア内に文字を入力

図5 パス上テキスト

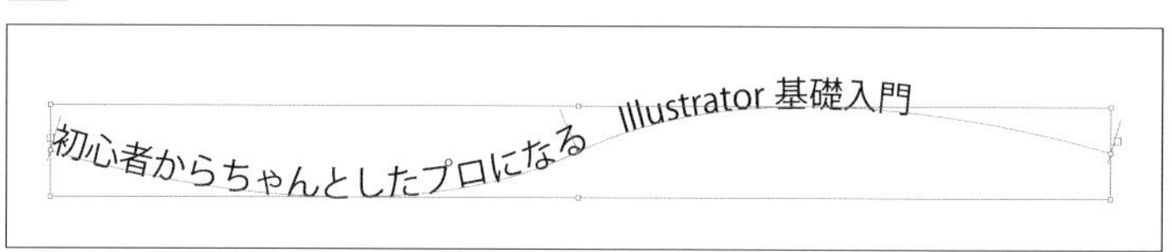

オブジェクトを作成し、そのパスに沿って文字を入力

文字を入力するには(入力から終了までの流れ)

文字を入力するには、それぞれのツールに切り替えて入力をします。ここでは、ポイント文字の入力から終了までの手順を説明します。

ドキュメントを新規作成するか開いておき、ツールバーから文字ツール 図6 をクリックして切り替えます。ツールを切り替えたら、文字を入力したい位置でクリックをします。そうすると、カーソルが点滅するので、文字を入力します 図7 !。

文字を入力し終わったら、escキーを押すか選択ツールに切り替えると、入力を終了することができます。入力したテキストはテキストオブジェクトとして選択・編集できます。

図6 文字ツール

図7 文字の入力

文字ツールでクリック

カーソルが点滅

初心者からちゃんとしたプロになる

文字を入力

初心者からちゃんとしたプロになる

escキーを押して入力を終了

本章では、「環境設定」ダイアログの[テキスト]→[新規テキストオブジェクトにサンプルテキストを割り付け]のチェックをはずして、サンプルテキストを自動的に入力する機能をオフにしています➡。

➡ 27ページ **Lesson1-04**参照。

テキストを再編集するには、文字ツールで編集したい文字間をクリックしてカーソルを表示するか!、編集したい文字列をドラッグして選択し、入力、削除などを行います 図8。

! POINT

選択ツールでテキストをダブルクリックすると、文字ツールに切り替わり、ダブルクリックした位置にカーソルが表示されます。

図8 入力したテキストを再編集

文字ツールでクリック

初心者から|ちゃんとしたプロになる

編集位置にカーソルを表示

初心者から頑張って|ちゃんとしたプロになる

文字を入力(「頑張って」と入力)

文字ツールでドラッグ

初心者からちゃんとしたプロになる

編集範囲を選択

初心者から一人前の|プロになる

文字を入力(「一人前の」と入力)

入力したテキストの書式設定や文字カラーを変更する場合、選択ツールでテキストオブジェクトを選択すると、テキストオブジェクト全体の書式設定が変更されます。部分的に書式を変更したい場合は、文字ツールで目的の文字を選択して変更してください(書式を設定するパネルなどについては➡参照)。

➡ 88ページ **Lesson3-03**参照。

テキストを扱うために必要なもの

THEME テーマ Illustratorでテキストを入力・編集するには、フォントと素材である文字(テキスト)が必要になります。フォントは別途インストールが必要です。文字(テキスト)もあらかじめ別途用意しておき、Illustratorでは最小限の入力に留めるのが望ましいです。

フォント

Illustratorで文字を入力してレイアウトや素材を作る際はフォントが必要です。使用するフォントによって、レイアウトやデザインの仕上がりが大きく左右されます。

パソコンにインストールされているフォントを使って作業を行いますが、「Adobe Fonts」というAdobe CCの付属のサービスからフォントをインストールして使用することもできます。

複数のメンバーでデータをやりとりする場合、他のメンバーが使用するパソコンでドキュメントを開く際にドキュメントで使用されているフォントがなければ、データを正しく開くことができません。データをやりとりする必要がある場合には、インストールされているフォントを揃えておく必要があります。

フォントは、ソフトウェアとして販売されていたり、Creative Cloudのようにサブスクリプションサービス(モリサワパスポートやフォントワークスLETSなど)として提供されており、別途購入して追加することができます。

memo

ほかのパソコンで作成されたドキュメントを開く場合、そのドキュメントで使用されているフォントがインストールされていないと、以下のようなアラートが表示されます。そのままドキュメントを開くと、代替のフォントで表示され、レイアウトが維持されません。

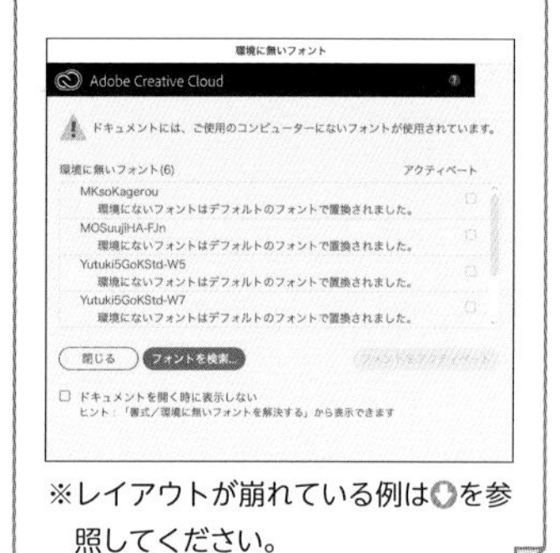

※レイアウトが崩れている例は⬇を参照してください。

14ページ **Lesson1-01**参照。

Adobe Fontsを利用する

Adobe Creative Cloudには「Adobe Fonts」というWebからフォントをダウンロードして使用できるサービスが付属しており、こちらからフォントをダウンロードして使用することができます。

303ページ **Lesson8-13**も参照。

macの場合はメニューバー、Windowsの場合はタスクバーにあるCreative Cloudのアイコンをクリックして、Creative Cloudのデスクトップアプリケーションを立ち上げます 図1。

左側のサイドバーにある[フォントを管理]をクリックして移動、[フォントを参照]ボタンを押すと 図2、Webブラウザが立ち上がり、Adobe Fontsのサイトにアクセスされます 図3。

memo

Creative Cloudのデスクトップアプリケーションは、Webブラウザが立ち上がったら、ウィンドウを閉じてください。

Adobe Fontsのサイトが開いたら、使用したいフォントを検索します。ここでは「凸版文久見出しゴシック」を検索しました。

検索結果がリストされたら、「凸版文久見出しゴシック StdN」の［ファミリーを表示］をクリックします図4。

図1 Creative Cloud

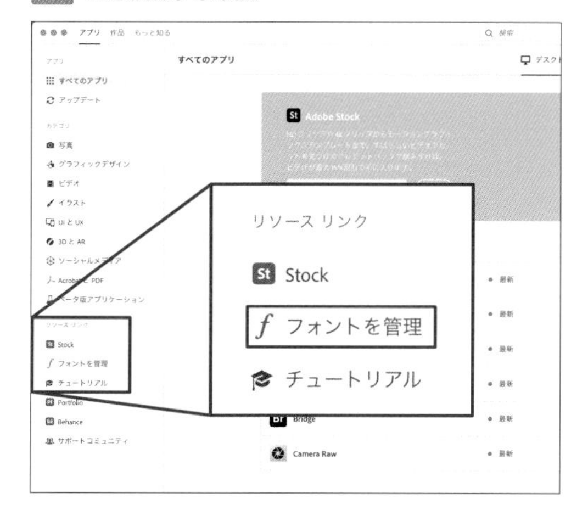

図2 フォント管理画面

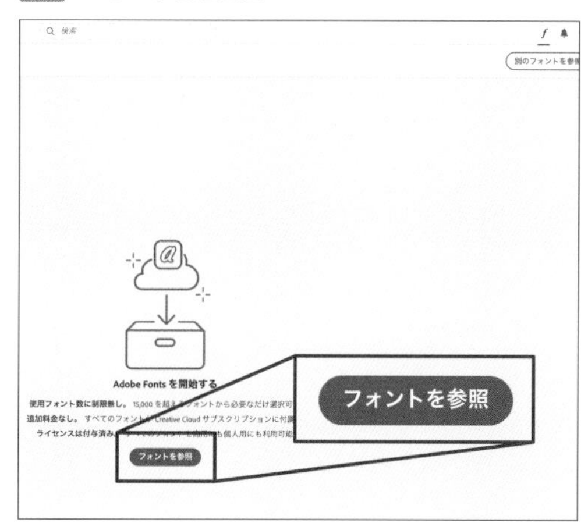

図3 Adobe Fontsのサイト

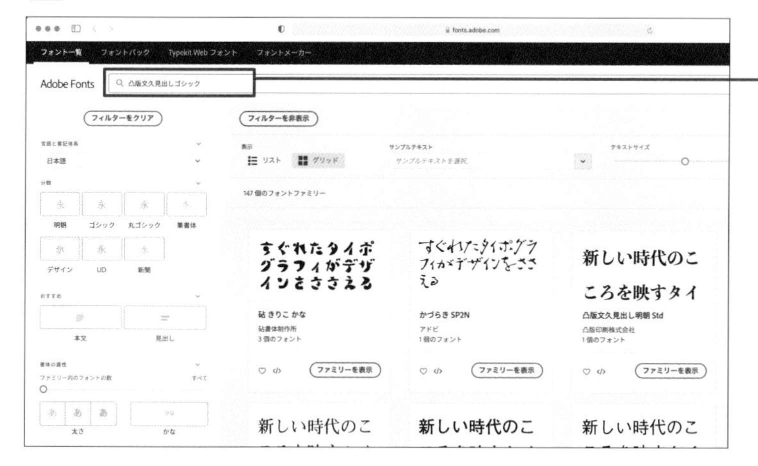

使用したいフォントを検索

図4 フォント検索結果

使用したいフォントのファミリーを表示

ファミリーが表示されるページに移動したら、画面右上の[～個のフォントをアクティベート]のスライダをクリックしてフォントをアクティベートします図5。フォントがダウンロードされ、パソコンで使用できるようになります。

memo

「小塚ゴシック Pr6N」のように、ウェイトのバリエーションがあるフォントでは、複数のフォントがアクティベートされます。

図5 フォントをアクティベート

ドキュメントで使用されるフォントを一括アクティベート（インストール）する

Illustratorのドキュメントで使用されているフォントがAdobe Fontsである場合、ドキュメントを開くときにアクティベートするダイアログが開くので、[フォントをアクティベート]ボタンをクリックしてインストールします図6。ただし、フォント数が多い場合、ダウンロードとアクティベートに時間がかかることがあります。

なお、この機能を使用して、Illustratorでの作業に最低限インストールしておきたいフォントをインストールできるドキュメントを用意しました。右記よりダウンロードしてご利用ください。

Lesson3/02/AdobeFonts-JPs_202012.ai

POINT

本章のこれ以降の解説では、フォントがインストールされている前提で解説を行っています。手動でインストールされる場合は、「凸版文久見出しゴシック StdN」「小塚ゴシック Pr6N」「小塚明朝 Pr6N」をインストールしてください。

図6 フォントをアクティベート

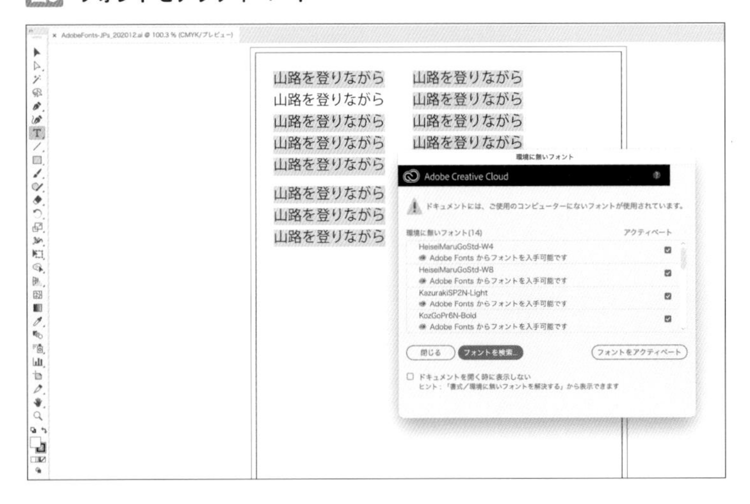

Adobe Fontsについて

Adobe Fontsからインストールされるフォントは、Adobe以外のアプリケーションでも使用できます。ただし、フォントファイルは不可視化処理されており、ユーザーが確認（視認）したり、コピーすることはできません。

印刷会社にデータを入稿する場合にも、フォントを添付することができません。印刷会社のほうでフォントをダウンロードするか、PDFを作成して入稿（PDF入稿）する必要があります。詳しくは印刷会社と相談してください。

テキストファイルからコピー&ペーストする

Illustratorで文字を入力してドキュメントを作成する際、あらかじめテキストを用意しておき、コピー&ペーストしてIllustratorに入力していくほうが効率的です。

95ページ　**Lesson3-04**参照。

文面を考えながら文字を入力しつつ、レイアウトデータを作成するのは効率が悪いです。Illustratorでの文字の入力・編集は、必要最小限にとどめるようにしましょう。

別のファイルからIllustratorにテキストをコピー&ペーストする際は、文字ツールでカーソルを立ててからペーストをしてください。これにより、元のファイルで設定されていた書式設定を引き継がず、文字列のみをコピー&ペーストされます。ペーストしたテキストへの書式設定はIllustratorで行います。

カーソルを立てずにペーストするとテキストがオブジェクトとしてペーストされます。ポイントテキストとしてペーストされるため入力方法を選べなかったり、コピー元のアプリケーションによっては書式設定が引き継がれる代わりにテキストの編集ができなくなります。入力ミスを防ぐためにも「カーソルを立ててからペースト」するようにしましょう。

環境設定の変更

本章のこれ以降の解説は、Lesson 1で紹介した環境設定の推奨設定に変更した状態で行います。

26ページ　**Lesson1-04**参照。

とくに、[新規テキストオブジェクトにサンプルテキストを割り付け]と[選択された文字の異体字を表示]は両方ともオフになっています。これらがオンになっていると画面表示や操作方法が異なりますのでご注意ください。

文字パネル・段落パネルについて

テキストオブジェクトや文字を操作する際に主に使用するのは文字パネル・段落パネルです。ここでは、2つのパネルの主な機能について解説します。

パネルを呼び出す

文字パネル 図1 、段落パネル 図2 は、ウィンドウメニューの"書式"→"文字""段落"から呼び出します。パネルは折りたたまれている場合があります。パネルのタブ部にある矢印◇、あるいはパネルオプションの[オプションを表示]をクリックするとパネルを展開できます(パネルをすべて表示させるには複数回のクリックが必要な場合があります) 図3 。

21ページ Lesson1-02参照。

図1 文字パネル

図2 段落パネル

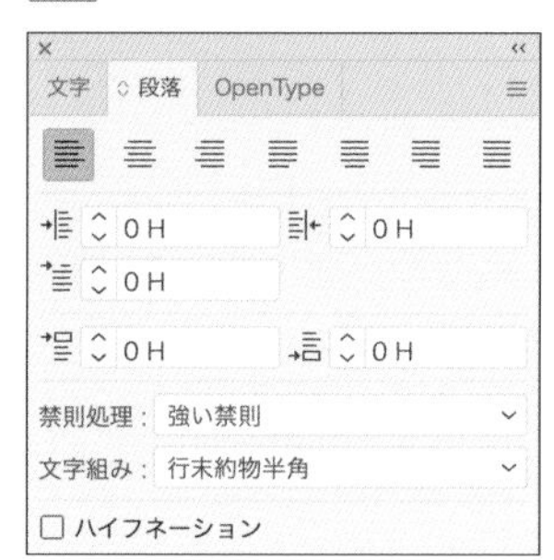

図3 オプション表示の伸縮

タブ名の◇をクリックするとオプションが拡張／縮小される。文字パネルはパネルの表示が3段階あるため、完全に展開(左図)するには、複数回のクリックが必要

文字パネル各部

文字パネル各部の機能を見ていきましょう 図4 。

具体的な設定方法については96ページ Lesson3-05以降で順次解説。

①[フォントファミリを設定]、②[フォントスタイルを設定]

[フォントファミリを設定]でフォントの種類を、[フォントスタイルを設定]で太さ(ウェイト)などを指定します。フォントファミリでフォントを選ぶ際、フォント名の後ろに表示される数がスタイルの数です。ウェ

図4 文字パネル上部

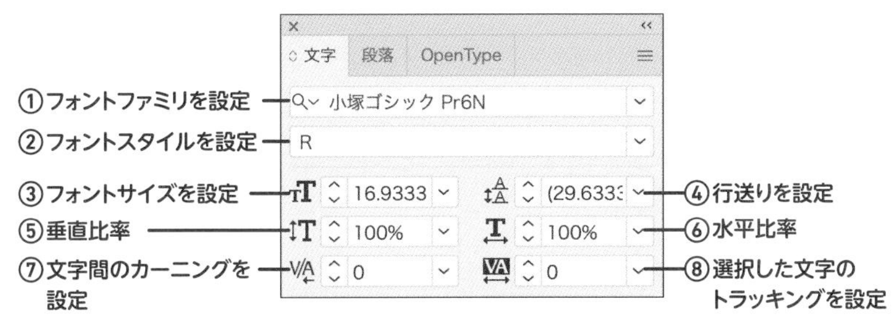

イトを使い分けてレイアウトを行う場合、できるだけ多くのウェイトが収録されているフォントを選択しましょう図5。

なお、和文フォントではスタイルはウェイトのみですが、欧文フォントではウェイト以外にも幅や斜体(イタリック)などがあります！。

③[フォントサイズを設定]

文字サイズを指定します。単位は環境設定等で指定したものが使用されます。単位が異なると同じ数値を入力しても結果が異なります。

④[行送りを設定]

行送りを指定します。行送りは[文字サイズ+行間(次の行との間隔)]です。文字サイズと同じ値に設定すると次の行との間隔が0になります。文字サイズよりも小さい値を指定すると次の行と重なってしまうので注意してください。

⑤[垂直比率]、⑥[水平比率]

指定したフォントサイズに対して、文字の高さ、幅の比率を変更します図6 図7。特定の文字だけサイズを変更したい場合、文字サイズを変更するのではなく、垂直比率/水平比率で拡大/縮小すると、あとでフォントサイズを変更したときも、相対的にサイズが変更されます。

図6 [垂直比率][水平比率]の使用例

⑦[文字間のカーニングを設定]、⑧[選択した文字のトラッキングを設定]

文字と文字の間隔を指定する機能のひとつが、カーニングとトラッキングです。

カーニングは「カーソルを挿入した位置の文字と文字の間隔」、トラッキングは「選択した文字列の間隔」を指定します。数値はそれぞれ1文字分の幅(1em)を1000とし、マイナス値で字間を詰め、プラス値で字間を広げます。

図5 フォントの選択

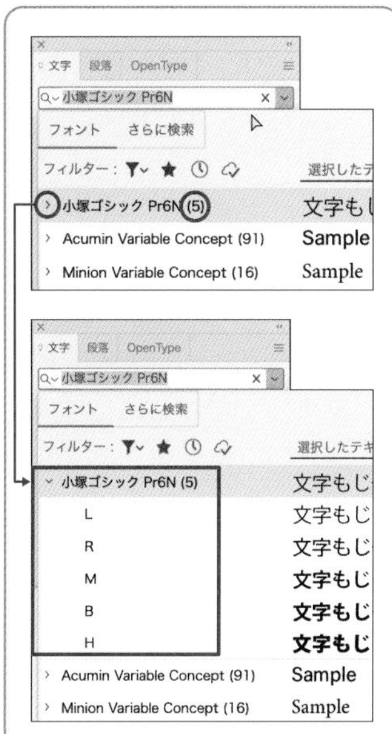

フォントファミリ名左端に>が表示されている場合、これをクリックすると、フォントがリスト表示される。フォント名末尾の括弧内の数字がスタイルの数。

POINT

欧文フォントは英数字のみが収録されたフォントです。これらにはイタリック(斜体)や異なる幅のスタイルが用意されています。

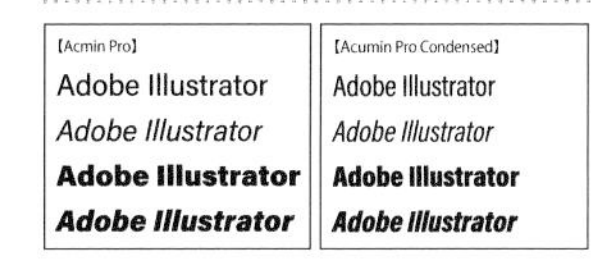

図7 [垂直比率][水平比率]の設定

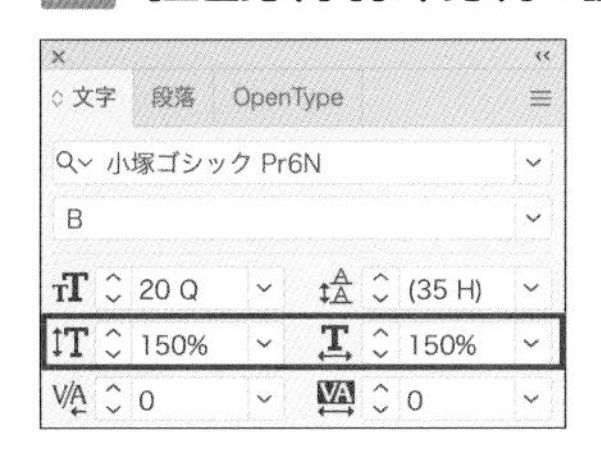

WORD em

emとは、文字の大きさを示す単位のひとつです。和文の場合は1emが全角幅となります。

トラッキングに正の値を指定すれば、字間を広げたキャッチコピーなどを作成できます 図8 図9 。

116ページ Lesson3-11参照。

図8 トラッキングを500（＝半角幅）に設定して文字間を広げる

ちゃんとしたプロになる

図9 トラッキング

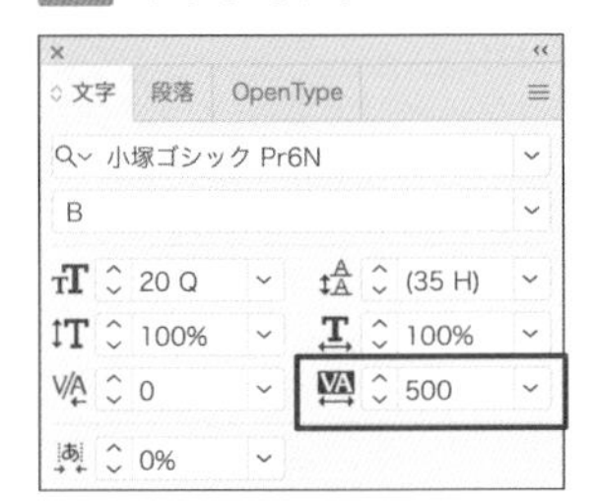

カーニングには、数値指定のほかに3つの設定があります 図10 。

［メトリクス］は、OpenTypeフォントの持つ「詰め」情報（**ペアカーニング＋プロポーショナル**情報）をもとに文字詰めを行います。

［オプティカル］は、Illustratorが字間を判断して文字詰めを行います。プロポーショナル情報のないフォントでも自動詰め処理ができますが、漢字の字間が詰まることがあったり、文字サイズによって詰めの結果が異なります。

［和文等幅］は、和文はカーニング値:0、欧文はペアカーニングを行います。

図10 カーニング

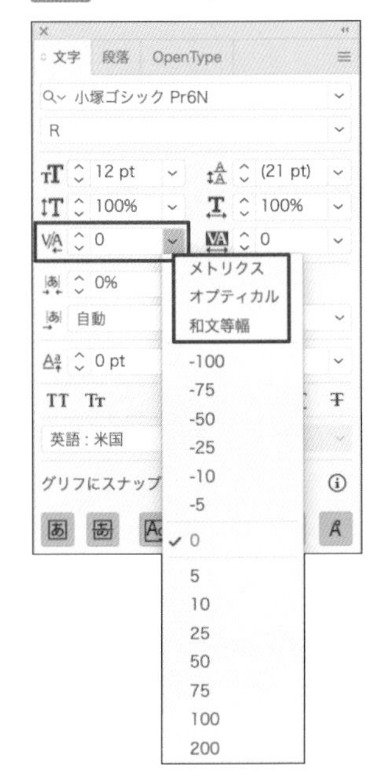

図11 文字パネル下部

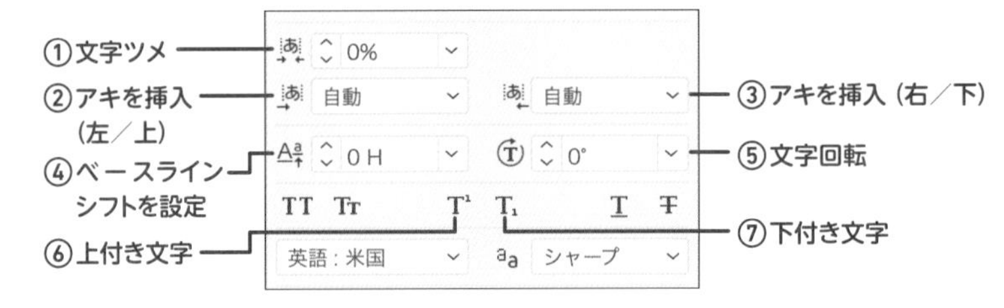

①［文字ツメ］ 図11

選択した文字の前後を詰める機能です。0%が標準の状態で、100%が最大値になります。具体的には**サイドベアリング**を詰める機能で、100%に設定しても文字と文字が重なりません（他の字間を詰める機能を使用していない場合）。

②［アキを挿入（左／上）］、③［アキを挿入（右／下）］

選択した文字の左右（縦書きの場合は上下）にアキ（間隔）を挿入する機能です。全角を指定すると1文字分のアキが挿入されます。句読点などの**約物**類は、実際の字幅を基準にアキが挿入されます。

［アキなし］を指定すると、前後の文字との間隔に空白が生じなくなります。そのため、和欧間のアキを詰めるために使用されることがありますが、これは誤った使い方です。和欧間の間隔を調整するには［文字組みアキ量設定］を使用します。

WORD ペアカーニング

フォント内に記録されている特定の文字の組み合わせでの詰め情報。

WORD プロポーショナル

フォント内に記録されている文字ごとの詰め情報。

WORD サイドベアリング

仮想ボディに対する字面（じづら）の左右の余白。「文字ツメ」では、サイドベアリングをどのくらい削るかを数値指定する。

WORD 約物

句読点や括弧類などのこと。学術記号や商用記号、記号文字などを含めて言う場合もある。

④[ベースラインシフトを設定]、⑤[文字回転]

[ベースラインシフト]は、選択した文字の上下位置を変更します。[文字回転]は選択した文字を時計回りに回転させます。

⑥[上付き文字]、⑦[下付き文字]

選択した文字を上付き文字(例：「5^2」の2)、下付き文字(例「H_2O」の2」)にします。この機能は、文字を強制的に変形させるため、下付き文字はバランスが悪いです。OpenTypeフォントには上付き文字・下付き文字の字形が用意されているので!、そちらを使用したほうが見栄えがよくなります。

“縦組み中の欧文回転”(パネルメニュー)

オンにすると、縦組み時に欧文(半角英数字)が自動回転します 図12 。ただし、半角の約物も回転されるので、正しい向きにならない場合があります。なお、全角英数字は縦になるのでオンする必要はありません。

WORD ベースライン

文字を並べる際の基準の線です。欧文フォントでアルファベットを並べる際の基準として使用される。

POINT

「小塚ゴシック Std」のように、フォント名の末尾に「Std」が付いているフォントには下付き文字の字形がありません。

111ページ Lesson3-10参照。

図12 縦組み中の欧文回転

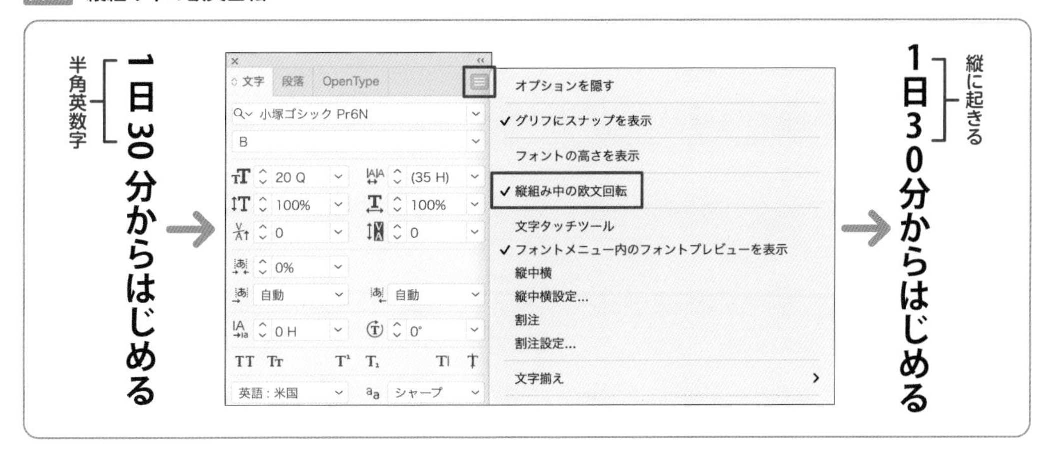

縦中横・割注

縦書きのテキストに、指定した桁数の文字を1文字として回転させる機能が“縦中横”です。“割注”は選択した文字列を複数行に割って配置する機能です。それぞれ“縦中横設定”“割注設定”で位置やサイズを設定することができます。

次ページ 図13 の例は“縦組み中の欧文回転”を適用したあとに“縦中横”を設定しています。これらの使い方については、Lesson 3-10で詳しく解説します。

110ページ Lesson3-10参照。

図13 縦中横

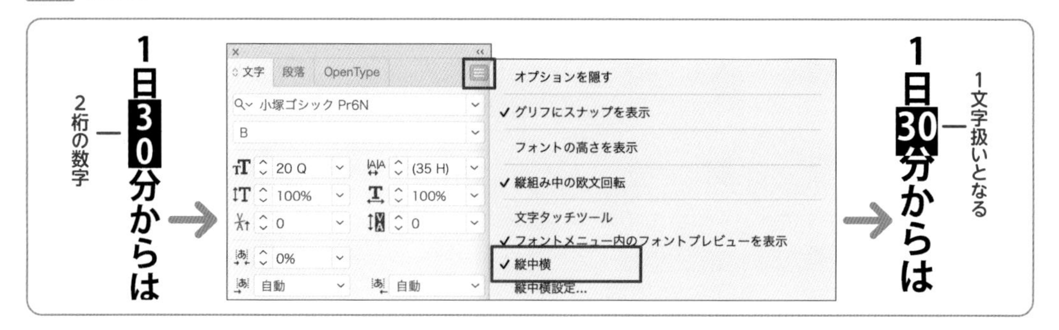

"文字揃え"

異なる文字サイズの文字が並んだ場合の位置を調整するのが［文字揃え］です **図14**。文字サイズだけでなく垂直／水平比率を変更した際にも使用します。

図14 "文字揃え"サブメニュー

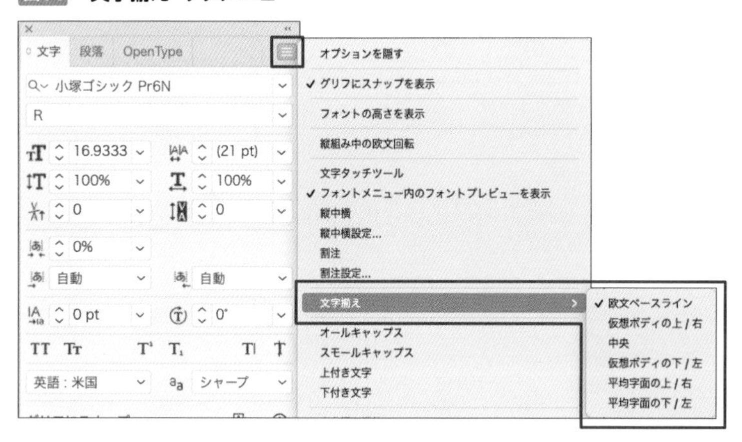

段落パネル各部

段落パネル各部の機能を見ていきましょう **図15**。

図15 段落パネル

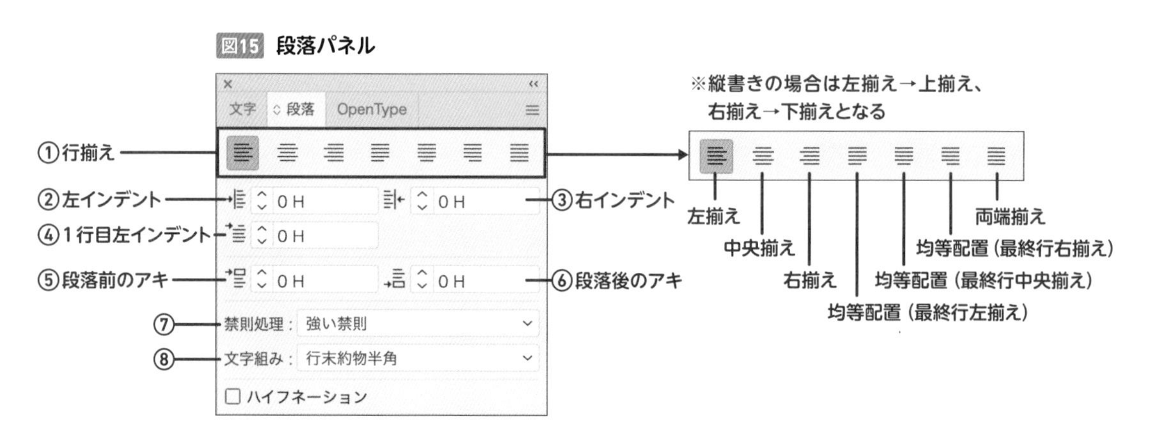

①行揃え

文字の揃え位置を指定します。[左(上)揃え][中央揃え][右(下)揃え]は、ポイント文字ではアンカーポイント、エリア内テキストではエリアの幅(高さ)を基準に、文字が配置されます。

3種類の[均等配置]と[両端揃え]はエリア内テキストに使用します。行の幅をエリアの幅(高さ)と同じに設定し、段落の最終行の配置を4種類から選択します。一般的には[均等配置(最終行左(上)揃え)]に設定します。

②[左(上)インデント]、③[右(下)インデント] ④[1行目左(上)インデント]

[左(上)インデント]はテキストの開始位置、[右(下)インデント]はテキストの終了位置(右/下インデント)を調整します。[右(下)インデント]はエリア内テキストでのみ動作します 図16 。

正の値を指定すると、テキストの開始位置/終了位置を内側に移動することができます。

[1行目左(上)インデント]は、エリア内テキストの1行目の開始位置にインデントを指定します。正の値で字下げ、負の値で突き出しを設定できます。

段落先頭の字下げを行うには、[1行目左(上)インデント]に文字サイズと同じ正の値を設定します。

1行目のみ飛び出した突き出しインデントを設定するには、[1行目左(上)インデント]に負の値を設定します。ただし、そのままではエリアやアンカーポイントから飛び出してしまうので、通常は[左(上)インデント]に正の値を指定して全体の開始位置を下げ、[1行目左(上)インデント]に負の値を設定します。

⑤[段落前のアキ]、⑥[段落後のアキ]

選択した段落の前・後に指定した距離のアキを挿入します。行送りと同じ値を設定すると前後に1行アキを入れることができます。

⑦[禁則処理]

エリア内テキストで行の先頭・末尾に禁則処理を設定します 図17 。設定はプリセットの[強い禁則][弱い禁則]またはカスタマイズした設定を選択できます。[強い禁則]は[弱い禁則]よりも禁則処理の対象となる文字が多くなります。

⑧[文字組み]

特定の文字と文字の間隔を指定します 図18 。

memo
インデントはタブパネルで設定することもできます。

297ページ Lesson8-10参照。

105ページ Lesson3-08参照。

図16 インデントの例

元のテキスト

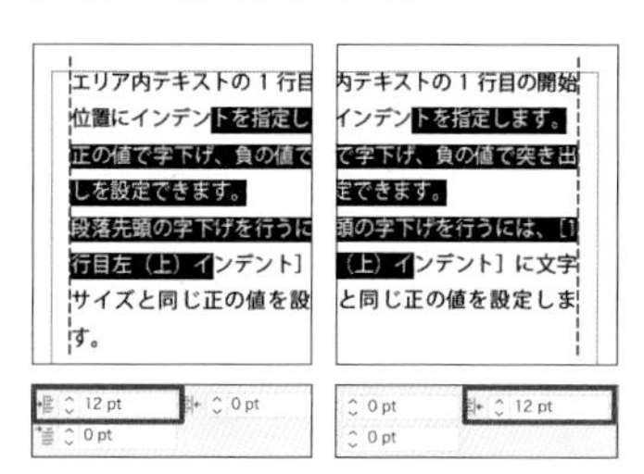
左インデント　右インデント

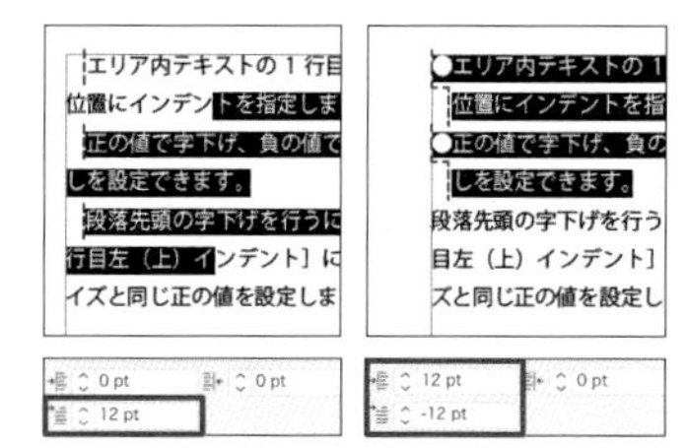
1行目左インデント　1行目左インデント+左インデント

図17 禁則処理

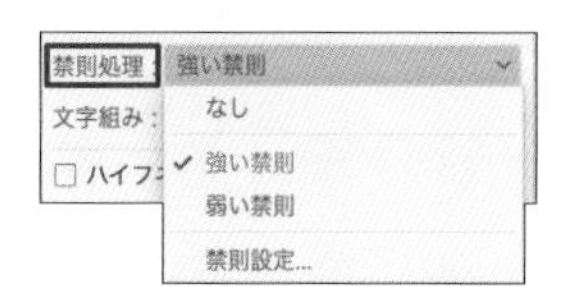

図18 文字組み

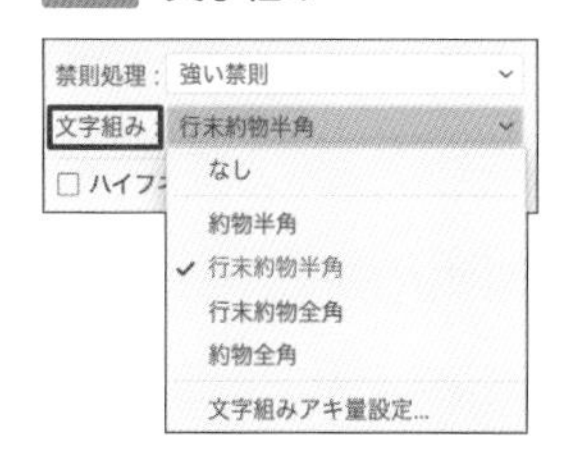

120ページ Lesson3-13参照。

文字を入力する（ポイント文字）

THEME テーマ

Illustratorでは、文字作成でよく使用するのはポイント文字です。本節では、テキストファイルから文字列をコピー＆ペーストしてポイント文字として入力する方法を説明します。

KEYWORD キーワード

ポイント文字

TRY 完成図

01 サンプルのファイルについて

本節以降、サンプルのドキュメントを使って、操作方法を説明していきます。図1「作例.ai」は完成したドキュメント、図2「学習用.ai」は文字入力前の練習用ドキュメントです。操作の確認にご利用ください。

Lesson3/04/作例.ai

Lesson3/04/学習用.ai

図1 作例.ai

図2 学習用.ai

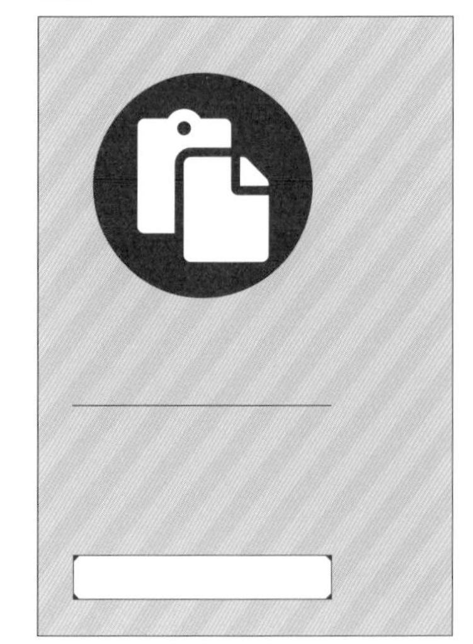

「L3_作例.txt」はサンプルの文字をまとめたプレーンなテキストファイルです図3。お手持ちのテキストエディタまたはワープロアプリなどで開いてください。

Lesson3/04/L3_作例.txt

図3 L3_作例.txt

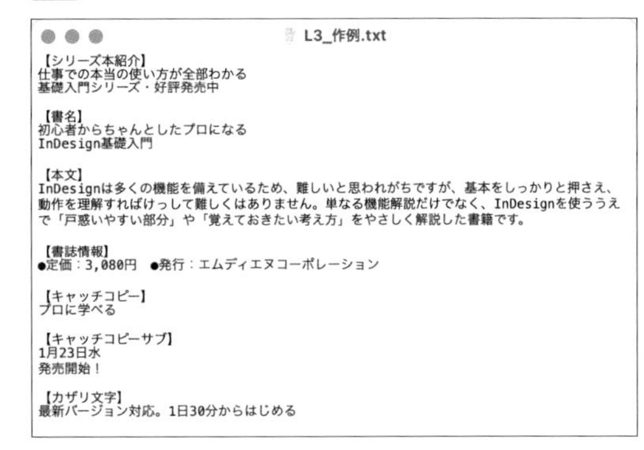
L3_作例.txt

【シリーズ本紹介】
仕事での本当の使い方が全部わかる
基礎入門シリーズ・好評発売中

【書名】
初心者からちゃんとしたプロになる
InDesign基礎入門

【本文】
InDesignは多くの機能を備えているため、難しいと思われがちですが、基本をしっかりと押さえ、動作を理解すればけっして難しくはありません。単なる機能解説だけでなく、InDesignを使ううえで「戸惑いやすい部分」や「覚えておきたい考え方」をやさしく解説した書籍です。

【書誌情報】
●定価：3,080円 ●発行：エムディエヌコーポレーション

【キャッチコピー】
プロに学べる

【キャッチコピーサブ】
1月23日水
発売開始！

【カザリ文字】
最新バージョン対応。1日30分からはじめる

02 ポイント文字の入力(コピー&ペースト)

1 サンプルテキスト「L3_作例.txt」から【シリーズ本紹介】の箇所をコピーしてください1-1。

1-1

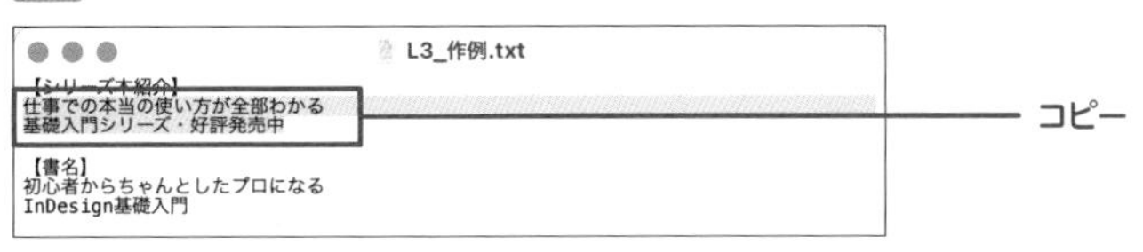

2 Illustratorに切り替えて、ツールバーから文字ツールを選択します。すでにオブジェクトがある箇所に入力すると、あとの作業がやりづらいので、アートボードより外側の図のあたりでクリックし2-1、カーソルが点滅したら!、編集メニュー→"ペースト"を選択します!。コピーしたテキストがポイント文字として入力されます2-2。

文字の入力が終わったら、escキーを押すか、選択ツールに切り替えて、テキストの入力を終了します。

2-1

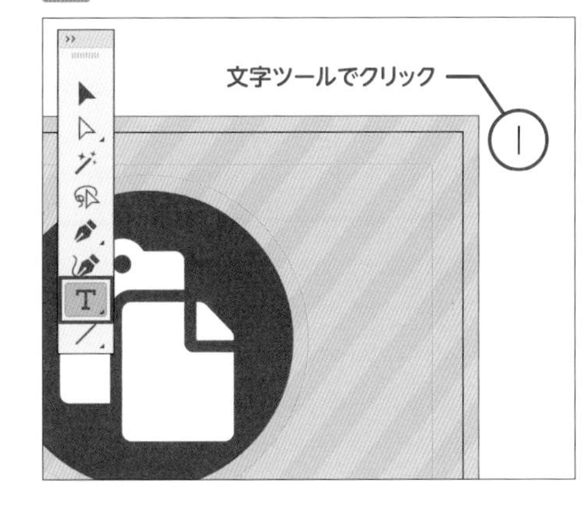

POINT

「環境設定」ダイアログの[テキスト]→[新規テキストオブジェクトにサンプルテキストを割り付け]のチェックをはずして、サンプルテキストを自動的に入力する機能をオフにしています。

POINT

テキストをペーストする際は、必ず点滅するカーソルが表示されていることを確認してください。

2-2

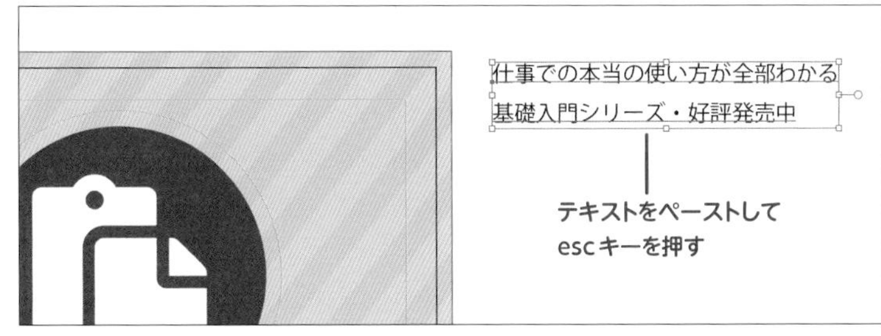

※最後の「発売中」のうしろに改行が入っている場合は削除してください。書式メニュー→"制御文字"(297ページ Lesson 8-10参照)で改行記号を表示するとわかりやすいでしょう。「発売中」のうしろに「¶」記号が表示されていたら改行が入っています。「#」記号であれば単なる行末なので、改行は入っていません。

書式設定を変更する(テキスト全体)

THEME テーマ

選択ツールでテキストオブジェクトを選択し、テキスト全体の書式設定を変更します。フォント、文字サイズ、行送りなどは文字パネル、行揃えは段落パネル、文字カラーはスウォッチパネルを利用します。

KEYWORD キーワード

文字パネル
段落パネル

TRY 完成図

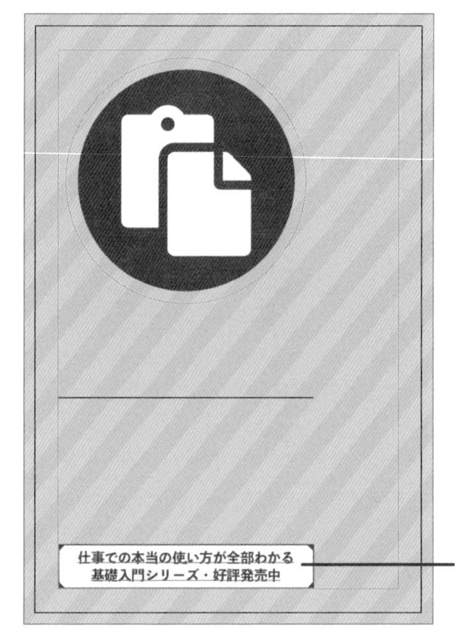

書式を設定して配置する

01 テキストオブジェクトの書式設定を変更する

1 前節に続き、ウィンドウメニュー→"書式"→"文字"を選択して文字パネルを表示します 1-1 1-2。

文字パネル、段落パネル、OpenTypeパネルがセットで表示されます。これらを使用して書式設定を行っていきます。

1-1

1-2

2 選択ツールでテキストオブジェクトを選択します 2-1。

2-1

仕事での本当の使い方が全部わかる
基礎入門シリーズ・好評発売中

選択ツールでテキストオブジェクトを選択

3 文字パネルのフォントファミリーの⌄をクリックして、フォントを選択します 3-1。ここでは「凸版文久見出しゴシックStdN EB」を選択しました。文字のフォントが変更されました 3-2。

3-1

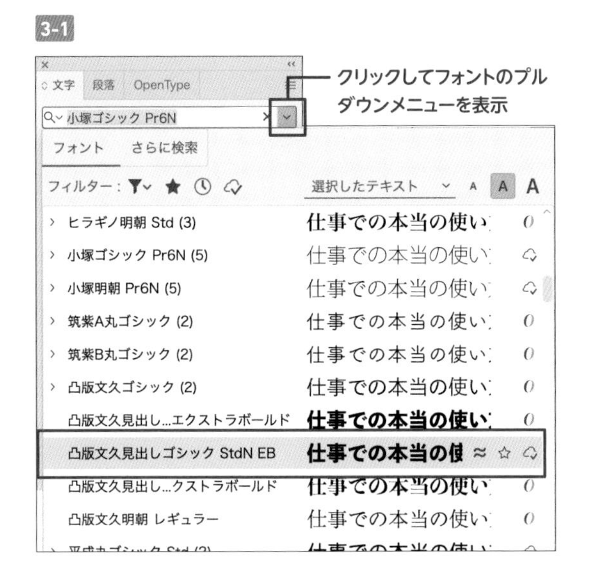

3-2

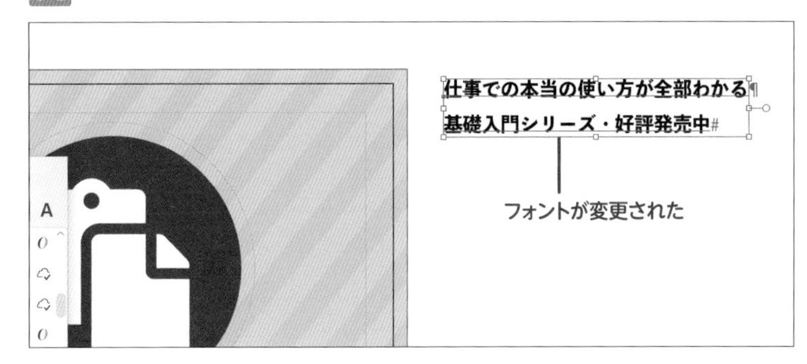

4 次に、フォントサイズと行送りを設定します。[フォントサイズ：14Q][行送り：18H]と入力します 4-1 4-2。

4-1

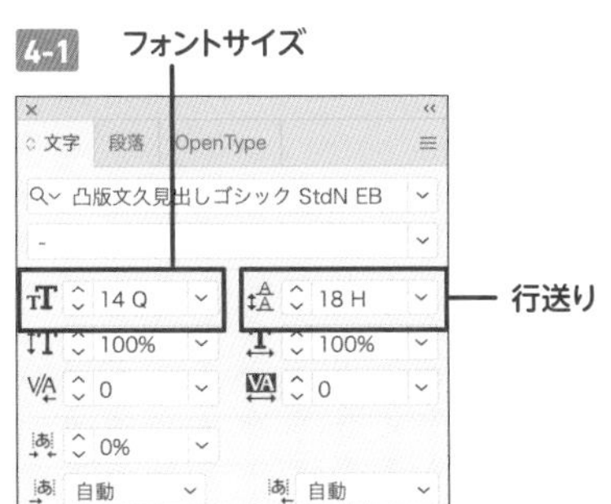

4-2

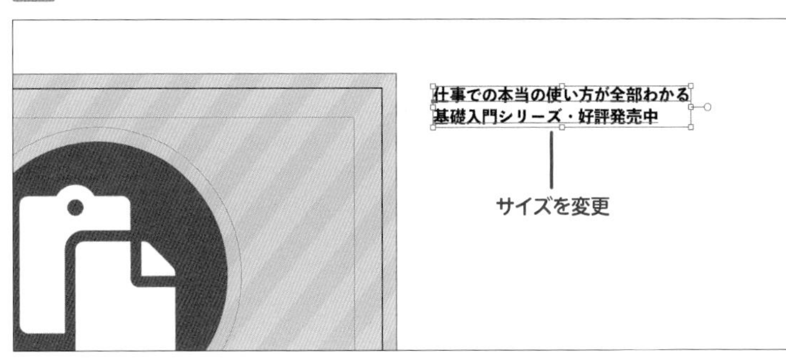

memo

ここでは文字の単位を「級」に設定しています。単位の変更方法は➡を参照してください。

28ページ **Lesson1-04**参照。

5 文字カラーを変更します。テキストを選択した状態で、スウォッチパネルから[CMYKレッド]のスウォッチをクリックします 5-1。

5-1

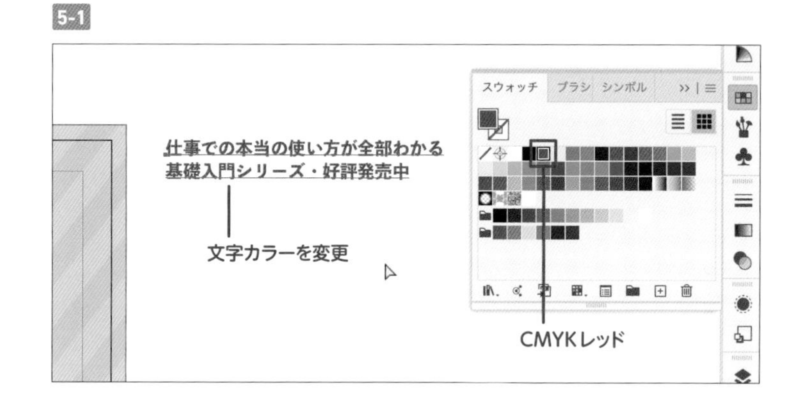

6 段落パネルに切り替えて、[行揃え：中央揃え]に変更します 6-1 6-2。

6-1

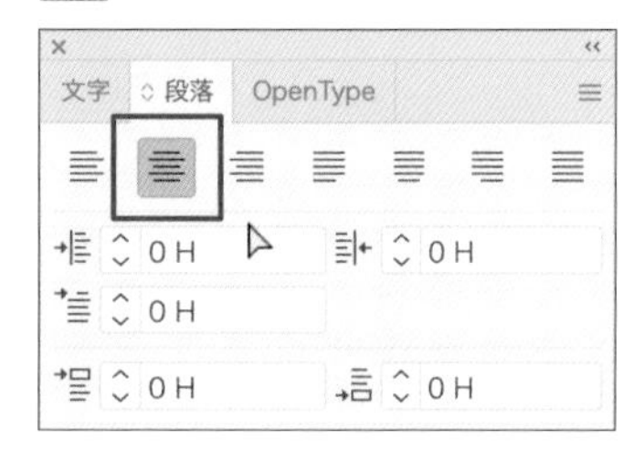

6-2

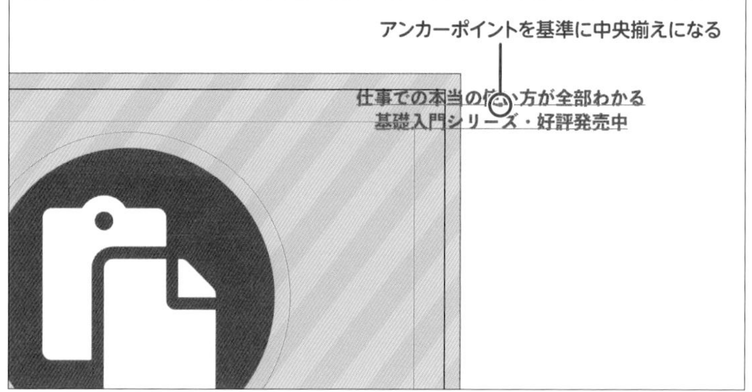

7 選択ツールでテキストオブジェクトを図の枠の中にドラッグして配置します。枠の中央に正確に配置したい場合は、変形パネルで基準点を左上にして、[X：11mm]、[Y：132.343mm]に設定します 7-1 7-2。

7-1

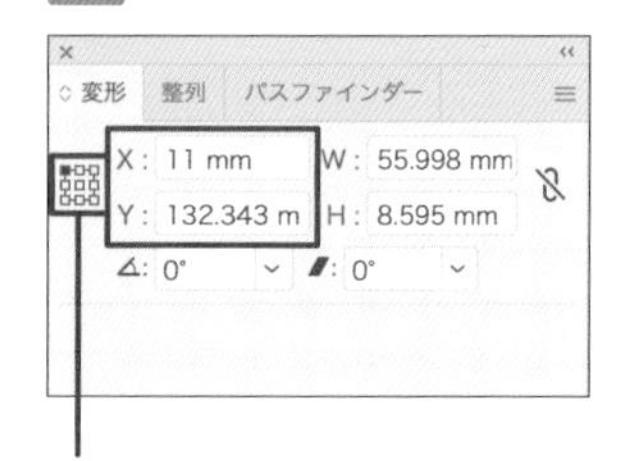

基準点を左上にして[X] 11mm、[Y] 132.343mmに設定

7-2

縦書き文字を入力する（ポイント文字）

THEME テーマ

Illustratorは縦書き入力にも対応しています。本節では文字(縦)ツールでポイント文字を入力し、フォントなどの書式を設定します。

TRY 完成図

KEYWORD キーワード

縦書き文字

01 文字(縦)ツールで縦書き文字を入力する

1 文字ツールを長押しして文字(縦)ツールを選択するか 1-1 、もしくは文字ツールでshiftキーを押して一時的に文字(縦)ツールに切り替え、アートボードの外側の場所でクリックします。

縦書き用の横向きのカーソルが点滅します 1-2 。

1-1

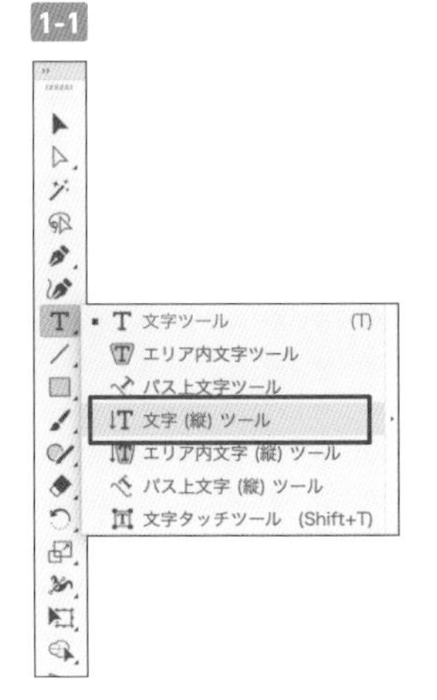

1-2

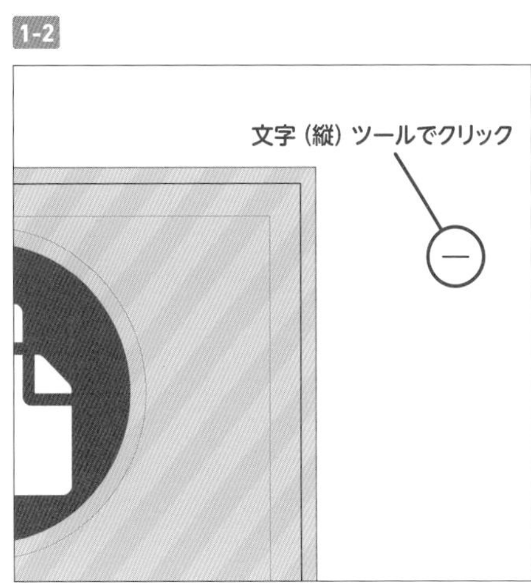

2 「プロに学べる」と入力します（サンプルのテキストファイル「L3_作例.txt」◯の【キャッチコピー】のテキストをコピー＆ペーストしてもかまいません）2-1。

選択ツールでテキストオブジェクトを選択して、文字パネルで［フォントファミリ：小塚ゴシック Pr6N］、［フォントスタイル：H］［フォントサイズ：78Q］に変更します。

［行送り］は1行だけなので設定する必要はありませんが、文字サイズと同じにしておくと、作業がしやすいかもしれません2-2。

段落パネルで、［行揃え：上揃え］に変更します2-3 2-4。

2-1

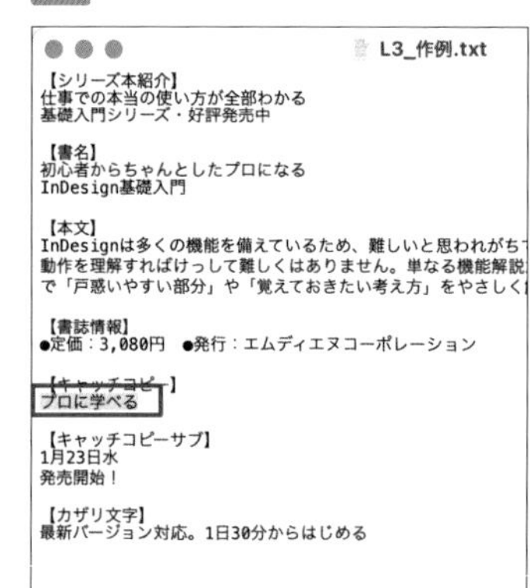
L3_作例.txt

【シリーズ本紹介】
仕事での本当の使い方が全部わかる
基礎入門シリーズ・好評発売中

【書名】
初心者からちゃんとしたプロになる
InDesign基礎入門

【本文】
InDesignは多くの機能を備えているため、難しいと思われがち
動作を理解すればけっして難しくはありません。単なる機能解説
で「戸惑いやすい部分」や「覚えておきたい考え方」をやさしく

【書誌情報】
●定価：3,080円　●発行：エムディエヌコーポレーション

【キャッチコピー】
プロに学べる

【キャッチコピーサブ】
1月23日水
発売開始！

【カザリ文字】
最新バージョン対応。1日30分からはじめる

2-2

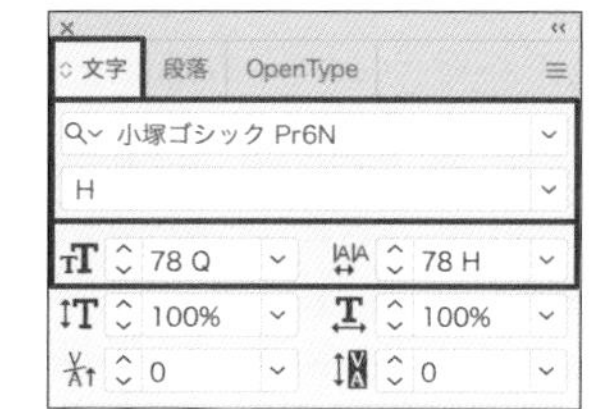

2-3

2-4

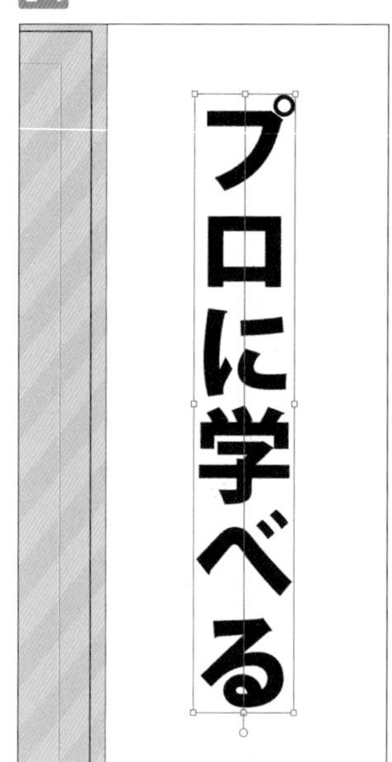

3 選択ツールでテキストオブジェクトをドラッグして、アートボード右上の箇所に移動します。

正確にテキストオブジェクトを配置したい場合は、変形パネルで基準点を左上にして、［X：74.5mm］、［Y：6mm］に設定します3-1 3-2。

3-1

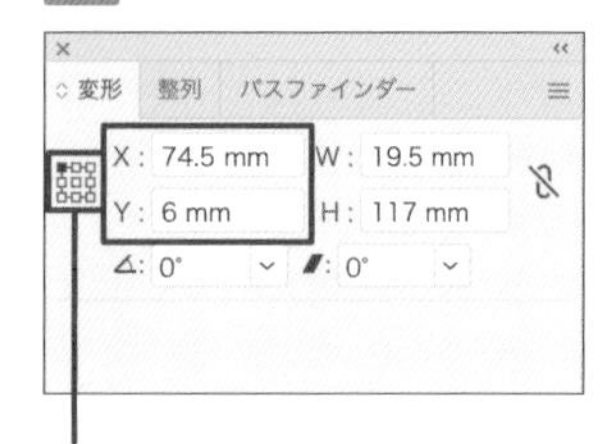

基準点を左上にして［X:74.5mm］、［Y：6mm］に設定

3-2

文字ごとに異なる書式を設定する

THEME テーマ

文字ツールで文字列を選択すると個別に書式設定を変更できます。サンプルではテキストの1行目と2行目で異なる書式を設定してみます。文字入力後、文字ツールで文字列を選択して書式を設定します。

KEYWORD キーワード

文字ツール

TRY 完成図

プロに学べる

初心者からちゃんとしたプロになる
InDesign 基礎入門

仕事での本当の使い方が全部わかる
基礎入門シリーズ・好評発売中

1行目と2行目で異なる書式を設定

01 テキストを選択して書式を設定する

1 文字ツールでアートボードの外側をクリックし、サンプルのテキストファイル「L3_作例.txt」の【書名】のテキストをコピー＆ペーストします 1-1。書式は前回の書式設定が適用されますが、編集しづらいので、選択ツールでテキストオブジェクトを選択して、フォントを「小塚ゴシック Pr6N H」、[フォントサイズ:18Q]、[行送り:18H]、[行揃え：左揃え] に全体を設定しておきます 1-2。

1-1

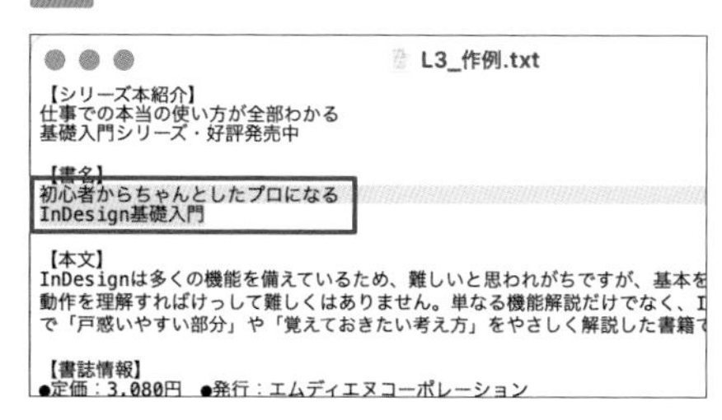
L3_作例.txt

【シリーズ本紹介】
仕事での本当の使い方が全部わかる
基礎入門シリーズ・好評発売中

【書名】
初心者からちゃんとしたプロになる
InDesign基礎入門

【本文】
InDesignは多くの機能を備えているため、難しいと思われがちですが、基本を
動作を理解すればけっして難しくはありません。単なる機能解説だけでなく、I
で「戸惑いやすい部分」や「覚えておきたい考え方」をやさしく解説した書籍で

【書誌情報】
●定価：3,080円　●発行：エムディエヌコーポレーション

1-2

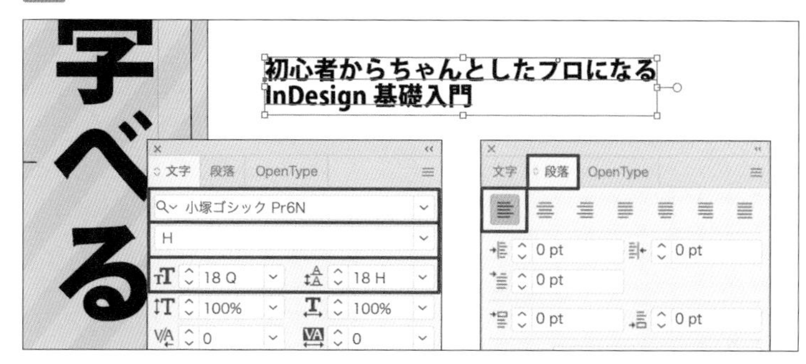

2 選択ツールでテキストオブジェクトを選択するとすべてのテキストが設定対象となり、文字ツールで文字列を選択すると、選択した文字列のみ設定対象となります 2-1 。

書名のテキストは1行目と2行目で異なる書式を設定します。文字ツールで、まず1行目「初心者からちゃんとしたプロになる」を選択し、[行送り：24H] と設定します 2-2 2-3 。

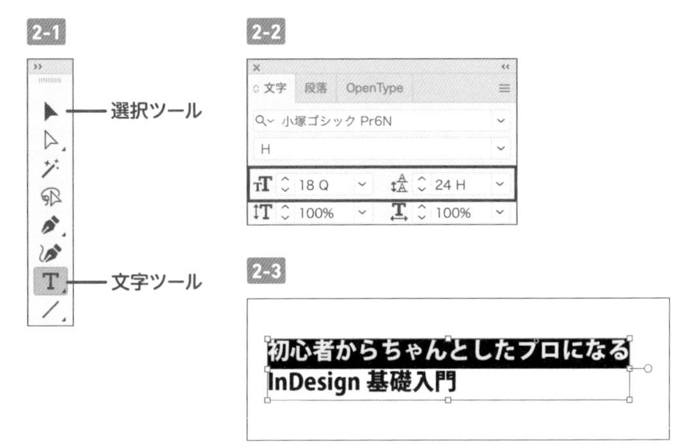

文字ツールで1行目だけを選択し、行送りを24Hに変更

3 文字ツールで2行目の「InDesign基礎入門」を選択し、[フォントサイズ：30Q] に変更します 3-1 3-2 。

3-1

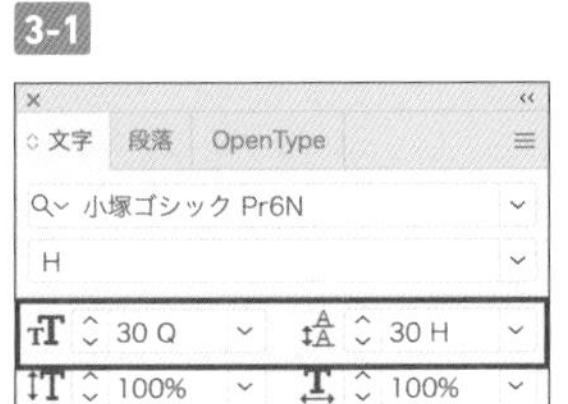

3-2

初心者からちゃんとしたプロになる
InDesign 基礎入門

文字ツールで2行目だけを選択し、文字サイズ30Qに変更
(行送りは設定する必要はないが、ここでは30Hに設定)

4 選択ツールで書名のテキストオブジェクトをドラッグして図の位置に移動します。正確に配置したい場合は、変形パネルで基準点を左上にして、[X：6mm] [Y：77.25mm] に設定します 4-1 。

メインの縦キャッチと、書名の1行目がぶつかっていますが、これはLesson 3-11で修正します。

4-1

アートボード内に配置

113ページ **Lesson3-11**参照。

範囲を決めて文字を入力する（エリア内テキスト）

THEME テーマ

エリア内テキストはパスオブジェクトの中にテキストを配置する機能です。長方形ツールなどであらかじめエリアを作成してから、ツールを切り替えて文字を入力すると作業がしやすいです。

KEYWORD キーワード

エリア内テキスト
均等配置（最終行左揃え）

TRY 完成図

01 クローズパス内に文字を入力する（エリア内テキスト）

1 まず、クローズパス（閉じたパス）の例として長方形のエリアを作ります。長方形ツールを選択し 1-1、任意の場所でクリックをします。長方形ダイアログが表示されたら、［幅：66mm］、［高さ：25.5mm］に設定して［OK］ボタンをクリックします 1-2。

1-1 1-2

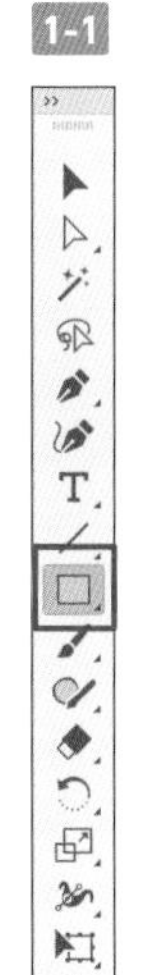

2 文字ツールを長押しして表示されるツールグループからエリア内文字ツールを選択します 2-1 。

作成した長方形の左上あたりにカーソルを合わせてクリックをすると、長方形の塗り・線の色がなくなり、カーソルが点滅します 2-2 。

2-1

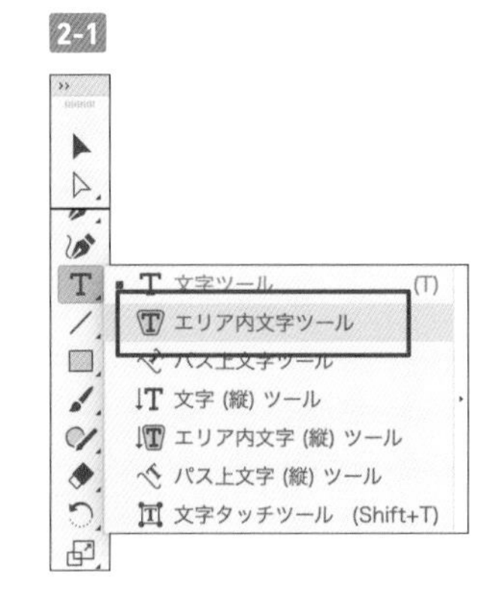

2-2

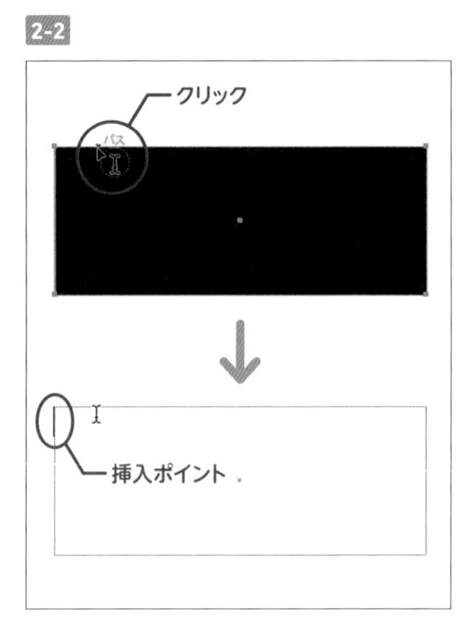

memo

エリア内テキストの入力は、エリア内文字ツールだけでなく、文字ツールでも可能です。文字ツールでは、エリア内文字ツールとして入力される場合にはアイコンが Ⓘ に変わります

memo

ツールバーにエリア内文字ツール、エリア内文字（縦）ツールが表示されていない場合は、ウィンドウメニュー→“ツールバー”→“詳細”を選択してください。

3 カーソルが点滅している状態で、テキストファイルから【本文】のテキストをコピー＆ペーストすると、エリア長方形の中にテキストが配置されます 3-1 3-2 。

通常、テキストの折り返しは改行を入力しなければ折り返されませんが、エリア内テキストではエリアの端でテキストが自動的に折り返されていることが確認できます。

なお、テキストがエリア内に収まっていない場合（これを「あふれている」ともいいます）、エリアの右下に赤い⊞マークがつきます。

3-1

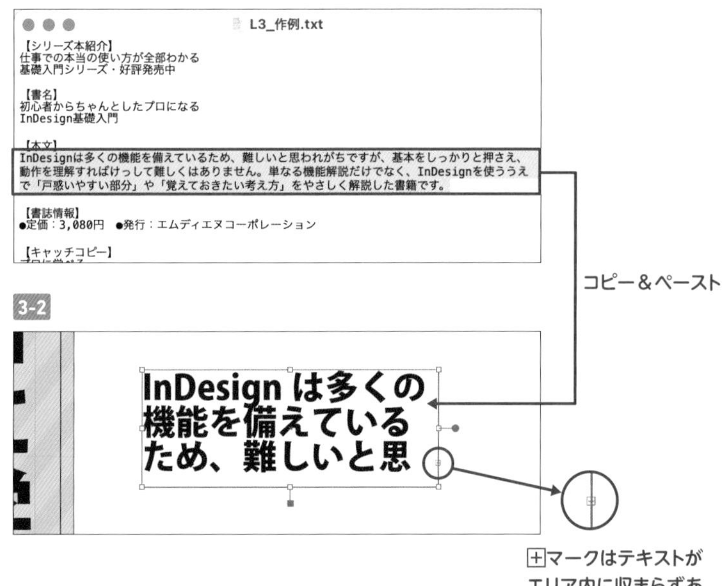

⊞マークはテキストがエリア内に収まらずあふれていることを示す

4 文字ツールに切り替え、エリア内テキストにカーソルを置いて、選択メニュー→“すべて選択”を選択するか、command（Ctrl）＋Aキーを押して、エリア内のテキストをすべて選択します 4-1 。

4-1

5 ［フォントファミリ：小塚明朝 Pr6N］［フォントスタイル：M］［フォントサイズ：12Q］［行送り：18H］と設定すると 5-1、本文のテキストがすべてエリア内に収まります 5-2。

5-1

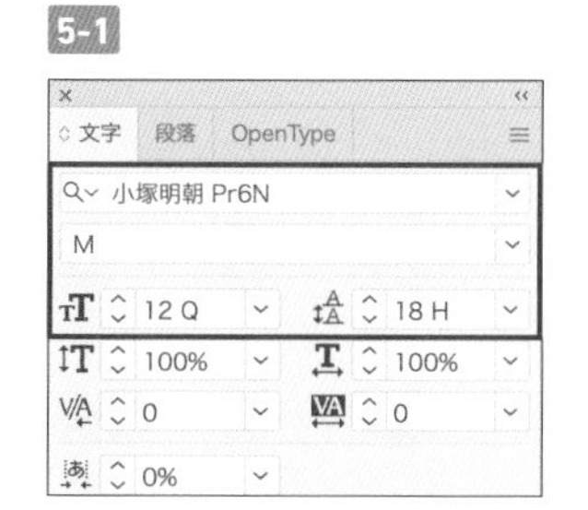

5-2

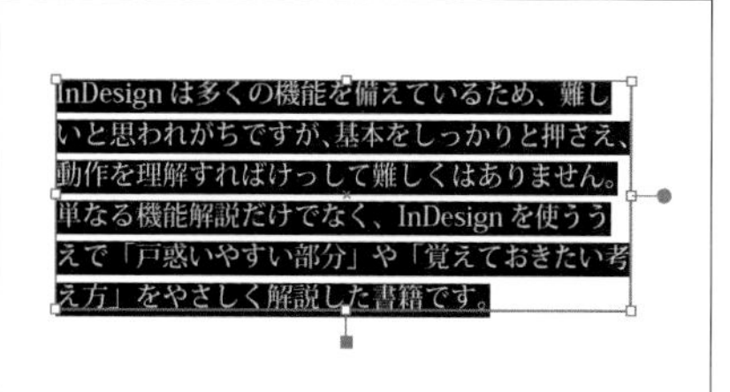

6 この例では、テキストに左揃えが設定されているため、各行の末尾がバラバラになっています 6-1。

そこで、テキスト全体を選択したまま、段落パネルの［行揃え］を［均等配置（最終行左揃え）］に設定します 6-2。これでエリアの幅と各行の長さが一致するようになります（最終行のみ左揃えとなります）6-3。

一般に、エリア内テキストを使用してエリアの幅や高さで行を折り返す場合には、［均等配置（最終行左揃え）］に設定します。

6-1

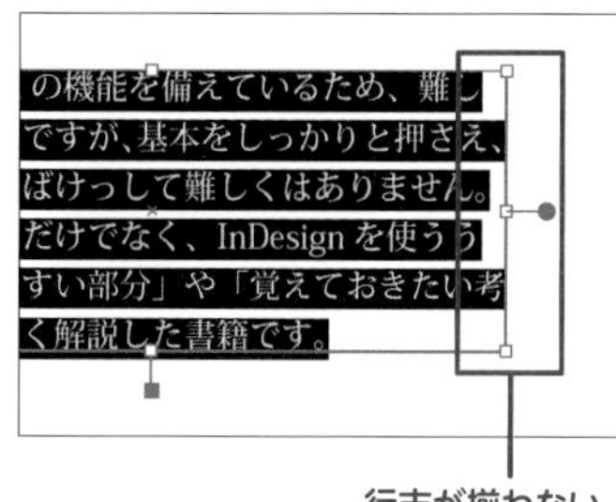

行末が揃わない

6-2

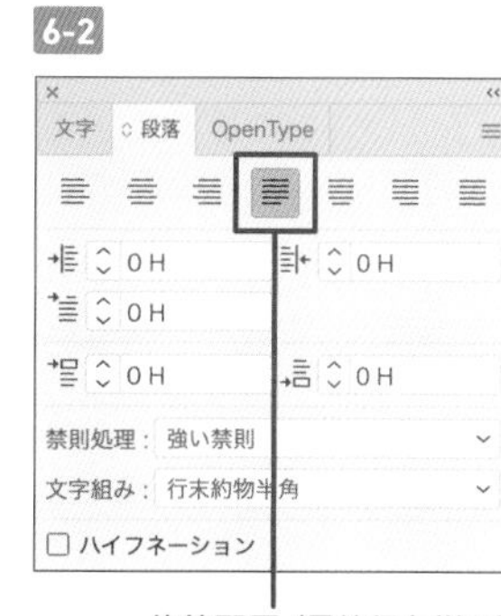

均等配置（最終行左揃え）

6-3

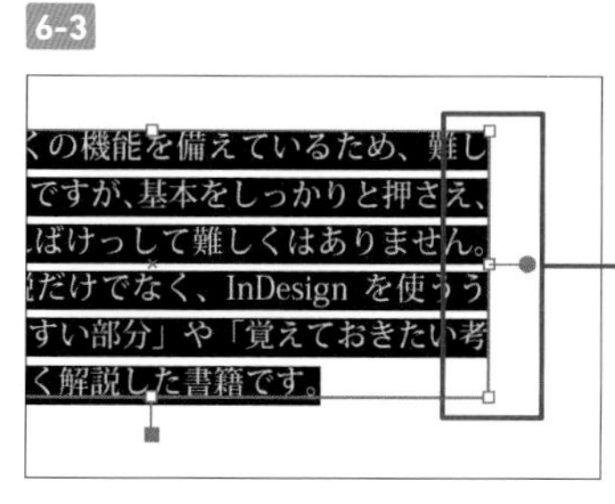

行末が揃う

7 選択ツールで作成したエリア内テキストをドラッグして図の位置まで移動します。正確にテキストオブジェクトを配置したい場合は、変形パネルで基準点を左上にして［X：6mm］［Y：96.75mm］に設定します 7-1 7-2。

7-1

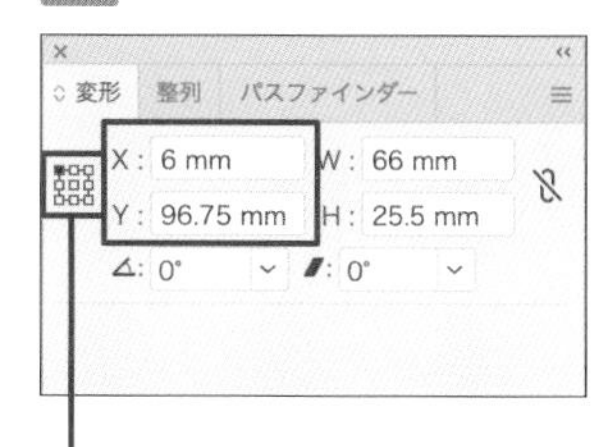

基準点を左上にして［X:6mm］［Y：96.75mm］に設定

7-1

アートボード内に配置

パスに沿って文字を配置する

THEME テーマ

パス上文字ツールを使用して、パスに沿って文字を入力します。クローズパス、オープンパスどちらでも入力が可能です。入力後にテキストの位置を動かすこともできます。

KEYWORD キーワード

パス上文字ツール

TRY 完成図

01 パス上に文字を配置する

1 ここでは円形のクローズパスに沿って文字を配置します。長方形ツールを長押しして表示されるツールグループから楕円形ツールを選択し 1-1、ドキュメント上の任意の箇所でクリックし、[幅]と[高さ]ともに62mmと設定して、正円のオブジェクトを作成します 1-2。

1-1

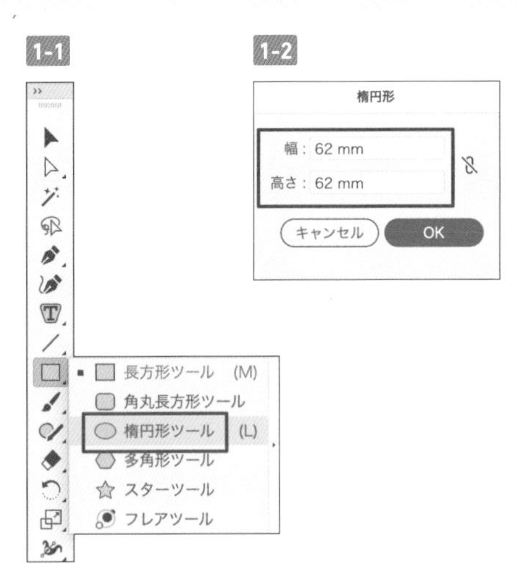

1-2

楕円形
幅：62 mm
高さ：62 mm
キャンセル
OK

2 サンプルのドキュメントにあるガイドに重なるようにオブジェクトを移動します。変形パネルで指定する場合には、変形パネルで基準点を左上に設定し、[X：8mm] [Y：8mm]と入力してください 2-1 2-2。

2-1

2-2

3 文字ツールを長押しして表示されるツールグループからパス上文字ツールを選択し 3-1、先ほど作成した円形のパスの上でクリックします。円形の塗りと線が解除され、クリックした位置にカーソルが表示されます 3-2。

3-1

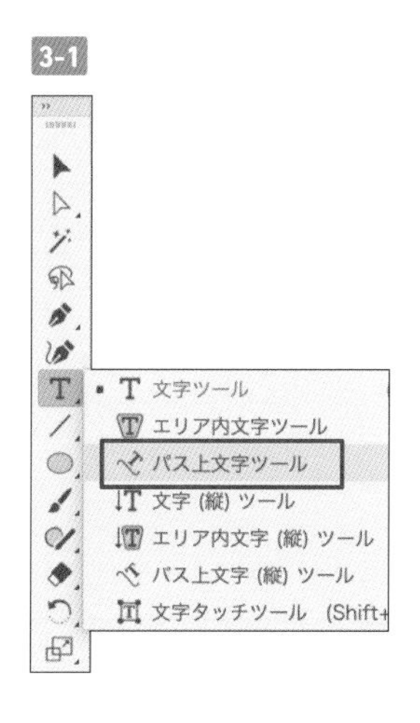

3-2

パス上をクリック

4 サンプルのテキストファイル「L3_作例.txt」から【カザリ文字】のテキストをコピー＆ペーストします 4-1 4-2。コピーした文字がパスに沿って配置されます。

4-1

【シリーズ本紹介】
仕事での本当の使い方が全部わかる
基礎入門シリーズ・好評発売中

【書名】
初心者からちゃんとしたプロになる
InDesign基礎入門

【本文】
InDesignは多くの機能を備えているため、難しい
押さえ、動作を理解すればけっして難しくはありま
InDesignを使ううえで「戸惑いやすい部分」や「
した書籍です。

【書誌情報】
●定価：3,080円　●発行：エムディエヌコーポレー

【キャッチコピー】
プロに学べる

【キャッチコピーサブ】
1月23日水
発売開始！

【カザリ文字】
最新バージョン対応。1日30分からはじめる

4-2

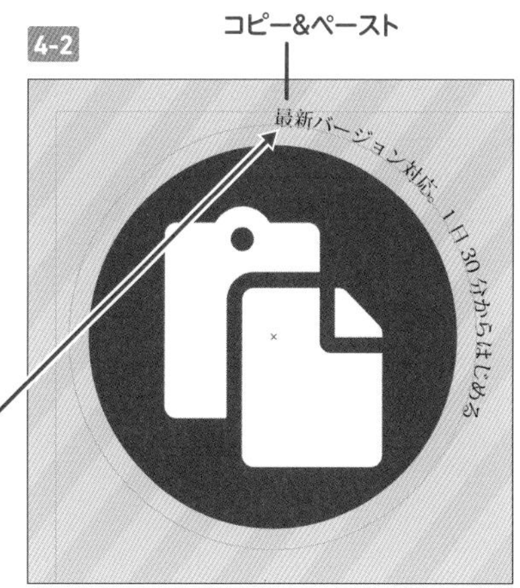

5 ポイント文字と同様にクリックした箇所が入力の開始位置となりますので、段落パネルから中央揃えを選択します 5-1。

5-1

6 パス上テキストの位置を動かすには、選択ツールでテキスト中央のマーク（ブラケット）をドラッグします 6-1 6-2。ドラッグ中にテキストがパスの内側に移動してしまう場合は、command（Ctrl）キーを押しながらドラッグします。

6-1 6-2

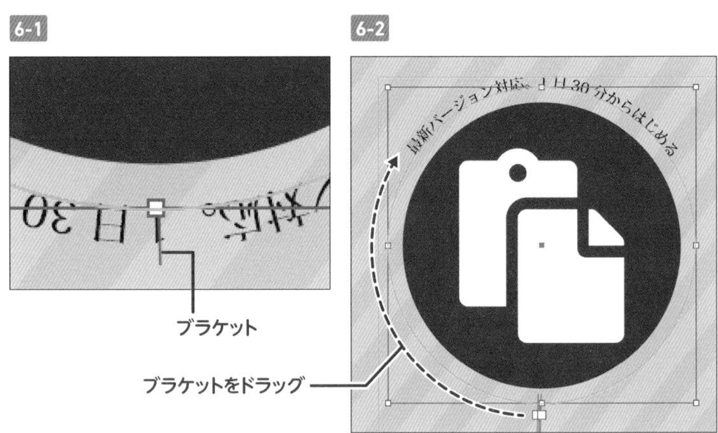

7 パス上テキストの位置を修正したら書式設定を変更します。[フォントファミリ：小塚ゴシック Pr6N]［フォントスタイル:H］［フォントサイズ:12Q］に設定します 7-1 7-2。

7-1

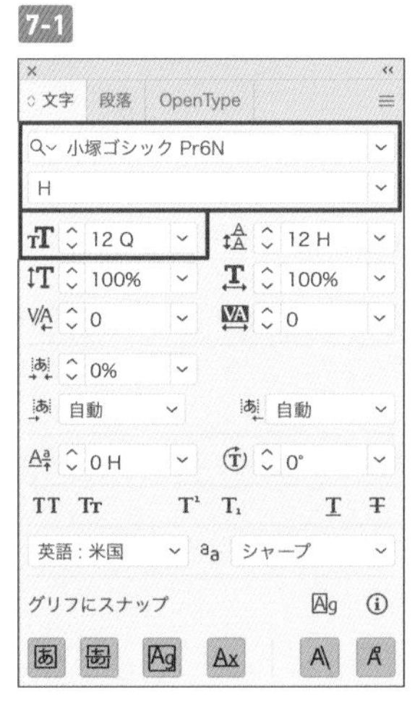

7-2

ONE POINT

パス上テキストをコントロールする

パスに沿った文字の移動と反転

パス上テキストを作成すると、文字列の先頭・中間点・末尾にマーク（ブラケット）が表示されます。テキストは先頭〜末尾のエリアに配置されます。
これらのブラケットは選択ツールでドラッグすることができます。先頭・末尾のブラケットをドラッグすることでテキストの入力エリアを伸縮でき、中間点をドラッグすることでエリアを一括して移動できます。
また、中間点のブラケットをドラッグすることで、パスの反対側にテキストを移動できます。

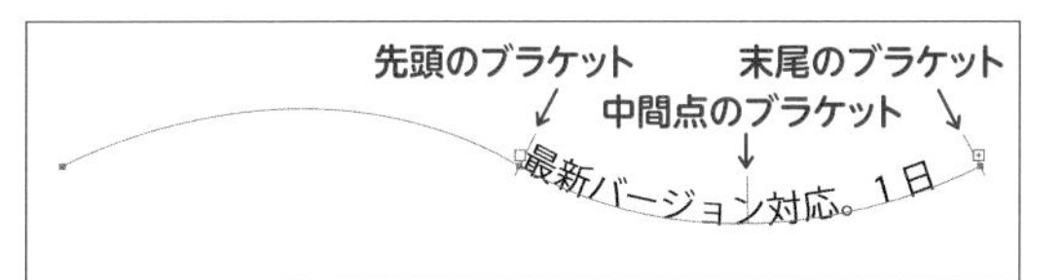

パス上テキストは先頭・中間点・末尾にブラケットが表示される

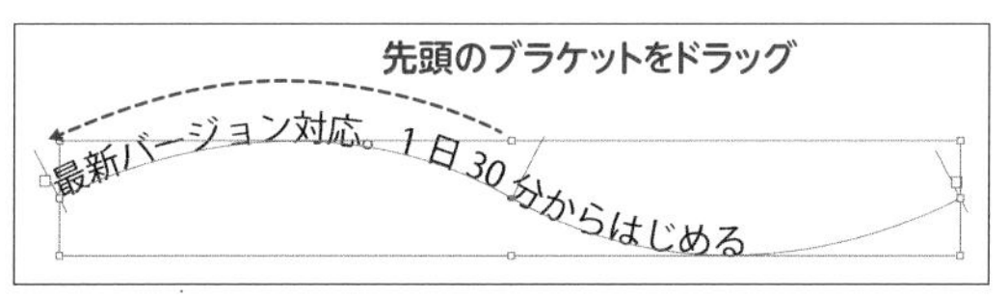

ブラケットをドラッグしてテキストを移動できる

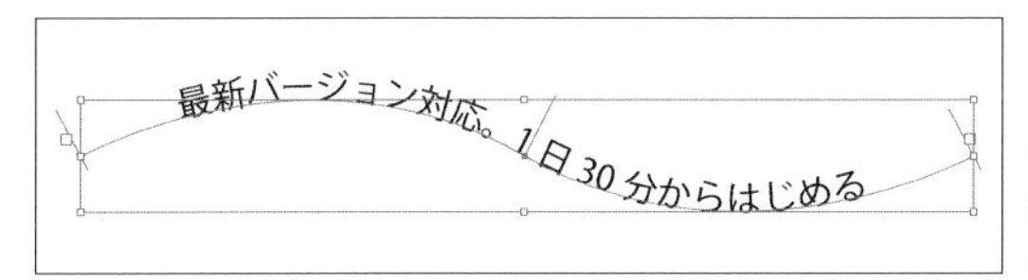

パスの先端に先頭のブラケット、終端に末尾のブラケットを合わせ、行揃えを［中央揃え］に設定。中間点のブラケットの位置は、先頭・末尾の中間位置に表示される

［パス上文字オプション］で文字の形状を変える

パス上テキストは、書式メニュー→“パス上文字オプション”のサブメニューで、パスに合わせて文字の形状を変えることができます。サブメニューには、“虹”、“歪み”、“3Dリボン”、“階段状”、“引力”などの形状が用意されています。ただし、設定結果がどうなるかわかりづらいので、“パス上文字オプション”→“パス上文字オプション...”でダイアログの［プレビュー］を確認しながら設定するとよいでしょう。

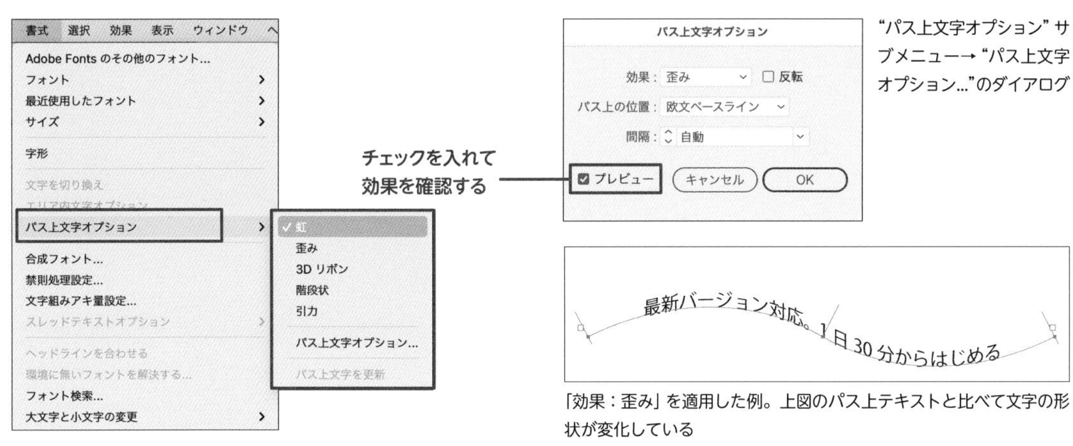

書式メニュー→“パス上文字オプション”のサブメニュー

“パス上文字オプション”サブメニュー→“パス上文字オプション...”のダイアログ

「効果：歪み」を適用した例。上図のパス上テキストと比べて文字の形状が変化している

縦書き中の半角英数字の処理

THEME テーマ

縦書きの文字を入力する際は、1バイト（半角）の英数字を正しく配置することが必要です。ここでは、半角英数字を縦向きに回転させる方法、2文字以上を組みで回転させる方法について説明します。

KEYWORD キーワード

欧文回転
縦中横

TRY 完成図

01 半角英数字を正しく使い分け、正確に配置する

1 文字ツールを長押しすると表示されるツールグループから文字（縦）ツールを選択するか、もしくは文字ツールでshiftキーを押しながら、アートボード外側の空いているところをクリックします（縦書きポイント文字の入力については参照）。

サンプルの「L3_作例.txt」から【キャッチコピーサブ】のテキストをコピー&ペーストします 1-1 1-2。

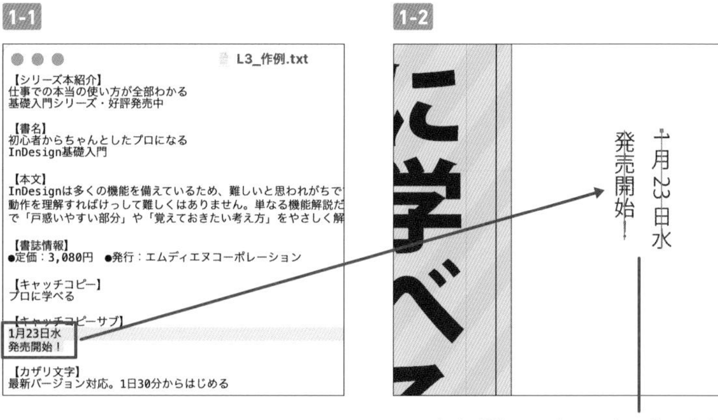

文字（縦）ツールでクリックしてからテキストをコピー＆ペースト

99ページ Lesson3-06参照。

2 書式を設定します 2-1 2-2。

2-1

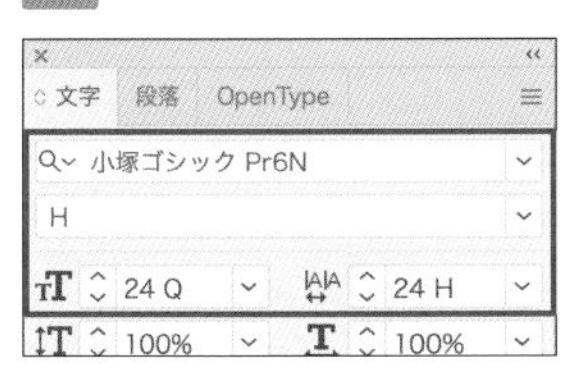

2-2

文字パネル
- フォントファミリ：小塚ゴシック Pr6N
- フォントスタイル：H
- フォントサイズ：24Q
- 行送り：24H

段落パネル
- 行揃え：左／上揃え

スウォッチパネル
- 文字色：黒(「ブラック」を選択)

縦組み中の欧文回転で1バイト文字を縦向きに

3 縦書きの文字を入力すると和文（2バイトの文字）は縦に並びますが、半角英数字（1バイトの文字）は横に寝てしまいます。

半角英数字の文字を縦書きに合わせて回転させるには、テキストを選択して 3-1、文字パネルのオプションメニュー→"縦組み中の欧文回転"を選択してチェックを入れます 3-2。これにより、1バイトの数字が縦書き用に回転します 3-3。

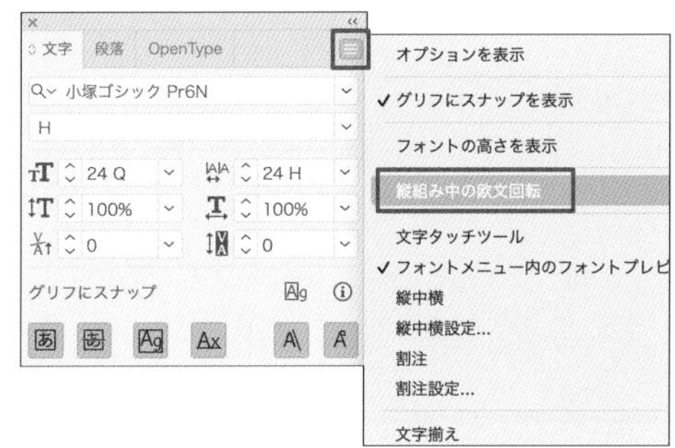

2文字以上を組みで回転させる"縦中横"

4 次に「23」という文字を1文字扱いで回転させるように設定します。このようなときには"縦中横"の機能を使用します。

文字ツールで「23」を選択し 4-1、文字パネルのオプションから"縦中横"を選択すると 4-2、文字が組文字になり一緒に回転します 4-3。

このように、縦書きのテキストを入力する際に半角英数字も文字を回転させるには、"縦組み中の欧文回転""縦中横"を適宜使用します。

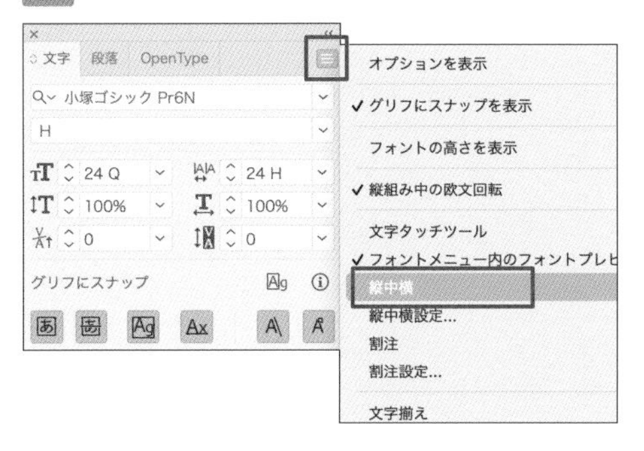

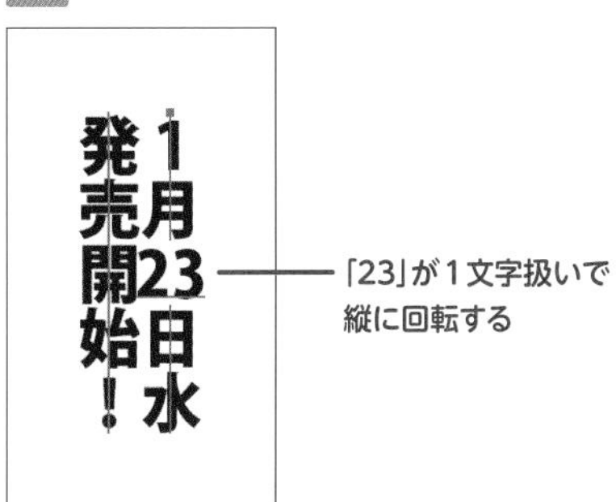

全角英数字と半角英数字を使い分ける

英数字を縦に並べるには、英数字を全角入力する方法もあります。この場合、縦に並べたい文字は全角で入力、縦中横に設定したい文字は半角で入力し、テキスト全体に“縦組み中の欧文回転”を適用、必要な文字列に“縦中横”を設定します。

文字ごとにどのような文字種を入力するのか、ルールの一例を4-4にまとめます。ただし、あくまで一例なので、制作物の用途や、会社の方針(ハウスルール)などによって異なります。

4-4 全角半角の使い分けの例

- 和文中の括弧類(約物類)は横書き・縦書きともに全角で入力(ただし、感嘆符疑問符(!?)は半角で入力)
- 横書き…英数字はすべて半角入力。欧文中の約物も半角で入力
- 縦書き①…英字(括弧類も含む)は全角入力で文字を回転。数字は1桁と3桁以上は全角、2桁は半角で縦中横を設定
- 縦書き②…英数字はすべて半角入力(括弧類は全角)。“縦組み中の欧文回転”で英数字類を正立させる。2桁以上は適宜縦中横を設定

発売日のテキストを移動

5 本節の仕上げとして、発売日のテキストオブジェクトをアートボード内に移動します。変形パネルで基準点を左上にして、[X:78.25mm]、[Y:113mm]に設定します5-1①。「プロに学べる」と重なっていますが、これは➡で修正します。

5-1

113ページ **Lesson3-11**参照。

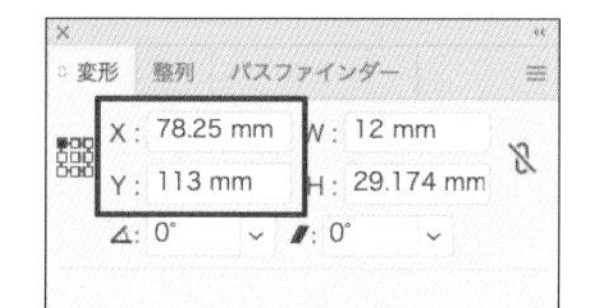

書誌情報の追加

5-1②の定価と発行元は、サンプルの「L3_作例.txt」の【書誌情報】をコピー&ペーストし5-2、書式・位置を右のように設定しています。

5-2

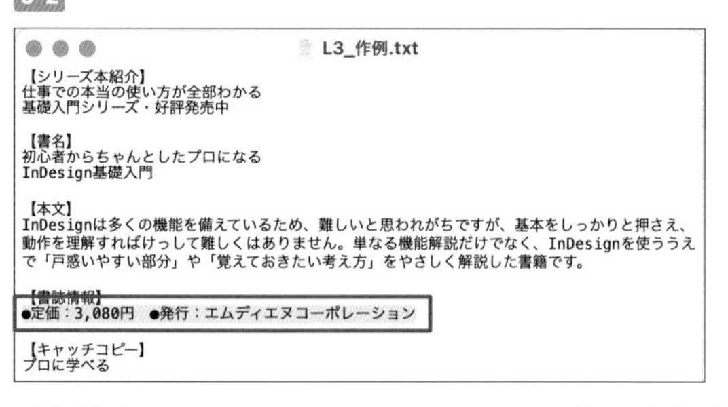

L3_作例.txt

【シリーズ本紹介】
仕事での本当の使い方が全部わかる
基礎入門シリーズ・好評発売中

【書名】
初心者からちゃんとしたプロになる
InDesign基礎入門

【本文】
InDesignは多くの機能を備えているため、難しいと思われがちですが、基本をしっかりと押さえ、動作を理解すればけっして難しくはありません。単なる機能解説だけでなく、InDesignを使ううえで「戸惑いやすい部分」や「覚えておきたい考え方」をやさしく解説した書籍です。

【書誌情報】
●定価：3,080円 ●発行：エムディエヌコーポレーション

【キャッチコピー】
プロに学べる

文字パネル
- フォントファミリ：小塚ゴシック Pr6N
- フォントスタイル：M
- フォントサイズ：10Q
- 行送り：10H

段落パネル
- 行揃え：左揃え

スウォッチパネル
- 文字色：黒(「ブラック」を選択)
  ※「●」のみ赤(「CMYKレッド」を選択)

変形パネル
- 基準点：左上
- [X：6mm]
- [Y：125.25mm]

文字と文字の間隔を調整する

THEME テーマ

特定の文字と文字の間隔（字間）を調整する設定を「カーニング」、文字列全体の字間を調整する設定を「トラッキング」といいます。字間を適切に設定して見栄えのよいドキュメントに仕上げましょう。

KEYWORD キーワード

カーニング
トラッキング

TRY 完成図

字間を調整して、読みやすく見栄えをよくした

01 字間（文字と文字の間隔）を詰めるカーニング

カーニングの設定

文字と文字の間隔＝字間を詰めるには、さまざまな機能・方法があります。日本語のOpenTypeフォントを使用している場合、最も手軽に字間を詰めるにはフォントに搭載されている「詰め情報」を使用します。

memo

ここまででの作業結果のaiファイルを用意しました。

Lesson3/11/中間.ai

1 文字間を詰めたい文字列（テキストオブジェクト）を選択し、文字パネルの［文字間のカーニングを設定］のプルダウンメニューから［メトリクス］を選択します 1-1。

次に、OpenTypeパネルの［プロポーショナルメトリクス］にチェックを入れます 1-2。

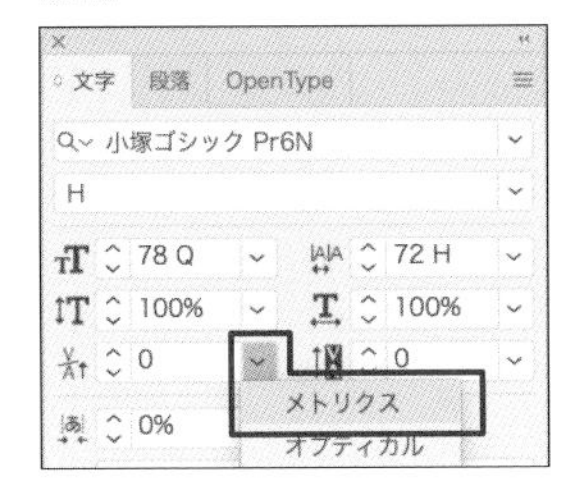

1-2

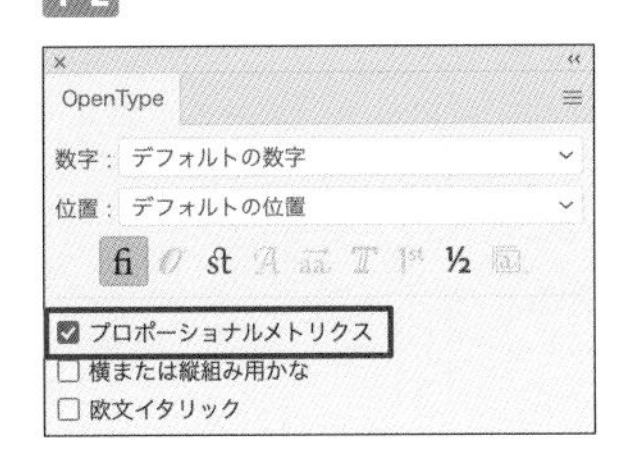

こうすることで、フォント内にある詰め情報を参照し、文字と文字の字間を自動的に詰めることができます 1-3 1-4。

1-3

1-4

2 文字ごとに詰めを指定したい場合には、字間を詰めたい文字と文字の間にカーソルを立てて、カーニングの値を変更します 2-1 2-2。カーニングの値は1000で1文字分の幅となります。プラスの値で字間をあけ、マイナスの値で字間を詰めます。

あまり極端に詰めすぎると、文字と文字が重なってしまいますので、適度な数値で詰めていきます。フォントや文字サイズにもよりますが、−100程度が限界になります。

2-1

2-2

文字 段落
小塚ゴシック Pr6N
H
78.0001 72 H
100% 100%
-60 0
グリフにスナップ

ONE POINT

カーニングの設定

[文字間のカーニングを設定]

[文字間のカーニングを設定]プルダウンメニューの各設定には右のような違いがあります。

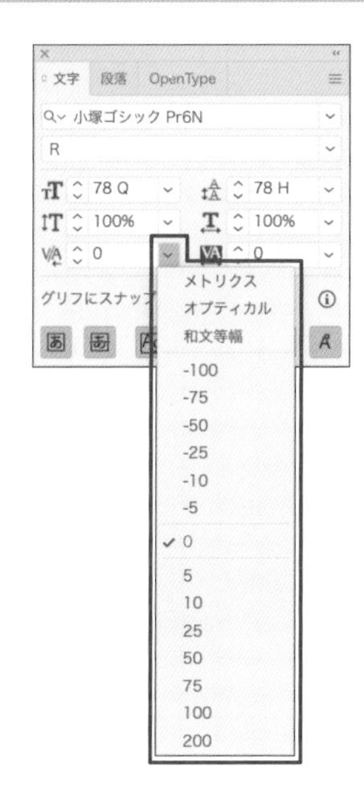

- [メトリクス]…フォントの持つ「詰め」情報（ペアカーニング＋プロポーショナル）をもとに文字詰めを行う
- [オプティカル]…Illustratorが字間を判断して文字詰めを行う。プロポーショナル情報のないフォントでも自動詰め処理ができるが、漢字の字間が詰まることがあったり、文字サイズによって詰めの結果が異なることがある
- [和文等幅]…和文は等幅（0）、欧文はプロポーショナル詰めを行う
- [0]…Illustratorのデフォルト設定。字間の処理は行われない
- **実数値**…1emを1文字幅として、1/1000em単位で数値を指定する

[メトリクス]＋[プロポーショナルメトリクス]と手詰め

カーニングの[メトリクス]＋[プロポーショナルメトリクス]を使用して自動で詰め処理しても、見栄え良く字間が詰まってくれない箇所がどうしても残ります。こういったときには前ページ手順2のように、手動でカーニングを変更します。このような手動の処理を「手詰め」といいます。

なお、カーニングの[メトリクス]を設定せずに、OpenTypeの[プロポーショナルメトリクス]のみ設定すると、手動でカーニング値を変更するときにカーニングが0になってしまい修正しづらいので、カーニングは[メトリクス]に変更しておくことをおすすめします。

また、フォントによっては[プロポーショナルメトリクス]のみと、[メトリクス]＋[プロポーショナルメトリクス]で詰め具合が変わるフォントがありますので、両方をセットで設定するのが基本です。

なお、こういった詰め処理は本文に対しては行いません。今回の作例では、エリア内テキストで入力した部分に対しては基本的には文字詰めを行いません。

02 トラッキングを使って字間を調整する

特定の文字と文字の間隔を調整する「カーニング」に対し、文字列全体の字間を調整するのが「トラッキング」です。

ここではトラッキングを使用してパス上テキストの文字列全体で字間を離します。

3 選択ツールでテキストを選択し 3-1 、[トラッキング：333] と入力します 3-2 。こちらも1文字の幅が1000になっているので、333で全角の3分の1幅だけ字と字の間を離しました。

こういった字間を離す処理をする場合、スペースを入力する方法もありますが修正や調整に手間がかかります。Illustratorではトラッキングやカーニングを変更することで字間を離すことができます。

3-1

3-2

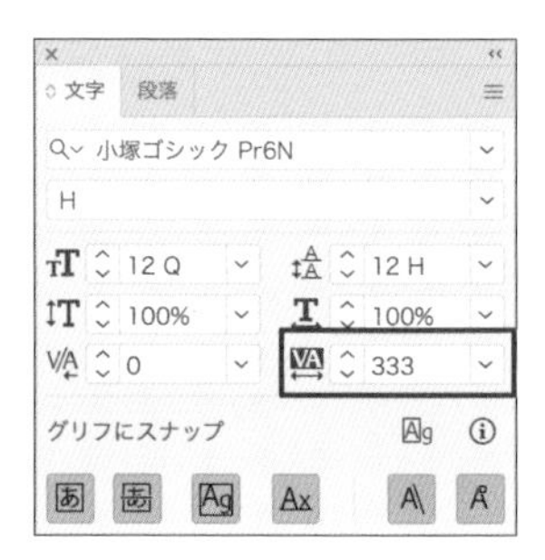

03 カーニングとトラッキングの使い分け

カーニングとトラッキングは、ともに字間を調整する機能です。処理したい対象によって、使用する機能を使い分けます 図1 。

カーニングは特定の文字と文字の間隔を調整する機能です。そのため、処理したい字と字の間にカーソルをたてて、カーニング値を設定します。

トラッキングは選択した文字列またはテキスト全体の字間を一律に調整する機能です。設定を行い場合には、処理したい文字列またはテキストを選択します。トラッキングを設定すると、選択した文字列またはテキストの字間が一律に調整されます。

図1 カーニングとトラッキング

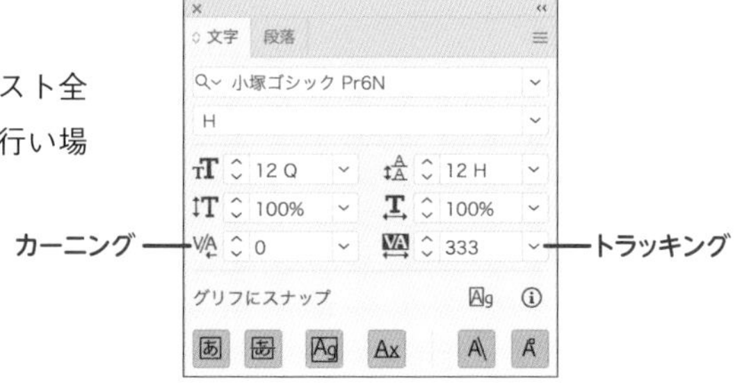

字形パネルについて

THEME テーマ

キーボードから入力できない文字を入力するには字形パネルを使用します。字形パネルからは、フォントに収録されているすべての文字にアクセスすることができます。

KEYWORD キーワード

字形パネル
異体字

TRY 完成図

01 字形パネルを表示する

1 字形パネルは書式メニュー→"字形"、またはウィンドウメニュー→"書式"→"字形"から表示できます。

字形パネル 1-1 を使って文字を入力するには2つの方法があります。ひとつは、入力した文字を選択して字形パネルで異体字を表示させて入力する方法、もうひとつは字形パネルの中から文字を選んで入力する方法です。

1-1

02 異体字を入力する

字形パネルには、フォントに収録されているすべての文字が表示されるため、文字を探して入力するのは手間がかかります。囲み文字などの文字を入力するには、もともとの文字を入力して「異体字」を表示させ、入力選択するほうが早いでしょう。

ここでは、作例で入力した【発売日】のテキストにある「水」の文字を囲み文字に変更します。

2 文字ツールで「水」の文字を選択します 2-1。

2-1

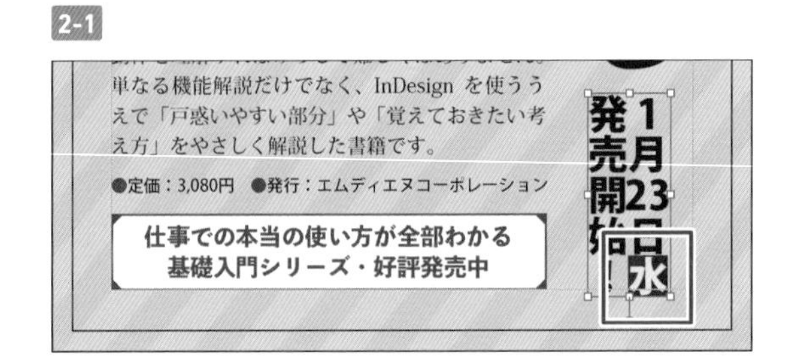

3 書式メニュー→“字形”を選択して字形パネルを表示し、[表示]のプルダウンメニューから“現在の選択文字の異体字”を選択します 3-1。

3-1

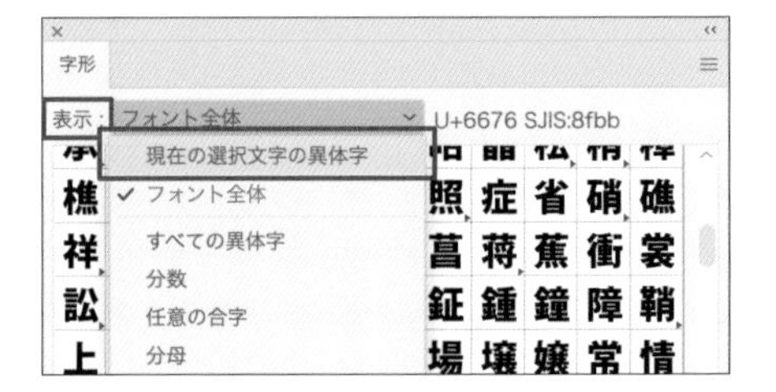

4 パネル内に、元の文字の異体字・修飾字形が表示されます。

リストされた文字から、使用したい文字を選択してダブルクリックすると 4-1、文字を置き換えて入力することができます。

4-1

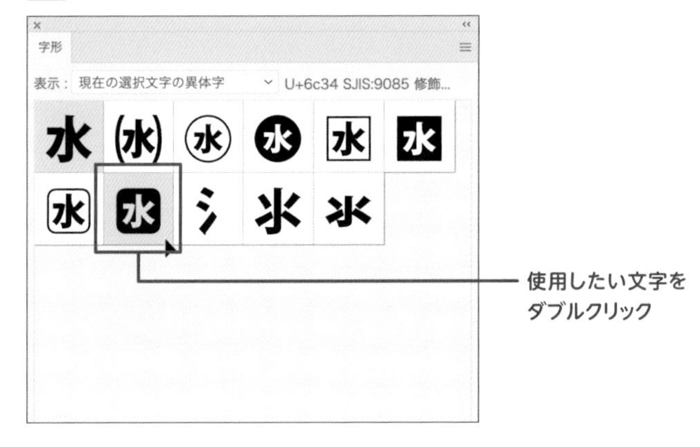

5 置き換えた文字の色を赤色（C0/M100/Y100/K0）にしましょう 5-1。

なお、この方法は選択した1文字に対して、異体字・修飾字形が表示されるので、複数の文字を入力することはできません。

5-1

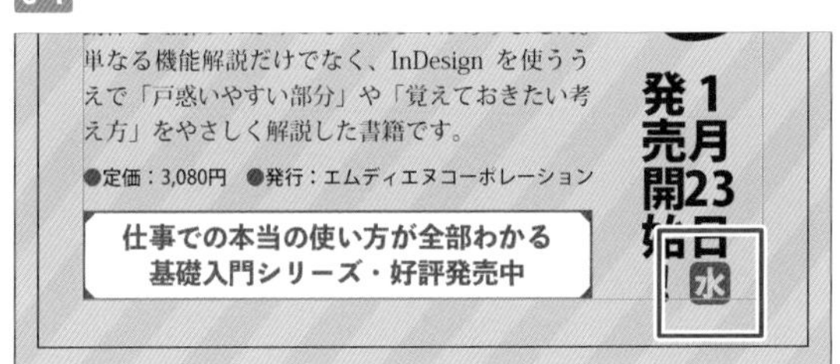

03 数字の字形を変更する

OpenTypeフォントには、内部に等幅半角字形や等幅三分字形を持っているフォントがあります。これらを使用することで、半角の場合には1文字（全角）の半分、三分の場合には3分の1、四分の場合には4分の1幅の文字を入力することができます。半角であれば2文字で全角、三分字形であれば3文字、四分字形であれば4文字で全角幅の文字幅となります。

これらは文字を選択して字形パネルメニューから“等幅半角字形”“等幅三分字形”“等幅四分字形”を選択することで字形を変換することができます。

memo

これらの字形を元に戻すには、変換した文字を選択して字形パネルのオプション[標準字形に戻す]を実行します。

6 発売日の「23」を選択し 6-1、字形パネルメニューから“等幅半角字形”を選択します 6-2。パネル内で文字をダブルクリックしなくても文字が置き換わります 6-3 ！。

なお、文字ツールで文字を選択しないと設定を変更できません。選択ツールでテキストオブジェクトを選択しても変換できません。

POINT

等幅半角字形などを選択した文字の後ろに文字を入力すると、等幅半角字形の指定を引き継いで入力されるので注意してください。

Lesson 3 13 60 min

文字組みアキ量設定を変更して和欧間のアキを詰める

THEME テーマ

入力した文字を見てみると、数字と、ひらがなカタカナの間（和欧間）の間隔が空いています。この和欧間のアキを詰めるには「文字組みアキ量設定」を変更します。

KEYWORD キーワード

文字組みアキ量設定

TRY 完成図

01 「文字組みアキ量設定」とは？

「文字組みアキ量設定」とは、漢字やひらがな、括弧、中点などの種類ごとに文字を分類し、それぞれの字間を指定する機能です。

デフォルトのアキ量設定では「和欧間（英数字と和文の間）の間隔」が四分（25%）に設定されているため、和欧間にアキができます 図1。

そこで、アキ量設定をカスタマイズして和欧間の間隔を詰めてみましょう。

図1

「InDesign」のうしろにアキがある

02 文字組みアキ量設定をカスタマイズする

1 テキストやオブジェクトを何も選択していない状態で、書式メニュー→“文字組みアキ量設定”を選択します 1-1 。

1-1

書式　選択　効果　表示　ウィンドウ　ヘ
Adobe Fonts のその他のフォント...
フォント ＞
最近使用したフォント ＞
サイズ ＞
字形
文字を切り換え
エリア内文字オプション...
パス上文字オプション ＞
合成フォント...
禁則処理設定...
文字組みアキ量設定...
スレッドテキストオプション ＞

2 「文字組みアキ量設定」ダイアログが開いたら、［名前］から［行末約物半角］を選択します 2-1 。

次に、新しい文字組アキ量設定をつくるために、左下の［新規］ボタンをクリックします。

2-1

3 設定名はわかりやすければ、特に指定はありませんが、ここでは「行末約物半角・アキなし」と入力します 3-1 。入力が終わったら［OK］ボタンをクリックします。

3-1

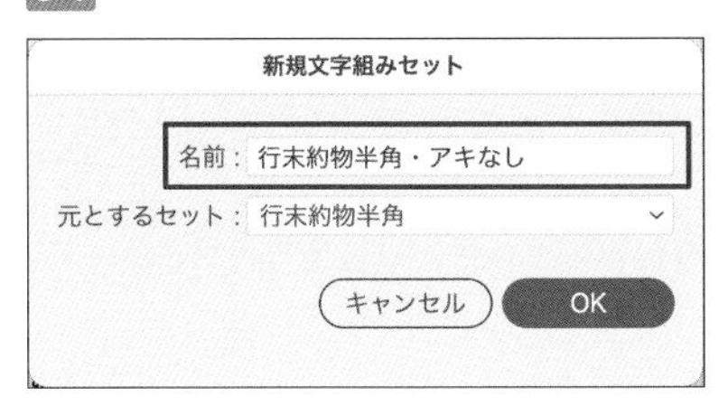

4 「文字組みアキ量設定」ダイアログに戻るので、ダイアログ下部の［欧文の前後］の設定を変更します 4-1。

［最小］［最適］［最大］の順で表示されていますので、それぞれ0%に変更します。こちらは最小・最適・最大の順で変更をしてください。

この数字は、0%はベタ（前後の間隔なし）、50%で半角分アケ、100%は全角分アケになります。最適が通常時、最小と最大は間隔調整が入った場合の最小値と最大値になります。アキ（数値）を固定したい場合は、3つの値を同じに設定します。

設定を変更することで、和文と欧文、和文間の英数字の前後のアキがなくなります。このように「文字組みアキ量設定」を変更することにより、和文と欧文、句読点のあとのアキ、役物（括弧類）の前後のアキなどを変更することができます。

設定を変更したら、［保存］ボタンをクリックして設定を保存、［OK］ボタンを押して「文字組みアキ量設定」ダイアログを閉じます。

4-1

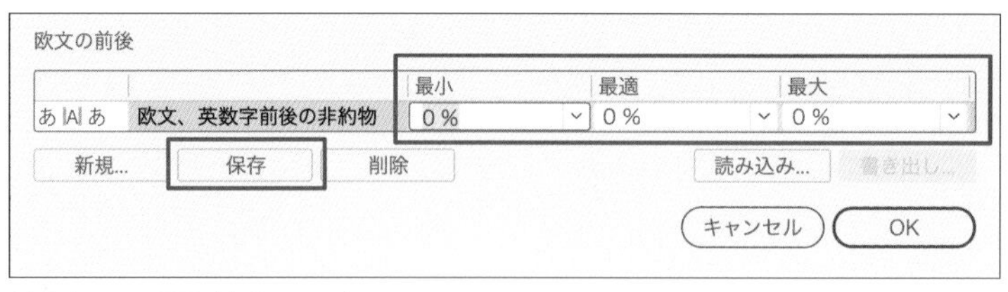

「文字組みアキ量設定」ダイアログ

memo

文字組みアキ量設定をほかのドキュメントで使用するには？

「文字組みアキ量設定」ダイアログの設定は、ドキュメントに埋め込まれて保存されます。ほかのドキュメントに流用したい場合は、「文字組みアキ量設定」ダイアログの［書き出し］ボタンで保存したファイルを、該当のドキュメントの「文字組みアキ量設定」ダイアログの［読み込み］ボタンで読み込みます。

03 作成したアキ量設定をテキストに適用する

5 カスタマイズした文字組みアキ量設定を作成したら、テキストに適用します。

設定を適用したいテキストオブジェクトまたは文字列を選択し、段落パネルの［文字組み］プルダウンメニューから、作成した文字組みアキ量設定を選択します 5-1。これで設定が反映され、和文と欧文の間隔が詰まっていることが確認できます 5-2。

以上で、作例は完成です。文字を入力してレイアウトする際は、文字を入力するだけでなく行揃えや字間を調整することで、読みやすく見ばえのよいレイアウトを作ることができます。

5-1

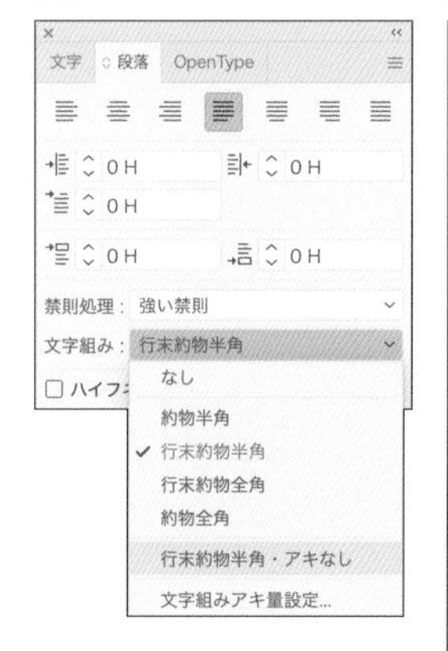

5-2

初心者からちゃんとしたプロになる
InDesign 基礎入門
InDesign は多くの機能を備えているため、難しいと思われがちですが、基本をしっかりと押さえ、動作を理解すればけっして難しくはありません。単なる機能解説だけでなく、InDesign を使ううえで「戸惑いやすい部分」や「覚えておきたい考え方」をやさしく解説した書籍です。
●定価：3,080円 ●発行：エムディエヌコーポレーション
仕事での本当の使い方が全部わかる
基礎入門シリーズ・好評発売中

初心者からちゃんとしたプロになる
InDesign基礎入門
InDesignは多くの機能を備えているため、難しいと思われがちですが、基本をしっかりと押さえ、動作を理解すればけっして難しくはありません。単なる機能解説だけでなく、InDesignを使ううえで「戸惑いやすい部分」や「覚えておきたい考え方」をやさしく解説した書籍です。
●定価：3,080円 ●発行：エムディエヌコーポレーション
仕事での本当の使い方が全部わかる
基礎入門シリーズ・好評発売中

ONE POINT

段組の設定

“エリア内文字オプション”で段組を設定する

エリア内テキストで段組を設定するには“エリア内文字オプション”を使用します。段組を設定したいエリア内テキストを選択し、書式メニュー→“エリア内文字オプション”を実行します。

吾輩は猫である。名前はまだ無い。
　どこで生れたかとんと見当がつかぬ。何でも薄暗いじめじめした所でニャーニャー泣いていた事だけは記憶している。吾輩はここで始めて人間というものを見た。しかもあとで聞くとそれは書生という人間中で一番獰悪な種族であったそうだ。この書生というのは時々我々を捕えて煮て食うという話である。しかしその当時は何という考もなかったから別段恐しいとも思わなかった。ただ彼の掌に載せられてスーと持ち上げられた時何だかフワフワした感じがあったばかりである。掌の上で少し落ちついて書生の顔を見たのがいわゆる人間というものの見始であろう。この時妙なものだと思った感じが今でも残っている。第一毛をもって装飾されべきはずの顔がつるつるしてまるで薬缶だ。その後猫にもだいぶ逢ったがこんな片輪には一度も出会わした事がない。のみならず顔の真中があまりに突起している。そうしてその穴の中から時々ぷうぷうと煙を吹く。どうも咽せぽくて実に弱った。これが人間の飲む煙草というものである事はようやくこの頃知った。

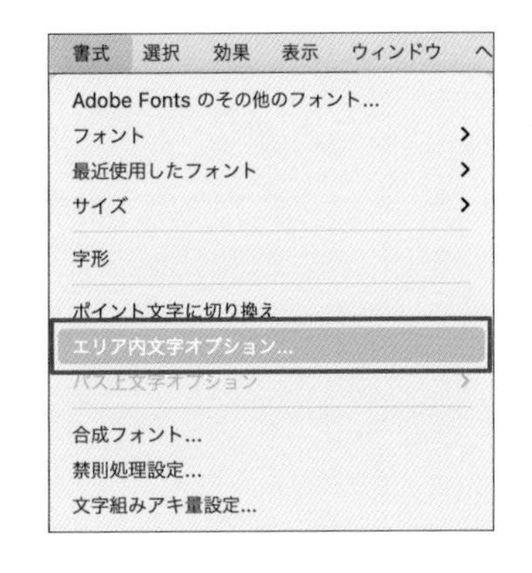

「エリア内文字オプション」ダイアログで［列］の［段数］を設定します。
この際、［サイズ］と［間隔］を指定することで段のサイズと段間のサイズを指定できます。デフォルトでは元のエリア内テキストのサイズが維持されますが、［固定］にチェックを入れると［段］［サイズ］［間隔］の値が固定され、いずれかの値を変更した際にエリア内テキストのサイズが変更されます。
また、「エリア内文字オプション」ダイアログの［幅］［高さ］を変更することで、エリア内テキストのサイズを変更することができます。

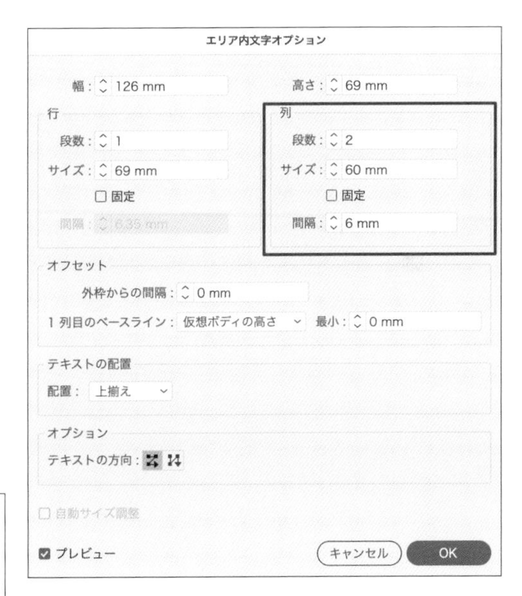

吾輩は猫である。名前はまだ無い。
　どこで生れたかとんと見当がつかぬ。何でも薄暗いじめじめした所でニャーニャー泣いていた事だけは記憶している。吾輩はここで始めて人間というものを見た。しかもあとで聞くとそれは書生という人間中で一番獰悪な種族であったそうだ。この書生というのは時々我々を捕えて煮て食うという話である。しかしその当時は何という考もなかったから別段恐しいとも思わなかった。ただ彼の掌に載せられてスーと持ち上げられた時何だかフワフワした感じがあったばかりである。掌の上で少し落ちついて書生の顔を見たのがいわゆる人間というものの見始であろう。この時妙なものだと思った感じが今でも残っている。第一毛をもって装飾されべきはずの顔がつるつるしてまるで薬缶だ。その後猫にもだいぶ逢ったがこんな片輪には一度も出会わした事がない。のみならず顔の真中があまりに突起している。そうしてその穴の中から時々ぷうぷうと煙を吹く。どうも咽せぽくて実に弱った。これが人間の飲む煙草というものである事はようやくこの頃知った。

ONE POINT

エリア内テキストの連結

書式メニュー→“スレッドテキストオプション”→“作成”

複数のエリア内テキストを連結させる方法は2つあります。まず、メニューコマンドを使う方法です。
あらかじめエリア内テキストのエリアとして、長方形などのクローズパスオブジェクトを作成します。
　連結したいエリア内テキストとオブジェクトを選択し、書式メニュー→“スレッドテキストオプション”→“作成”を選択します。

クローズパスを作成

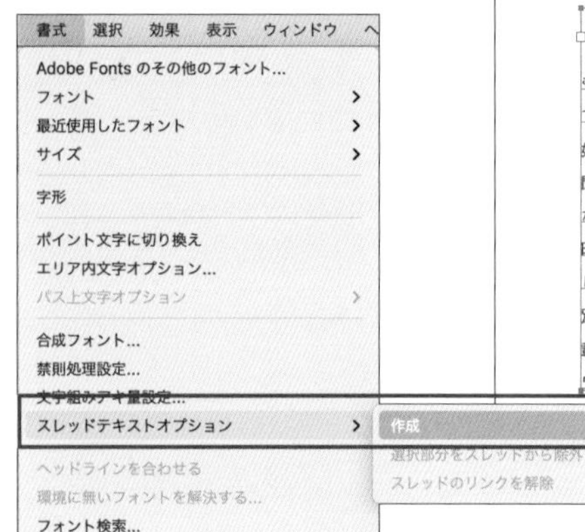

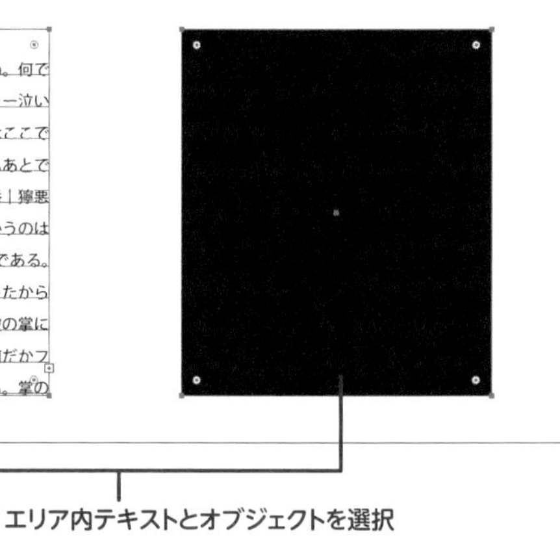

エリア内テキストとオブジェクトを選択

選択したオブジェクトが連結されます。連結順序はオブジェクトの上下関係（重なり順）に依存します。重なり順が下にあるオブジェクトが先、上にあるオブジェクトがあとになります。

テキストが流し込まれる

エリア内テキストのスレッド出力ポイントから新しいエリア内テキストを作成

もうひとつの方法です。
既存のエリア内テキストを選択し、スレッド出力ポイントをクリックします。

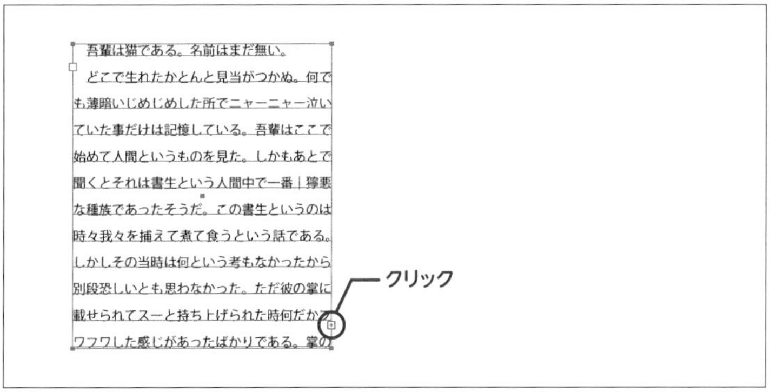

クリック

カーソルのアイコンが読み込みテキストアイコンに変わったら、任意の箇所でクリックします。

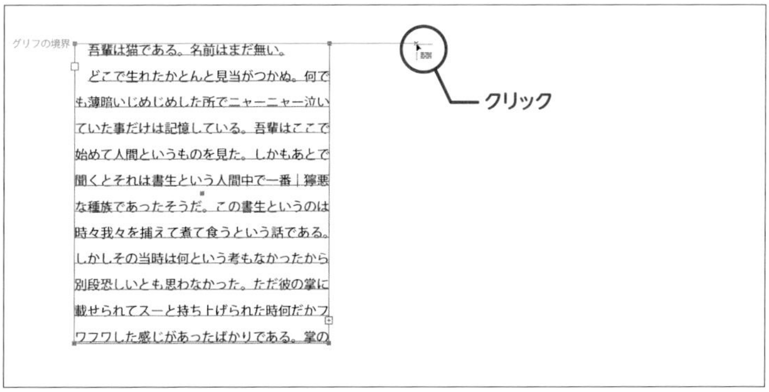

クリック

クリックした箇所に元のエリア内テキストと同じサイズのエリア内テキストが作成され、テキストが連結されます。

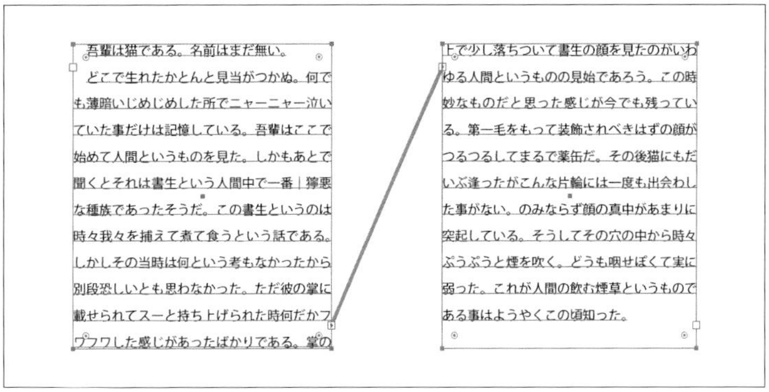

エリア内テキストの連結を解除するには？

エリア内テキストの連結を解除するには、2つの方法があります。
ひとつは、解除したいエリア内テキストを選択し、書式メニュー→“スレッドテキストオプション”→“選択部分をスレッドから除外”を選択する方法です。

エリア内テキストを選択

ダブルクリック

もうひとつは、解除したいエリア内テキストのスレッド入力ポイントをダブルクリックする方法です。

どの方法で連結を解除しても、元のエリア内テキストは残ります。

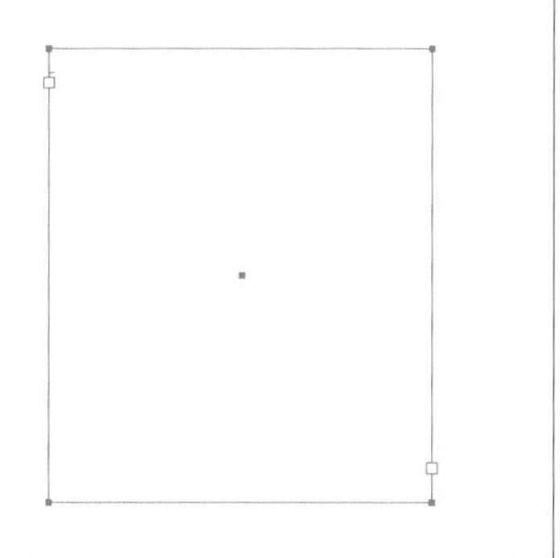

Lesson 4

線や塗りを アレンジしてみよう

線や塗りに慣れてきたら、より詳細な設定を覚えましょう。
また、グラデーションやパターン、ブラシなど高度な機能を使うことでワンランク上の表現ができます。

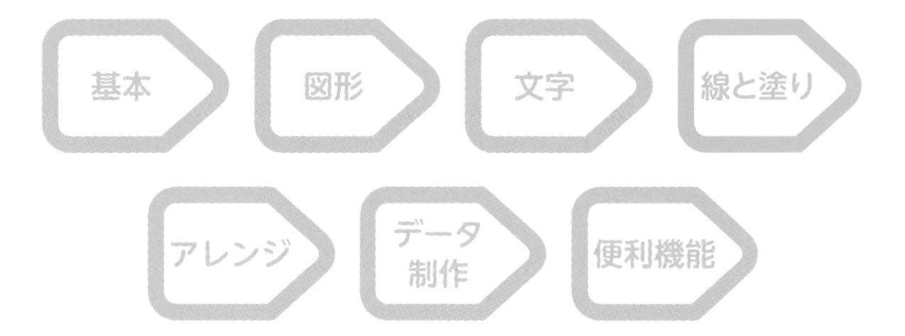

線と塗りを理解する

THEME テーマ

線と塗りは、ベクターオブジェクトの外観を定義するための基本要素です。これらを使うことで、オブジェクトの見た目が決まります。外観をコントロールするには欠かせないものですので、きっちりと理解しておきましょう。

線と塗りとは

Illustratorで作成するベクターオブジェクトは、アンカーポイント同士を繋いだパスで構成されています。このパスに沿って設定される外観を「線」、パスに囲まれた中身に設定される外観を「塗り」と呼びます。線はサイズやカラー、角の形状など多くの要素を設定でき、塗りは基本的にカラーだけを設定します 図1 図2。線の細かい設定には主に線パネルを使います。

32ページ Lesson1-05参照。

図1 線と塗り1

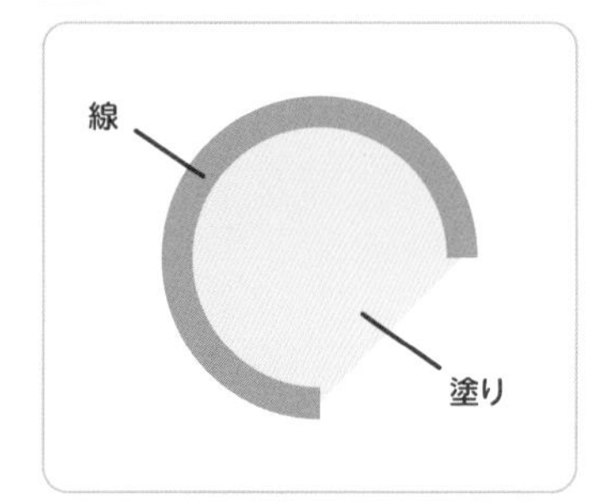

オープンパスでは、パスの両端を直線で結んだように塗りが設定される

図2 線と塗り2

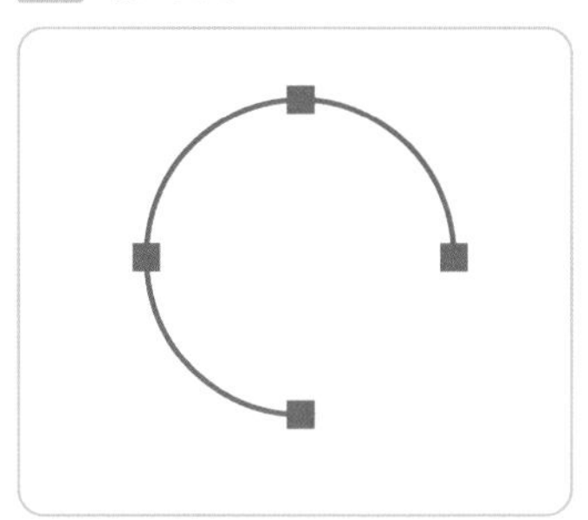

線と塗りの設定をしていないパスでは、外観が存在しないため透明になる

線パネルでの線の設定

線の設定は、主に線パネルを使います 図3。①[線幅]は線の太さです。②[線端]は、オープンパスの両端の形を決めます。③[角の形状]は、コーナーの形です 図4。④[線の位置]は、パスに対してどちら側に線を太らせるかを指定します 図5。このオプションが有効になるのは、一部のクローズパス(両端が結ばれたループ状のパス)のみです。⑤のチェックを

図3 線パネル

線
① 線幅：1 pt
② 線端：
③ 角の形状： 比率：10
④ 線の位置：
⑤ 破線
12 pt 3 pt
線分 間隔 線分 間隔 線分 間隔
⑥ 矢印：
倍率：100% 100%
先端位置：
⑦ プロファイル：均等

図4 線端と角の形状

オンにすると、破線になります。破線の見た目はその下の［線分］［間隔］で決めます 図6 。⑥［矢印］を指定することで線端に矢印形状を追加できます。矢印の大きさや、線端からの位置なども指定可能です。⑦［プロファイル］は、線幅ツール を使って線の太さを変化させた設定をプロファイルとして保存しておけます。初期からもいくつかのプロファイルがすでに登録されています。

図6 破線の設定

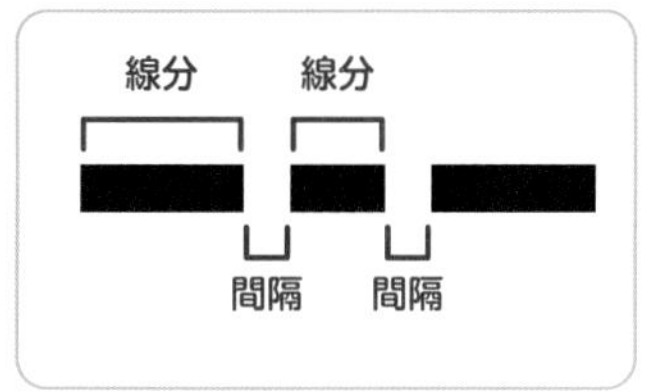

破線は3つの［線分］と3つの［間隔］で指定する。これらの設定を繰り返して、破線全体の見た目を決める

図5 線の位置の違い

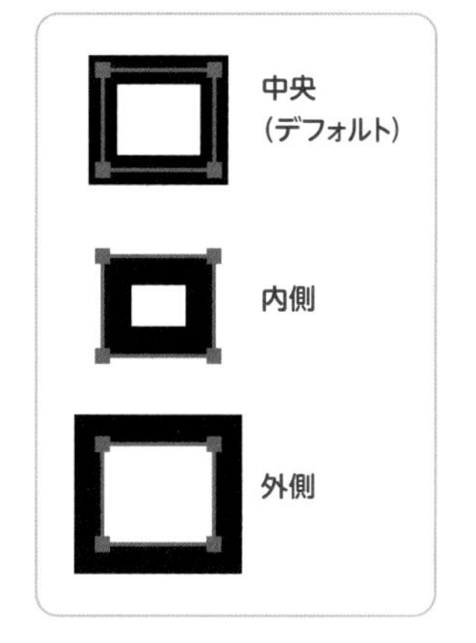

170ページ Lesson4-09参照。

線と塗りへのカラー設定について

線と塗り、それぞれにカラーを設定できます。カラーの設定にはさまざまな方法があり、これといった正解はありませんが、一般的にはカラーパネルを使うのがいいでしょう。カラーパネルには［線ボックス］［塗りボックス］と呼ばれるものがあり、設定したいボックスをクリックしてからそれぞれのカラーを編集します 図7 。カラーの編集についてはLesson 4-04 で詳しく解説しています。

139ページ Lesson4-04参照。

複数の線と塗り

標準では、ひとつのオブジェクトに対して線と塗りはそれぞれひとつだけしかありません。しかし、アピアランスパネルを使うことでこれらを増やすことができます。例えば、ひとつのオブジェクトが3つの線と2つの塗りを持つといったことも可能です 図8 。アピアランスについてはLesson 4-02 で詳しく解説しています。

130ページ Lesson4-02参照。

図7 カラーパネル

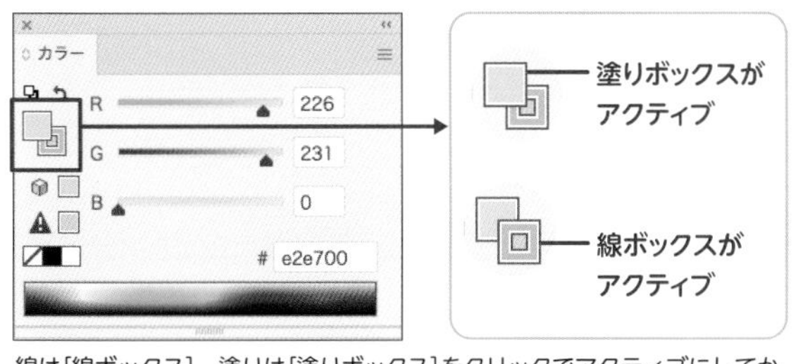

線は［線ボックス］、塗りは［塗りボックス］をクリックでアクティブにしてからカラーを編集する

図8 アピアランスパネル

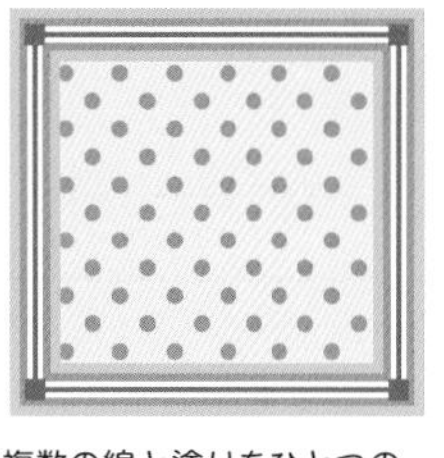

複数の線と塗りをひとつのオブジェクトに追加した例

アピアランスについて

THEME テーマ

線や塗りなど、オブジェクトの外観（見た目）を決める要素を、総じて「アピアランス」と呼びます。特別意識していなくても普段から使っているはずですが、ワンランク上の使い方をするためにも、ぜひマスターしておきましょう。

アピアランスの基本

オブジェクトは、基本的に「線」「塗り」「不透明度」で外観（見た目）を決めています 図1。試しに、適当なオブジェクトを作ってアピアランスパネルを確認してみましょう。パネルに［線］［塗り］［不透明度］という項目がありますが、これが「アピアランス」です。線と塗りがひとつずつあり、透過をコントロールする不透明度があるというのが、デフォルトのアピアランスということになります。

複数の線と塗り

デフォルトでの線と塗りはひとつずつでしたが、アピアランスパネルで［新規線を追加］をクリックすると［線］を新たに追加できます。同じようにして［塗り］を増やすこともできます。このように、オブジェクトのアピアランスには、複数の線と塗りを設定することも可能です。また、

図1 アピアランス

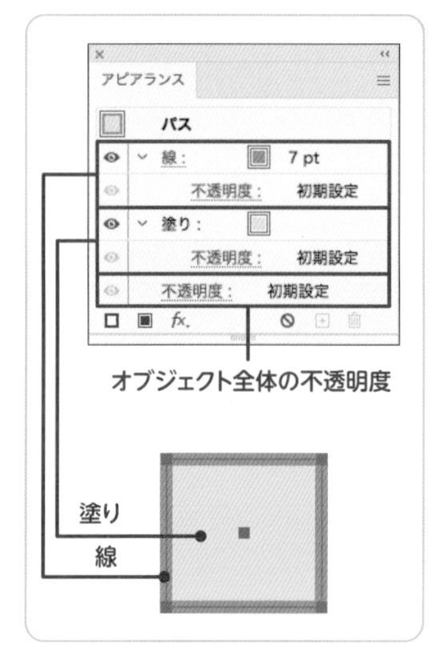

オブジェクトの外観を示すアピアランスの構造。デフォルトでは線と塗りがひとつずつある

図2 複数の線と塗りを持つオブジェクトのアピアランスの構造

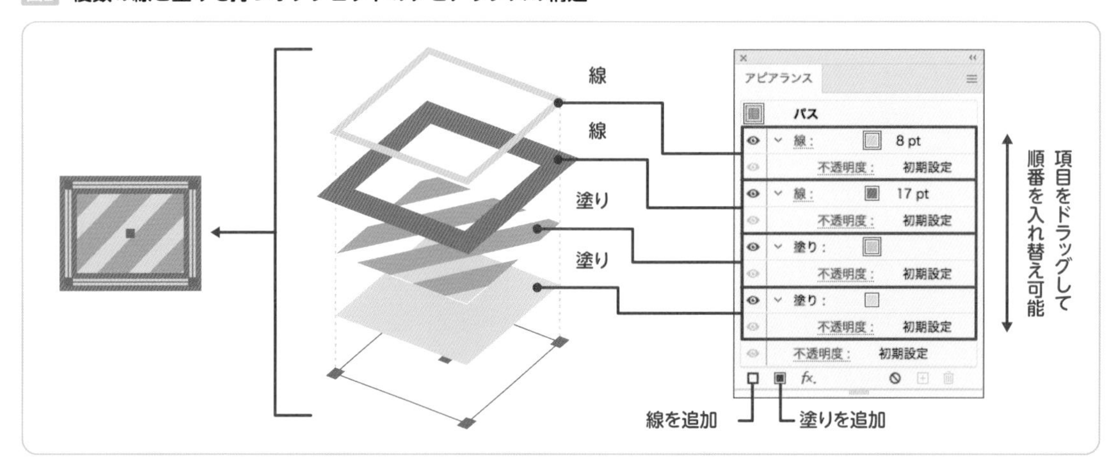

それぞれの項目をドラッグすることで、順番を変更できます。線と塗りの順番は、レイヤーと同じように上にあるほど前面に重なります 図2 。

アピアランスパネル

アピアランスパネルには、「線」「塗り」「効果」「不透明度」などが表示されています 図3 。項目名の下に点線があるものは、文字をクリックすることでそれぞれに応じたパネルや設定ダイアログが開きます。

[線] と [塗り] にある①のボックスは、クリックでスウォッチパネル、shift＋クリックでカラーパネルが開き、直接カラーを変更できます。[線] では、②で [線幅] を直接変更可能です。

目のアイコン③をクリックすると、その項目を一時的に非表示にできます。

[線] と [塗り] の左端にある④をクリックすることで、それぞれの内容を開閉でき、線や塗りの不透明度を個別に変更できます。個別の線や塗りに適用した効果も、この中に追加されていきます。新しい線と塗りは、[新規線を追加] ⑤と [新規塗りを追加] ⑥で追加します。[新規効果を追加] ⑦は効果メニューと同じ内容で、ここからも効果を追加できます。

[アピアランスを消去] ⑧は、すべてのアピアランスを削除します。アピアランスを消去すると「線」と「塗り」も削除されるため、透明なパスになります。[選択した項目を複製] ⑨は選択項目を複製し、[選択した項目を削除] ⑩は選択項目を削除できます。

図3 アピアランスパネル

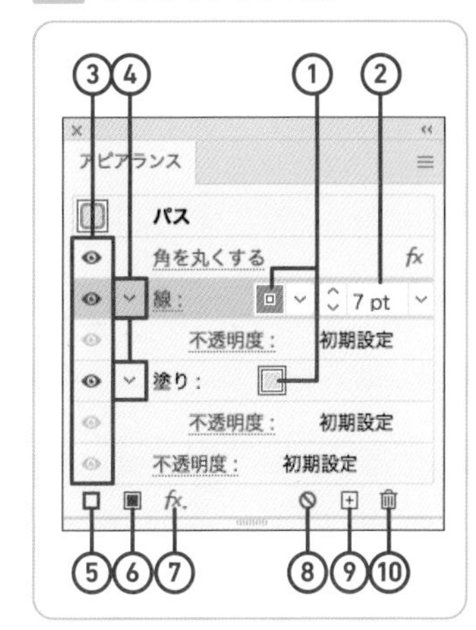

効果とアピアランス

オブジェクトに対して特殊なエフェクトを追加する「効果」という機能があります。効果は、元オブジェクトの形状には一切の変更を加えず、外観だけを変えるという特徴があります。そのため、あとから設定を変更したり、解除して元に戻すなども簡単にできます。オブジェクト対して追加した効果は、アピアランスパネルに記録されていきます 図4 。このことからもわかるように、効果もアピアランスの一部です。

memo
効果については200ページ Lesson 5-4でも解説しています。

図4 効果もアピアランスに記録される

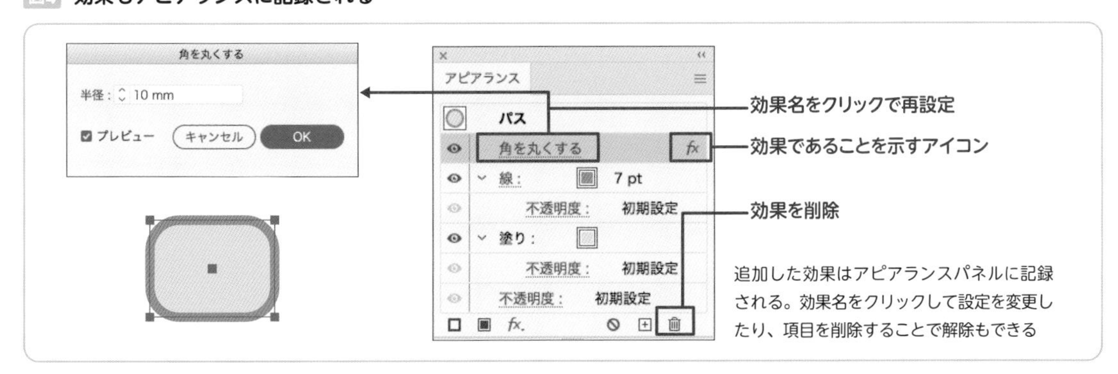

追加した効果はアピアランスパネルに記録される。効果名をクリックして設定を変更したり、項目を削除することで解除もできる

アピアランスの分割

複数の線や塗り、効果を追加した状態のオブジェクトを選択し、オブジェクトメニュー→"アピアランスを分割"を実行すると、線と塗りを別のオブジェクトに分けたり、外観のみを変化させていた効果を実際のパスに変換することができます 図5。

図5 アピアランスの分割

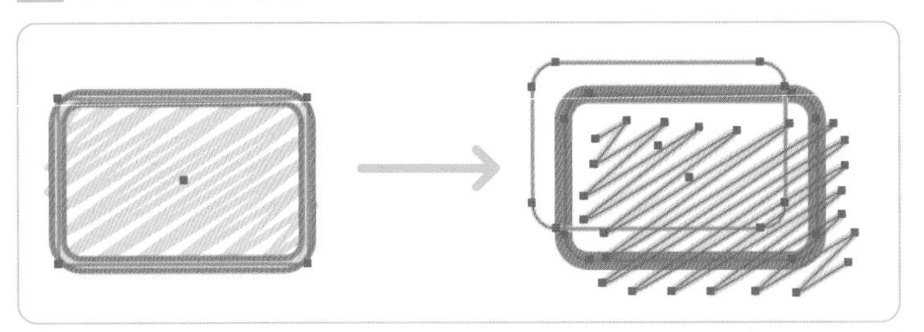

複数の線や塗りのあるオブジェクトのアピアランスを分割すると、線や塗りごとに別々のオブジェクトになる

01 実践：縁取り文字を作る

文字の縁取りは、アピアランスの基本です。同じ文字オブジェクトをいくつも重ねて縁取りを作る手法とは異なり、文字の変更などにも効率的に対応できます。

1 文字ツールでポイント文字を作成し、[サイズ：40pt]にします。フォントは好きなものでOKです。[線：なし][塗り：C80/M10/Y20/K0]に設定したあと 1-1、アピアランスパネルの[新規線を追加]をクリックして[線]を追加します 1-2 1-3。

1-1

サイズ：40pt、線：なし、塗り：C80/M10/Y20/K0

1-3

1-2

2 追加された[線]を選択して、[線：C90/M80/Y10/K0]に変更します 2-1。続けて、線パネルで[線幅：5pt][角の形状：ラウンド結合]に変更します 2-2。

2-1

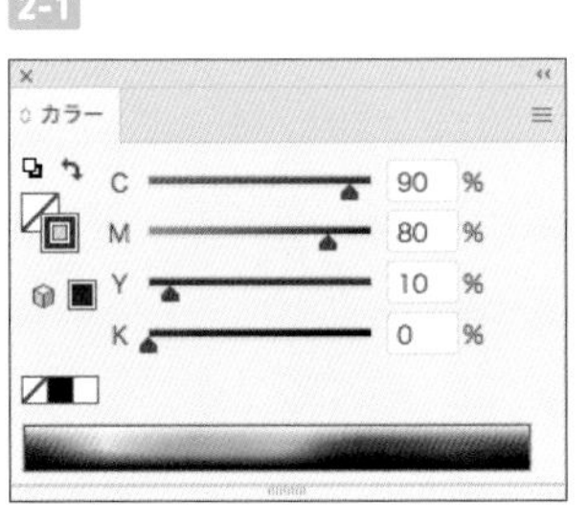

線：C90/M80/Y10/K0

2-2

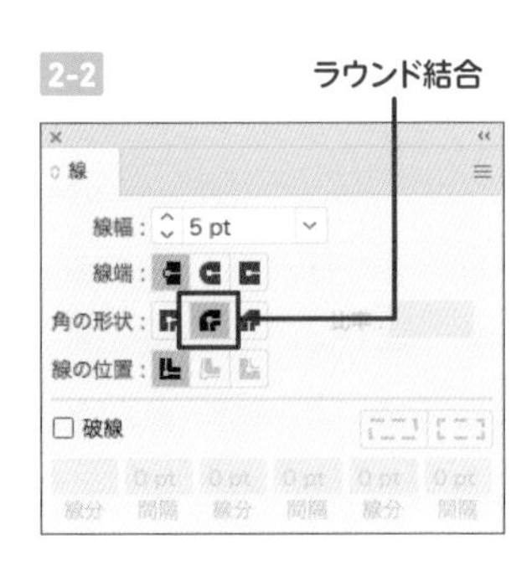

縁取りはできましたが、線が文字の内側へ広がってしまい不格好になってしまいました2-3。

2-3

線が文字の内側へ広がる

3 アピアランスパネルで[線]をドラッグして[文字]の下へ移動します3-1。線の前面に塗りが重なり、内側への広がりを隠すことできれいな縁取り文字になりました3-2。

[線] を [文字] の下へ移動

3-2

塗りが前面に出て、内側の線が隠れる

02 実践：地図の線路を作る

地図上で線路を表すラインは、異なる設定の破線や実線を重ねて作ります。この場合も複数のパスを重ねるのではなく、ひとつのパスにアピアランスを設定することで編集を効率化できます。

1 線路の元となるパスを作成し、[線幅：5pt] [線色：黒] [塗り：なし]に設定します1-1 1-2。

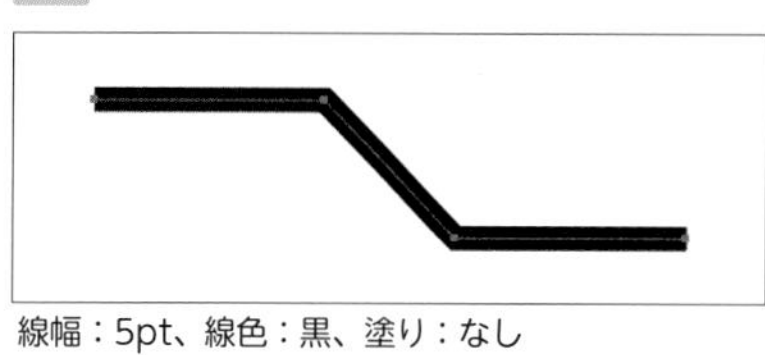

線幅：5pt、線色：黒、塗り：なし

2 アピアランスパネルで[新規線を追加]をクリックして、[線]をひとつ増やします2-1。上のほうの[線]を選択し、[線幅：4pt] [線：白] に変更します2-2。

2-1

[新規線を追加]

2-2

線幅：4pt、線：白に設定

上に重なった白線を細くすることで、下の黒線が左右がはみ出た形となりました 2-3 。

2-3

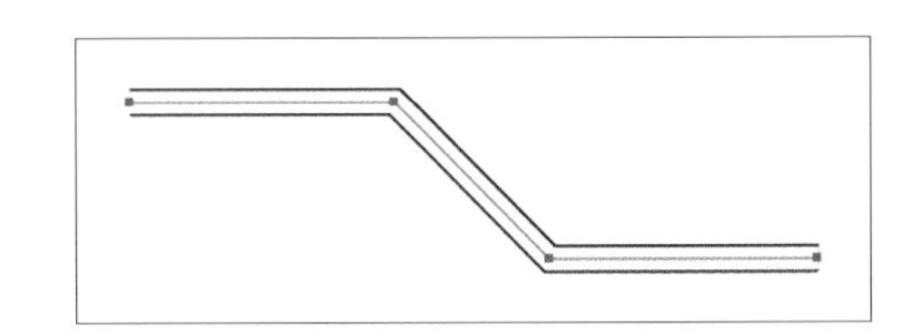

3 白い[線]の項目を選択した状態で、線パネルの[破線] チェックをオンにし、[線分：10pt]とすれば完成です 3-1 。

3-1

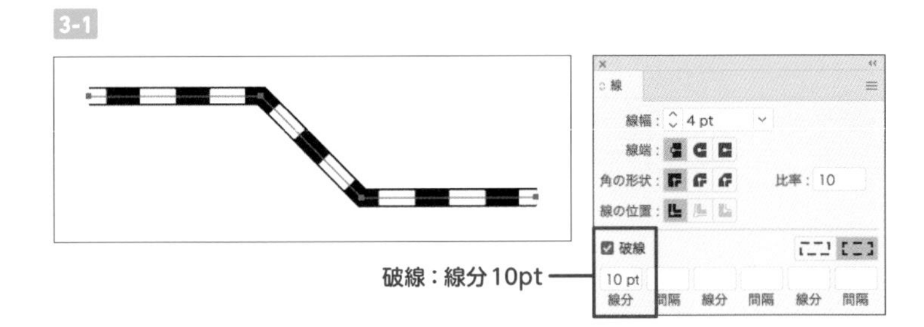

03 実践：文字に追従するフレーム

効果を使って文字の形を角丸長方形に変えることで、文字を打ち換えても自動で文字数に追従するフレームを作ることができます。

1 文字ツールでポイント文字を作成し、[サイズ：40pt] にします 1-1 。フォントは好きなものでOKです。いったん[線：なし] [塗り：なし] に設定して透明にし 1-2 1-3 、アピアランスパネルの [新規塗りを追加] をクリックします。[線] と [塗り] の項目がひとつずつ追加されました 1-4 。

1-1

サイズ：40pt

1-2

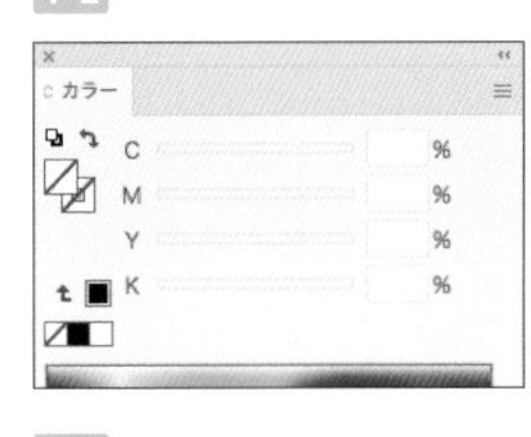

1-3

線：なし、塗り：なし

1-4

2 追加した [塗り] を選択し、[塗り：C10/M80/Y30/K0] でピンクに設定します 2-1 。

2-1

3 ［新規塗りを追加］をクリックして［塗り］を2つにします。上のほうの［塗り］を選択し、［塗り：C0/M0/Y50/K0］に変更してクリーム色にします 3-1。

3-1

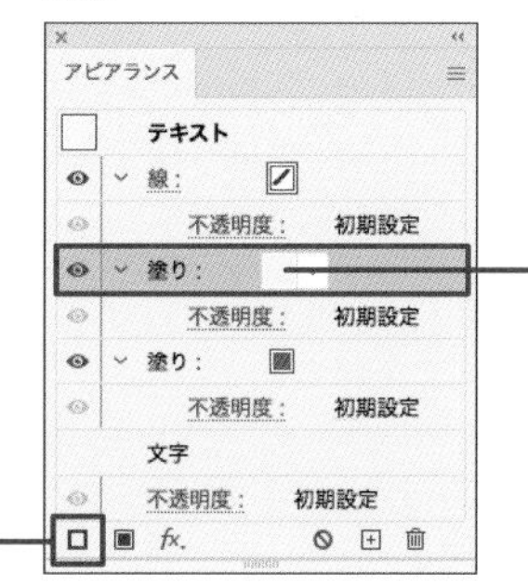
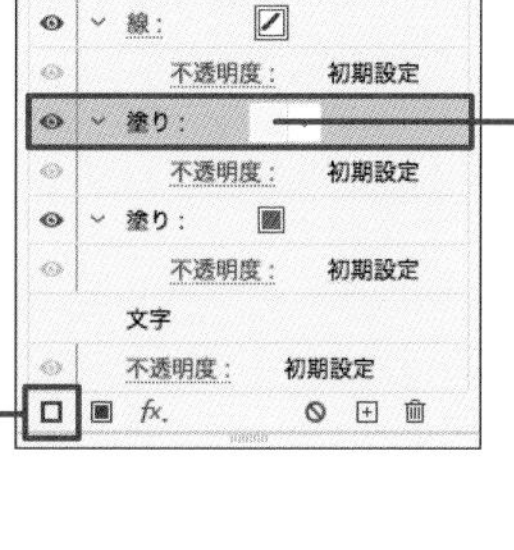

4 ピンクの［塗り］を選択し 4-1、効果メニュー→“形状に変換”→“角丸長方形...”を選択し、4-2 のように設定します。

ピンクの文字が角丸長方形の形に変換されました 4-3。

4-1

4-2

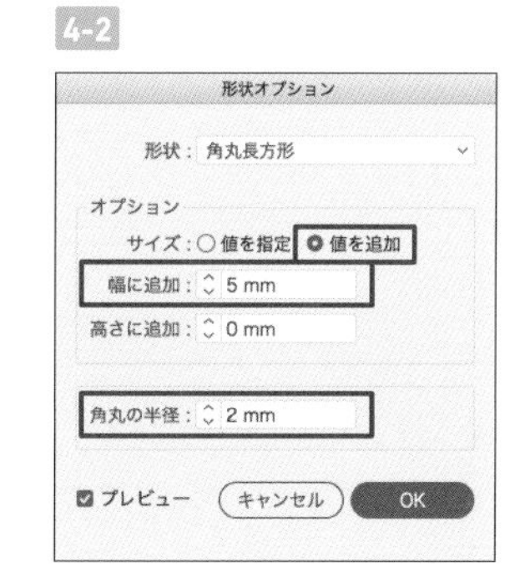

4-3

5 今のままだと文字が上にずれているので、ピンクの［塗り］を選択した状態で、効果メニュー→“パスの変形”→“変形...”を選択し、［移動］の［垂直方向］の値を変更し 5-1、色ベタの位置を調整すれば完成です。

移動の値はフォントによって変わりますので、プレビューを確認しながらちょうどいいところにしましょう 5-2。

5-1

垂直方向の位置を調整

5-2

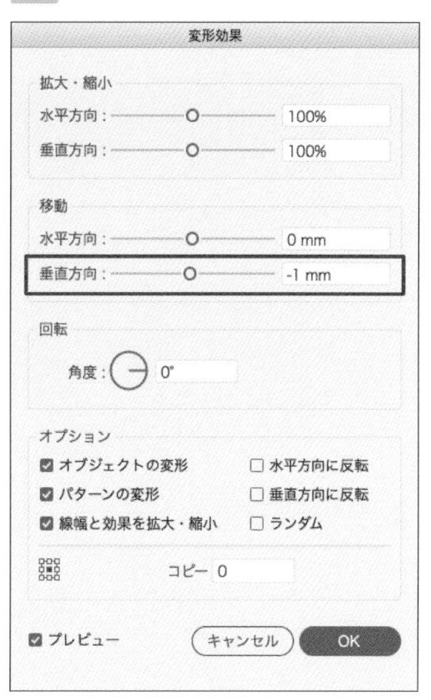

グラフィックスタイルを使う

THEME テーマ

一度設定したアピアランスと同じものを別の場所で使いたいときは、グラフィックスタイルを使うといいでしょう。グラフィックスタイルに登録しておけば、いつでもアピアランスを再利用できるため効率的に管理できます。

グラフィックスタイルの使い方

アピアランスを設定したオブジェクトを選択した状態で、グラフィックスタイルパネルの［新規グラフィックスタイル］をクリックすれば、現在のアピアランス設定がグラフィックスタイルとして登録されます 図1 図2。別のオブジェクトを選択し、グラフィックスタイルパネルから任意のグラフィックスタイルを選択すると、登録しておいたアピアランスを適用できます 図3。このように、グラフィックスタイルに登録したアピアランスは、いつでも再利用ができるようになります。

図1 グラフィックスタイルの登録

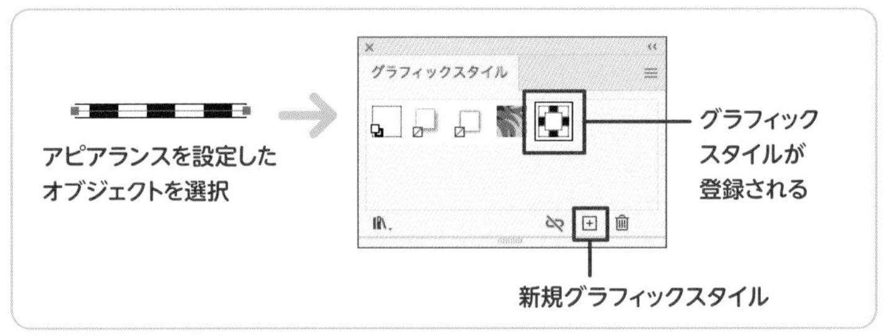

［新規グラフィックスタイル］で、グラフィックスタイルパネルにアピアランスを登録する

図2 スタイル名の変更

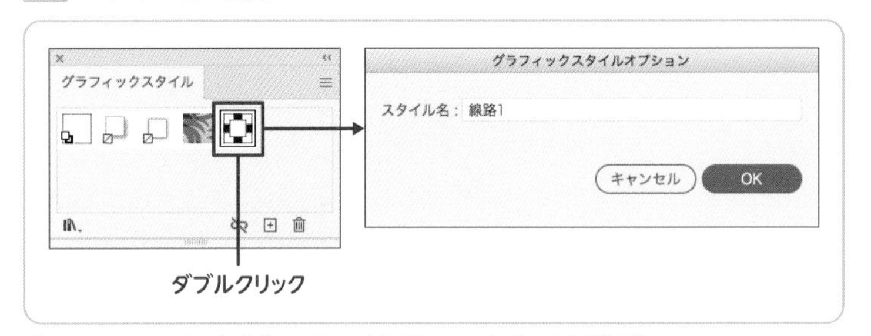

グラフィックスタイルをダブルクリックすれば、スタイル名の変更が可能

図3 グラフィックスタイルの適用

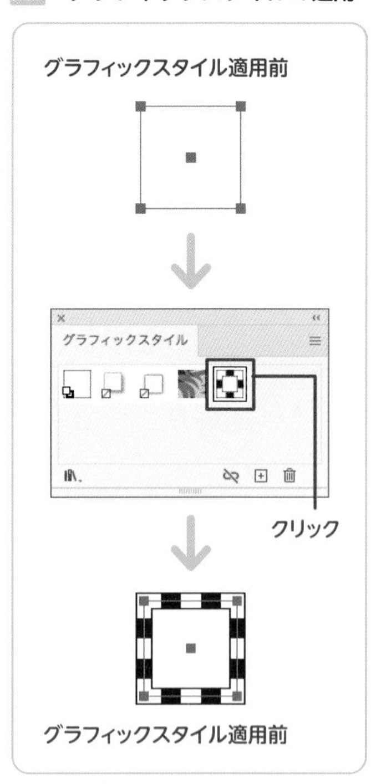

登録したグラフィックスタイルを使って、別オブジェクトへアピアランスを適用する

グラフィックスタイルのリンク機能

グラフィックスタイルを適用した直後のオブジェクトは、そのグラフィクスタイルにリンクされます。試しに、グラフィックスタイルを適用したオブジェクトを選択し、アピアランスパネルを確認すると、一番上の項目に現在適用されているスタイル名が表示されているのがわかります図4。これがリンクされた状態です。リンクを解除するには、該当オブジェクトを選択した状態でグラフィックスタイルパネルの［グラフィックスタイルへのリンクを解除］をクリックします図5。また、アピアランスを手動で変更するとリンクは自動で解除されます。

図4 適用されているグラフィックスタイルの確認

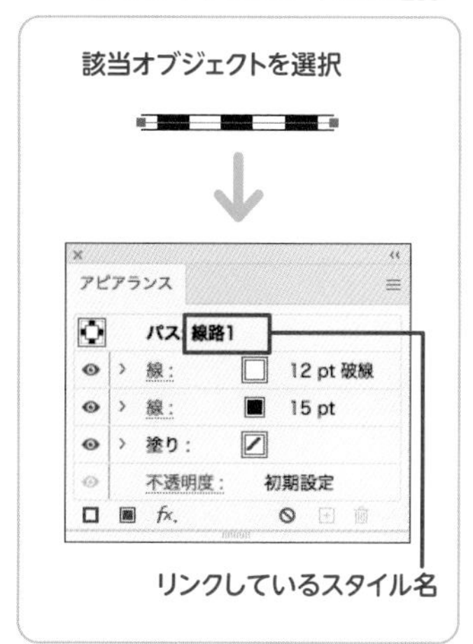

現在リンクされているグラフィックスタイルは、アピアランスパネルで確認できる

図5 グラフィックスタイルとのリンクを解除

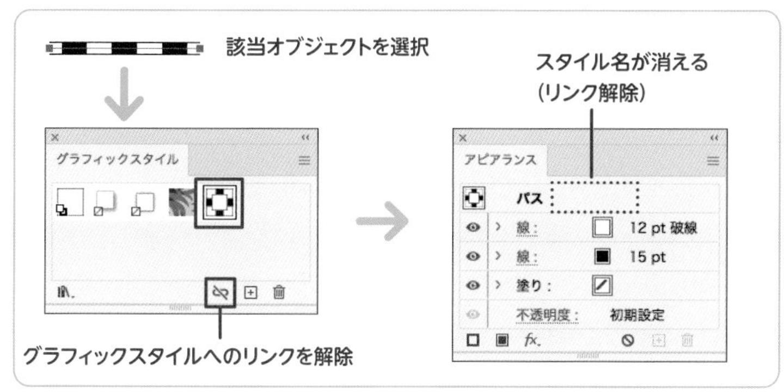

手動でアピアランスを変更するか、［グラフィックスタイルへのリンクを解除］のクリックでリンク解除になる

グラフィックスタイルの更新

新しいアピアランスを設定したオブジェクトをoption（Alt）キーを押しながらドラッグし、グラフィックスタイルパネル上の更新したいグラフィックスタイルの上に合わせて、マウスボタンを放します図6。これで、グラフィックスタイルが新しい内容に更新されます。グラフィックスタイルを更新すると、そのグラフィックスタイルとリンクしているオブジェクトすべてのアピアランスが変更されます（次ページ図7）。

図6 グラフィックスタイルの内容の更新

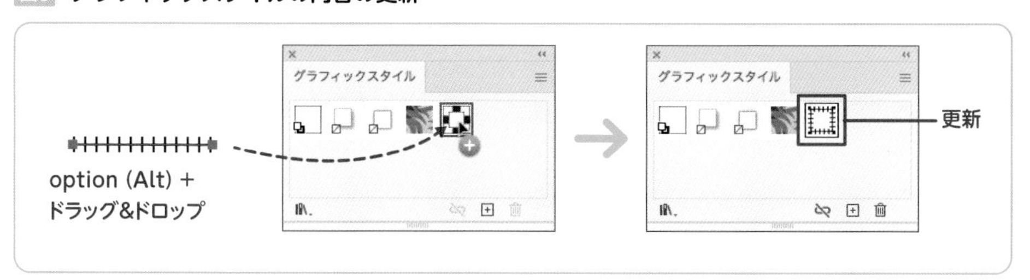

オブジェクトをグラフィックスタイルへ重ねるようにoption（Alt）＋ドラッグすれば更新可能

図7 グラフィックスタイルとリンクしているオブジェクトのアピアランスもされる

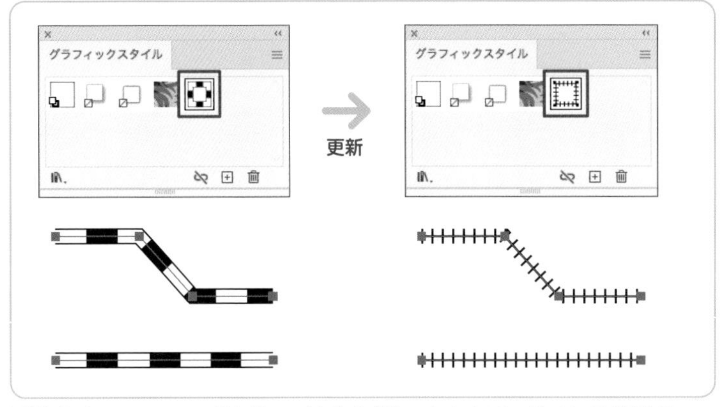

更新したグラフィックスタイルにリンクされたオブジェクトすべてのアピアランスが変わる

グラフィックスタイルの追加適用

ひとつのオブジェクトに、複数のグラフィックスタイルを組み合わせて適用することも可能です。いったん普通にグラフィックスタイルを適用したあと、option（Alt）キーを押しながら別のグラフィックスタイルを選択します。このようにすると、最初に適用したグラフィックスタイルを残したまま、あとで選択したグラフィックスタイルをオブジェクトに追加適用できます 図8。なお、追加適用した時点で、最初のグラフィックスタイルへのリンクは自動で解除されます。

図8 ひとつのオブジェクトに複数のグラフィックスタイルを適用

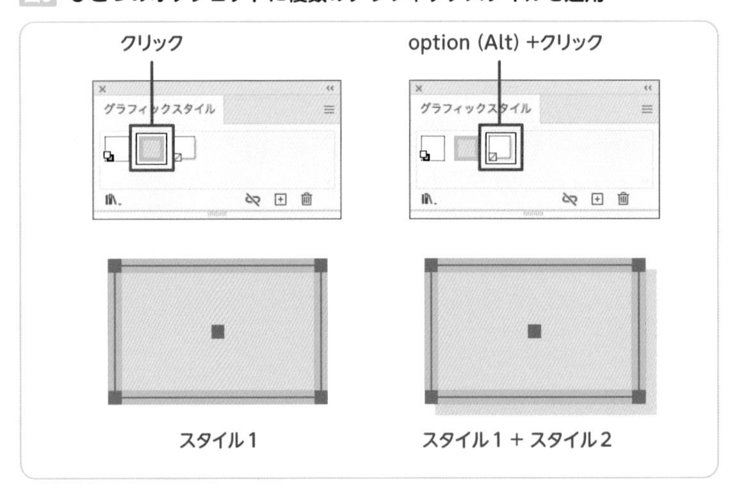

option（Alt）キーを押しながら選択することで、グラフィックスタイルを追加していける

オブジェクトのカラーを設定する

THEME テーマ

線と塗りのカラー変更は、普段の作業の中でも欠かせないものです。Illustratorで扱えるカラーには複数の種類があるので、それぞれの違いを把握して基本的なカラーの設定方法をマスターしておきましょう。

色の表現方法の違いについて

パソコンやスマホなどの機器では、画面を直接発光して色を表現します。これは、「加法混色」と呼ばれる仕組みです 図1 。一方で、印刷物では反射する光をインクで吸収することで色を表現します 図2 。このような仕組みを、「減法混色」と呼びます。これら2つは相反する性質を持っており、加法混色では色が重なるほど明るく、減法混色では色が重なるほど暗くなります。Illustratorでは、加法混色によるカラー表現を「RGBカラー」、減法混色によるカラー表現を「CMYKカラー」と呼び、これらを「カラーモード」として使い分けます。ドキュメントでは、どちらのカラーモードを使うのか、必ず選択することになります。

図1 加法混色のカラーモデル

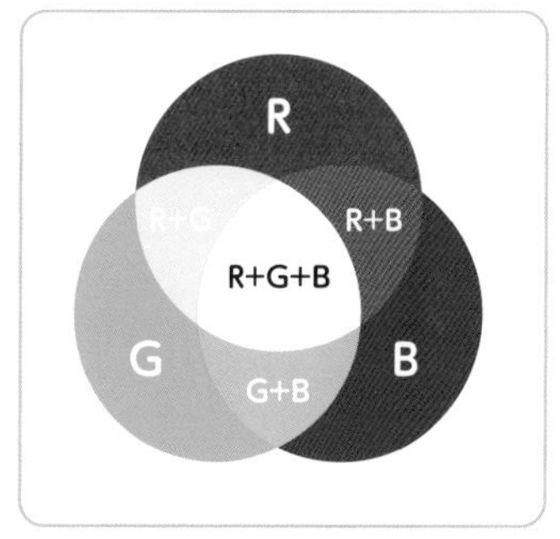

「レッド(R)」「グリーン(G)」「ブルー (B)」の3原色を組み合わせて色を作る

図2 減法混色のカラーモデル

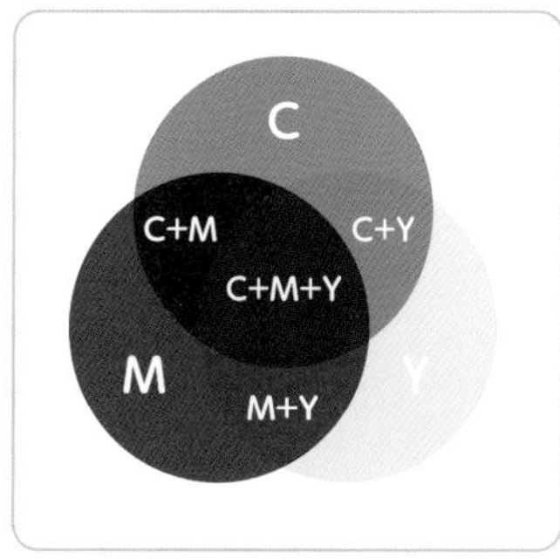

「シアン(C)」「マゼンタ(M)」「イエロー (Y)」の3原色に加え、補足用の「ブラック(K)」を組み合わせて色を作る

カラーモードの指定

新規ドキュメントのカラーモードは、「新規ドキュメント」ダイアログ内で指定できます（次ページ 図3 ）。ドキュメントの現在のカラーモードは、タイトルバー（タブ）のファイル名横に括弧付きで表示されています。なお、ファイルメニュー→“ドキュメントのカラーモード”で、いつでもカラーモードを変更することは可能です。ただし、RGBとCMYKでは表現できる色の領域に違いがあるため、途中でカラーモードを変更するとオブジェクトのカラーが大きく変わってしまうことがあります。変更するときは、そのことを理解して慎重に行いましょう。

オブジェクトへのカラーの適用

カラーの設定にはさまざまな方法がありますが、一般的にはカラーパネルを使うのがいいでしょう 図4 。

まず、線と塗り、どちらの色を設定したいかを、カラーパネルの左上にある[塗りボックス]①と[線ボックス]②で指定する必要があります。

塗りは［塗りボックス］、線は［線ボックス］をクリックでアクティブにすることで、対象のカラーを編集できるようになります。

なお、ツールバーの下部やグラデーションパネル、スウォッチパネルなど、いろいろな場所にも同様のボックスがありますが、すべて役割は同じです。

カラーは各色のカラースライダー③を移動したり、スライダー横のフィールドに数値④を直接入力することで調整します。⑤［カラースペクトルバー］を使って、ダイレクトに色を選択することもできます。カラーをなし（透明）にするときは、パネル左下の⑥［なしボックス］をクリックします 図5。

図3 新規ドキュメントのカラーモード選択

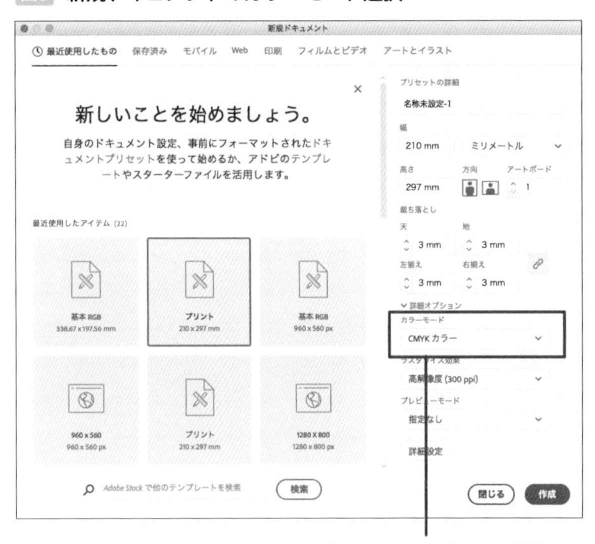

「RGBカラー」か「CMYKカラー」のどちらかを選択

図4 カラーパネル

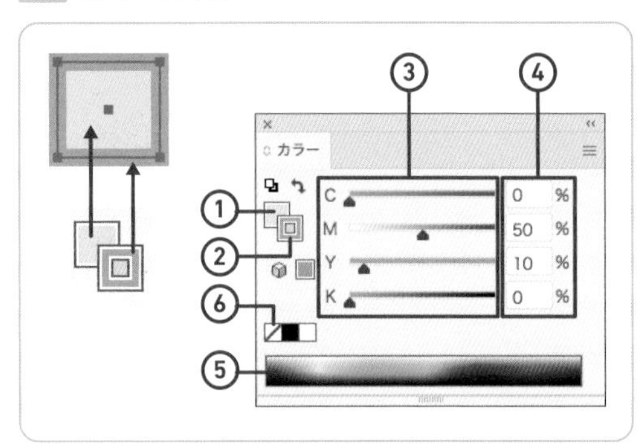

カラーパネル。まず対象（塗り、線）を選んだあと、カラースライダーを使ってカラー変更する

図5 カラーをなし（透明）にする

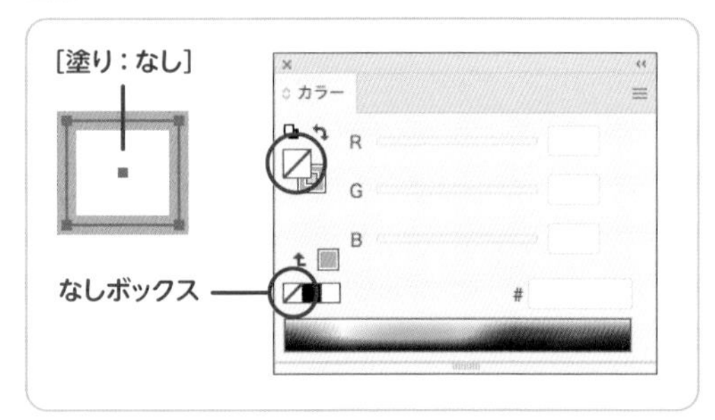

［なしボックス］を選ぶと、対象のカラーがなし（透明）になる

図6 カラーピッカー

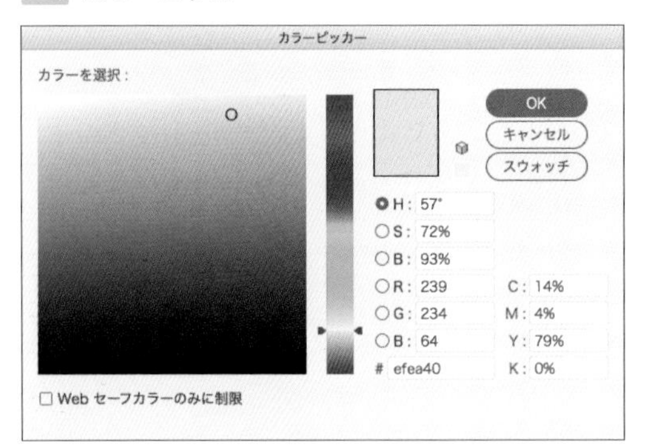

memo

［線ボックス］や［塗りボックス］をダブルクリックすると、「カラーピッカー」と呼ばれるカラー設定用の画面が表示されます 図6。これを使って色を指定することも可能です。

カラーモデルの変更

カラーを指定するときのカラースライダーは、使いたいカラーモデルに応じて変更できます。

カラーパネルのパネルメニューを開き、一覧から目的のモデルを選択すれば、カラースライダーの内容も変わります 図7 。RGBとCMYKのほかにも「グレースケール」「HSB」「Webセーフ RGB」などがあります。グレースケールは、文字通り白から黒までの色を0%〜100%で指定します。HSBは「色相(Hue)」「彩度(Saturation)」「明度(Brightness)」を使って指定する方法です 図8 。Webセーフ RGBは、RGBをWebデザインでよく使う「16進法」のカラーコードに変換したものです。

ドキュメントのカラーモードによっては正確な色が表現できないことがあるので、現在のカラーモードがRGBカラーのときはRGBかWebセーフRGB、CMYKカラーのときはCMYKを使うのが基本です。グレースケールとHSBはどちらのモードでも使えるので、好みに応じて使ってもいいでしょう 図9 。

WORD Webセーフ RGB

かつて、インターネット黎明期に少ない色数しか表示できないディスプレイでも、共通して使える256色のことを「Webセーフカラー」と呼んでいた。IllustratorのWebセーフRGBは、この256色を使うために実装されたカラーモデルだが、現在はこの256色を気にすることはほとんどない。

WORD 色相、彩度、明度

色相は赤や青などの色味を表す。彩度は色の鮮やかさで、高くなるほど純度が高くなり、低くなるほどグレーに近づく。明度は色の明るさ。高くなるほど白に近づき、低くなるほど黒に近づく。

図7 カラーモデルの切り替え

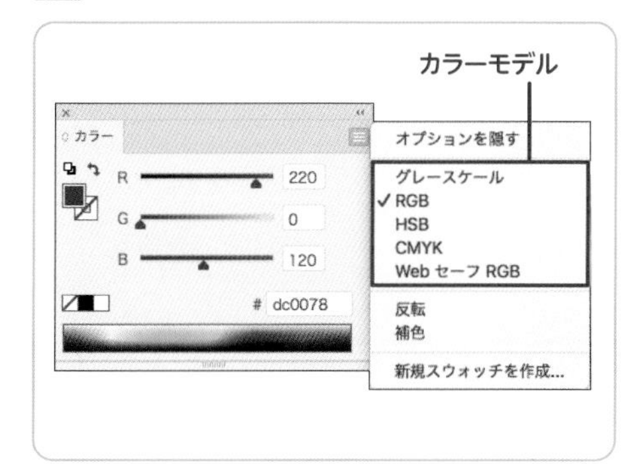

カラーパネルのパネルメニューでカラーモデルを切り替える

図8 HSB

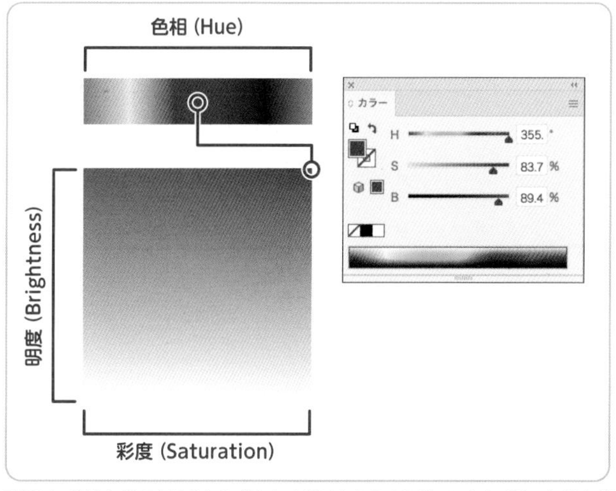

HSBは、彩度と明度を維持しながら色味だけを変えるなど、ほかとは違った指定ができるので好んで使う人も多い

図9 ドキュメントのカラーモード

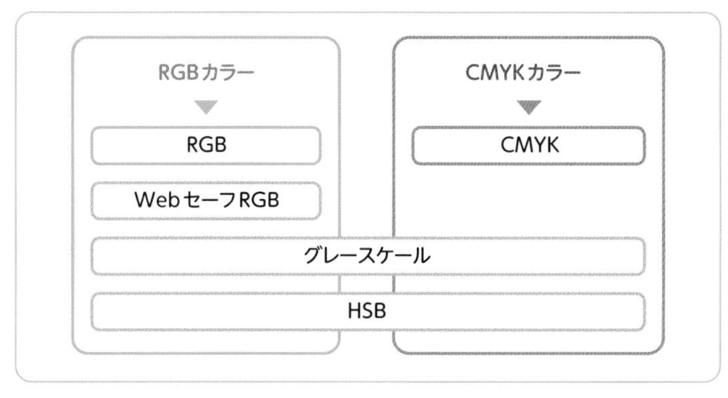

現在のドキュメントのカラーモードによって使うカラーモデルを決めるのが原則。

スウォッチでカラーを効率的に管理する

THEME テーマ

スウォッチとは、カラーやグラデーション、パターンなどを保存しておけるライブラリーのようなものです。スウォッチに登録したアイテムは、スウォッチパネルからいつでも使用できます。効率的なカラーの管理にとても役立つ機能です。

スウォッチパネルへの登録

スウォッチを利用するには、まずアイテムをスウォッチパネルへ登録しなければなりません。スウォッチパネルの［新規スウォッチ］をクリックし、［カラーモード］を決めます。カラースライダーで任意のカラーを作成し、［名前］を決めて［OK］すればカラーが登録できます 図1 図2。

グラデーションは、グラデーションパネルで［種類］から［線形グラデーション］か［円形グラデーション］をクリックしてグラデーションを作成し、任意の内容に設定したあと、［新規スウォッチ］をクリックして登録します。

152ページ Lesson4-07参照。

パターンは、パターンを作成することで自動的にスウォッチパネルへ登録されます。

158ページ Lesson4-08参照。

図1 スウォッチの登録

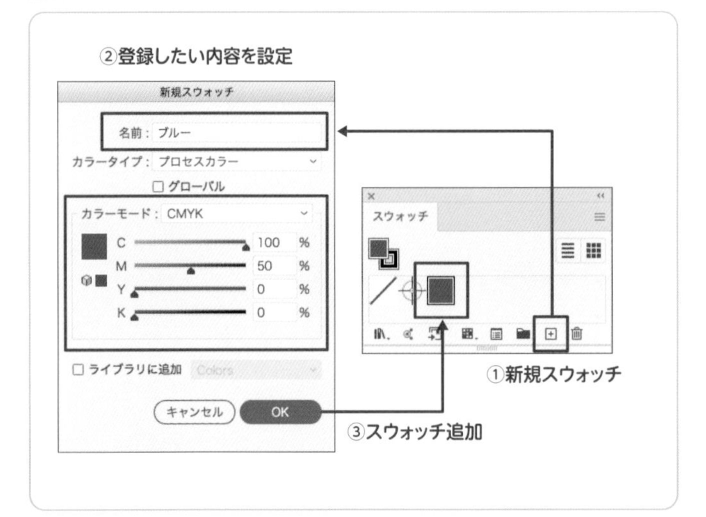

「新規スウォッチ」ダイアログで、登録するカラーを設定する

図2 スウォッチの削除

登録したスウォッチを削除するときは、対象アイテムを選択したあと［スウォッチを削除］をクリックする

スウォッチに登録したアイテムを使う

オブジェクトを選択し、[塗りボックス] または [線ボックス] をクリックしてどちらかをアクティブにします。スウォッチパネルから希望するアイテムをクリックすると、現在アクティブになっている塗りや線にカラー、グラデーション、パターンが適用されます 図3。

このように、毎回カラーを編集することなく簡単に再利用できるので、よく使うカラー設定などは積極的に登録しておくとよいでしょう。

図3 **スウォッチを適用**

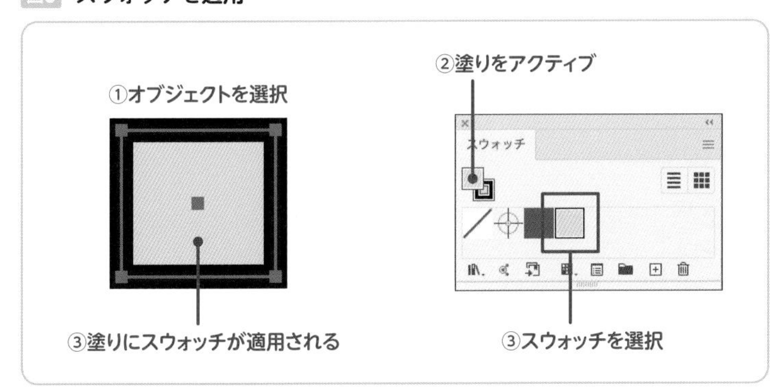

現在アクティブになっている塗りや線にスウォッチが適用される

グローバルカラーでカラーを一括変更

「新規スウォッチ」や「スウォッチオプション」ダイアログの [グローバル] のチェックをオンにしておくことで、グローバルカラーの機能を利用できるようになります 図4。

図4 **グローバルカラー**

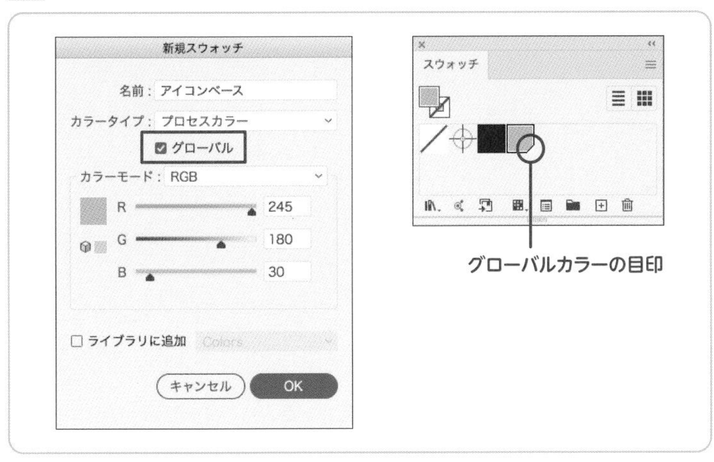

[グローバル] のチェックをオンにすると、スウォッチがグローバルカラーになる。グローバルカラーは右下に白い三角形が表示される

通常、スウォッチに登録したカラーは単純に色の設定を保存して再利用するためだけのものですが、グローバルカラーは、オブジェクトに適用したカラーとスウォッチを紐づけます。スウォッチに登録したグローバルカラーを編集してカラーを変更すると、そのグローバルカラーが適用されているオブジェクトすべてのカラーが更新されます 図5 。カラーを一元管理したいときに便利な機能です。

図5 グローバルカラーを変更する

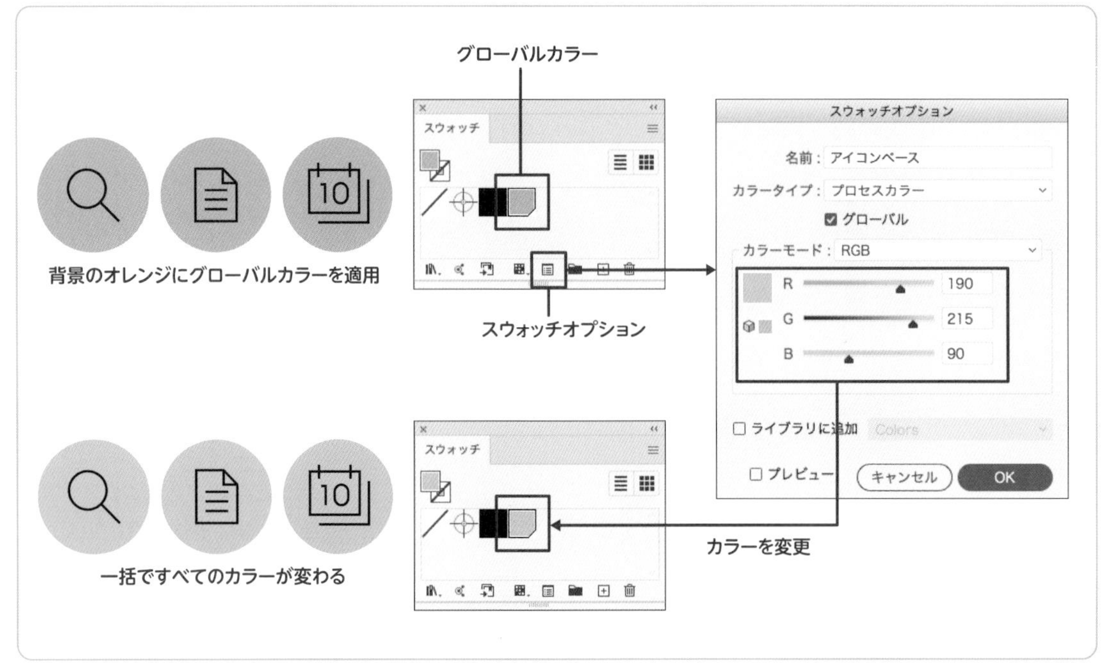

グローバルカラーの設定を変えると、紐づいたオブジェクトのカラーが一括更新される

カラーグループについて

スウォッチとして登録された複数のカラーを、ひとつのセットとしてまとめることができます。このセットを「カラーグループ」と呼びます（次ページ 図6 ）。

スウォッチパネルで、command（Ctrl）キーを押しながらカラーをクリックしていくと、複数のカラーを選択できます。

複数のカラーを選択した状態で［新規カラーグループ］をクリックし、［名前］を決めて［OK］をクリックすれば、ひとつのグループにまとめられます。

別の方法として、オブジェクトを選択した状態で、スウォッチパネルの［新規カラーグループ］をクリックすれば、選択中のオブジェクトに使われているカラーをカラーグループとして一気に登録することも可能です 図7 。

カラーグループは、「オブジェクトを再配色」の基本カラーとして利用するなどの高度な機能もありますが、まずは、ジャンルごとにカラーをまとめるなど、単純にスウォッチを整理する目的として使うとよいでしょう。

図6 カラーグループ

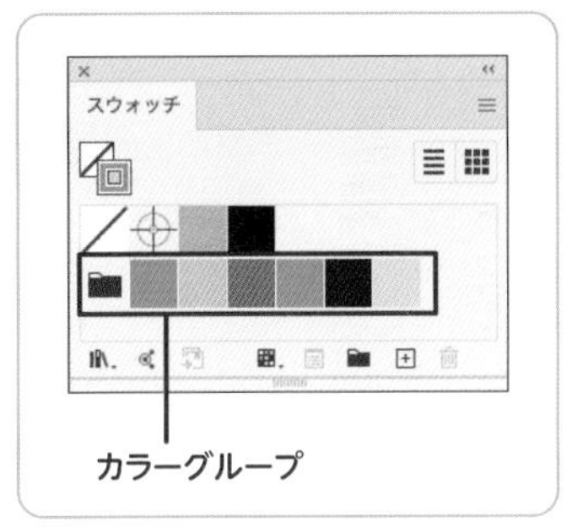

複数のカラーをひとつのセットにまとめる「カラーグループ」

図7 カラーグループの作成

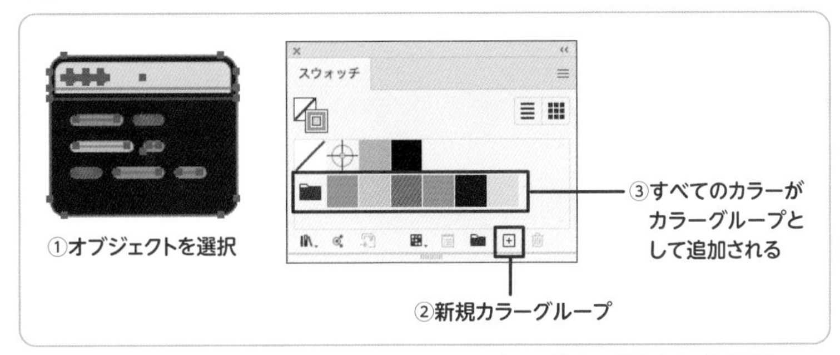

選択オブジェクトに使われているすべてのカラーをカラーグループとして登録することも可能

Illustratorに付属されたスウォッチを使う

Illustratorには、カラーやグラデーション、パターンなどのスウォッチが標準で付属しています。スウォッチパネルの［スウォッチライブラリメニュー］から利用したいアイテムを選択すれば、そのスウォッチが別パネルとして開きます図8。

図8 あらかじめ登録された数多くのスウォッチを利用可能

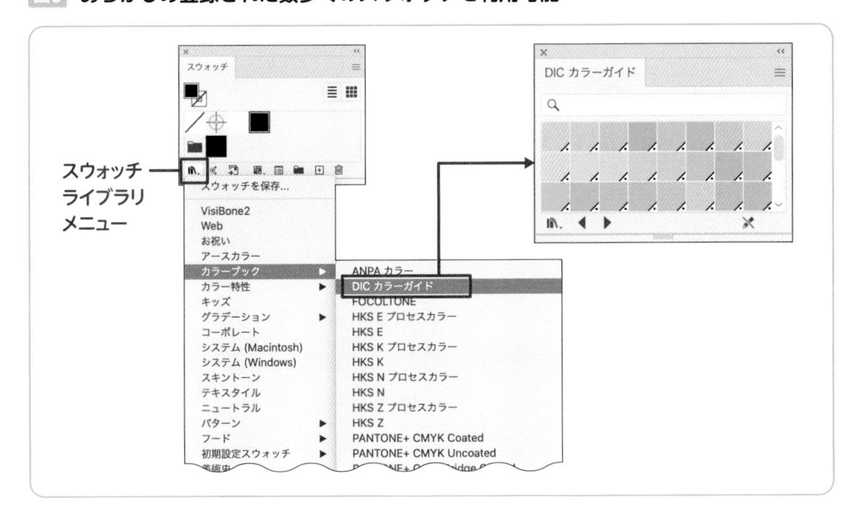

ブラシを使ったフレームとリボン

THEME テーマ

線の表現を高める「ブラシ」の機能を使ってフレームとリボンを作ります。ここでは、2種類のブラシを使って、複雑な飾り罫を簡単に作成します。

KEYWORD キーワード

パータンブラシとアートブラシ

TRY 完成図

Lesson4/06/4-6_作例.ai

01 外枠用のパターンブラシを作る

1 まずはブラシの図柄となるパーツを準備します。パーツはあらかじめ用意してあるので、それを使いましょう。「data_4_6_1.ai」を開き、すべてを選択してコピーします。作業用のドキュメントに戻り、コピーしたパーツをペーストします。パーツの内容は、長方形と星型を組み合わせた単純なものです 1-1。

2 ブラシパネルを開いておきます。先ほどペーストしたパーツをすべて選択し、ブラシパネルの[新規ブラシ]をクリックします 2-1。

ブラシの種類を選択するためのダイアログが表示されたら、[パターンブラシ] を選択して [OK] をクリックします 2-2。

1-1

Lesson4/06/data_4_6_1.ai

2-1

[新規ブラシ]

2-2

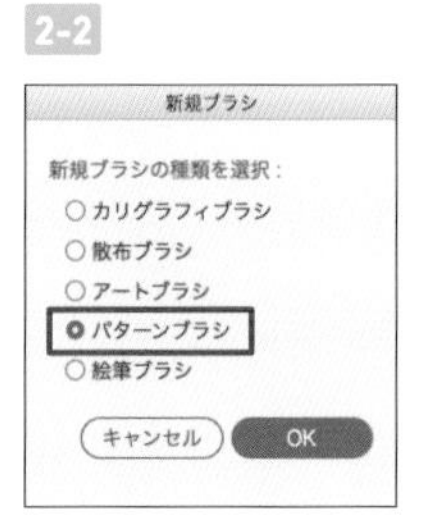

3 パターンブラシの設定用ダイアログが表示されたら、ひとまず［名前：星フレーム］とします。

次に［フィット］を［タイルを伸ばしてフィット］、［着色］を［方式：彩色］として［OK］をクリックします 3-1。

これでブラシは完成です。いったんブラシに登録したら、元のパーツは不要なので削除しておきます。

3-1

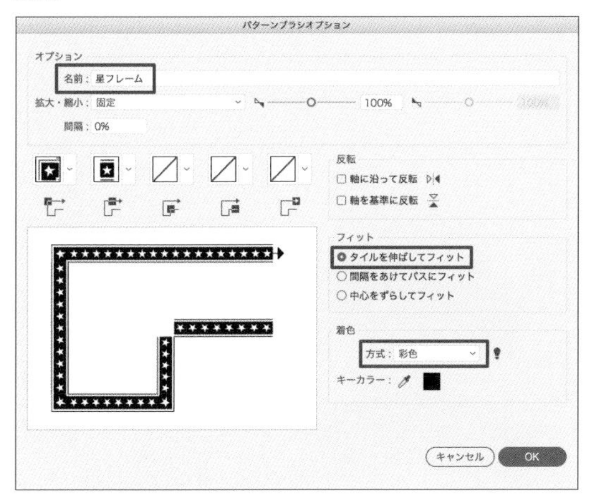

4 試しに先ほど作成したブラシを使ってみましょう。

ブラシパネルから「星フレーム」のブラシを選択します。ブラシツールを選択して適当にドラッグで何本かの線を描くと、登録したパーツが繰り返し並べられているのがわかります 4-1。

このように、登録した図柄を繰り返し並べるように配置するのがパターンブラシです。確認ができたらこのパスは削除しておきます。

4-1

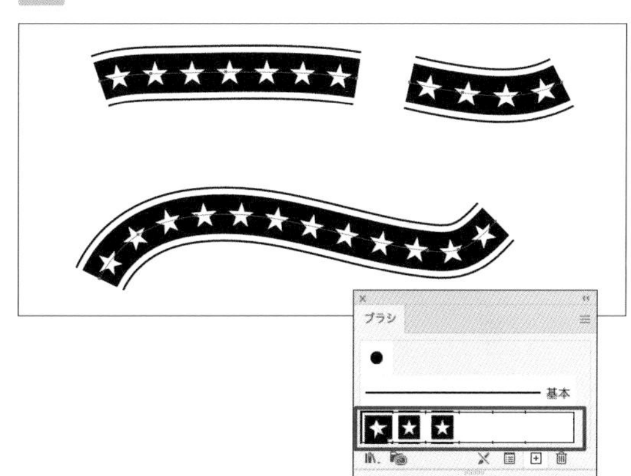

02 リボン用のブラシを作る

5 先ほどと同様に、まずはブラシの元となる図柄を準備します。今度もあらかじめパーツを用意してあるので、それを使いましょう。

「data_4_6_5.ai」を開き、すべてを作業用のドキュメントにコピー&ペーストします。パーツの内容は、いくつかの図形を組み合わせてリボン型にしたものです 5-1。

5-1

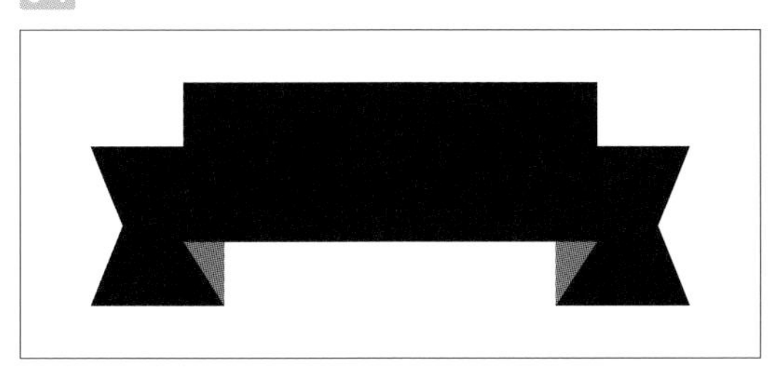

Lesson4/06/data_4_6_5.ai

6 先ほどペーストしたリボンのパーツをすべて選択し、ブラシパネルの［新規ブラシ］をクリックします 6-1。ブラシの種類を選択するためのダイアログが表示されたら、［アートブラシ］を選択して［OK］をクリックします 6-2。

6-1

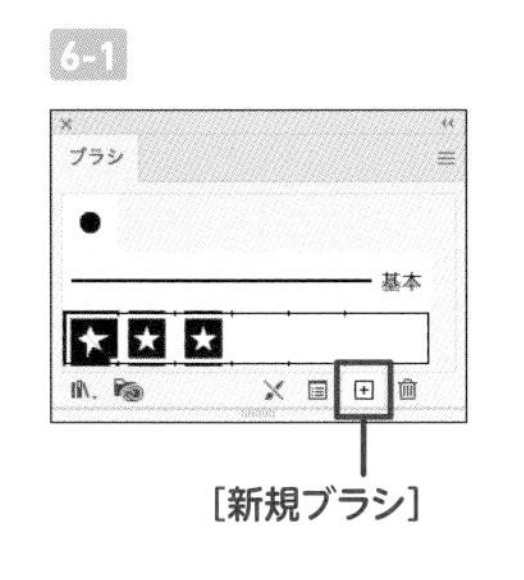

6-2

7 アートブラシの設定用ダイアログが表示されたら、ひとまず[名前:リボン]とします 7-1。

[ブラシ伸縮オプション：ガイド間で伸縮] とし、ブラシのプレビューエリアに表示された2本のガイド（縦破線）を左右にドラッグして①②のようにします。こうすることで、2本のガイドの外側にあるリボンの端の形が崩れてしまうのを防止できます。

最後に、[着色]を[方式:彩色]として[OK]をクリックします。

これでブラシは完成です。いったんブラシに登録したら、元のパーツは不要なので削除しておきます。

8 試しに先ほど作成したブラシを使ってみましょう。

ブラシパネルから「リボン」のブラシを選択します。ブラシツールを選択し、適当にドラッグして何本かの線を描くと、パス全体に合わせてリボンのパーツが引き伸ばされているのがわかります 8-1。アートブラシは、登録したパーツを変形、引き伸ばしてパスに合わせて表示するものです。

確認ができたらこのパスは削除しておきます。

7-1

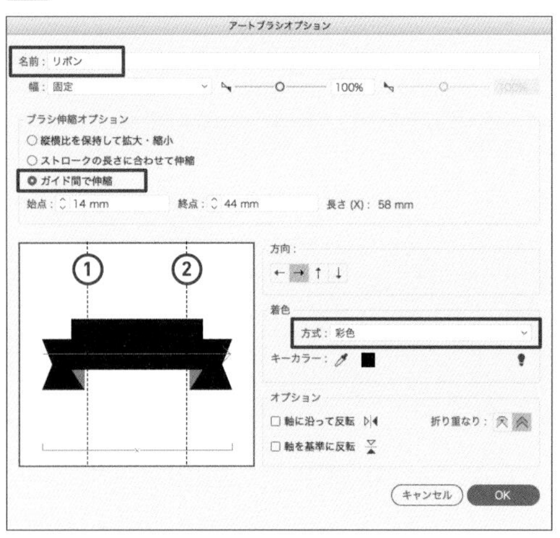

8-1

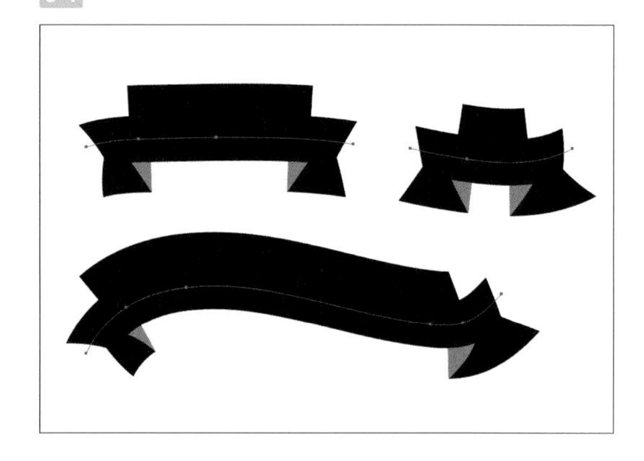

03 デザインにブラシを適用する

9 ブラシを使うためのベースとなるデザインはあらかじめ用意してありますので、そちらを使いましょう。

「data_4_6_9.ai」を開き 9-1、すべてを作業用のドキュメントにコピー&ペーストします。デザインパーツは、円形パスに囲まれたロゴと、「PALE ALE」と書かれたパス上文字の2つです。

9-1

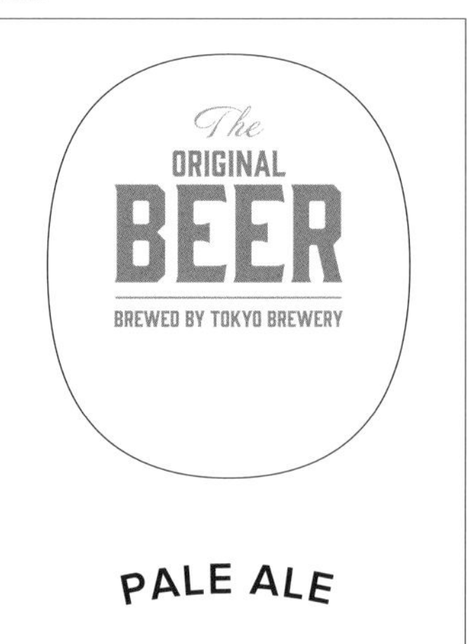

memo

パス上文字「PALE ALE」のフォント(Proxima Nova Semibold) は、CCユーザーならAdobe Fontsから同期して使用できます。

Lesson4/06/data_4_6_9.ai

10 まず、ロゴの円形パスにブラシを適用してみましょう。

ロゴ周囲の円のパスを選択し10-1、ブラシパネルから「星フレーム」を選択します10-2。

そのままでは少し太いので、[線幅：0.7pt] に変更します10-3。このように、ブラシは線幅を使って太さを変更できるのも特徴です。

10-1

10-2

10-3

11 フレームを [線:C45/M45/Y80/K0] に変更します11-1。あらかじめパターンブラシの設定で[着色] を [方式：彩色] にしてあるので、元々白黒だったパーツに着色することができます11-2。

ブラシの色を線色で変更したいときは、この設定を忘れないようにしましょう。

11-1

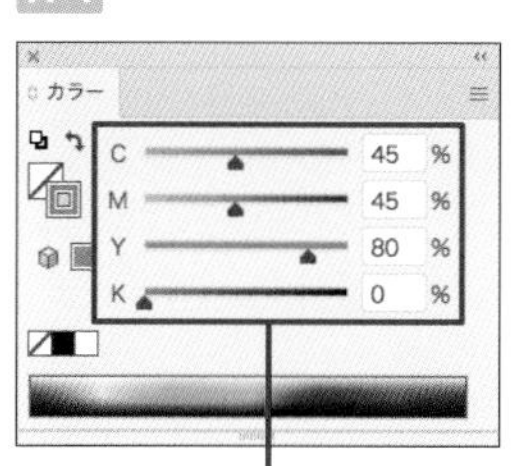

11-2

147ページ　手順3参照。

memo

[方式：彩色]での着色は[キーカラー]で選んだ色を線色に割り当てます。例えば、元パーツの黒い部分を着色するときは、[キーカラー] を黒にしておく必要があります。[キーカラー] は黒がデフォルトなので、今回は[キーカラー]の設定を省略しています。

12 続いてリボンを作りましょう。

ダイレクト選択ツールでパス上文字のパスだけを選択し 12-1、ブラシパネルから「リボン」を選択します 12-2。パスにリボンのブラシが適用されました。

［線：C60/M20/Y5/K0］でリボンの色を変更します 12-3。

memo

パス上文字とリボンの位置がずれるときは、文字パネルで［ベースラインシフト］の値を変更することで調整できます。

12-1

12-2

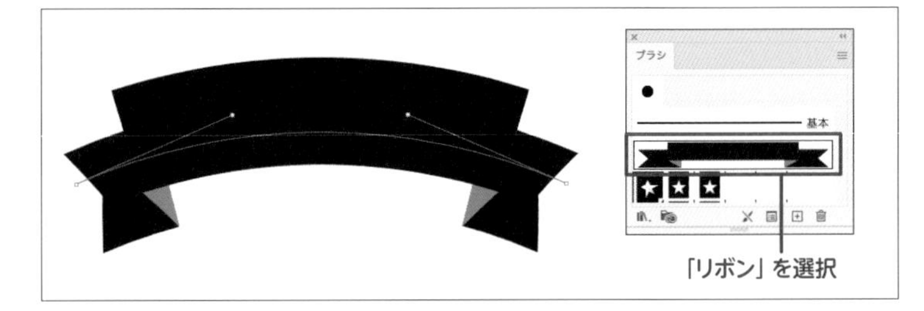

12-3

13 選択ツールでパス上文字を選択し 13-1、［塗り：白］にして文字の色を白にします 13-2。あとは、ロゴとパス上文字を 13-3 のように配置すれば完成です。

13-1

13-2

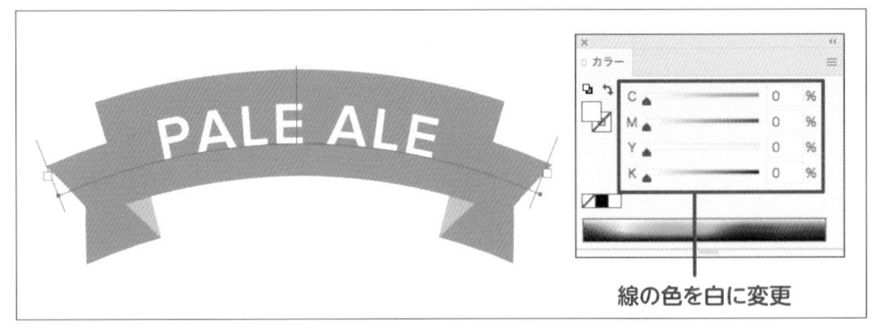

13-3 完成図

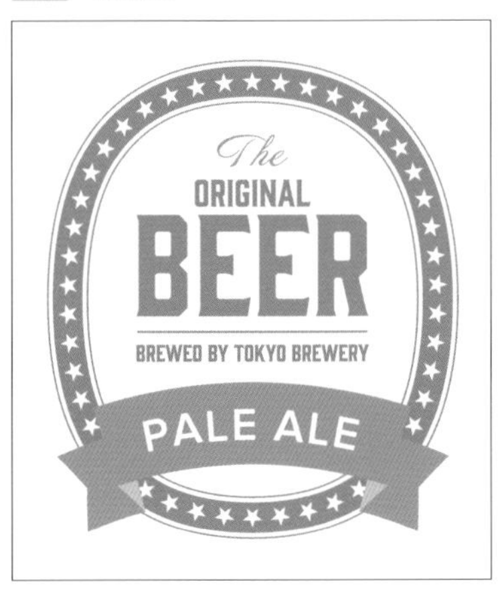

ONE POINT

ブラシの種類

ブラシには5つの種類があります。それぞれが異なる特徴を持っており、適した用途で使い分けることで表現の幅が広がります。この中でも「散布ブラシ」「アートブラシ」「パターンブラシ」の3つは、日常的に使うことも多いので覚えておくとよいでしょう。

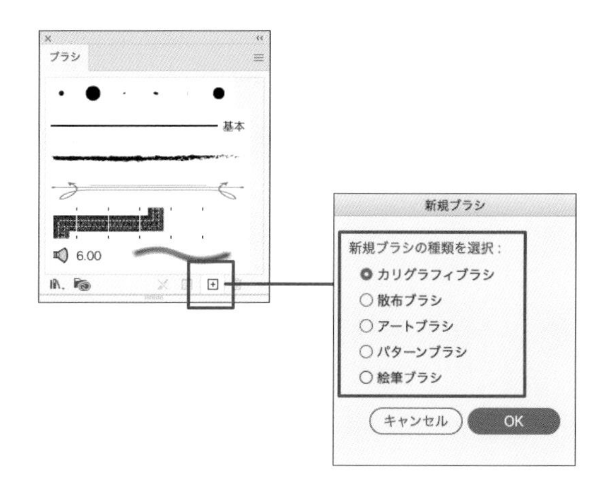

カリグラフィブラシ

カリグラフィペンを使って書いたように、一定の角度に傾いた楕円形をつなげて線を書くブラシ。元となるパーツは必要ない。パスの角度によって線の太さが変わるのが特徴。ブラシの設定は、楕円の大きさや縦横比、角度などを変更できる

散布ブラシ

登録したパーツをパスに沿って散りばめるブラシ。パスにそってパーツを繰り返し配置していく点はパターンブラシと似ているが、オブジェクトの位置や角度、間隔などをランダムにできるのが特徴。星や飛沫などを散りばめる表現に使われることが多い

アートブラシ

登録したパーツをパスにそって変形、引き延ばすブラシ。今回の作例のようにリボンをパスの形に合わせたり、筆跡のようなパーツを使ってブラシストロークを表現するなどの用途に使うことが多い

パターンブラシ

登録したパーツをパスに沿って並べるブラシ。散布ブラシとは異なり、規則的に並べつつパスの形状に合わせてパーツの形も変形する。また、コーナーに別のパーツを割り当てるなどの機能もあり、飾り罫やフレームを作るときに便利なブラシだ

絵筆ブラシ

半透明のストロークを重ね合わせることで、アナログの筆で描いたような表現ができるブラシ。重ねるストロークの形や濃さ、密度などを設定で変更できる。Illustratorの中では数少ないアナログ表現に役立つものだが、実際の使いどころは限定的と言えるだろう

淡いグラデーションを使ってロゴを配色する

THEME テーマ

線と塗りには、単色だけでなくグラデーションも設定できます。ここでは、文字と線にグラデーションを使った配色のロゴを作ってみましょう。

KEYWORD キーワード

文字と線のグラデーション

TRY 完成図

MUGEN
Total Amusement Compay

Lesson4/07/4-7_作例.ai

01 文字をグラデーションで着色する

1 まず、土台となるロゴデザインを準備します。ここでは、あらかじめ用意した「data_4_7_1.ai」を開きます 1-1。上の8の字マークは線だけで表現されており、文字はアウトライン化したあと複合パスにしたテキストです。

まずは、文字にグラデーションを設定してみましょう。

1-1

Lesson4/07/data_4_7_1.ai

> **memo**
>
> 複合パスは、複数のパスを1つのオブジェクトとしてまとめる機能です。複数のパスを選択し、オブジェクトメニュー→“複合パス”→“作成”を実行して作成します。ここで使用しているアウトライン化した文字は、複合パス化していない状態だと1文字ずつ個別のオブジェクトとして認識されるため、グラデーションも1文字単位で適用されるという違いがあります。

2 グラデーションの基本的な使い方を確認しながら進めましょう。

選択ツールで「MUGEN」の文字を選択します 2-1。

2-1

MUGEN

グラデーションパネル 2-2 で[塗り]のボックスをクリックしたあと①、[種類：線形グラデーション]をクリックします②。文字の塗りがデフォルトのグラデーションになりました 2-3。

2-2

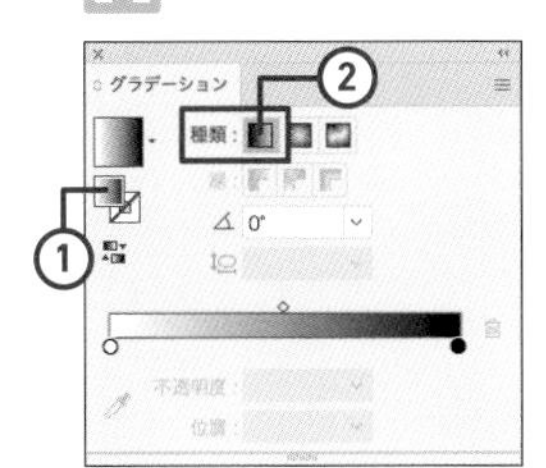

2-3

MUGEN

線形のグラデーション

3 グラデーションパネルの[種類：円形グラデーション]をクリックすると 3-1、3-2 のように円形のグラデーションとなります。これら「線形」と「円形」が、グラデーションの基本です。

[種類：線形グラデーション]をクリックして戻しておきましょう。

3-1

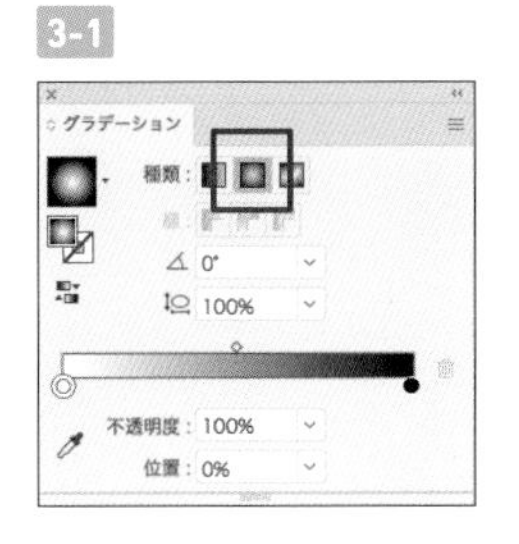

3-2

円形のグラデーション

memo

もう1種類の「フリーグラデーション」は新しい機能です。複雑なグラデーションを作ることができますが、用途が限定的ですのでここでは解説を割愛します。詳しくは280ページ Lesson 8-03をご覧ください。

4 グラデーションの配色は、パネルの中央にある帯（グラデーションスライダー）を使って編集します。スライダーの両端にある丸が「カラー分岐点」で、このカラー分岐点に設定された色の間をなめらかに変化させることでグラデーションになります 4-1。

4-1

グラデーションスライダー

カラー分岐点　カラー分岐点

5 左端のカラー分岐点をクリックして選択し 5-1、カラーパネルで[C30/M5/Y0/K0]に変更してみましょう 5-2。

グラデーションの配色が変わりました 5-3 5-4。

5-1　5-2

クリック

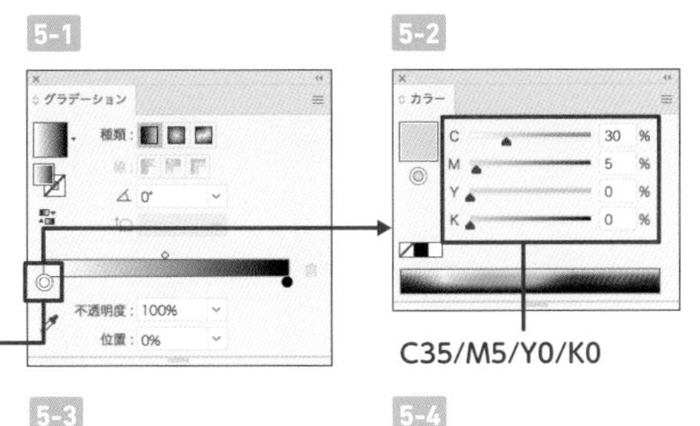

C35/M5/Y0/K0

memo

カラーパネルにCMYKが表示されてないときは、パネルメニューから"CMYK"を選択してカラーモデルを切り替えます。

5-3

5-4

MUGEN

6 同じ手順で、右端のカラー分岐点を［C5/M10/Y40/K0］に変更します 6-1 ～ 6-4 。

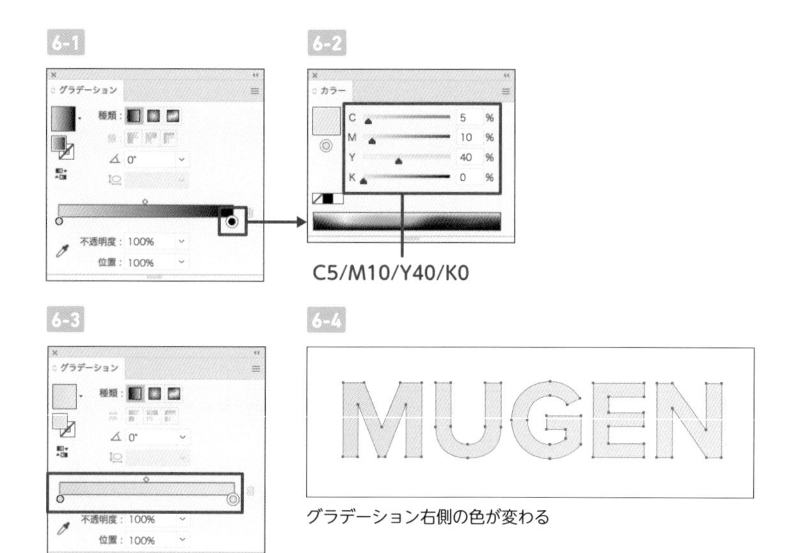

グラデーション右側の色が変わる

7 グラデーションスライダーの下辺あたりをクリックすると、新しいカラー分岐点を追加できます。中央あたりに新しいカラー分岐点を追加し 7-1 、カラーパネルで［C5/M25/Y0/K0］に変更してみましょう 7-2 。このように、カラー分岐点の数を変えることで色数を増やすことができます 7-3 7-4 。

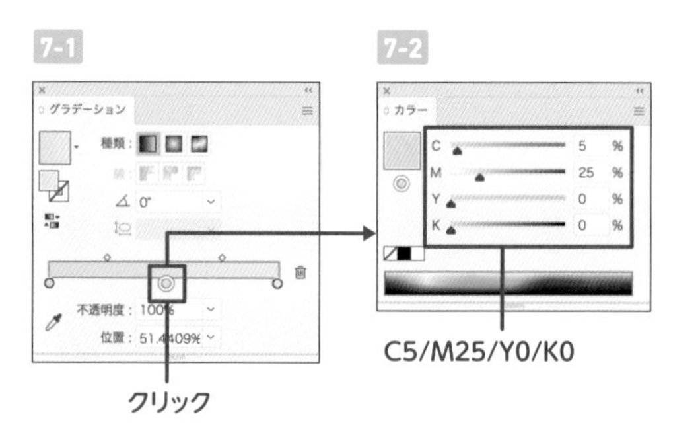

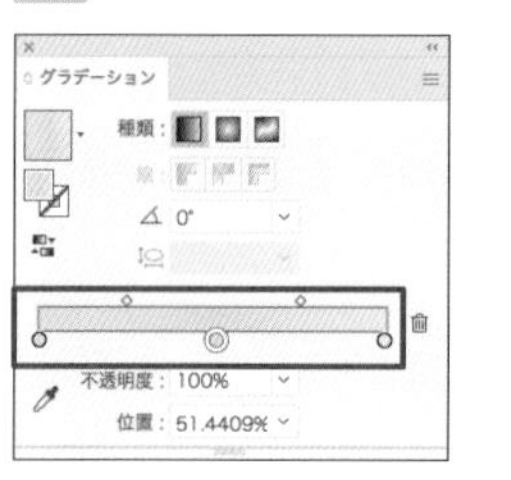

グラデーション中央の色が変わる

memo

カラー分岐点を削除するときは、削除したいカラー分岐点を下方向へ大きくドラッグするか、カラー分岐点を選択してから、スライダーの右にあるゴミ箱アイコンをクリックします。

8 カラー分岐点は、左右にドラッグすることで移動もできます。また、カラー分岐点を選択したとき下部に表示される［位置］に0%～100%の数値を入力することで、数値を使って正確に配置することもできます。ここでは、中央のカラー分岐点を［位置：50%］としておきます 8-1 。

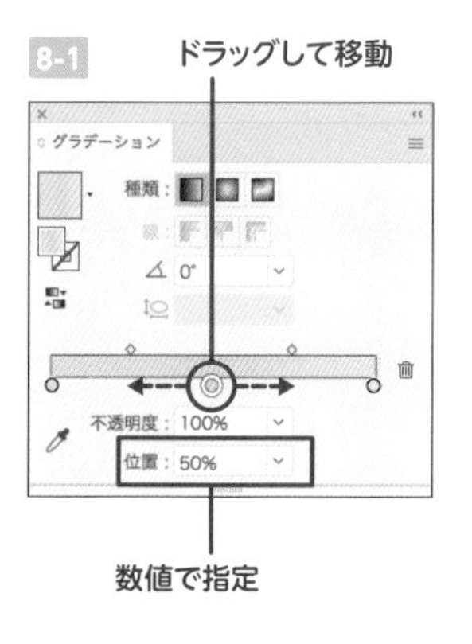

memo

スライダーの上に表示されている小さなひし形は、グラデーションの中間点です。これを左右に移動することで、変化の偏りを変えることができます。カラー分岐点と同様に、数値での位置指定も可能です。

9 グラデーションの傾きを変えてみましょう。[角度]に–180°～180°の数値を入力することで角度を指定できます。今回は[角度：–45°]に設定します 9-1。グラデーションの角度を変わりました 9-2。これで、文字は完成です。

9-1

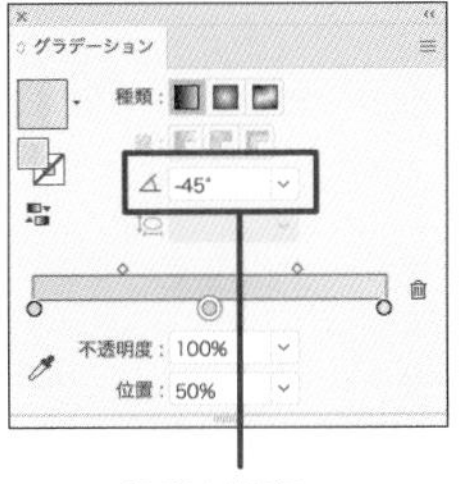

角度を指定

9-2

グラデーションが傾く

02 マークをグラデーションで着色する

10 サンプルの8の字マークは線のみで構成されていますが、グラデーションは線にも適用できます。選択ツールで8の字マークを選択し 10-1、グラデーションパネル 10-2 で[線]のボックスをクリックしたあと①、[種類：線形グラデーション]を選びます②。先ほど文字に設定したグラデーションと同じものが、今度は線に適用されます 10-3。

10-1

10-2

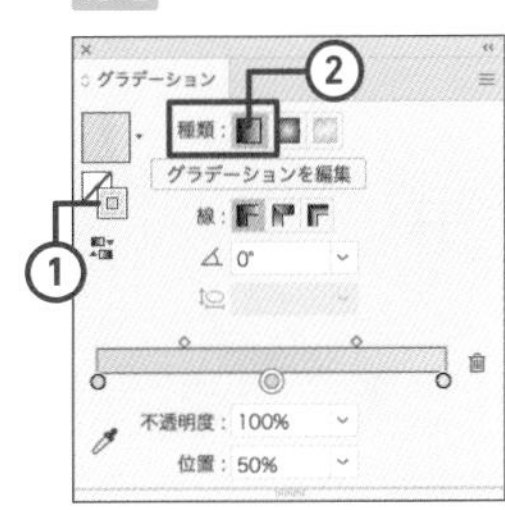

10-3

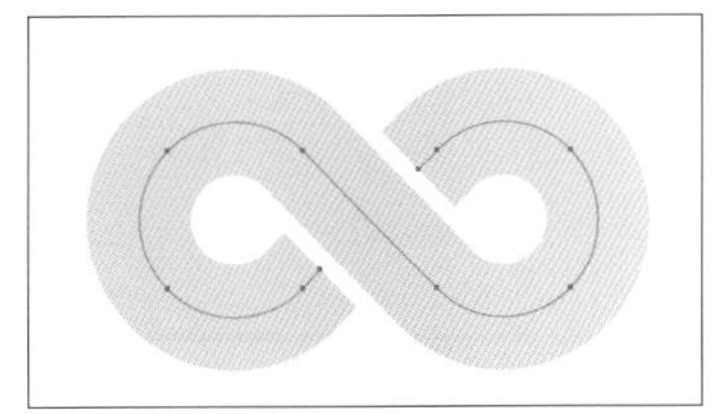

線にグラデーションが適用される

11 線へのグラデーションは、線に対するグラデーションの方向を3種類から選択できます 11-1。今回は、パスの方向に合わせたグラデーションにしたいので、[線：パスに沿ってグラデーションを適用]に設定します 11-2 11-3。

11-1

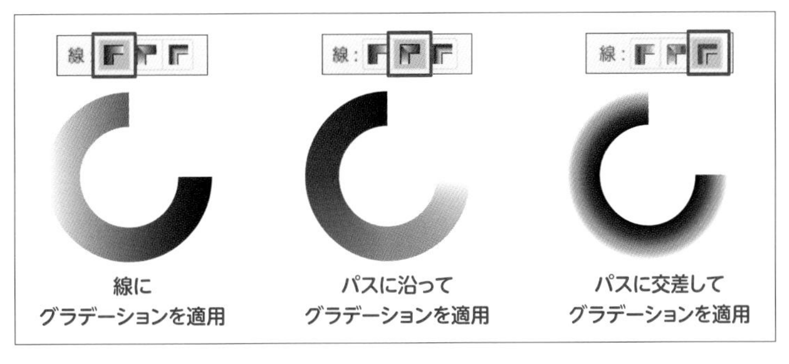

11-2

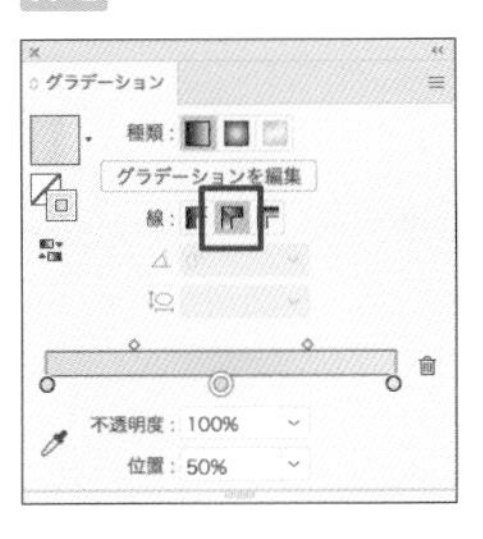

11-3

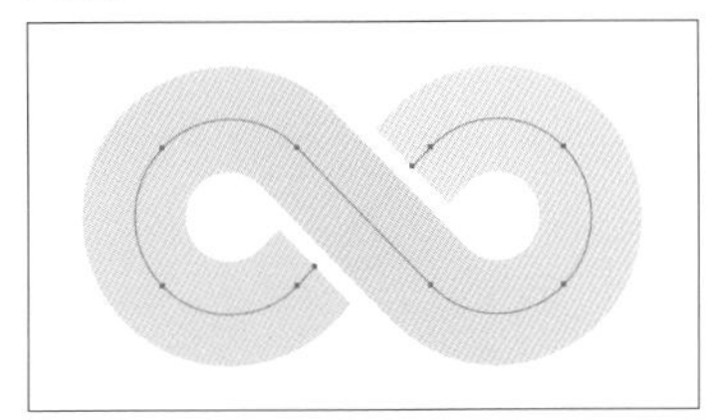

12 カラー分岐点をひとつ増やし、合計4つにします。各カラー分岐点の位置とカラーを 12-1 のように設定すれば完成です 12-2 12-3。

12-1

12-2

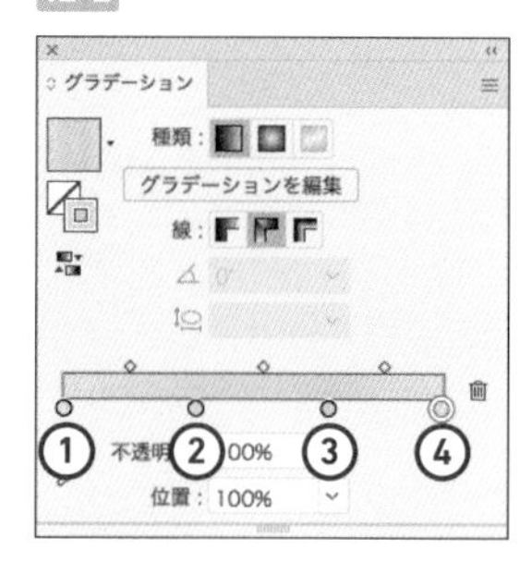

①[位置：0%] [C5/M10/Y40/K0]
②[位置：35%] [C30/M5/Y0/K0]
③[位置：70%] [C5/M25/Y0/K0]
④[位置：100%] [C5/M10/Y40/K0]

12-3

ONE POINT

そのほかのグラデーション機能

カラー分岐点の不透明度

カラー分岐点をクリックで選択すると、[位置]と[不透明度]の項目が設定できます。この[不透明度]に0%～100%の値を指定することで、透過の度合いをコントロール可能です。片方のカラー分岐点を[不透明度：0%]にすると、だんだんと透明になるようなグラデーションを作ることもできます。

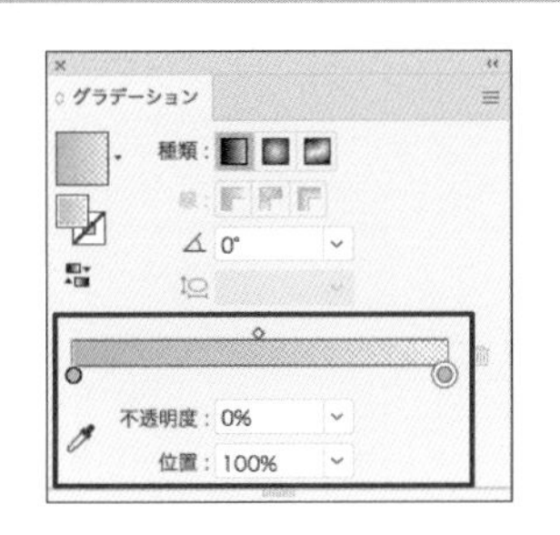

右端のカラー分岐点を透明度0%に設定

文字へのグラデーション適用

アウトライン前の文字は、そのままではグラデーションを適用できません。いったん[塗り：なし]にして文字を透明にしてから、アピアランスパネルで[新規塗り]をクリックして塗りを増やし、この塗りに対してグラデーションを設定します。

アピアランスパネルで追加した塗りにはグラデーションが設定可能

グラデーションガイドを使った編集

グラデーションを適用した線、塗りをアクティブにした状態でグラデーションツールを選択すると、オブジェクト上に「グラデーションガイド」が表示されます。このガイドを使ってもグラデーションを編集できます。グラデーションパネルのグラデーションスライダーがそのままオブジェクト上に表示され、直感的に編集できるイメージです。円形グラデーションのときは、マウスオーバーすることで円形の形を示す点線リングも表示されます。

中間点
カラー分岐点
カラー分岐点
始点
終点（ドラッグで傾き調整）
ガイド自体をドラッグするとグラデーションの位置を調整できる

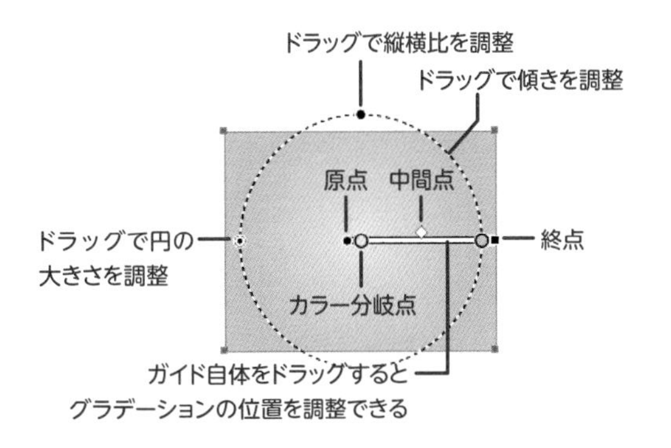

3種の和柄パターンを作る

THEME テーマ

Illustratorでは、完成の状態を確認しながらパターンの最小単位となる図柄（パターンタイル）を効率よく作成できます。パターン編集機能を使って、ベーシックな和柄を3種類作成してみましょう。

KEYWORD キーワード

パターンオプション

TRY 完成図

Lesson4/08/4-8_作例.ai

01 市松模様を作成する

1 長方形ツールで［幅：10mm］［高さ：10mm］の正方形 1-1 を2つ作成し、それぞれ［線］を［なし］、［塗り］を［C50/M70/Y30/K0］と［C20/M35/Y20/K0］に設定します。

2つの正方形を横に密着して並べます 1-2。角のアンカーポイントをスナップさせて正確に配置しましょう。

1-1

1-2

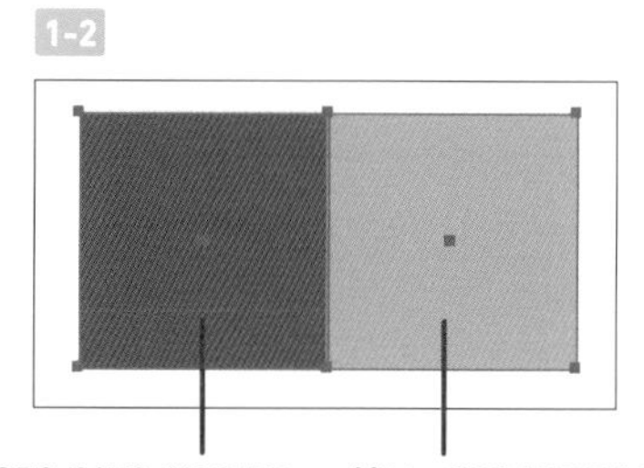

塗り：C50/M70/Y30/K0　塗り：C20/M35/Y20/K0

2 2つの正方形が選択された状態で、オブジェクトメニュー→“パターン”→“作成”を選択すると、パターンの編集画面に切り替わります 2-1。

2-1

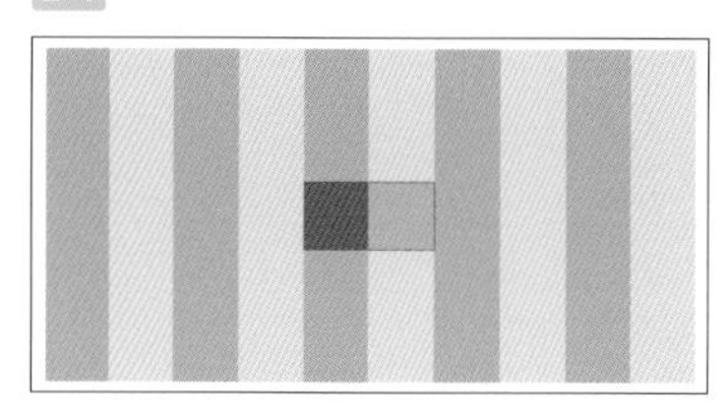

memo

パターン編集を開始する前に、新しいパターンがスウォッチパネルに登録されたことを知らせるダイアログが開きますが［OK］を押して進めましょう。

3 パターンオプションパネルが自動的に表示されるので、[名前：市松] [タイルの種類：レンガ（横）] [レンガオフセット：1/2] に設定し 3-1 3-2 、ウィンドウ上部の [○完了] ボタンをクリックします 3-3。

スウォッチパネルに「市松」のパターンが登録されました 3-4。これで市松模様は完成です。

登録が終わったら、パターン作成に使った元オブジェクト（正方形2つ）は不要なので削除しておきましょう。

3-1

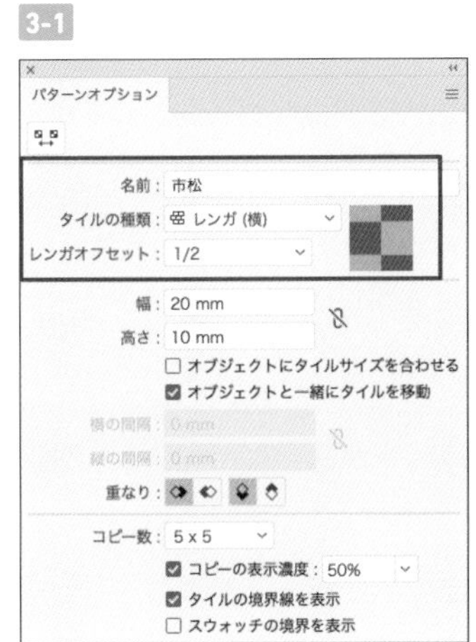

3-2

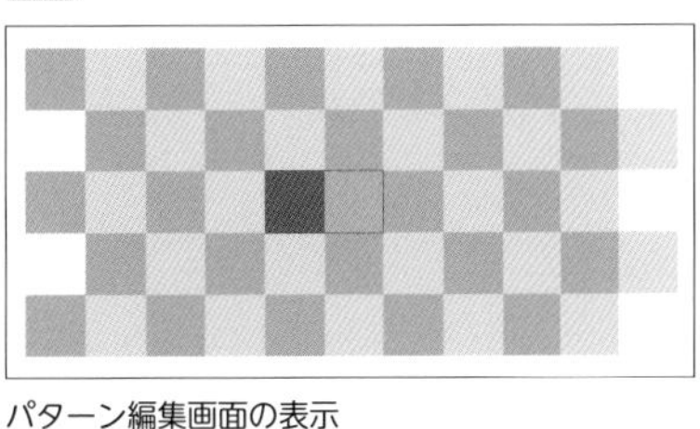

パターン編集画面の表示

3-4

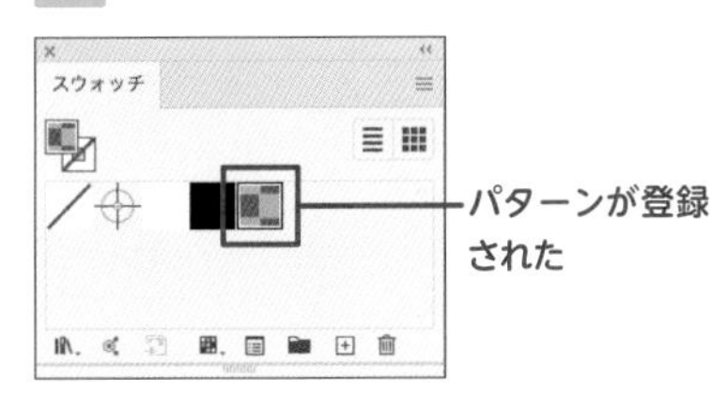

02 麻の葉模様を作成する

4 麻の葉模様のベースとなる図柄は、あらかじめ用意したデータを使いましょう。「data_4_8_4.ai」を開き 4-1、すべてを選択してコピー、作業中のドキュメントに戻りペーストします。

Lesson4/08/data_4_8_4.ai

memo

サンプルの麻の葉のベース図柄は、同じ三角形をいくつも組み合わせて構成されています。このデータでは、ひとつずつの三角形がわかりやすいようにそれぞれ色を変えていますが、最終的には変更します。

WORD 麻の葉

植物の麻の葉をモチーフとした日本の伝統模様。18個の三角を組み合わせて作った正六角形がベースとなっている。衣服などにも多く用いられる、伝統模様の中でも定番のひとつ。

5 すべてを選択し、オブジェクトメニュー→“パターン”→“作成”を選択します。パターン編集画面 5-1 に切り替わります。

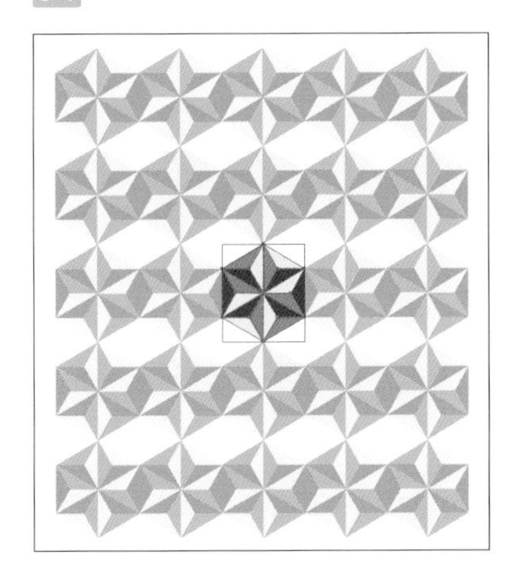

6 再度すべてを選択し、[線幅：1.5pt] 6-1、[線：C15/M10/Y40/K0] 6-2、[塗り：C25/M10/Y85/K0] 6-3 に変更します 6-4。

6-1

6-2

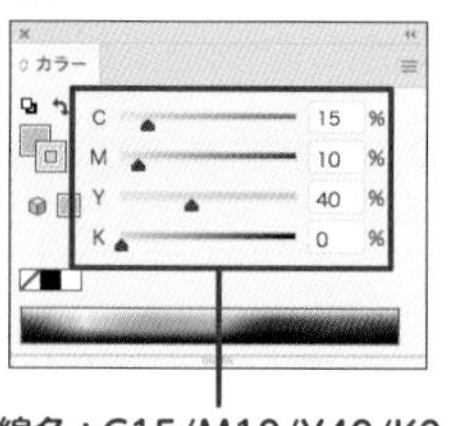

6-3

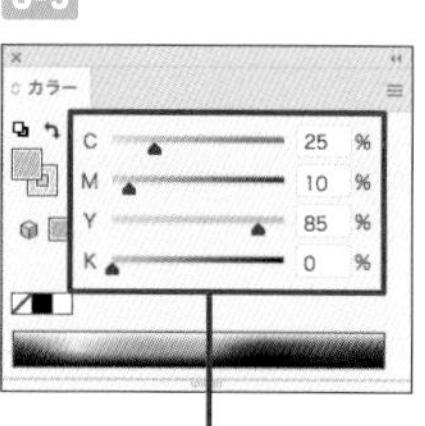

6-4

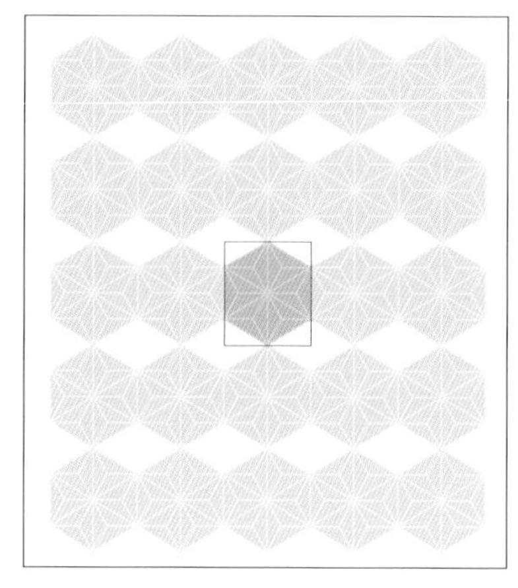

パターン編集画面の表示

memo

線が設定されたオブジェクトを使ってパターン作成を開始すると、パターンタイルが線幅を含んだサイズになり、繰り返しの基準がずれてしまうことがあります。これを防止するには、今回のようにパターン作成前は[線：なし]としておき、パターン編集が開始されてから線を設定するとよいでしょう。

7 パターンオプションパネルで [名前：麻の葉] [タイルの種類：六角形 (横)] とし 7-1 7-2、ウィンドウ上部の[○完了] ボタンをクリックします 7-3。スウォッチパネルに「麻の葉」のパターンが登録されました 7-4。

これで麻の葉模様は完成です。パターン作成に使った元オブジェクトを削除しておきます。

7-1

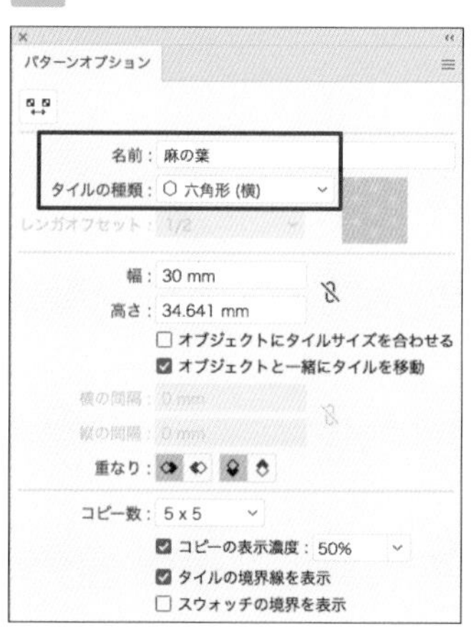

7-2

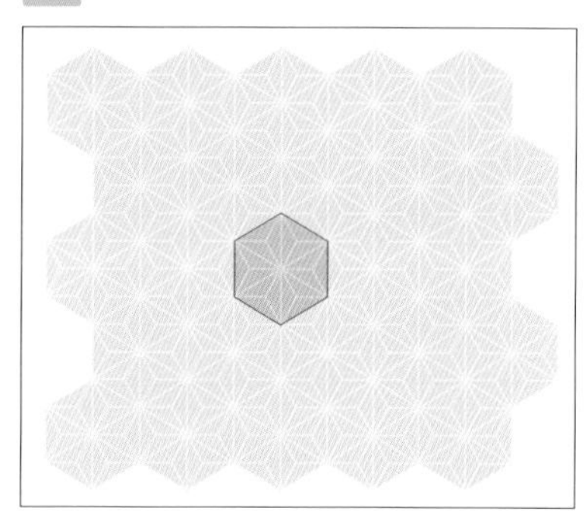

パターン編集画面の表示

7-3

7-4

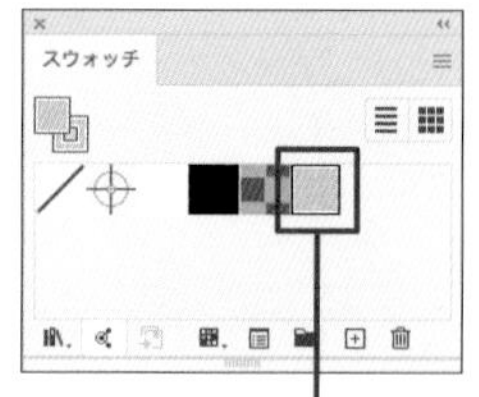

03 青海波模様を作成する

8 ここでもベースとなる図柄はあらかじめ用意しています。「data_4_8_8.ai」を開き 8-1、作業中のドキュメントにコピー&ペーストします。青海波のベース図柄は、交互に色が変わった6つ同心円で構成されています。

8-1

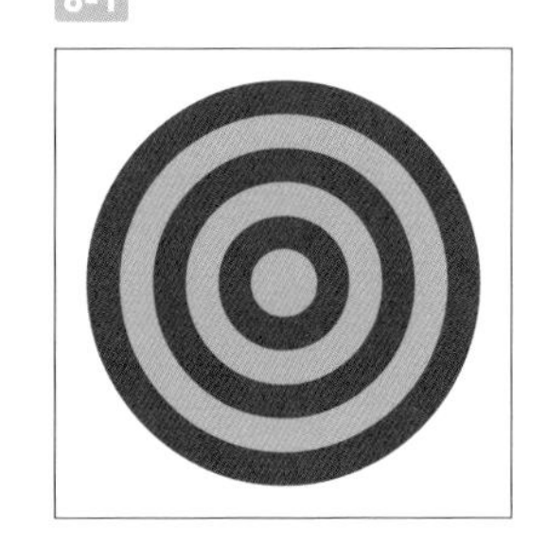

Lesson4/08/data_4_8_8.ai

WORD 青海波

波をモチーフとした日本の伝統模様。複数の半円形を互い違いに重ねた鱗のような文様が基本。水を表現するときに多く用いられる、伝統模様の中でも定番のひとつ。

9 すべてを選択し、オブジェクトメニュー→"パターン"→"作成"を選択します 9-1。

パターンオプションパネルで[名前:青海波] [タイルの種類:レンガ(横)] [レンガオフセット:1/2] に設定します 9-2。今のままでは同心円がレンガ状に並んでいるだけなので、まだ青海波模様にはなっていません 9-3。

9-1

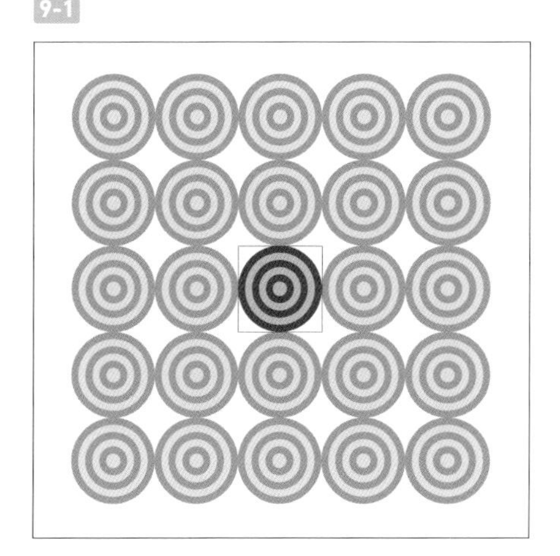

9-2

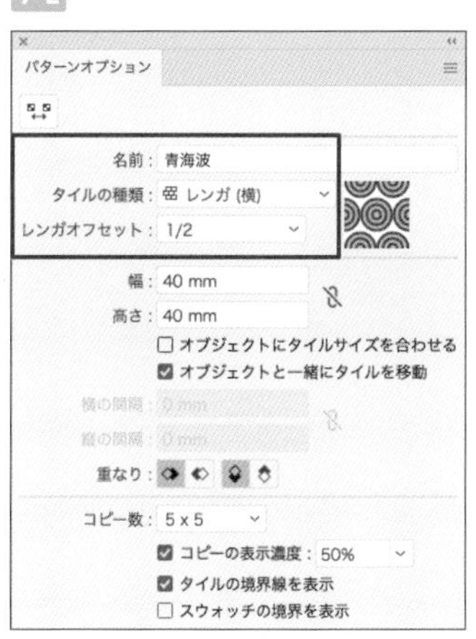

9-3

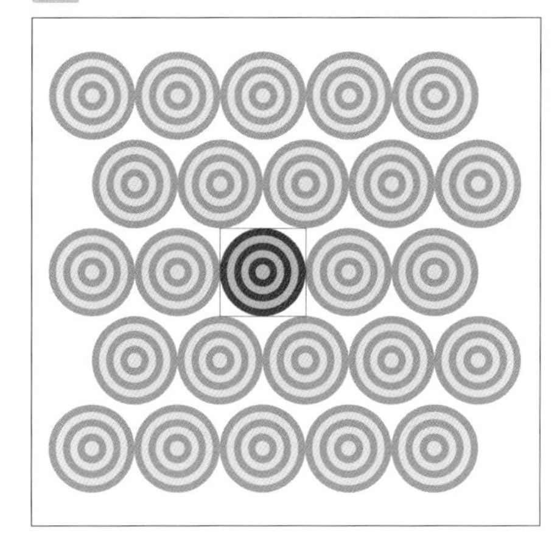

10

パターンタイルの大きさを変えて、繰り返しのパーツを重ねていきましょう。[幅：34mm][高さ：10mm]に変更します10-1。

パーツ同士の間隔が狭くなり重なりましたが、繰り返しの上側が前面になっているので模様の上下が逆になっています10-2。

10-1

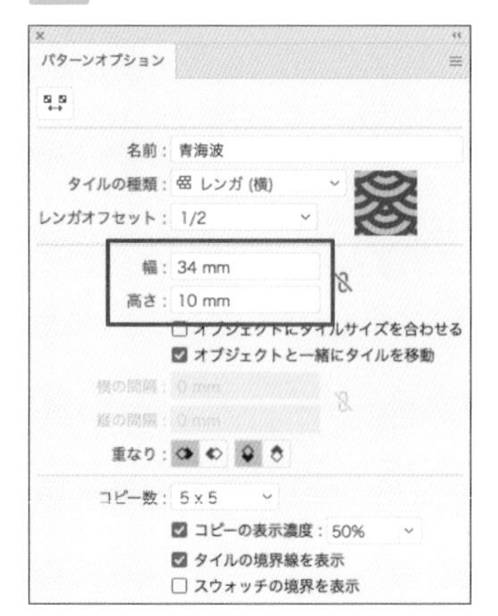

10-2

11

[重なり：下を前面へ]に設定して、上下の重なりを逆転させます11-1。これで正しい青海波模様になったので11-2、ウィンドウ上部の[○完了]ボタンをクリックします11-3。スウォッチパネルに「青海波」のパターンが登録されました11-4。これで青海波模様は完成です。パターン作成に使った元オブジェクトを削除しておきます。

11-1

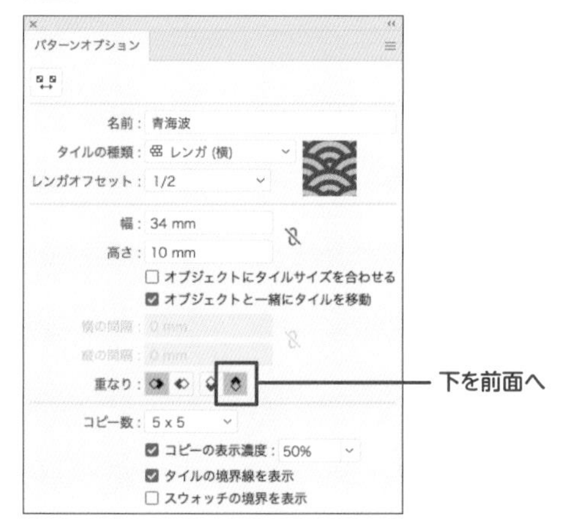

11-2

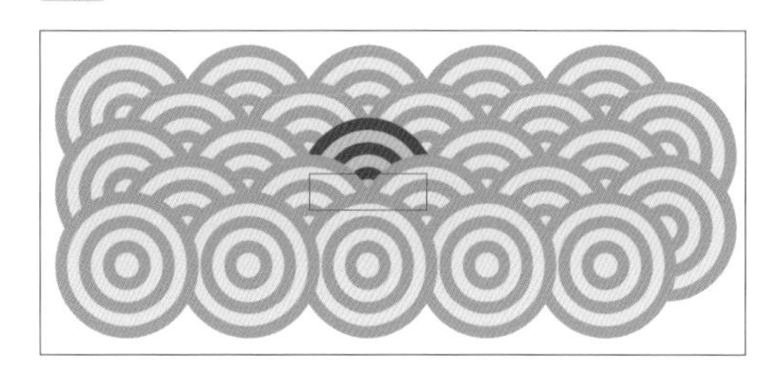

11-3

11-4

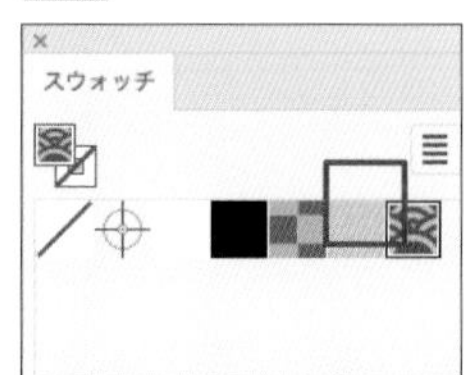

04 パターンを使う

12 長方形ツールを使って、少し大きめの長方形を作成します 12-1。

カラーパネルで［塗り］ボックスをクリックして塗りをアクティブにし、スウォッチパネルで「市松」のパターンを選択すると 12-2、塗りが市松模様になります 12-3。

同様の手順で「麻の葉」「青海波」をクリックすると、それぞれの模様に切り替わります 12-4～12-7。

12-1

12-2

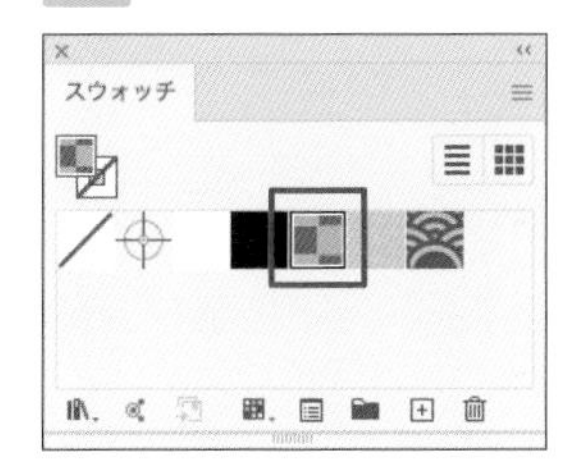

12-3 市松

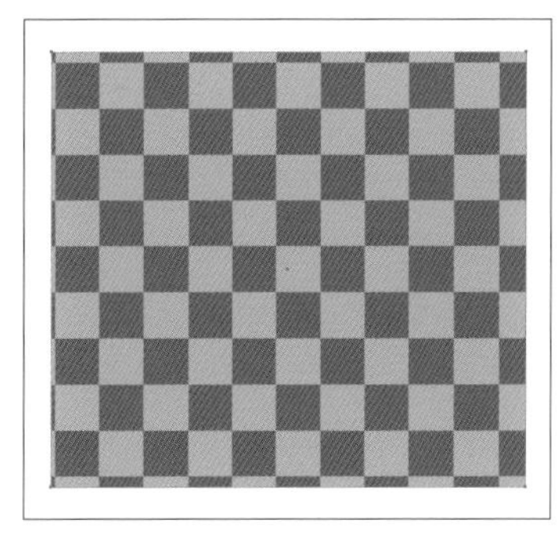

12-4

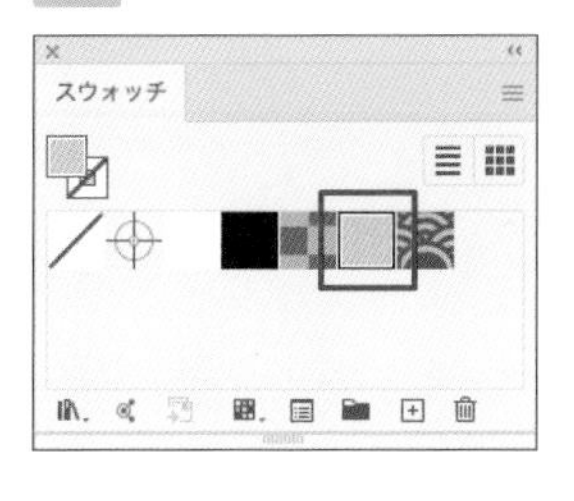

12-5 麻の葉

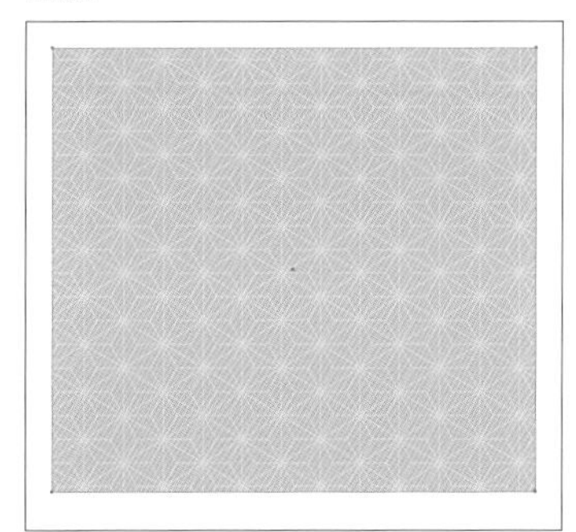

12-6

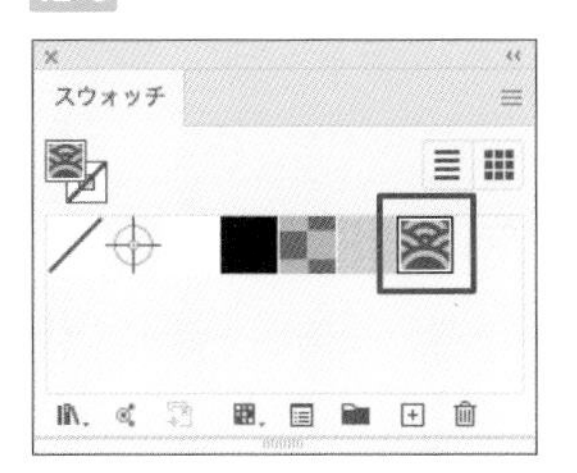

12-7 青海波

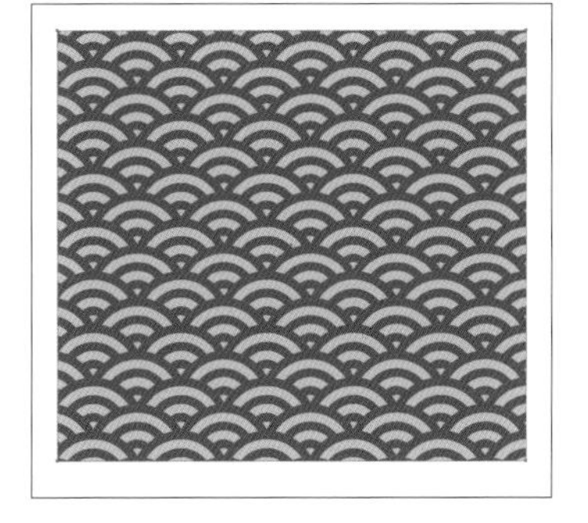

ONE POINT

パターンの編集

登録済みのパターンを編集する

登録してあるパターンを再度編集するときは、スウォッチパネルで対象のパターンをダブルクリックすれば、パターン作成時と同じ編集画面になります。編集後は、作成時と同様にウィンドウ上部の[○完了]ボタンをクリックします。編集内容を破棄して元に戻したいときは、[×キャンセル]をクリックします。

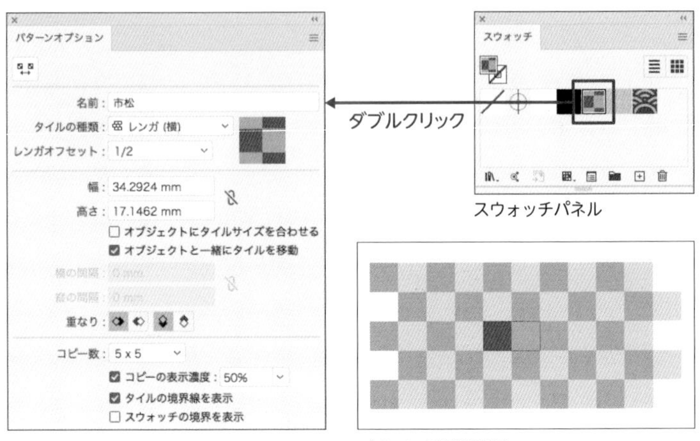

スウォッチパネル

パターンの編集画面

パターンのサイズや角度を変更する

パターンの大きさや角度を変えるときは、変形効果を使うとよいでしょう。
オブジェクトを選択し、アピアランスパネルでパターンを適用した[塗り]の項目を選択してから、効果メニュー→"パスの変形"→"変形..."を選択します。
変形効果の[オプション]で[オブジェクトの変形]をオフにしておくことで、パターンのみを変形することが可能です。

パターンが適用された
オブジェクトを選択

アピアランスパネルで
[塗りを選択]

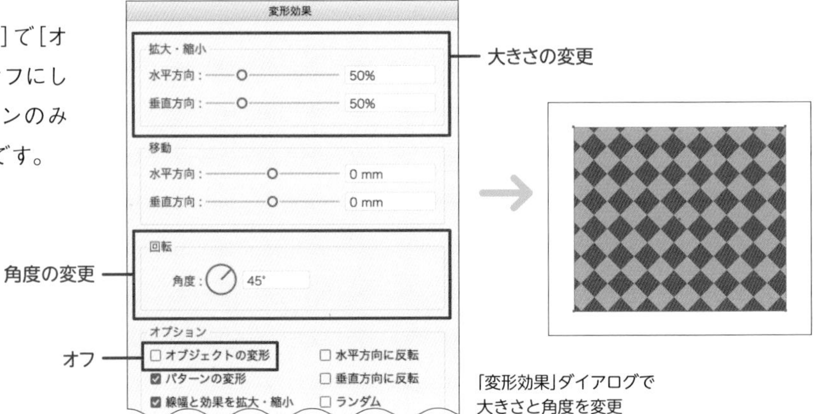

「変形効果」ダイアログで
大きさと角度を変更

パターンの開始位置を調整する

パターンの繰り返し開始位置は、原則ウィンドウ定規の原点になります。ウィンドウ定規の原点の位置を変更することでパターンの繰り返し開始位置を変更することもできますが、「定規自体の原点が変わってしまう」、「すべてのオブジェクトが影響を受けてしまう」といったデメリットがあるためおすすめしません。サイズや角度を変えるのと同様に、変形効果の［移動］を使って個別に調整するのが現実的でしょう。

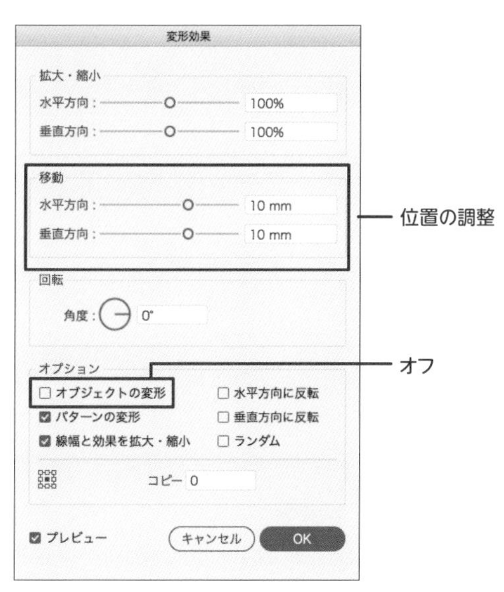

「変形効果」ダイアログでパターンを移動

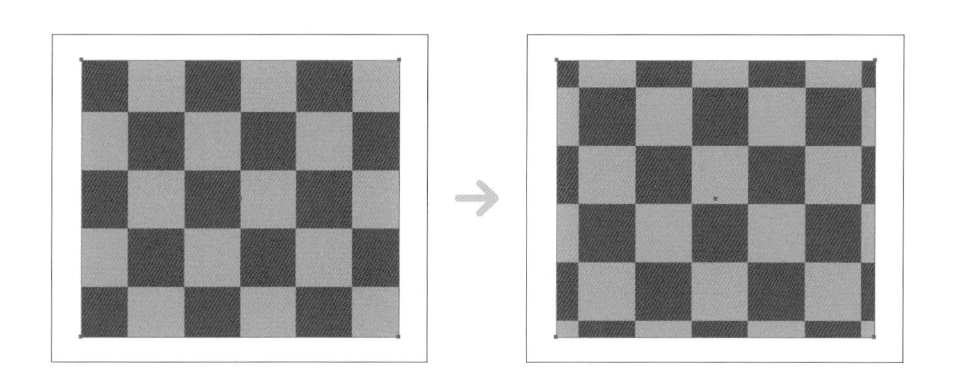

線幅ツールで線に強弱をつけたロゴ

THEME テーマ

通常、線の太さは一定ですが、線幅ツールを使えば部分的に太さを変更できます。イラストや罫線のストロークに強弱を持たせて動きを出したいときなどにとても便利です。

KEYWORD キーワード

線幅ツール・ハンドル
アンカーポイント

TRY 完成図

豪華客船ビーナス号で巡る旅
デラックスリゾート

Lesson4/09/4-9_作例.ai

01 ロゴのベースとなる文字を作成

1 文字パネルで［フォント：貂明朝 Regular］［フォントサイズ：60pt］［カーニング：メトリクス］に設定し 1-1 、文字ツールで「デラックスリゾート」というポイント文字を作成します。文字のカラーは［C0/M40/Y90/K0］としましょう 1-2 1-3 。

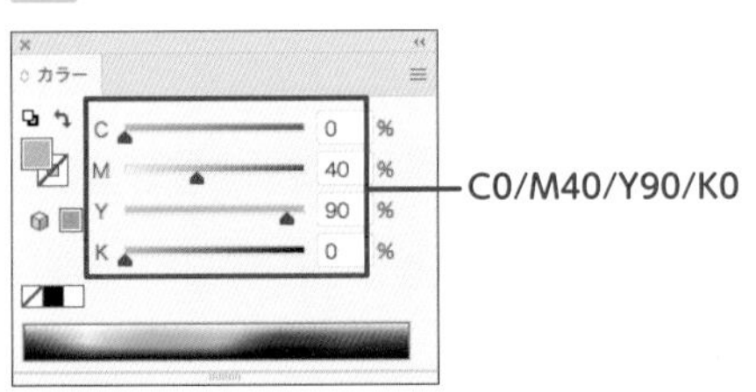

1-3

デラックスリゾート

memo

「貂明朝 Regular」のフォントは、CCユーザーであればAdobe Fontsから同期して使用できます。もしフォントが使えないときは、近い太さの明朝体で代用してもかまいません。

2 シアーツールをダブルクリックし、[シアーの角度：18°][方向：水平]で実行します 2-1。文字が斜めに傾いたら、書式メニュー→"アウトラインを作成"で文字をアウトライン化しておきます 2-2。

2-1

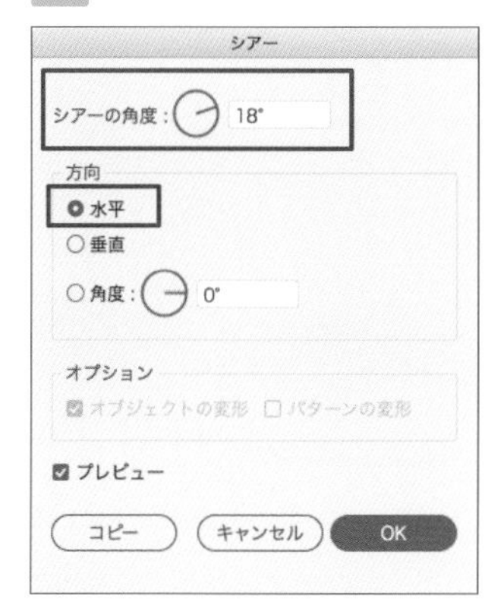

2-2

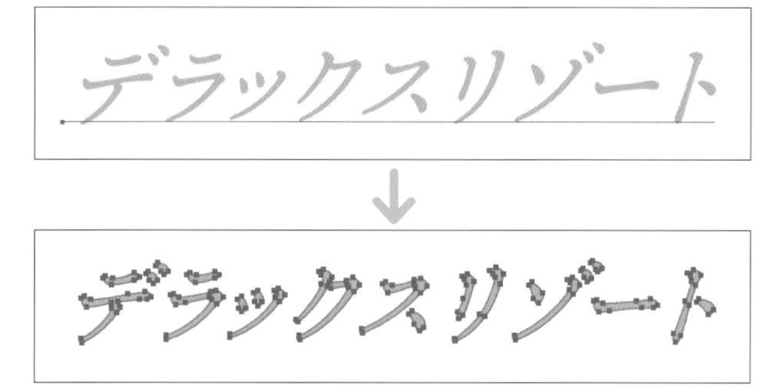

書式メニュー→"アウトラインを作成"

02 飾りのストロークを作成する

3 ペンツールを選択し、カラーパネルで[線：黒][塗り：なし] 3-1、線パネルで[線幅：1pt][線端：丸型線端]に設定し 3-2、「デラックスリゾート」の「ゾ」の字の下あたりから伸びるように 3-3 のようなパスを作成します。

3-1

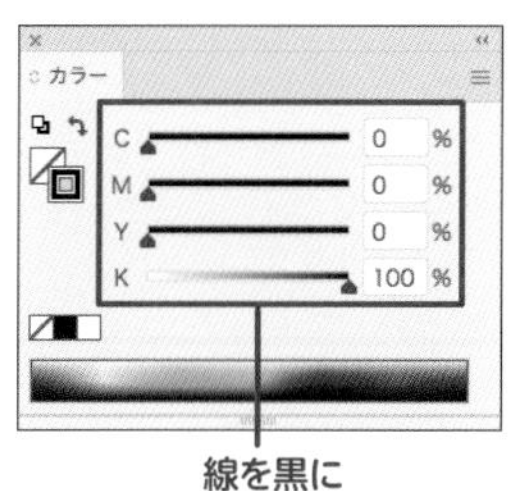

線を黒に

3-2

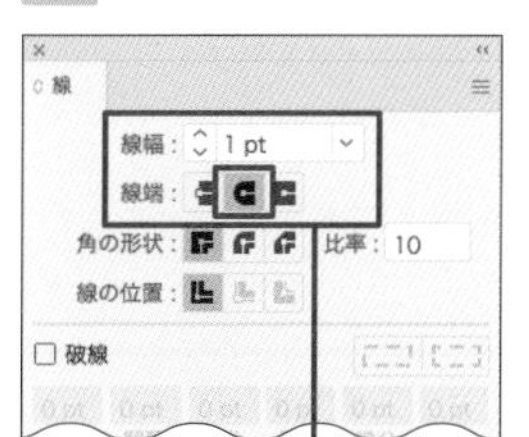

線幅：1pt、線端を丸型に設定

3-3

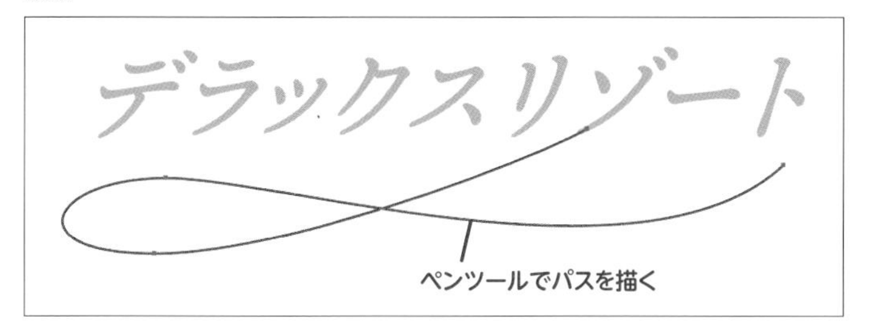

memo

パスの作成が難しい場合は、サンプルの「data_4_9_3.ai」を開いてパスをコピー&ペーストして使ってみましょう。

Lesson4/09/data_4_9_3.ai

4 パスに抑揚をつけてみましょう。線幅ツールで、パスが輪になっている左端あたりをドラッグすると、線の太さを部分的に変えることができます 4-1。文字の太さよりも少しだけ太いくらいに調整してマウスボタンを放します。

4-1

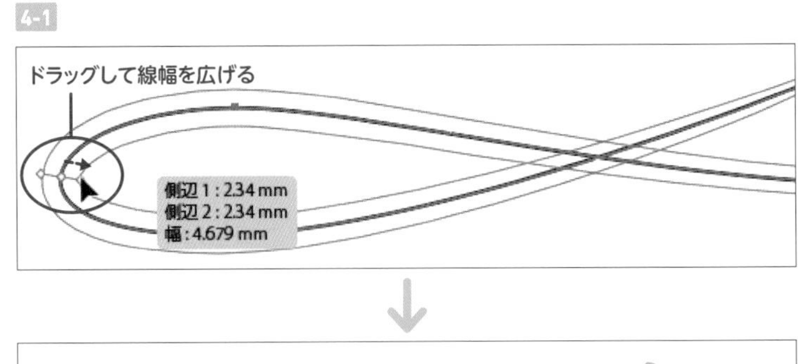

5 パスに抑揚がつきましたが、今のままだと文字との接合部分に段差ができてしまっています。この段差を目立たなくしてみます。細かい作業になるので、ズームツールを使って文字と飾りパスが重なっている範囲を拡大表示しておきましょう 5-1。

5-1

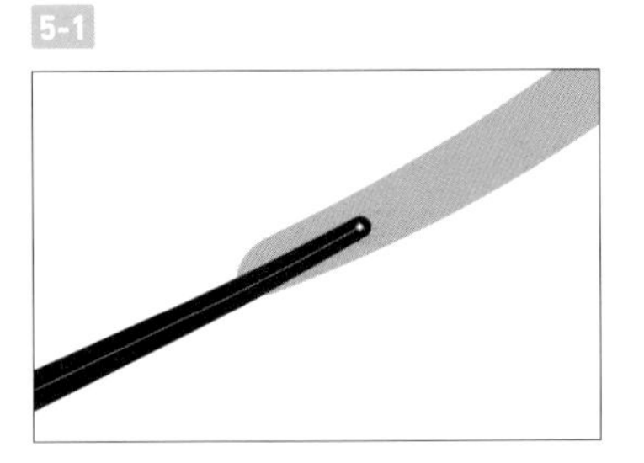

6 線幅ツールを選択し、飾りパスの端のアンカーポイントをマウスオーバーします 6-1。アンカーポイントから左右に伸びる線幅のハンドルをドラッグし、「ゾ」の文字の太さと同じくらいになるまで線幅を広げてマウスボタンを放します 6-2 6-3。

6-1

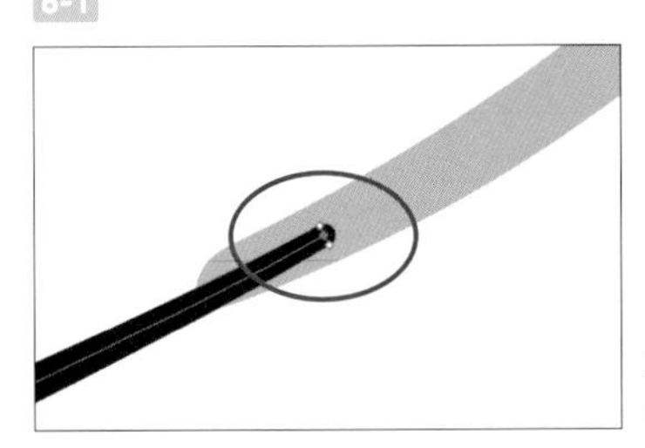

カーソルを線の先端にあわせるとハンドルが表示される

6-2

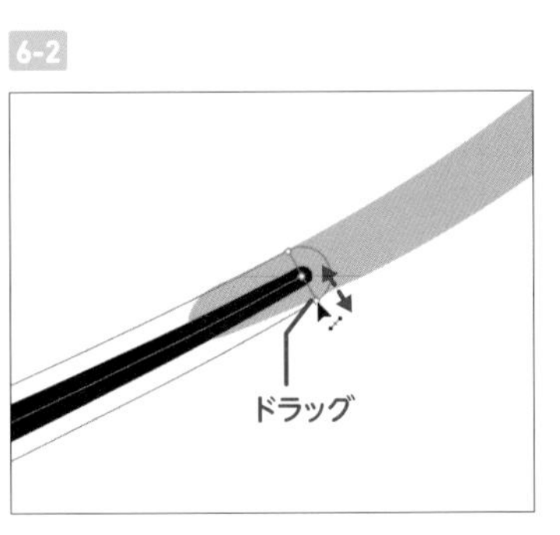

6-3

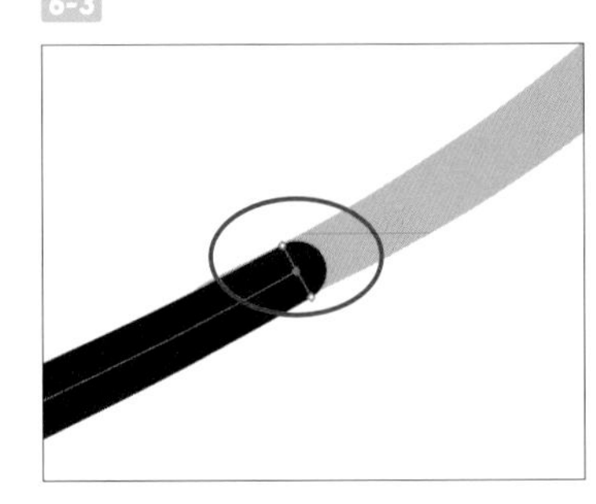

7 飾りパスを［線：C0/M40/Y90/K0］に変更します 7-1。まだ継ぎ目が少しだけずれているので、ダイレクト選択ツールで、「ゾ」の文字に重なった飾りパスの端のアンカーポイントの位置や方向線（ハンドル）の角度を調整して、文字からの継ぎ目がバランスよくなるように調整します 7-2 7-3。

7-1

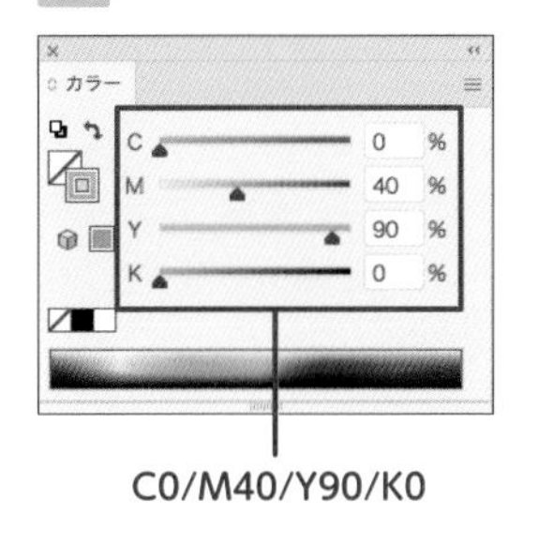

7-2

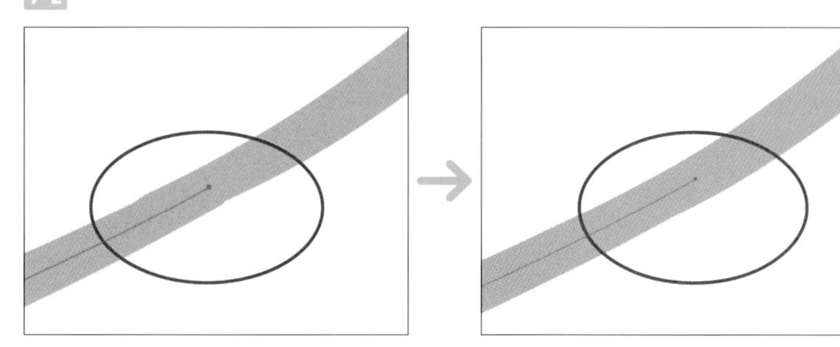

7-3

memo

必要に応じて、線幅ツールで線幅を再度調整するなどしましょう。

8 バランスの調整ができたら、飾りパスを選択して、オブジェクトメニュー→“パス”→“パスのアウトライン”を実行します 8-1。

次に、すべてを選択し 8-2、パスファインダーパネルの［合体］をクリックして 8-3、文字と罫線を一体化すれば完成です 8-4。

8-1

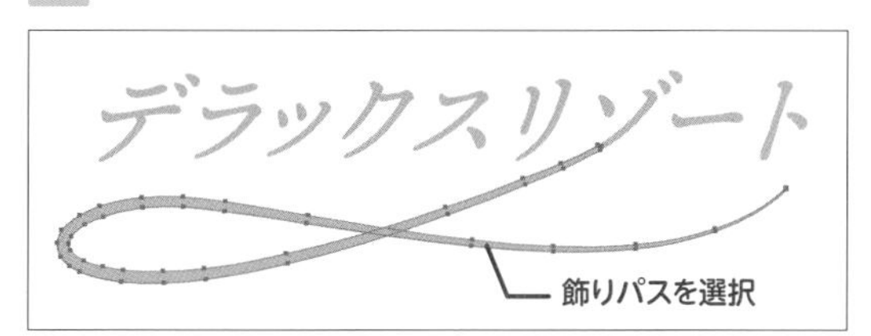

8-2

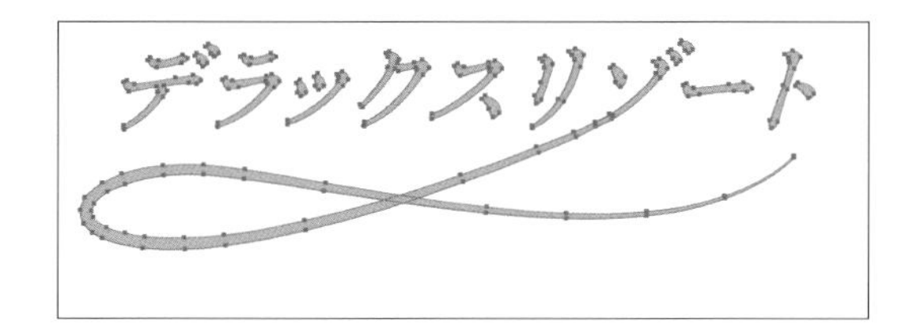

8-3

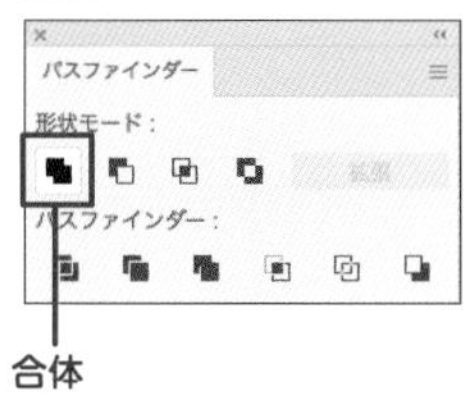

8-4

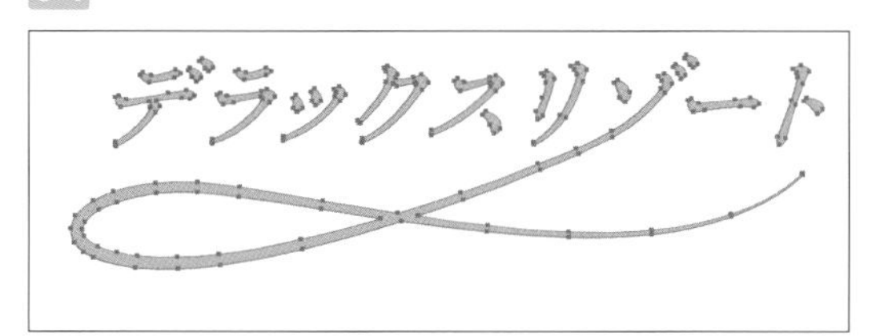

ONE POINT

線幅ツールの使い方

線幅ツールの基本

線幅ツールでパスをドラッグすると、その位置に「線幅ポイント」と呼ばれる印が追加され、そこから左右にハンドルが伸びて線の幅を変更できます。線幅ポイントは、ひとつのパスに複数追加することも可能です。

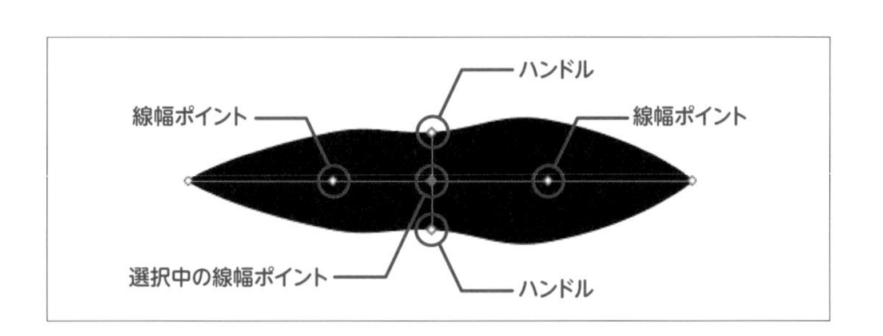

線幅ポイントの編集

一度追加した線幅ポイントは、線幅ツールでドラッグすることでパスに沿って移動できます。
追加済みの線幅ポイントを線幅ツールでマウスオーバーすると、左右に伸びるハンドルが表示されます。このハンドルをドラッグすることで、太さを再調整可能です。
option (Alt) キーを押しながらハンドルをドラッグすると、片側だけの太さを変えられます。また、shiftキーを押しながらだと、隣接する線幅も連動して変化します。
線幅ポイントをダブルクリックすると、「線幅ポイントを編集」ダイアログが開き、線幅を数値で設定することも可能です。
線幅ポイントは、選択してdeleteキーを押すと削除でき、元の線幅に戻せます。

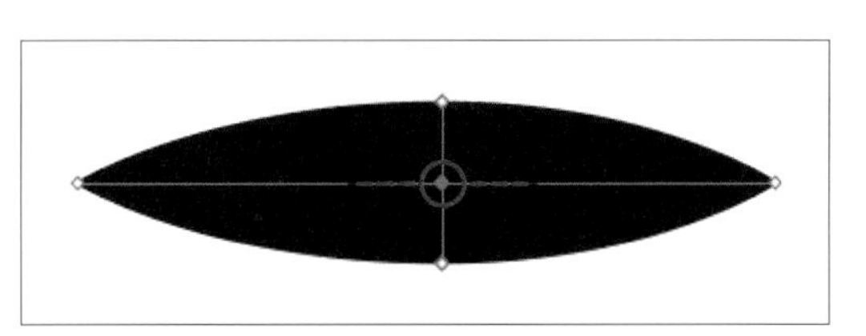

線幅ポイントをドラッグして位置を変更可能

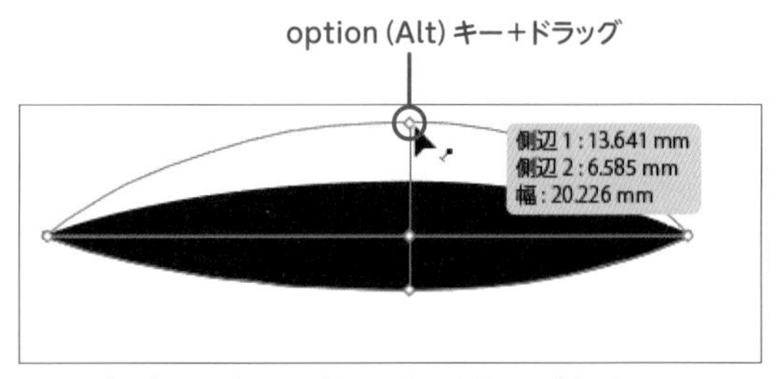

option (Alt)キーを押しながらハンドルをドラッグすると、片側だけを変更できる

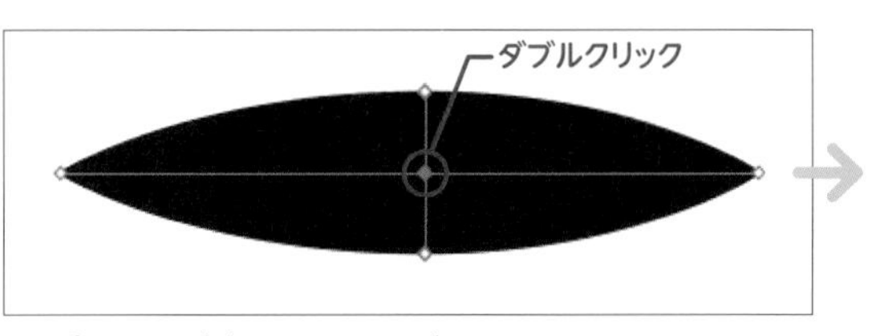

線幅ポイントをダブルクリックすれば、数値でコントロールもできる

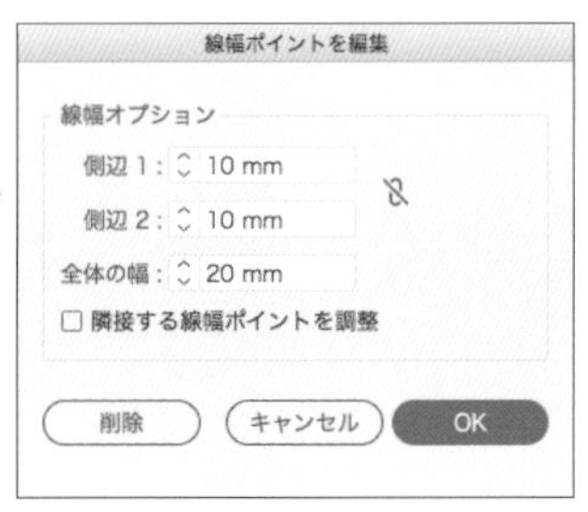

可変線幅プロファイル

可変線幅にしたパスを選択した状態で、線パネルの[プロファイル]を開き[プロファイルに追加]をクリックすれば、現在の可変線幅の設定がプロファイルのリストに新たに登録されます。一度登録しておけば、リストからプロファイルを選ぶだけで、登録した可変線幅の設定を選択中のパスに適用できます。

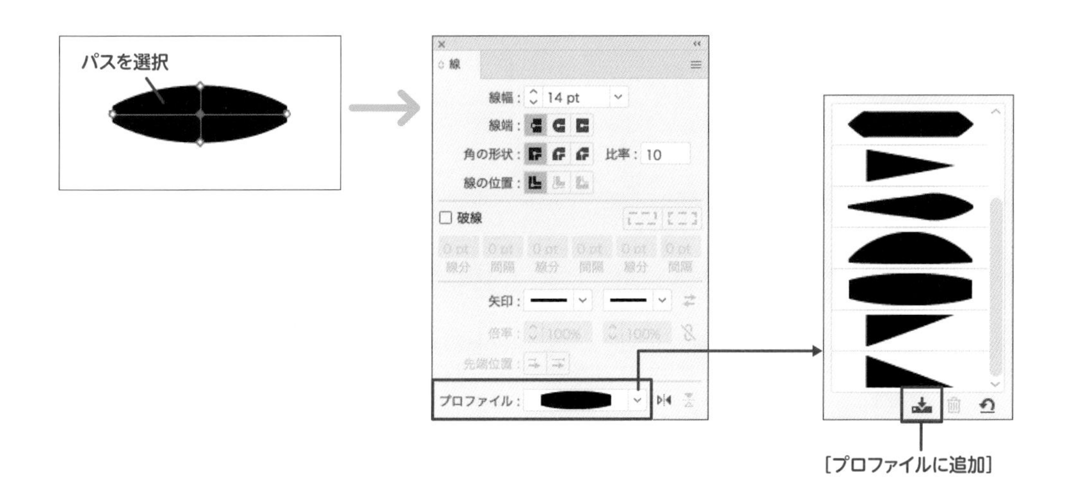

描画モードで輝きと色収差風効果を演出

THEME
テーマ

描画モードを使うと、重なったオブジェクト同士の色を合成できます。光やフィルムが重なって複雑に色が変化するような、通常では難しい視覚効果を演出可能です。

KEYWORD
キーワード

覆い焼きカラー
スクリーン

TRY
完成図

Lesson4/10/4-10_作例.ai

01 背景のグラデーションを作る

1 描画モードの効果を最大限に利用するには、ドキュメントのカラーモードをRGBカラーにしておく必要があるため、今回のドキュメントはRGBカラーで作成します。ファイルメニュー→"新規..."を選択し、プリセットから[ポストカード]を選択して、[方向：横長][カラーモード：RGBカラー]として[OK]をクリックします 1-1。

1-1

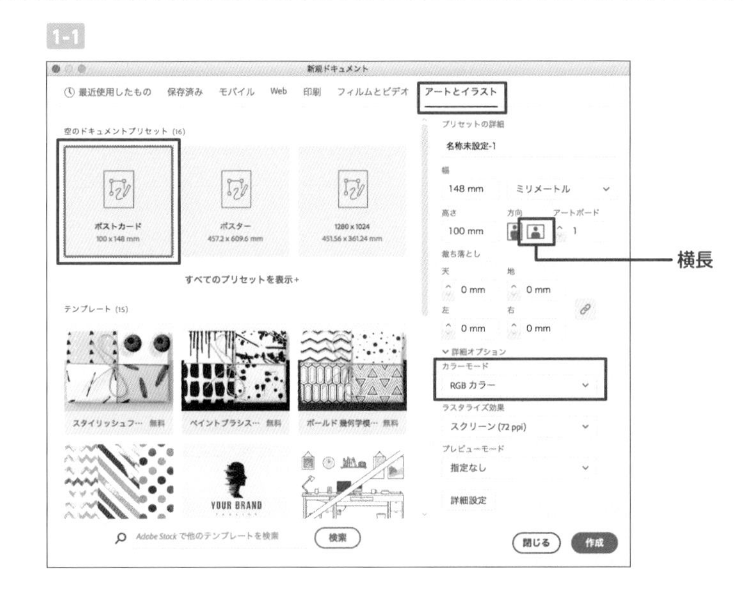

memo

「新規ドキュメント」ダイアログに[カラーモード]の項目が表示されてない場合は、[詳細オプション]をクリックして内容を表示します。

2 長方形ツールで［幅：148mm］［高さ：100mm］の長方形を作成し2-1、アートボードに合わせて配置しました2-2。

2-1

2-2

3 長方形を［線：なし］に設定し、塗りをグラデーションにします。設定は、左端のカラー分岐点を［R0/G65/B150］、右端のカラー分岐点を［R0/G20/B60］とした円形グラデーションです3-1 3-2。

152ページ **Lesson4-07**参照。

3-1

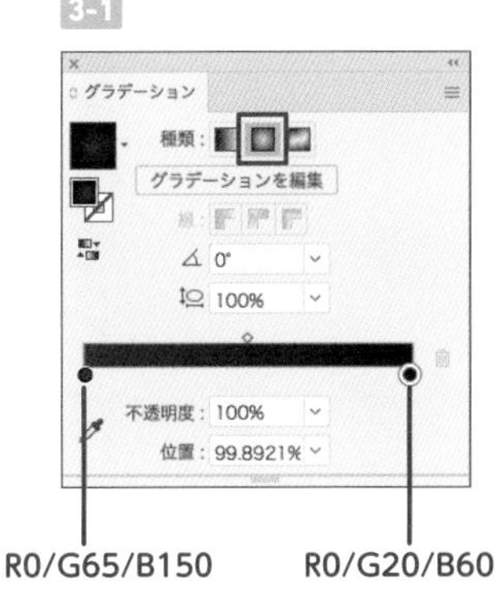

3-2

02 星のパーツを作って配置する

4 楕円形ツールで［幅：10mm］［高さ：10mm］の正円を作成し4-1、［線：なし］に設定します。今度も［塗り］はグラデーションです。左端のカラー分岐点を白、右端のカラー分岐点を黒とした円形グラデーションにします4-2 4-3。

4-1 4-2 4-3

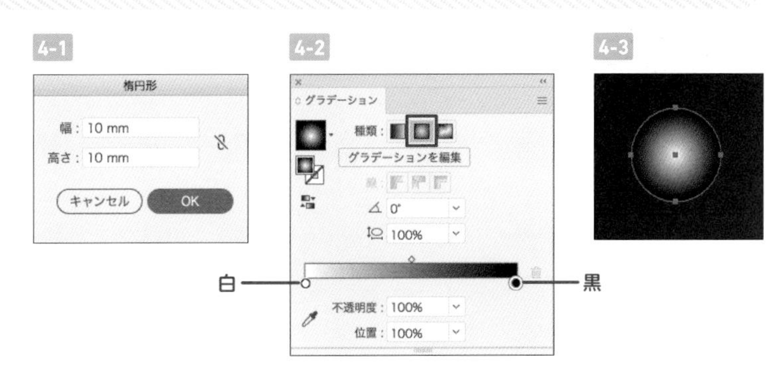

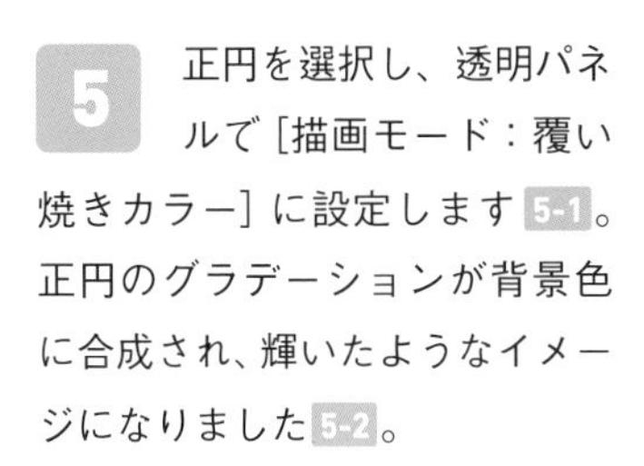

5 正円を選択し、透明パネルで［描画モード：覆い焼きカラー］に設定します5-1。正円のグラデーションが背景色に合成され、輝いたようなイメージになりました5-2。

5-1 5-2

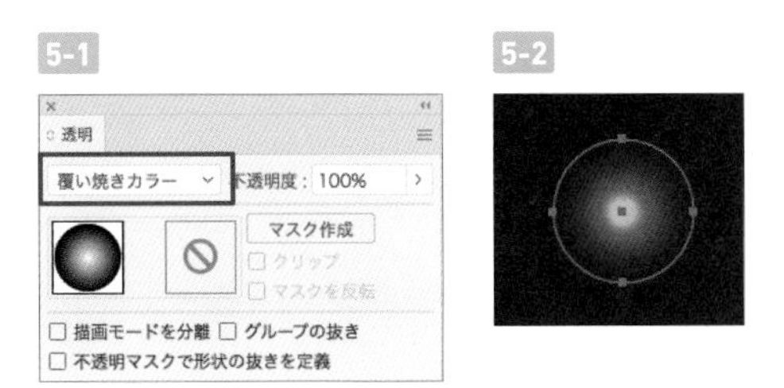

6 option（Alt）キーを押しながら正円をドラッグして複製を作ります。これを繰り返し、全体にムラなくランダムに配置します 6-1。

6-1

7 正円をすべて選択し 7-1、オブジェクトメニュー→“変形”→“個別に変形...”を選択して［拡大・縮小］を［垂直方向：50%］［水平方向：50%］にします 7-2。［ランダム］のチェックをオン／オフをするごとに①、正円の大きさがランダムに変化するので 7-3、プレビューが好みの状態になったタイミングで［OK］を押して変形を実行します 7-4。

7-1

7-2

個別に変形

拡大・縮小

水平方向：50%

垂直方向：50%

移動

水平方向：0 mm

垂直方向：0 mm

回転

角度：0°

オプション

☑ オブジェクトの変形　☐ 水平方向に反転

☑ パターンの変形　☐ 垂直方向に反転

☑ 線幅と効果を拡大・縮小　☑ ランダム ①

☑ 角を拡大・縮小

☑ プレビュー　コピー　キャンセル　OK

オン／オフを繰り返す

7-3

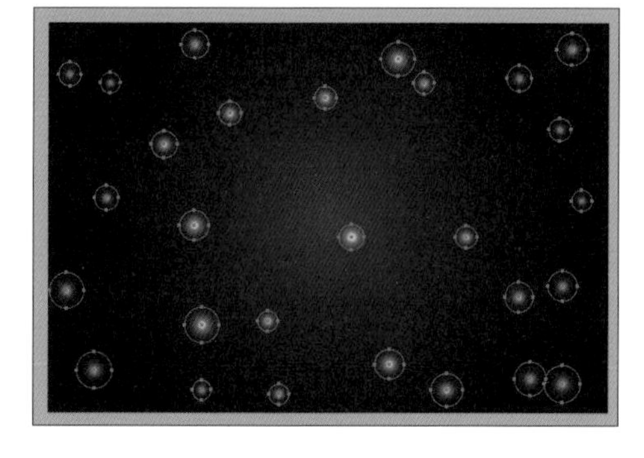

7-4

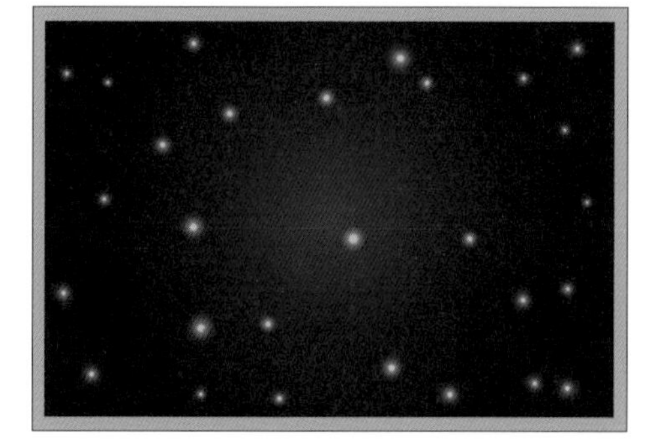

03 色収差風効果の文字を作る

8 横書き文字ツールを選択し、文字パネルで［フォント：Sheepman Bold Slanted］［フォントサイズ：90pt］［行送り：75pt］に設定して 8-1 、「Starlight（改行）Adventure」というポイント文字を作成します。この文字を長方形中央に配置し、［塗り：R0/G0/B255］にします 8-2 8-3 。

8-1

> **memo**
> 「Sheepman Bold Slanted」のフォントは、CCユーザーであればAdobe Fontsから同期して使用できます。もしフォントが使えないときは、太めのゴシックで代用してもかまいません。

8-2

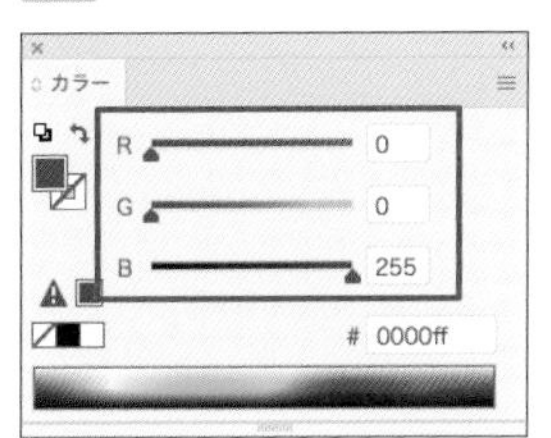

8-3

9 ポイント文字をoption（Alt）＋ドラッグで適当な位置へ複製し、［塗り：R0/G255/B0］にします 9-1 9-2 。同じ要領でもうひとつ複製を作り、［塗り：R255/G0/B0］にします 9-3 9-4 。

9-1 9-2

9-3 9-4

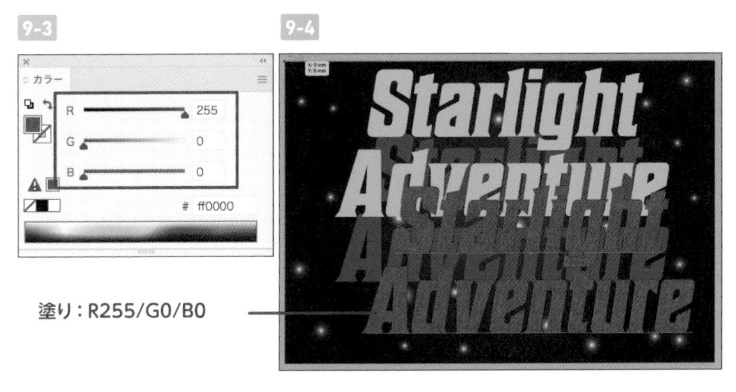

10 3つの文字を少しずつずらして重ねて、長方形の中央あたりに配置します 10-1 。

次に3つの文字を選択し、[描画モード：スクリーン] に変更します 10-2 。

3つの文字が光の三原色のように重なり、色収差のあるイメージになりました 10-3 10-4 。

10-1

10-2

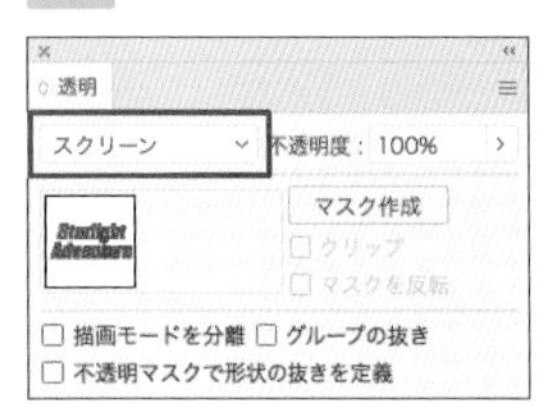

memo

3つの文字をすべて選択するときは、選択メニュー→"オブジェクト"→"ポイント文字オブジェクト" を実行すると簡単です。

10-3

10-4 **完成図**

ONE POINT

描画モードについて

よく使う描画モード

Illustratorには、16種類の描画モードがあり、それぞれが異なる計算方法によって色を合成します。普段はあまり使わないものもありますが、「乗算」「スクリーン」「オーバーレイ」の3つはよく使われるので覚えておくとよいでしょう。

ストライプの上に重なった長方形+文字のグループの描画モードを変更する

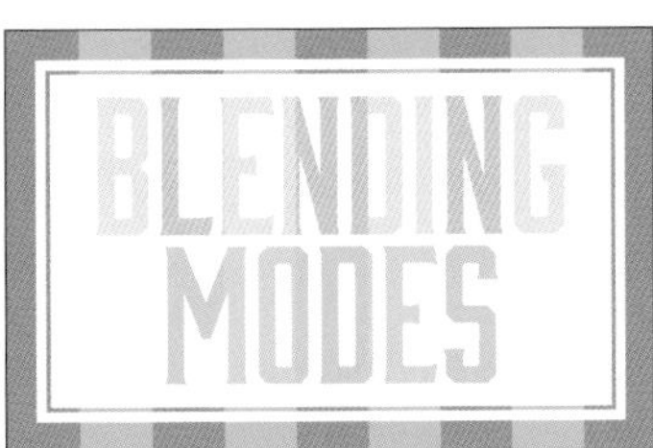

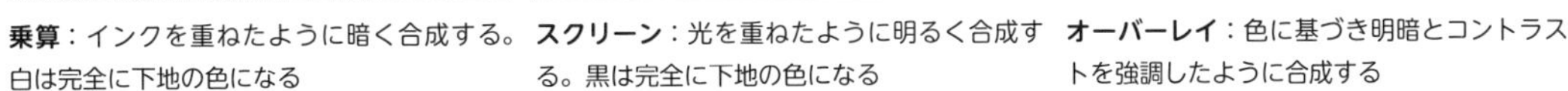

乗算：インクを重ねたように暗く合成する。白は完全に下地の色になる

スクリーン：光を重ねたように明るく合成する。黒は完全に下地の色になる

オーバーレイ：色に基づき明暗とコントラストを強調したように合成する

カラーモードと描画モード

描画モードは、CMYKカラーとRGBカラーどちらのカラーモードでも使うことはできますが、基本的にはRGBカラーでないと正確な結果は得られません。そのため、描画モードを使った作品を作るときは、ドキュメントのカラーモードをRGBカラーにしておきます。

ただし、印刷目的の作品では、最終的にカラーモードをCMYKカラーに変える必要があります。カラーモードをCMYKカラーに変更すると、描画モードの合成結果が大きく変わってしまいます。印刷目的の作品を作るときは、RGBカラーで作業を行い、完成したら「ラスタライズ」という処理を行って、データをラスター画像に変換し、その後カラーモードをCMYKカラーに変えるとよいでしょう(P.139)。

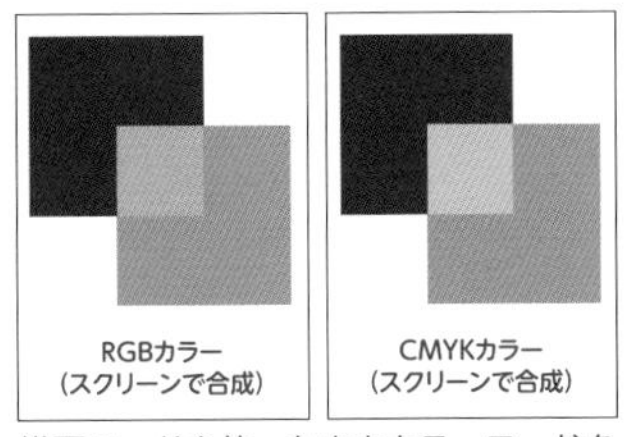

描画モードを使ったままカラーモードを変えると、合成結果が大きく変わってしまう

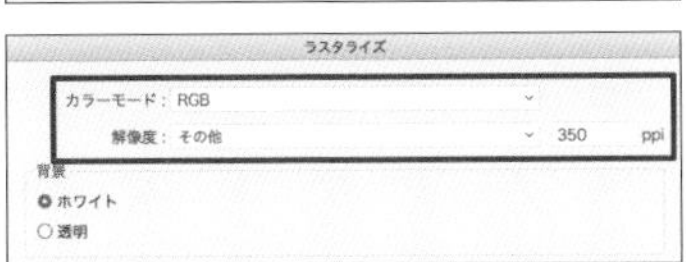

オブジェクトすべてを選択し、オブジェクト→"ラスタライズ..."を実行することで、1つのラスター画像に変換できる。印刷が目的のときは[解像度]から[その他]を選び、[350ppi]としておくとよい

再配色でカラーバリエーションを作る

THEME
テーマ

「オブジェクトを再配色」の機能を使えば、選択しているすべてのカラーを一括して変更できます。イラストのカラーバリエーションを作ったり、色味を調整するときにはとても便利な機能です。

KEYWORD
キーワード

オブジェクトを再配色

TRY
完成図

Lesson4/11/4-11_作例.ai

01 イラストを用意してカラーを調整する

1 まず、カラーを調整したいイラストを準備しましょう。今回は、あらかじめ用意しておいたイラストを使用します 1-1。ポストカードを想定したイラストです。

1-1

Lesson4/11/data_4_11_1.ai

2 すべてを選択し2-1、編集メニュー→“カラーを編集”→“オブジェクトを再配色...”を選択して「オブジェクトを再配色」ダイアログを開き、[詳細オプション] をクリックしますます2-2。

カラーの調整方法はいくつかありますが、今回はカラーホイールを確認しながら調整する方法にしてみましょう。[編集] タブをクリックすると、カラーホイールの表示に変わります2-3。

2-1

2-2

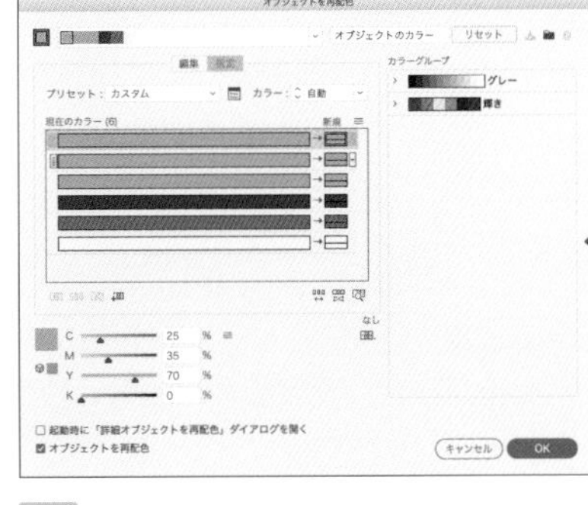

2-3

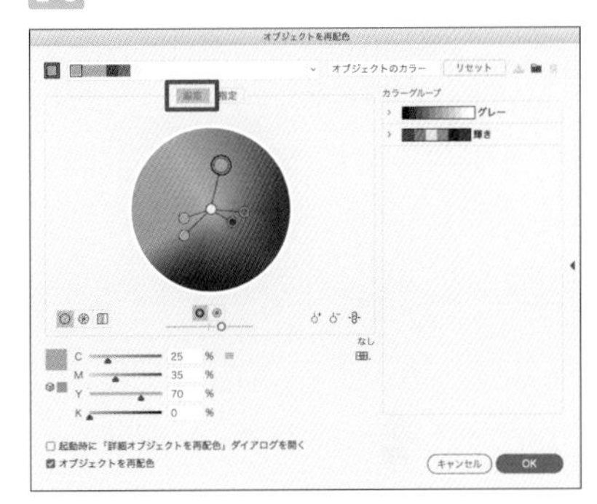

memo

オブジェクトを選択し、コントロールパネルの [オブジェクトを再配色] をクリックしても「オブジェクトを再配色」ダイアログを表示できます。

3 カラーホイール上には、現在選択しているオブジェクトで使われているカラーがカラーマーカーとして表示されています。このマーカーを移動すると、オブジェクト上の対応したカラーがリアルタイムに変化します3-1。試しに、マーカーを移動してカラーが変化する様子を確認してみましょう。

3-1

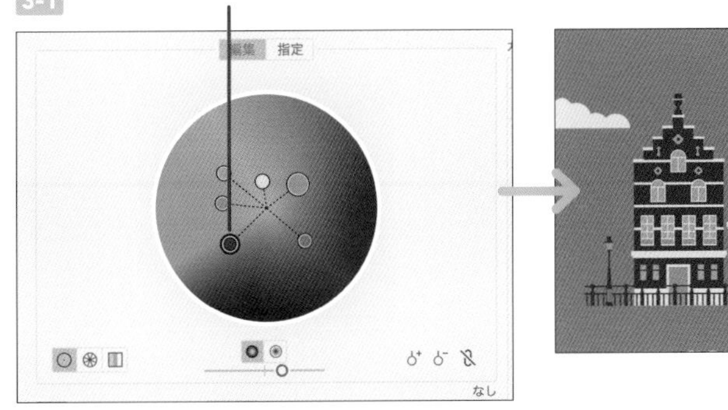

4 マーカーの動作を確認できたら、[リセット] ボタンをクリックしてカラーを元に戻します。[リセット] ボタンで変更内容を破棄していつでも初期状態に戻すことができます。4-1。

4-1

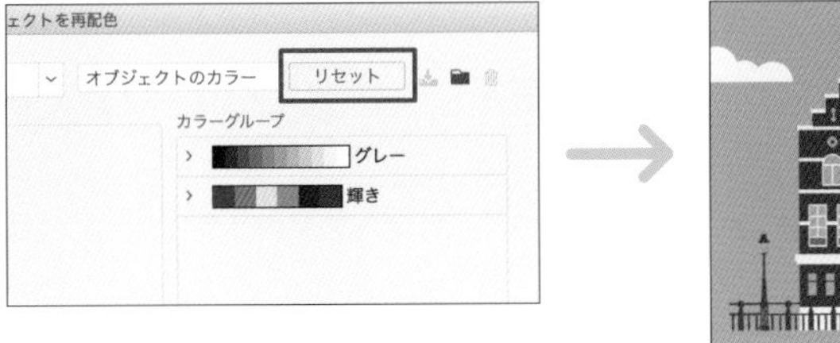

memo

2020以前のバージョンを利用している場合は、[リセット] ボタンの代わりにスポイトを使うと初期状態に戻せます。

5 先ほどはマーカーをドラッグで移動して直感的にカラーを変更しましたが、左下のカラースライダーを使えば数値で指定することもできます 5-1。カラースライダーの右側にある三本線のアイコンをクリックすると、スライダーのカラーモデルを変更できます。事前にカラーハーモニーリンクを解除し、CMYKのカラーモデルで、それぞれのマーカーを 5-2 の値に変更してみましょう。

5-1

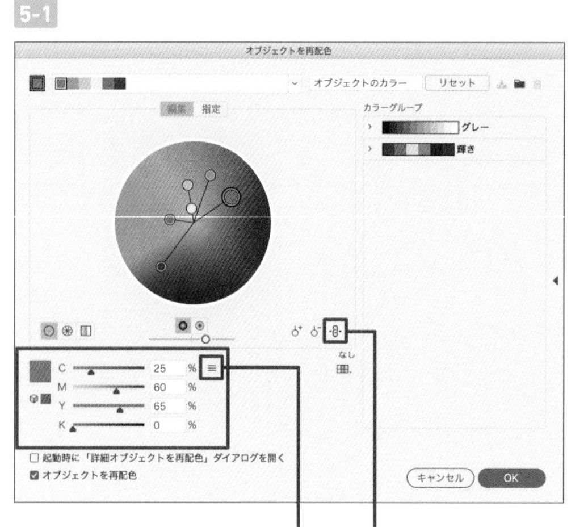

5-2

①[C25/M60/Y65/K0]
②[C25/M40/Y75/K0]
③[C5/M5/Y25/K0]
④[C15/M15/Y65/K0]
⑤[C70/M40/Y70/K0]
⑥[C90/M75/Y35/K0]

memo

カラーハーモニーリンクについての詳細はP.181「カラーハーモニーを維持した再配色」を参照してください。

6 すべてのカラーを変更できたら［指定］のタブをクリックして、変更前と変更後のカラーを確認してみましょう。［現在のカラー］が元のカラー、［新規］が変更後のカラーです 6-1。確認できたら、［OK］して再配色を実行します。オブジェクトのカラーが、指定の値に再配色されました 6-2。

6-1

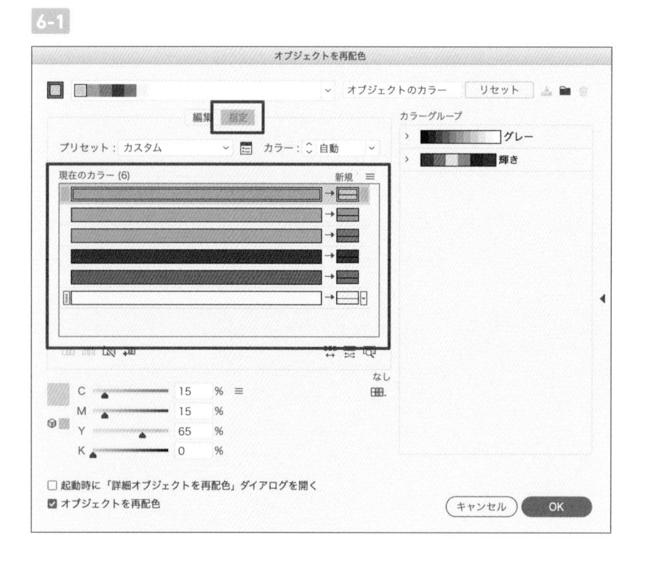

6-2

ONE POINT

オブジェクトを再配色

カラーハーモニーを維持した再配色

カラーホイール上のカラーマーカーを移動するとき、[ハーモニーカラーをリンク] をオンにしておくと、カラーマーカーの位置関係を固定したまま、すべてのカラーを連動して変更することができます。こうすることで、現在の相対的なカラーバランスを維持した再配色ができます。

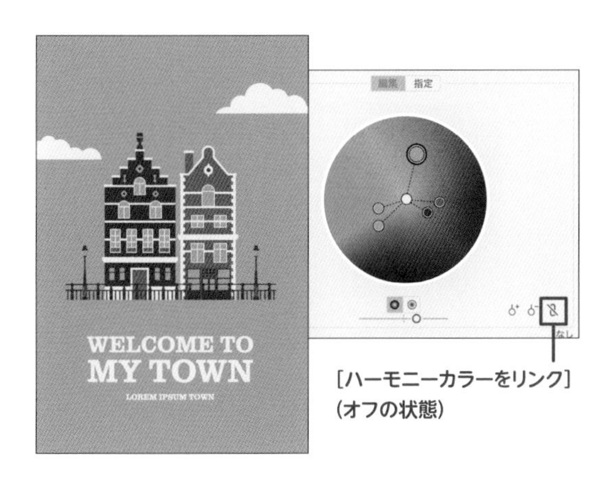

[ハーモニーカラーをリンク]
(オフの状態)

[ハーモニーカラーをリンク]
クリックしてオン

[ハーモニーカラーをリンク]がオンの場合、
すべてのマーカーが連動して動く

指定のカラーに振り分ける

スウォッチパネルで「カラーグループ」を作っておくことで、そのカラーだけを使った再配色ができます。たとえば、6色のイラストを3色に振り分けるなど、限定したカラーに再配色したいときに有効です。希望のカラーを集めたカラーグループをあらかじめ作成した状態で、「オブジェクトを再配色」のダイアログを開き、右列にある [カラーグループ] から希望のカラーグループを選択すると、現在のカラーが自動的に割り振られます。

144ページ **Lesson4-05**参照。

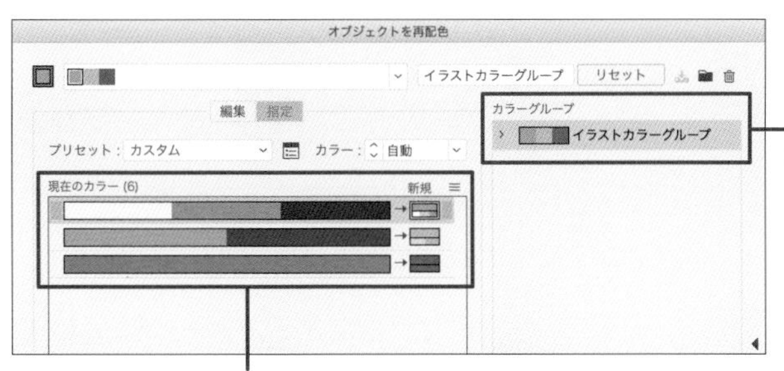

新規カラーがカラーグループ内のカラーに限定される

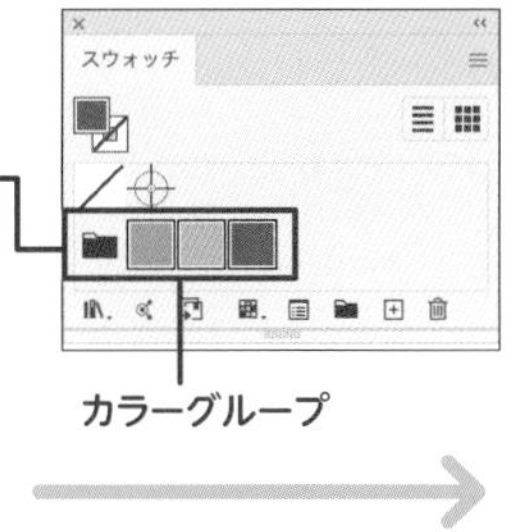

カラーグループ

カラーグループを選択すると、現在のカラーがカラーグループ内のカラーに自動で割り振られる

また、[現在のカラー]から希望するカラーの帯を選択し、カラースライダーを使って変更後のカラーを調整することもできます。カラーの割り振りを手動で変えたいときは、[現在のカラー]で希望するカラーをドラッグして帯を移動します。

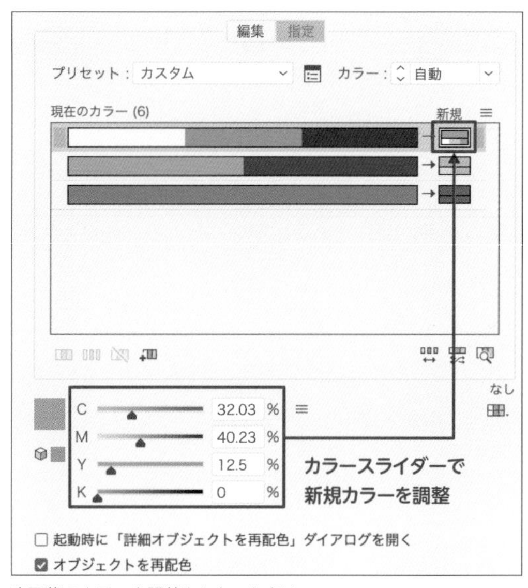

変更後のカラーを調整をしたいときは、
左下のカラースライダーを使う

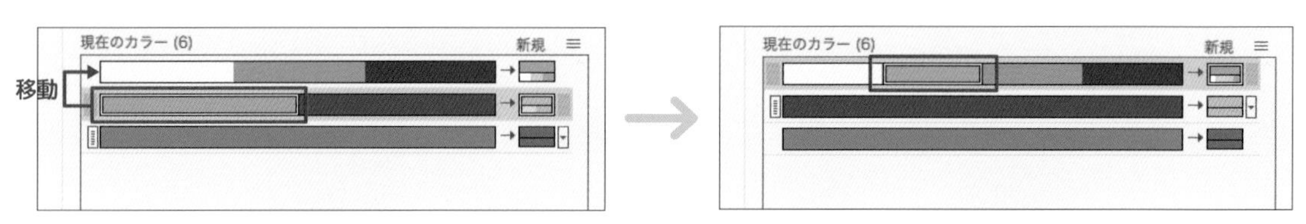

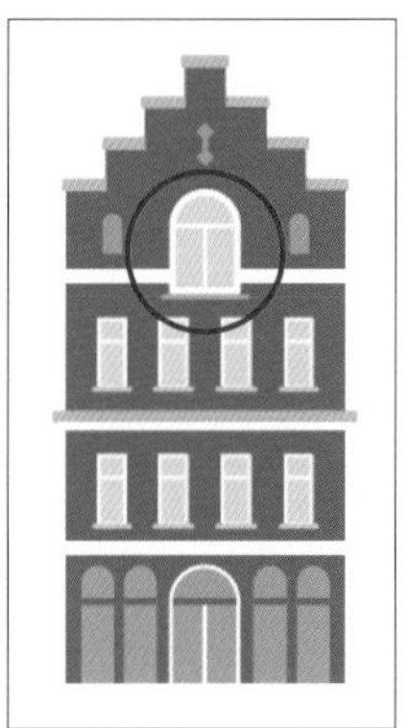

任意のカラーをドラッグしてほかの帯に移動することで、割当先のカラーを自由に変更できる

Lesson 5

図形をアレンジしてみよう

単純な図形を作れるようになったら、次は自由な形を作るステップです。ペンツールを使ってパスを作成したり、図形を加工して複雑な形状にするなど、高度なアレンジに挑戦してみましょう。

ペンツールを使ってパスを描く

THEME テーマ 決まった形を作成するツールとは違い、ペンツールでは自由にパスを描くことができます。慣れるまでが少し大変ですが、扱えるようになると作れるものの幅が一気に広がります。

ペンツールについて

長方形ツールや多角形ツールのように、あらかじめ決められた形を作るツールだけでもある程度の作図はできますが、それだけでは限界があります。ペンツールは、直線や曲線などを自由に作成できるので、どのように複雑な形でも作ることが可能です 図1。ペンツールの基本をマスターするために、練習の台紙となるファイルを用意していますので、これを使って直線や曲線などの描き方を体験してみましょう。「path_practice_sheet.ai」➡図2 を開いて次の項へ進んでください。

➡ Lesson5/01/path_practice_sheet.ai

01 直線パスを描く

ペンツールでクリックすると、その位置にアンカーポイントが追加され、これを繰り返すとアンカーポイント同士が直線セグメントで結ばれていきます 図3 図4。2つ目以降のアンカーポイントを追加するとき、

図1 ペンツールは直線や曲線を自由に描ける

ペンツールを使えば、このような自由なイラストも作成できる

図2 パスの構造と各部名称

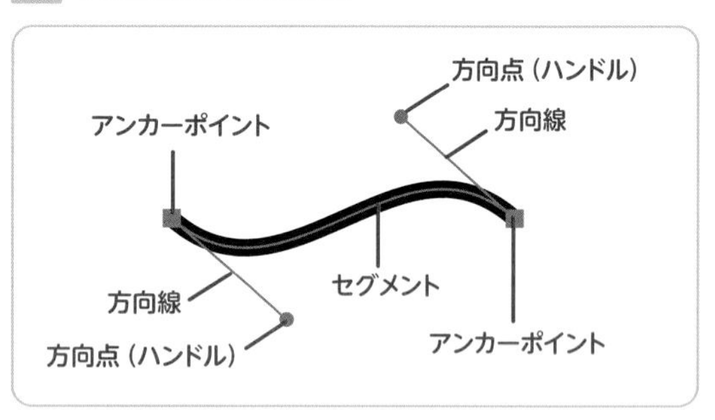

shiftキーを押しておくと前のアンカーポイントから45°単位で角度が固定されます 図5 。垂直水平など、正確な角度のパスを作るときは、この方法を使うといいでしょう。パスの作成を終了したいときは、command（Ctrl）キーを押しながら余白をクリックするか、enterキー、returnキー、escキーのいずれかを押します。または、開始点のアンカーポイントを再度クリックすると、クローズパスになってパスの作成が終了します。

02 曲線パスを描く

曲線を描くには、アンカーポイントから方向線を引き出す必要があります。直線では単純にクリックだけでしたが、曲線を描くときはアンカーポイントを追加したい位置からドラッグを開始し、方向線を引き出します 図6 。方向線を任意の位置まで引き延ばしたら、マウスボタンを放します。この繰り返しです 図7 図8 。セグメントは方向線に引っ張られるように曲げられるので、方向線が出ているアンカーポイントに連結されたセグメントは曲線になります。

図3 直線パスを描く①

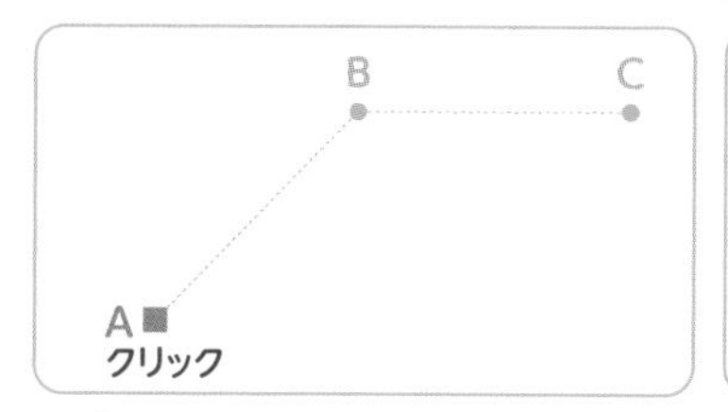

Aの位置をクリックしてアンカーポイントを追加

図4 直線パスを描く②

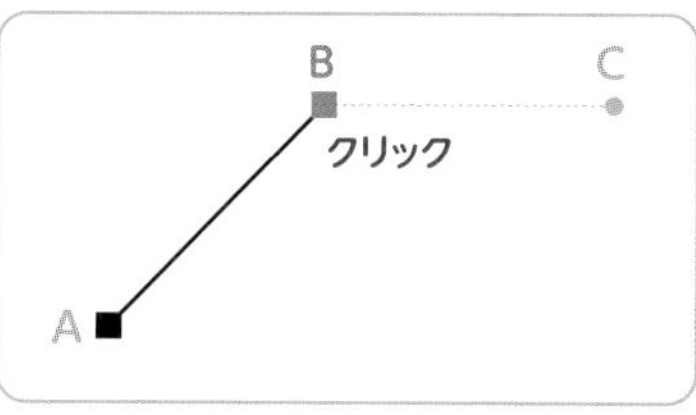

続けてBの位置をクリック。AとBが直線セグメントで結ばれる

図5 45°単位で角度を固定

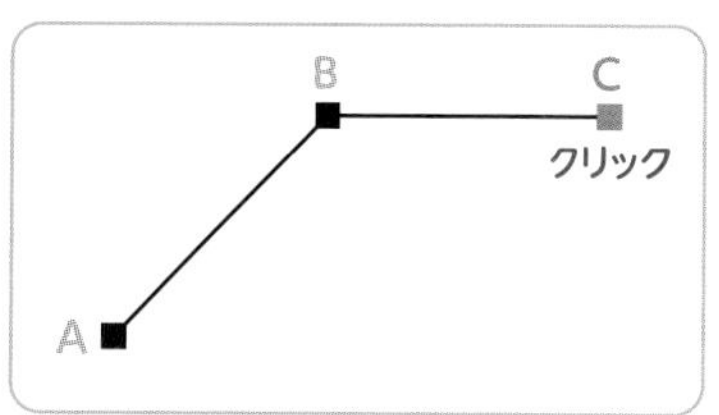

shiftを押しながらCの位置をクリック。Bから水平なセグメントで結ばれる

図6 曲線パスを描く①

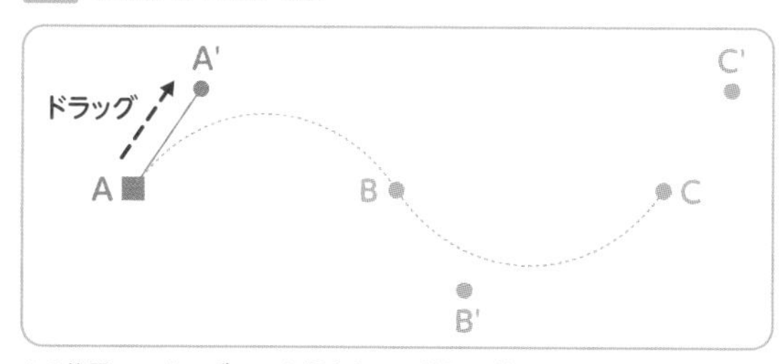

Aの位置でマウスボタンを押さえA'の位置で放す。Aの位置にアンカーポイントが追加され、そこからA'まで方向線が伸びた

図7 曲線パスを描く②

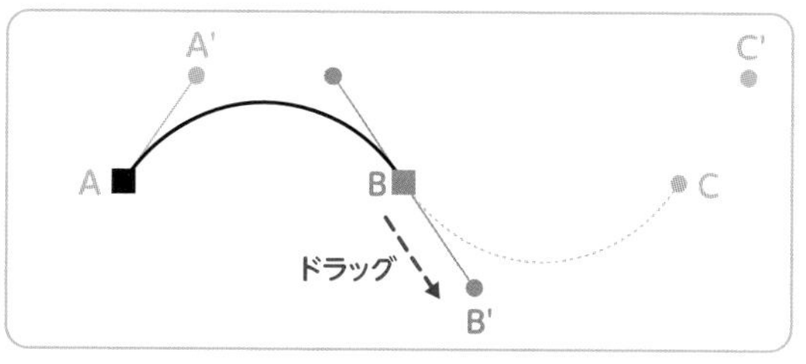

続けて、Bの位置でマウスボタンを押さえB'の位置で放す。Bのアンカーポイントから2方向に方向線が伸び、AとBが曲線セグメントで結ばれた

図8 曲線パスを描く③

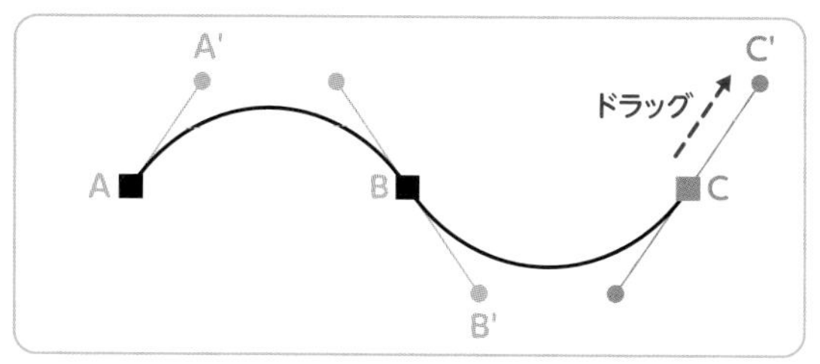

同じ要領で、Cの位置でマウスボタンを押さえC'の位置で放す。BとCが曲線セグメントで結ばれる。

03 直線から曲線に切り替える

直線のパスを描いている途中から、曲線に切り替えることもできます 図9 〜 図12。直線を作成する際に追加したアンカーポイントをドラッグすると、そのポイントから方向線を一方向だけに引き出すことができます 図11。これを利用して、直線から曲線を切り替えてつなぐことが可能です。

04 曲線から直線に切り替える

先ほどとは逆に、曲線のパスを描いている途中から直線へ切り替えるパターンもあります 図13 〜 図16。パスの作成中にドラッグで2方向へ伸びた方向線は、アンカーポイントをクリックすることで1方向のみにできます 図15。これを利用すれば、曲線の途中から直線へ切り替えできます。

05 曲線から別の曲線をつなぐ

曲線をなめらかにつないでいくのは、先ほど練習しました。今度は、曲線のあとにコーナーを作って別の曲線へとつなぐ方法です 図17〜図20。曲線を作成したあと、最後のアンカーポイントから伸びた方向線の先端にある方向点（ハンドル）をoption（Alt）キーを押しながらドラッグすることで、その方向線だけを独立して動かすことができます 図19。この手順

memo

2つの方向線が連動して直線状に伸びているアンカーポイントをスムーズポイント、方向線がない、もしくは2つの方向線が直線状に伸びておらず、個別に操作できるアンカーポイントをコーナーポイントと呼びます。ペンツールの使用中にoption（Alt）キーを押すと、一時的に後述するアンカーポイントツールに切り替わるため、スムーズポイントとコーナーポイントの切り替えが可能になります。

図9 直線から曲線に切り替える①

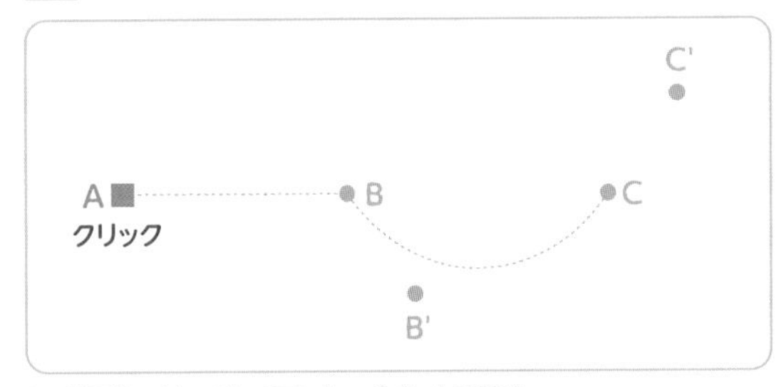

Aの位置をクリックしてアンカーポイントを追加

図10 直線から曲線に切り替える②

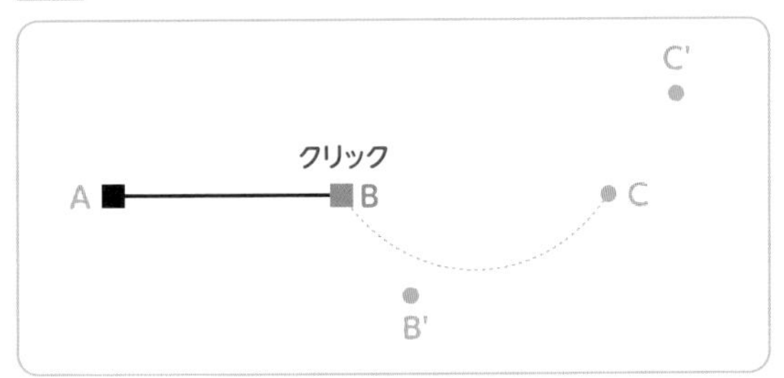

続けてshiftキーを押しながらBの位置をクリック。AとBが直線セグメントで結ばれる

図11 直線から曲線に切り替える③

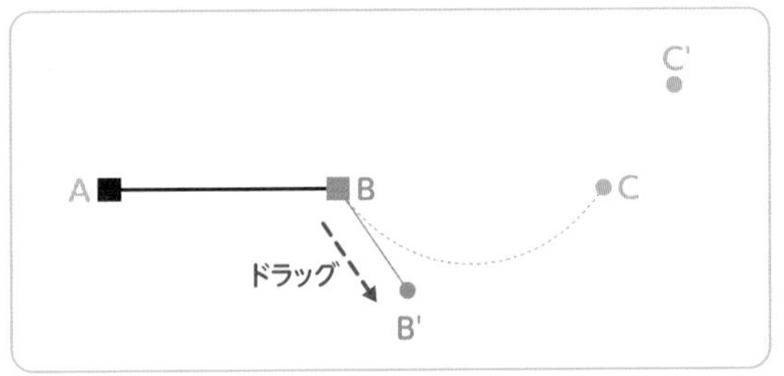

Bのアンカーポイントでマウスボタンを押さえB'の位置で放す。BからB'に向けて1方向のみに方向線が伸びる

図12 直線から曲線に切り替える④

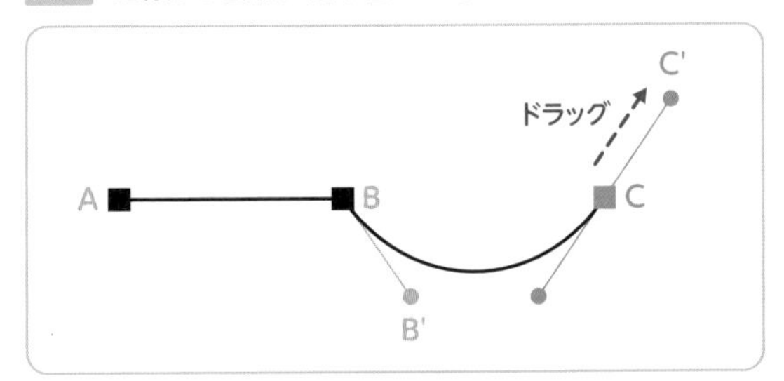

Cの位置でマウスボタンを押さえC'の位置で放す。BとCが曲線セグメントで結ばれる。

を踏むと、両側の方向線が連動して動かなくなり、角がコーナーポイントになります。これを利用して、曲線から別の曲線へとつなぐことができます。

図13 曲線から直線に切り替える①

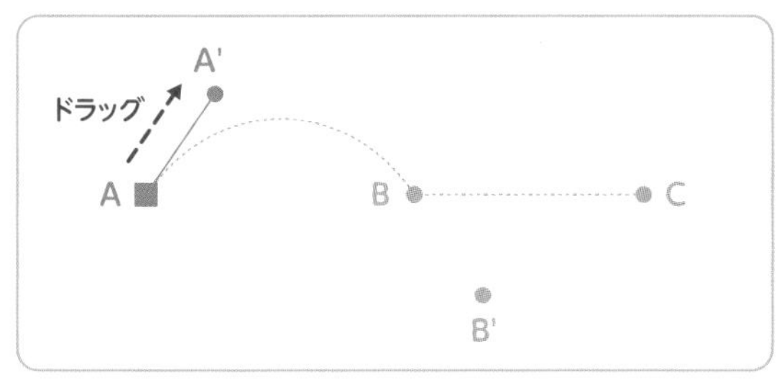

Aの位置でマウスボタンを押さえA'の位置で放す。Aの位置にアンカーポイントが追加され、A'まで方向線が伸びた

図14 曲線から直線に切り替える②

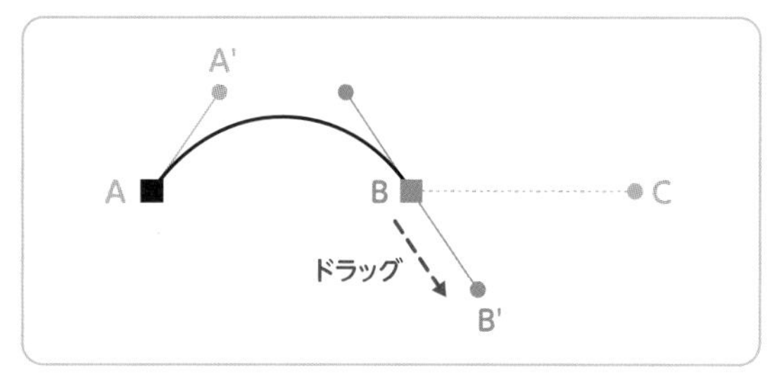

続けて、Bの位置でマウスボタンを押さえB'の位置で放す。Bのアンカーポイントから2方向に方向線が伸び、AとBが曲線セグメントで結ばれた

図15 曲線から直線に切り替える③

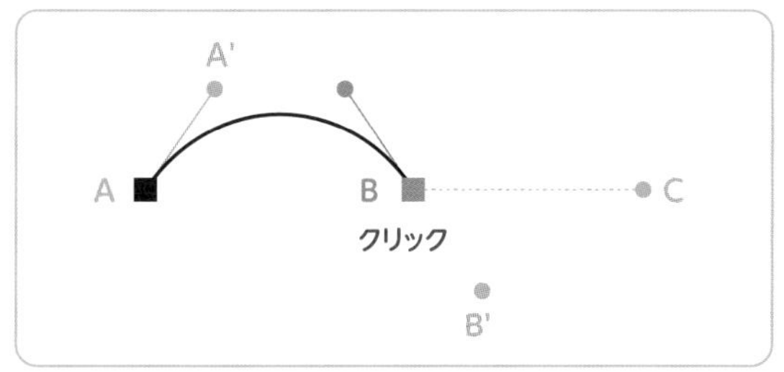

Bのアンカーポイントを1回クリックすると、B'方向に伸びた方向線だけが消える

図16 曲線から直線に切り替える④

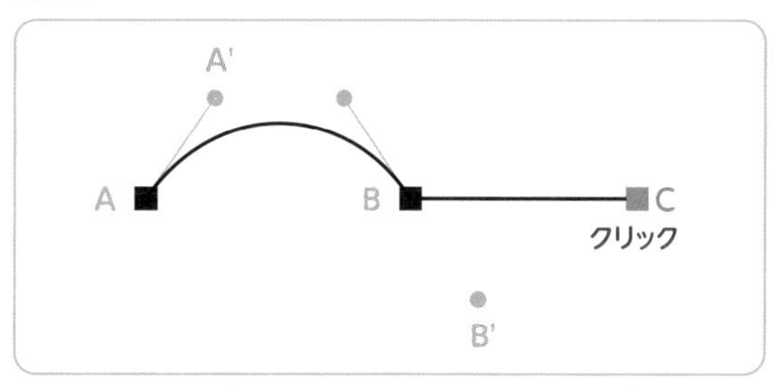

shiftキーを押しながらCの位置をクリックしてアンカーポイント追加。BとCが直線で結ばれた

図17 曲線から別の曲線をつなぐ①

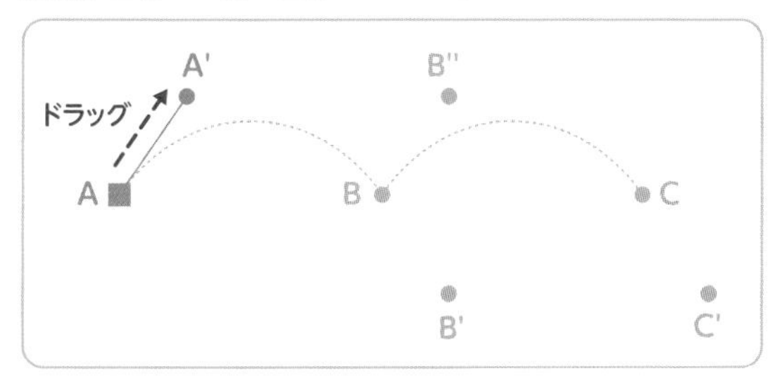

Aの位置でマウスボタンを押さえA'の位置で放す。Aの位置にアンカーポイントが追加され、そこからA'まで方向線が伸びた

図18 曲線から別の曲線をつなぐ②

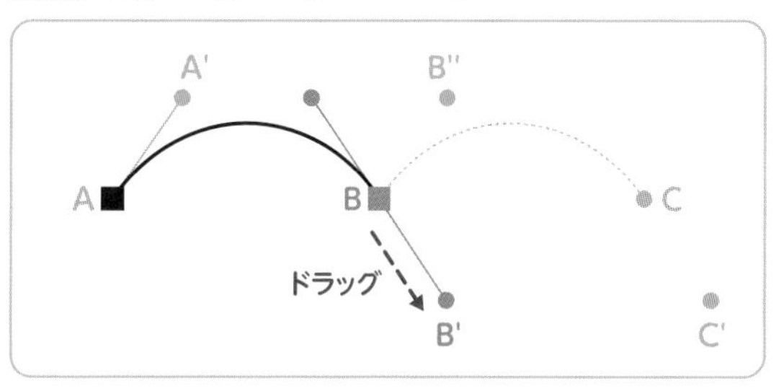

続けて、Bの位置でマウスボタンを押さえB'の位置で放す。Bのアンカーポイントから2方向に方向線が伸びた

図19 曲線から別の曲線をつなぐ③

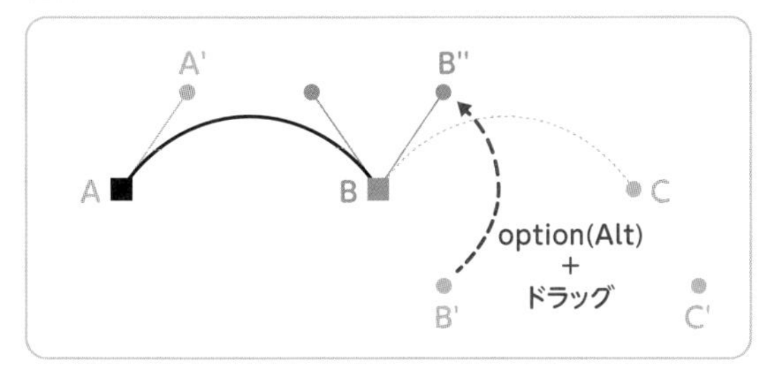

続けて、option (Alt) キーを押しながら、B'の位置の方向点(方向線の先にある丸印)をドラッグしてB''で放す

図20 曲線から別の曲線をつなぐ④

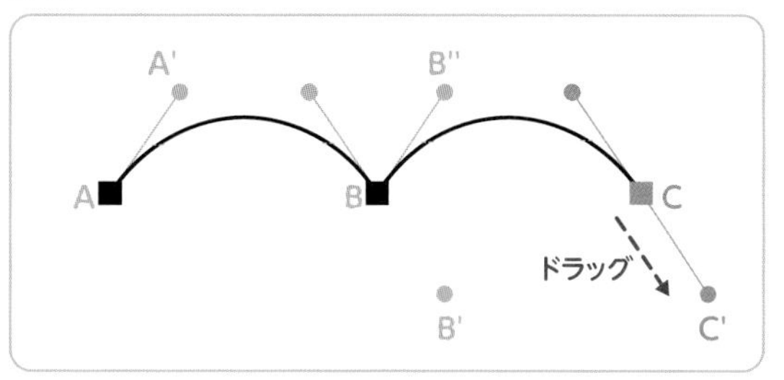

最後に、Cの位置でマウスボタンを押さえC'の位置で放す。Bの位置でコーナーを作りながら、2つの曲線が結ばれた

作成したパスの編集

一度作成したパスは、あとから自由に編集できます。アンカーポイントを追加したり、削除することも可能ですし、アンカーポイント自体や方向線を動かしてセグメントの形を変えることもできます。図21〜図28で、パスの編集に使うツールや使い方を説明します。

図21 セグメント上に新しいアンカーポイントを追加

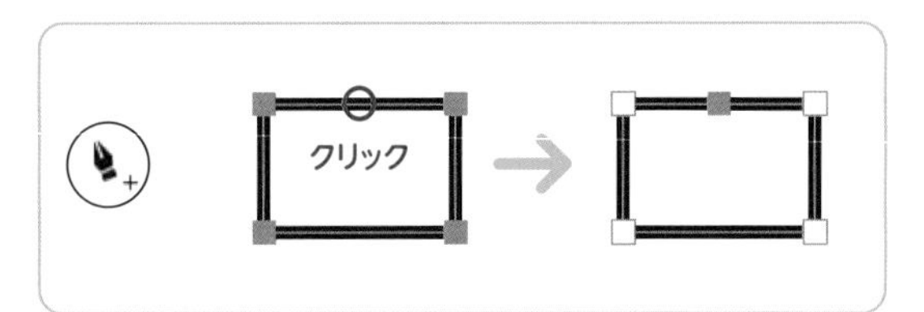

アンカーポイントの追加ツールで追加したい位置をクリックする

図22 アンカーポイントを削除

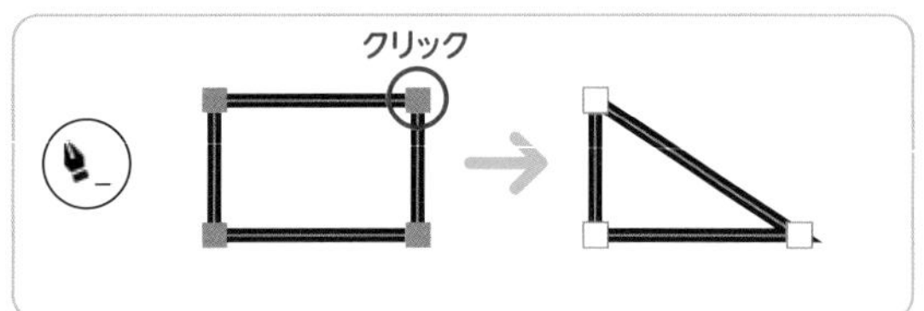

アンカーポイントの削除ツールで削除したいアンカーポイントをクリックする

図23 アンカーポイントを移動

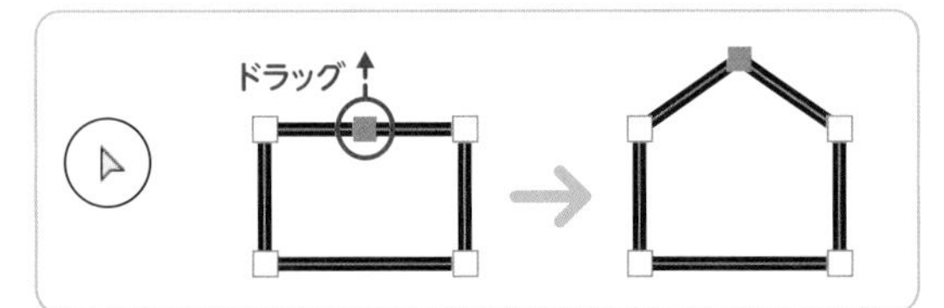

ダイレクト選択ツールで移動したいアンカーポイントのみを選択し、ドラッグする

図24 セグメントの形を直接編集

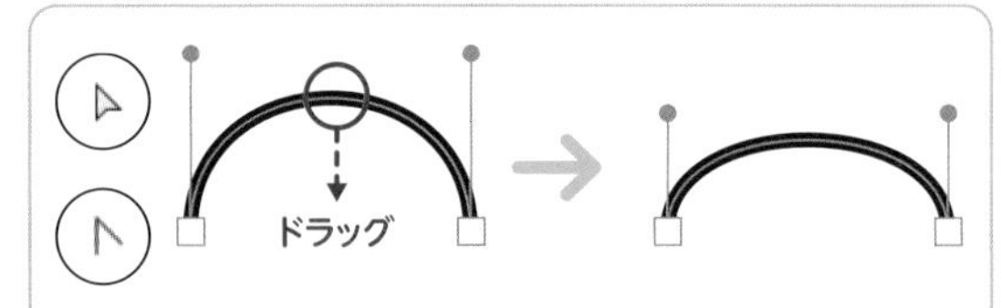

ダイレクト選択ツールかアンカーポイントツールで曲線のセグメントをドラッグする

図25 方向線でセグメントの形を編集

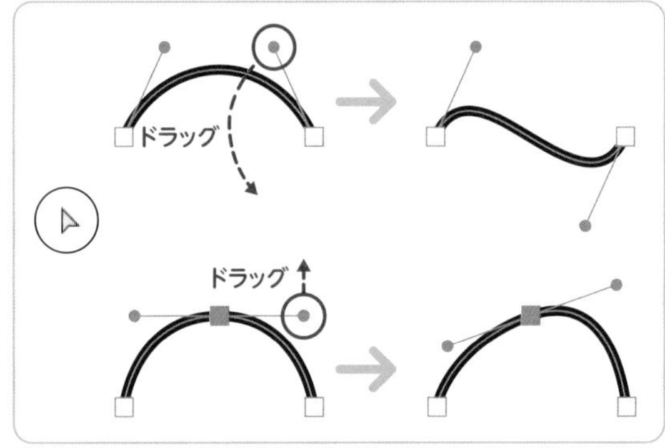

ダイレクト選択ツールでセグメント、またはアンカーポイントを選択し、表示された方向線の方向点(ハンドル)をドラッグする

図26 コーナーポイントをスムーズポイントにする

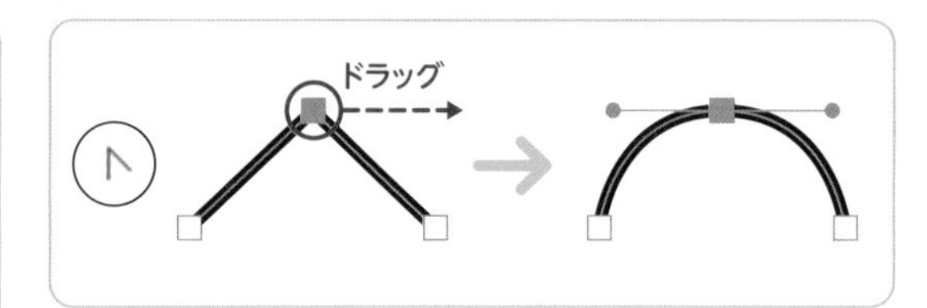

アンカーポイントツールでアンカーポイントをドラッグして、方向線を引き出し直す

図27 スムーズポイントをコーナーポイントにする

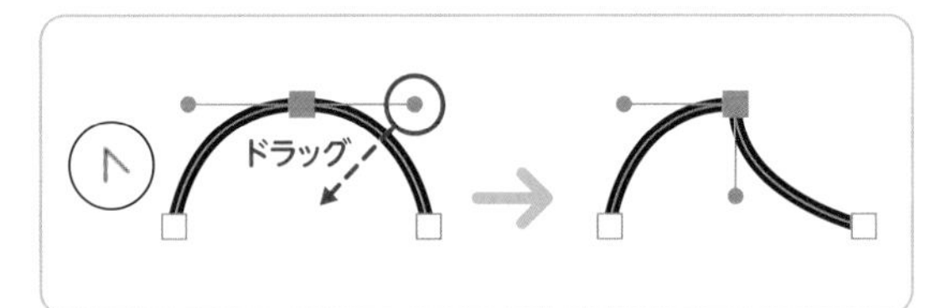

アンカーポイントツールで一方の方向点(ハンドル)をドラッグする

図28 方向線を消す

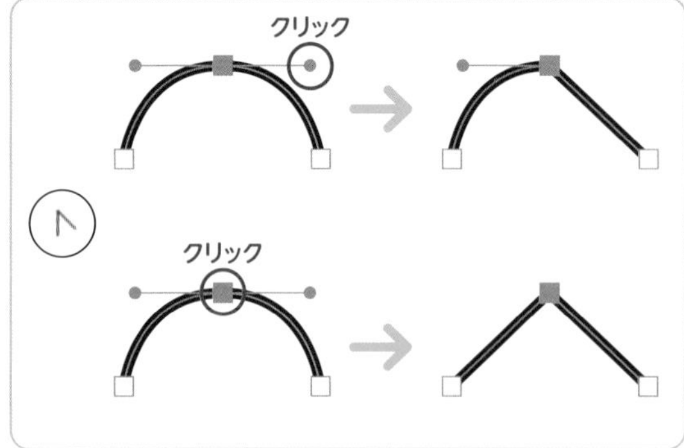

アンカーポイントツールで消したい方の方向点 (ハンドル) をクリックする。アンカーポイント自体をクリックすると、両方の方向線が消える。

変形パネルを使う

THEME テーマ

変形パネルを使うと、オブジェクトの位置や大きさなどを数値でコントロールできます。正確な図形の描画には不可欠と言っていいでしょう。また、ライブシェイプと呼ばれる特殊なオブジェクトの属性を変更するときにも、変形パネルを使用します。

変形パネルの基本

変形パネルは、大きく分けて上下2つのエリアがありますが、上段が変形パネルの基本なのでまずはこちらの設定を覚えましょう 図1 。①の[X] [Y]は、オブジェクトの座標です。現在の定規の原点からの距離を指定できます。[X] が左右、[Y] が上下です。②の [基準点] は、座標の基準となる位置です 図2 。左上ならオブジェクトの左上、中央ならオブジェクトの中央というように、座標の基準を変更できます。③の[W] [H]では、選択中のオブジェクトの大きさを指定できます。複数選択しているときは、すべての大きさになります。④の [縦横比を固定] のアイコンをオンにすると、縦横比を崩さないような変形が可能です 図3 。⑤は指定した角度でオブジェクトを回転、⑥は指定した角度でオブジェクトを斜めに歪めます。

図1 変形パネル

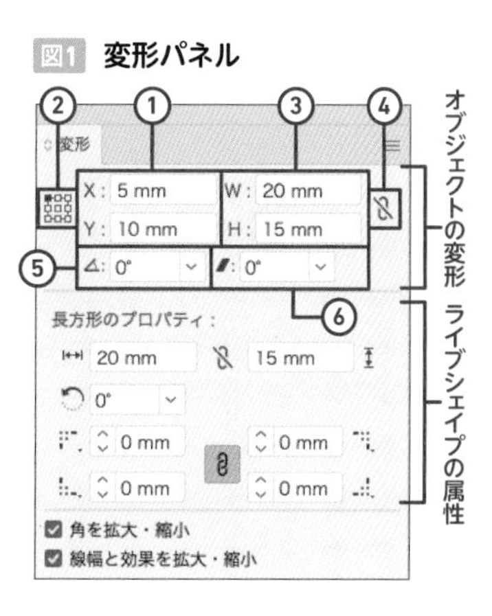

図2 基準点の位置によって[X]と[Y]の示す座標が変わる

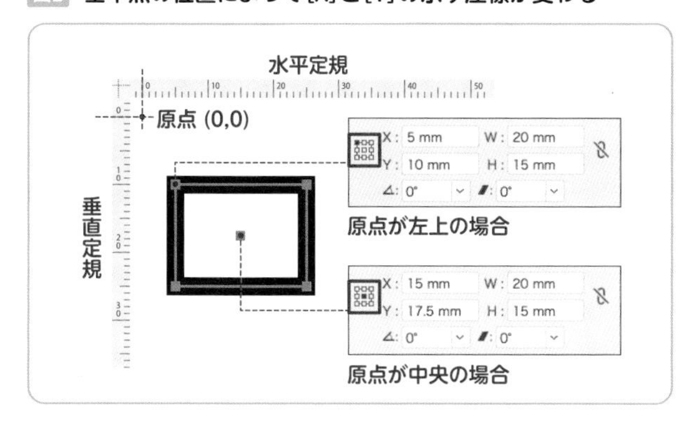

図3 [縦横比を固定]オンオフの違い

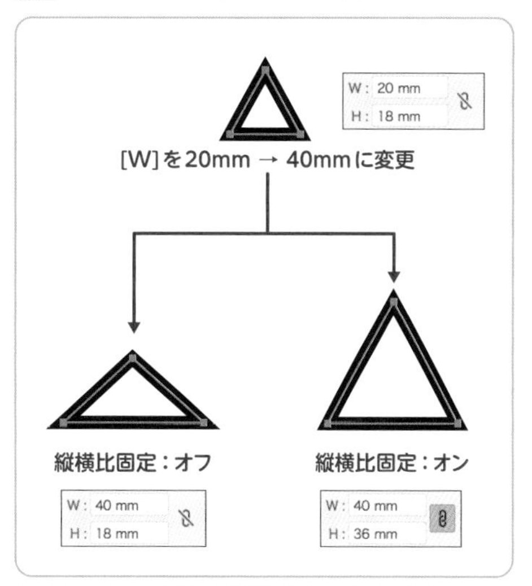

[W] [H] では、[縦横比を固定] がオンの場合どちらかを入力するともう一方も連動して変化する

ライブシェイプの属性

ライブシェイプとは、辺の数や角度などの属性をいつでも変更できる特殊なオブジェクトです。基本的に、長方形ツール、楕円形ツール、角丸長方形ツール、多角形ツール、直線ツール、Shaperツールで作成したオブジェクトは、自動でライブシェイプになります。変形パネルの下段エリアは、選択中のライブシェイプ属性が表示されます 図4。選択中のオブジェクトがライブシェイプでない場合は、ここのエリアは空白になります。選択したシェイプの種類によって表示内容が変わります。属性は多岐にわたるので、実際にツールで図形を作成してそれぞれの項目を試してみるといいでしょう。

図4 シェイプのプロパティ

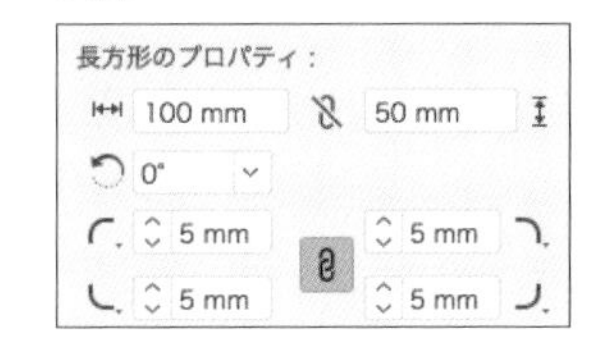

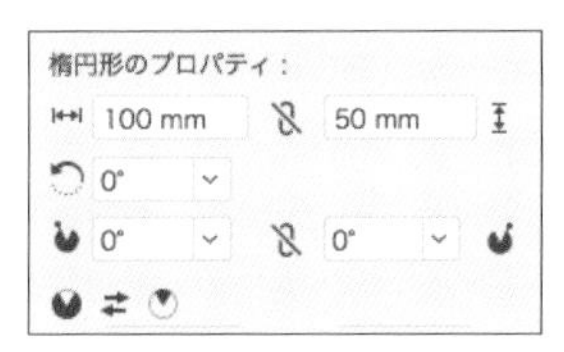

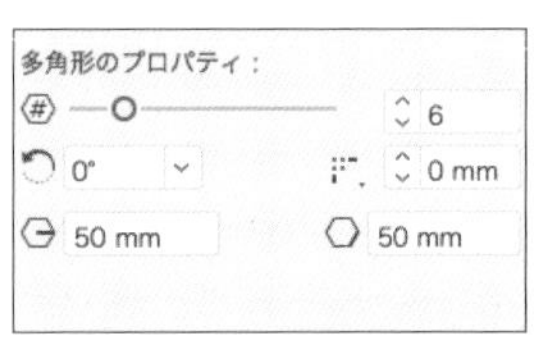

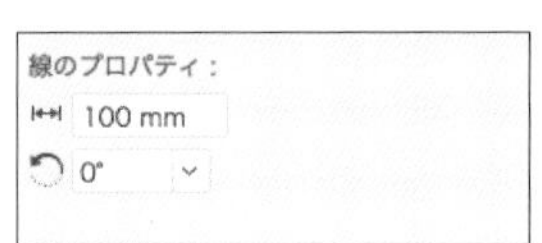

選択しているシェイプの種類によって内容が異なる。主に、シェイプサイズや角度、角丸のサイズ、多角形の辺の数など種類などが設定できる

変形時に線幅や効果の大きさを連動する

パネルの最下部にある［角を拡大・縮小］、［線幅と効果を拡大・縮小］のオン／オフで、パネルを使った変形時にそれぞれを連動して変更するかを選べます 図5。いずれもオンにすることで、変形時に連動してそれぞれの大きさも変わります。

図5 連動のオンオフの例：用途によって使い分けよう

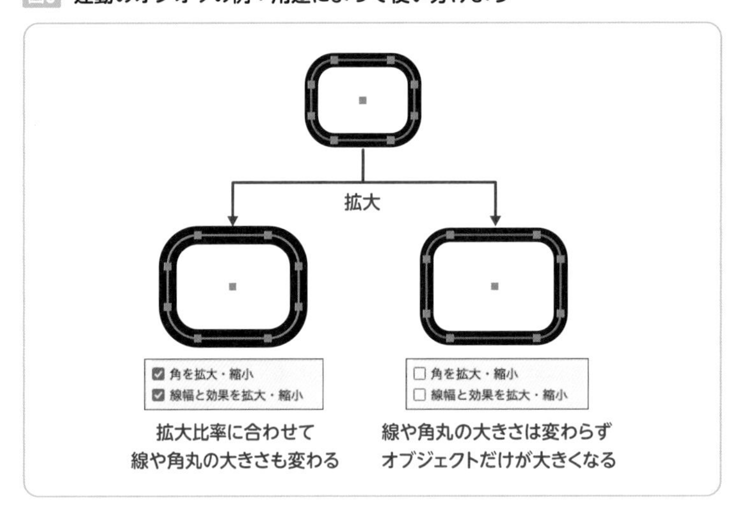

四則演算を使う

パネル内の数値は、四則演算による相対的な指定もできます 図6。たとえば、オブジェクトを現在の位置から10mm右方向へ動かしたいというときは［X］の数値のあとに続けて「+10mm」と入力すれば、計算結果を自動的に値として設定してくれます。

図6 四則演算も可能

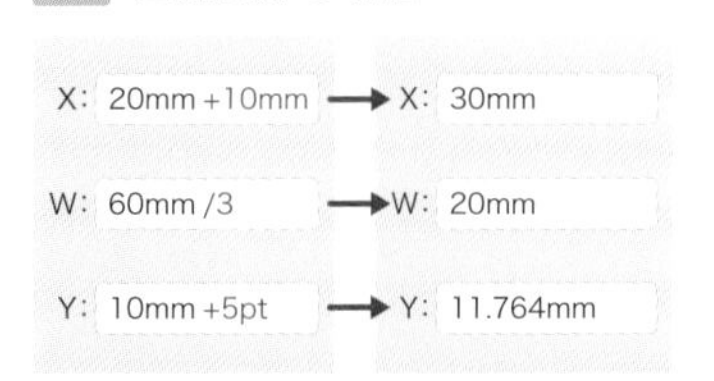

「+」(足す)、「-」(引く)、「*」(掛ける)、「/」(割る) の4つが使用可能。単位が異なっていても自動変換して計算する

図形を組み合わせてアイコンを作る

THEME テーマ

単純な図形のツールで作るのが面倒な形でも、パスファインダーを利用することで効率的に作成が可能です。Illustratorで図形を作るときには欠かせない機能ですので、うまく活用しましょう。

KEYWORD キーワード

ブレンド
パスファインダー

TRY 完成図

FORK
ONLINE SHARE SERVICE

Lesson5/03/5-3_作例.ai

01 フォークの形状を作る

1 長方形ツールで［幅：24mm］［高さ：20mm］の長方形を作成し 1-1、［線：なし］［塗り：黒］に設定します 1-2。

ダイレクト選択ツールで下側2つのアンカーポイントのみを選択し 1-3、コーナーウィジェットを上方向へドラッグします 1-4。コーナーが丸くなり、長方形の下辺が完全な円になったら放します 1-5。

memo

コーナーウィジェットが表示されていない場合は表示メニュー→"コーナーウィジェットを表示"を選択します。作業中にコーナーウィジェットが邪魔なときは、同様の手順で非表示にできます。

1-1

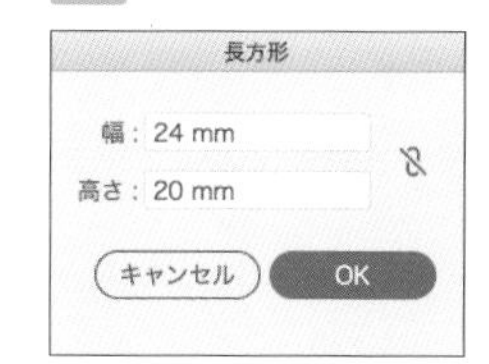

1-2

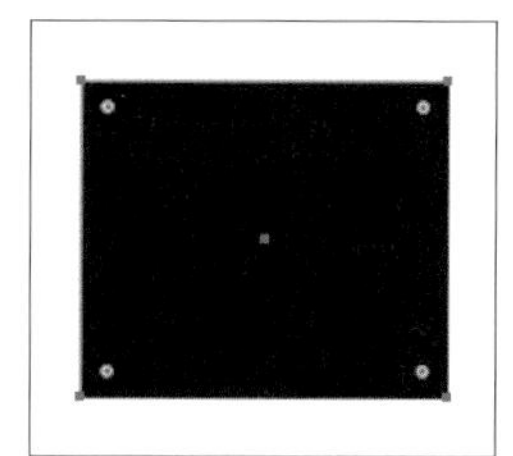

［線：なし］［塗り：黒］

1-3

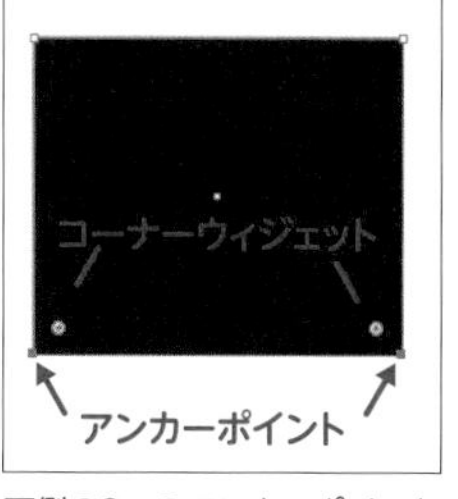

下側の2つのアンカーポイントを選択

1-4

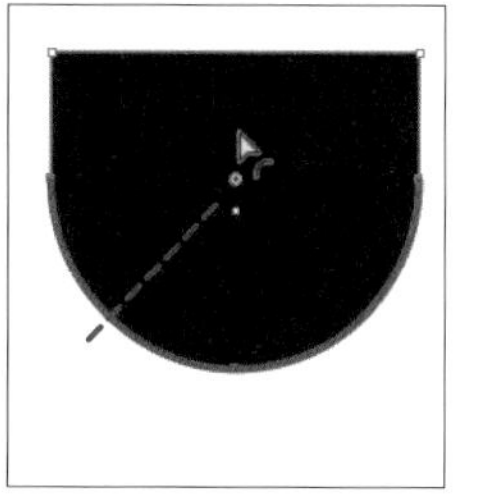

コーナーウィジェットを上方向へドラッグ

1-5

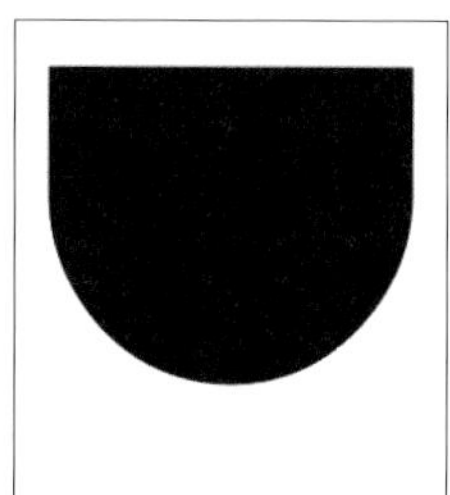

丸くなったらドラッグを終了

2 続けて、長方形ツールで［幅：4mm］［高さ：18mm］の長方形を作成します 2-1 2-2。ダイレクト選択ツールで上側2つのアンカーポイントのみを選択し 2-3、どちらか一方のコーナーウィジェットを下方向へドラッグします 2-4。今度は上側を円形になりました 2-5。

memo
小さくてコーナーウィジェットが掴みづらい場合は、画面表示を拡大して作業するとよいでしょう。以降の解説はコーナーウィジェットとバウンディングボックスは非表示で進めます。

2-1

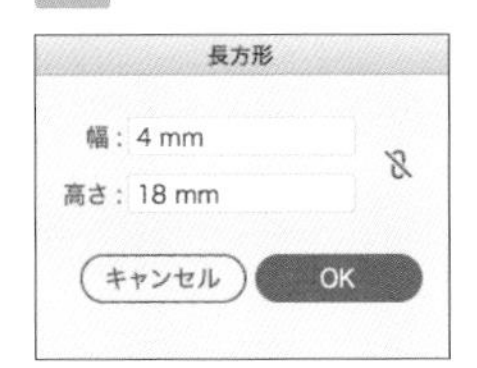

2-2

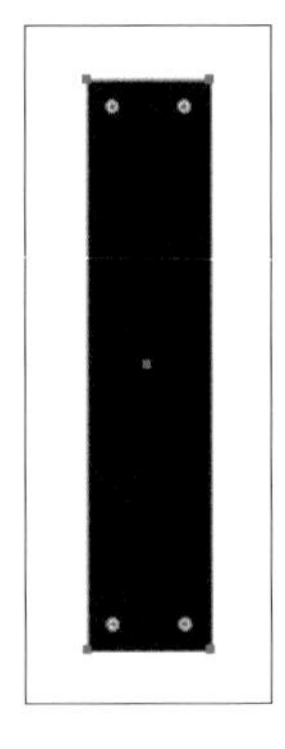

2-3

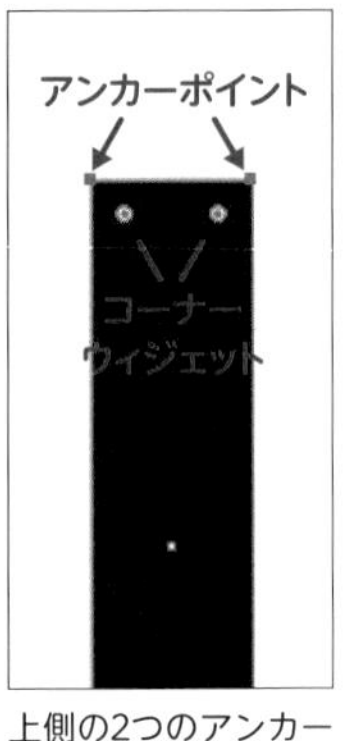

上側の2つのアンカーポイントを選択

2-4

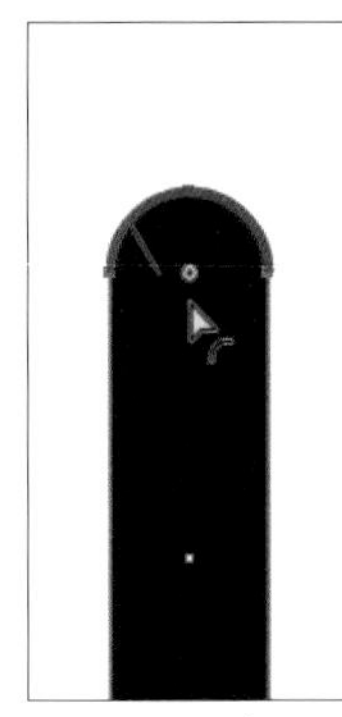

コーナーウィジェットを下方向へドラッグ

2-5

丸くなったらドラッグを終了

3 選択ツールに切り替え、2-5 の縦長図形の左下のアンカーポイントを、最初に作成した図形 1-5 の左上アンカーポイントに合わせ、3-1 のように配置します。赤丸のアンカーポイント同士をスナップさせ、正確に重なるようにしましょう。

4 option（Alt）キーを押しながら、縦長図形をドラッグして複製を作ります。今度は 4-1 のように、右端に揃えて配置します。先ほど同様に、赤丸のアンカーポイント同士をスナップさせ、正確に重なるようにしましょう。

5 2つの縦長図形を選択し 5-1、オブジェクトメニュー→"ブレンド"→"作成"を選択します 5-2。

3-1

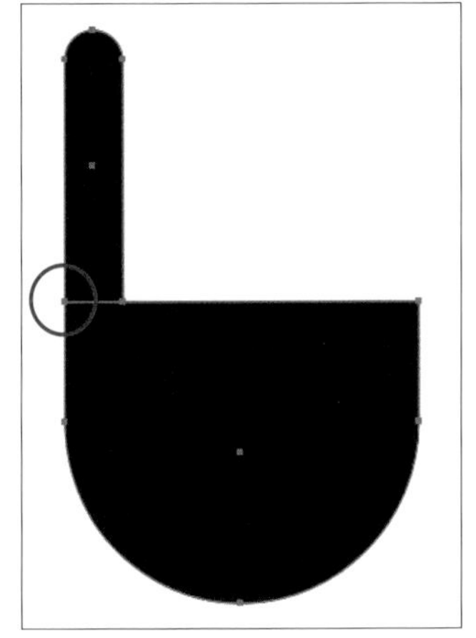

縦長図形の左下を図の位置に合わせる

4-1

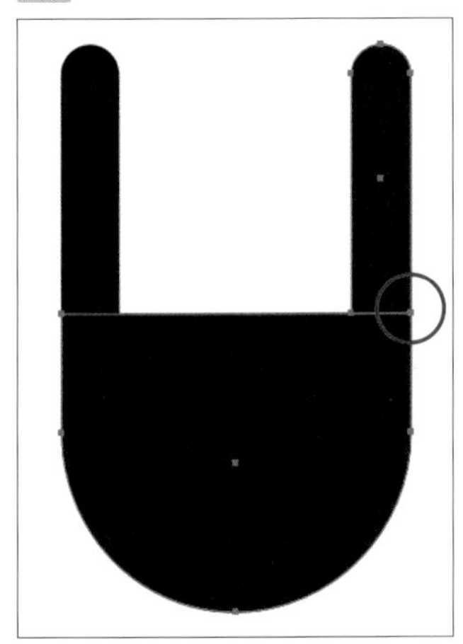

縦長図形を複製し、右下を図の位置に合わせる

5-1

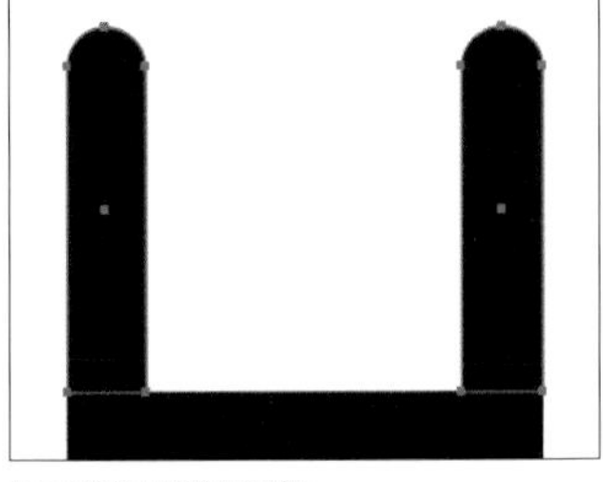

2つの縦長図形を選択

5-2

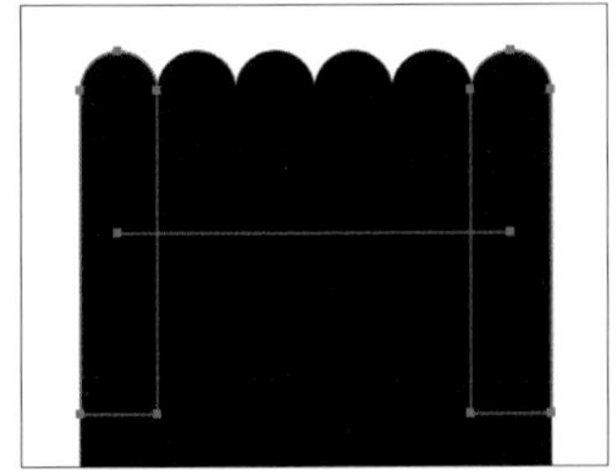

オブジェクトメニュー→"ブレンド"→"作成"を選択

6 続けてオブジェクトメニュー→“ブレンド”→“ブレンドオプション…”を選択し、[間隔：ステップ数：1] にして [OK] をクリックします 6-1 6-2。最後に、オブジェクトメニュー→“ブレンド”→“拡張”を選択します。縦長図形がひとつ増えて3本になりました 6-3。

6-1

オブジェクトメニュー→“ブレンド”→“ブレンドオプション…”のダイアログで[間隔：ステップ数：1]と設定

6-2

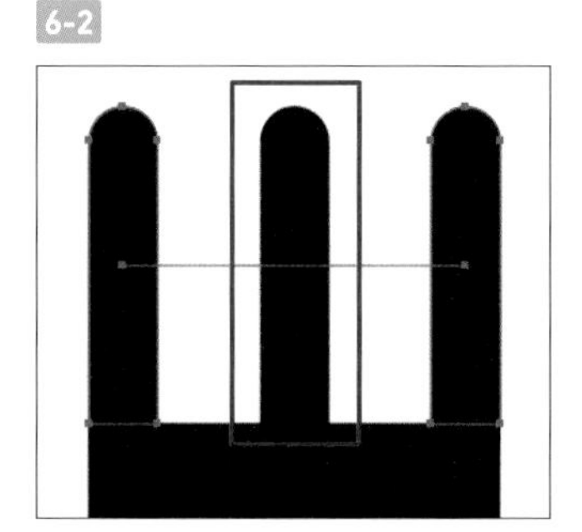

設定結果

6-3

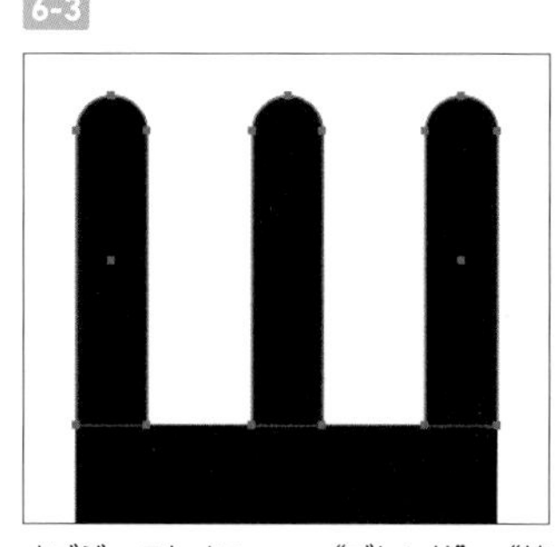

オブジェクトメニュー→“ブレンド”→“拡張”を選択

7 長方形ツールで [幅：7mm] [高さ：40mm] の長方形を作成します 7-1 7-2。この長方形がフォークの持ち手部分です。7-3のように、先に作った先端部分の下に重なるように配置します。ただし、このままでは正確に中央に配置されていないので、すべての図形を選択したあと 7-4、整列パネルの [水平方向中央に整列] を押して 7-5、図形を整列させます 7-6。

7-1 / 7-2

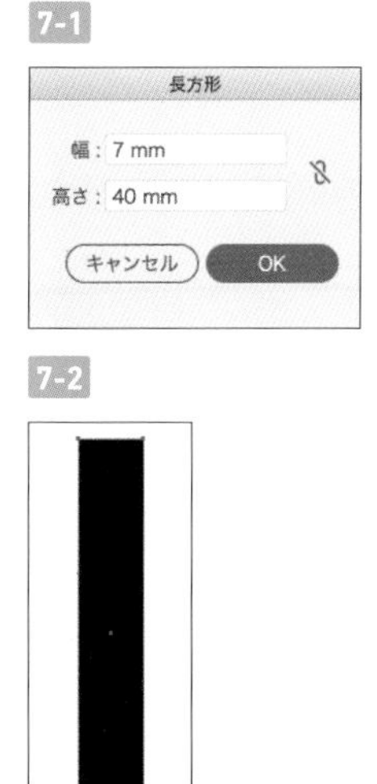

[幅：7mm] [高さ：40mm] の長方形を作成

7-3

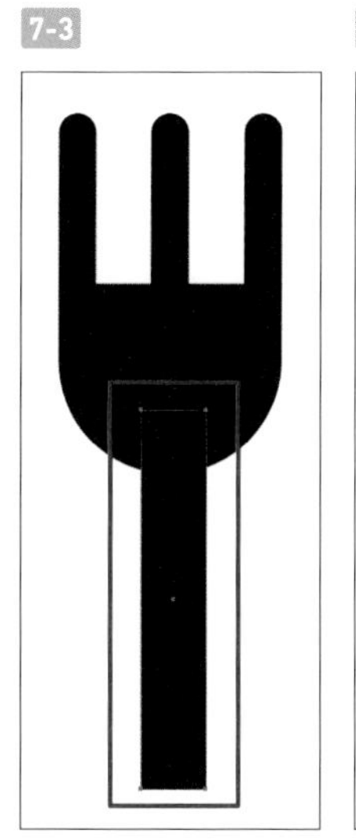

7-2の縦長図形を図の位置に重ねる

7-4

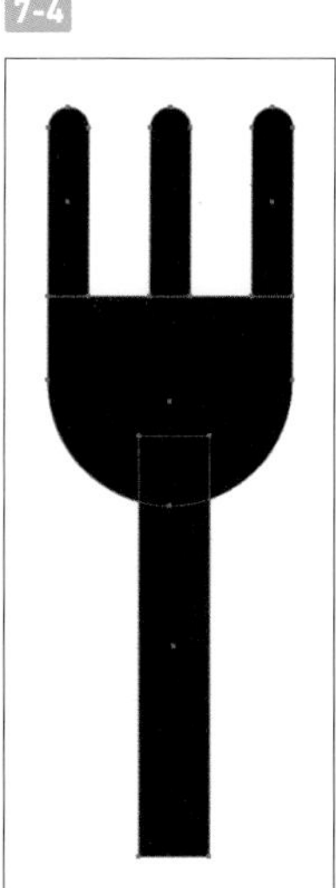

すべてを選択

7-5

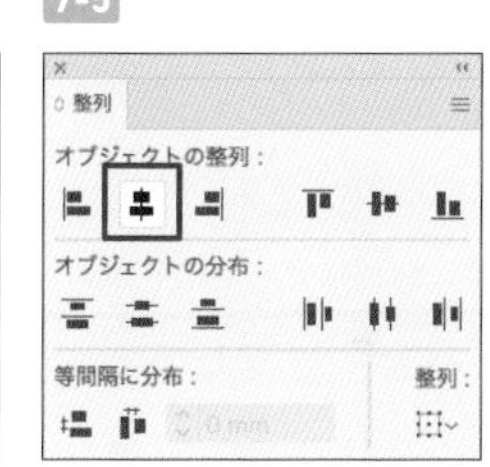

7-6

水平方向中央に整列

02 図形を合体して1つのオブジェクトにする

8 現時点でのオブジェクトを確認するため、いったんアウトライン表示にしてみましょう。表示メニュー→"アウトライン"を実行します。

アウトライン表示では、オブジェクトの骨格のみを確認できます 8-1。プレビューではフォークの形が完成して見えますが、実際にはパーツごとに図形が5つにわかれていることがわかります。

表示メニュー→"プレビュー"を実行してプレビュー表示に戻しましょう。

8-1

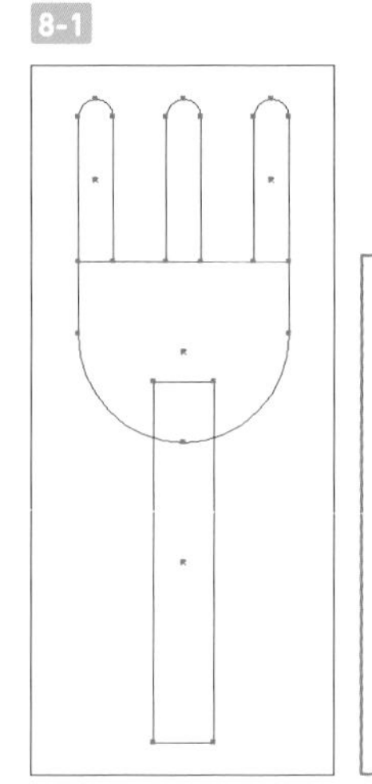

memo

Illustratorメニュー(Windowsでは編集メニュー)→"環境設定"→"パフォーマンス..."で「GPUパフォーマンス」がオンになっている場合は、プレビューに戻す際に表示メニュー→"GPU プレビュー"が選べます。一般にGPUプレビューが行える環境であれば、CPUプレビューよりも表示が高速になります。

9 パスファインダーパネルを開き、パネル右上にある三本線のアイコンをクリックしてパネルメニュー(フライアウトメニューとも呼びます)を開いて、[パスファインダーオプション]を選択します 9-1。ダイアログで[余分なポイントを削除][分割およびアウトライン適用時に塗りのないアートワークを削除]を両方チェックして[OK]をクリックします 9-2。これは、このあと実行する合体のための事前準備です。

9-1

9-2

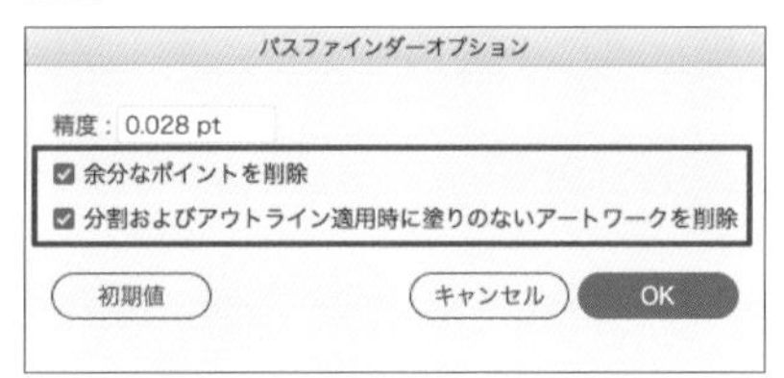

10 すべての図形を選択して 10-1、パスファインダーパネルの[合体]をクリックします 10-2 10-3。

10-1

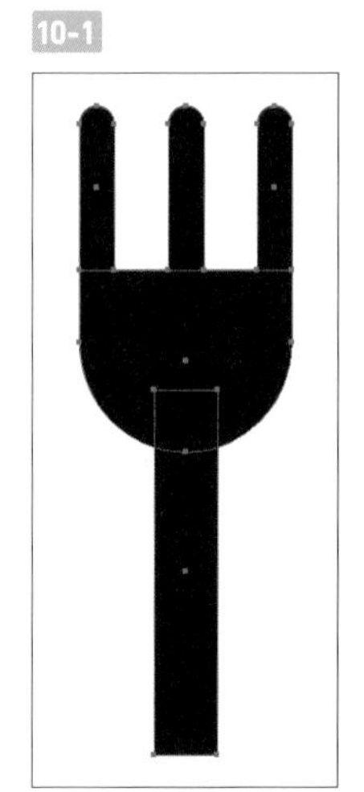

10-2

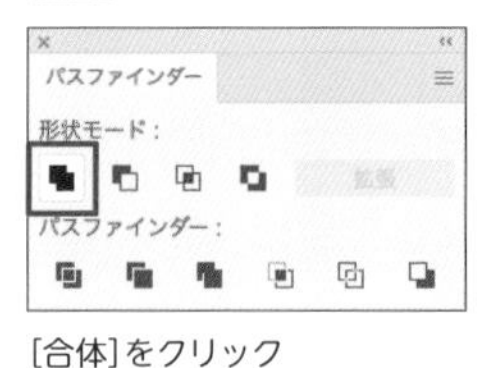

[合体]をクリック

10-3

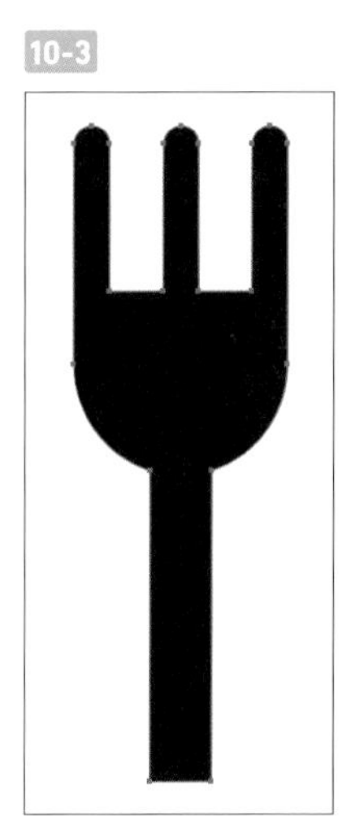

11 再度アウトライン表示にして確認すると、5つの図形が1つの図形に合体したのがわかります11-1。このように、パスファインダーを使うことで複数の図形をまとめることが可能です。再びプレビュー表示に戻しておきましょう。

11-1

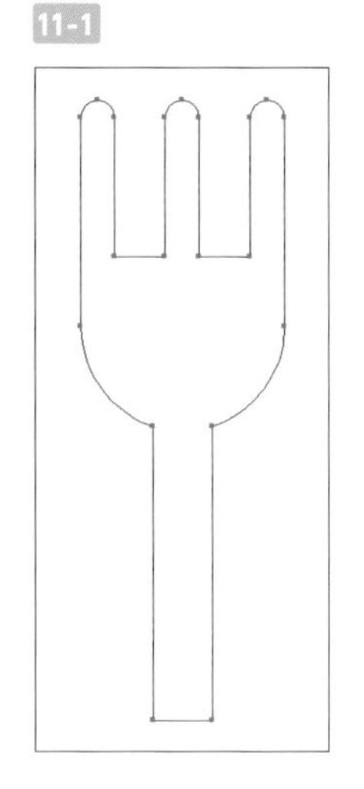

03 アイコンの外枠を作る

12 楕円形ツールで［幅：75mm］［高さ：75mm］の正円を作成し12-1、［線：なし］［塗り：C80/M10/Y55/K0］にします12-2 12-3。

12-1

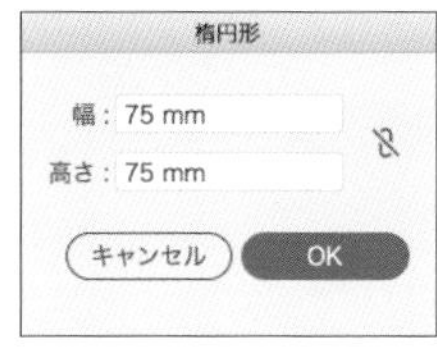

12-2

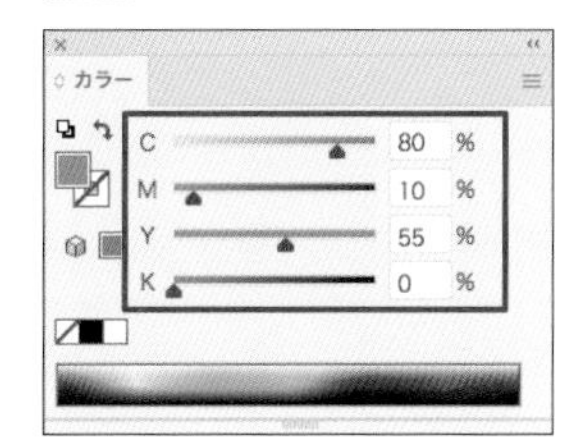

12-3

13 効果メニュー→“パスの変形”→“ジグザグ...”を選択し、［大きさ：1.3mm］［折り返し：4］［ポイント：滑らかに］で実行します13-1。正円が波打った形になりました13-2。

13-1

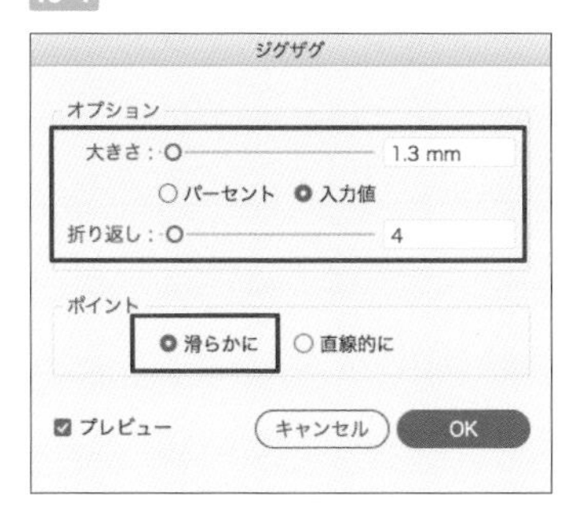

13-2

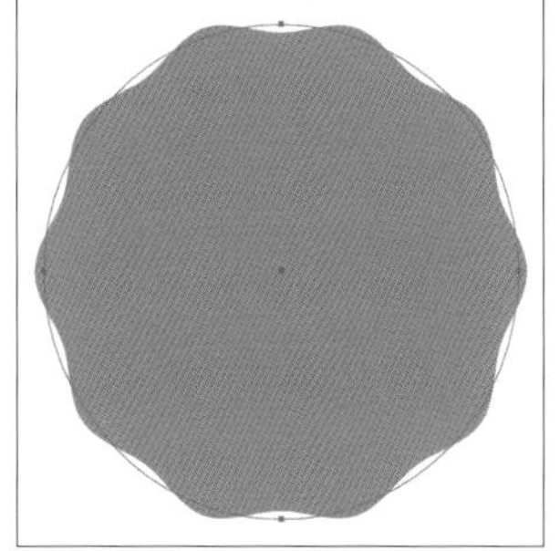

14 オブジェクトメニュー→“アピアランスを分割”を実行して効果を反映しておきます 14-1。

このように、効果を適用したオブジェクトに対してアピアランスを分割することで、効果を実際のパスの形に反映させることができます。

14-1

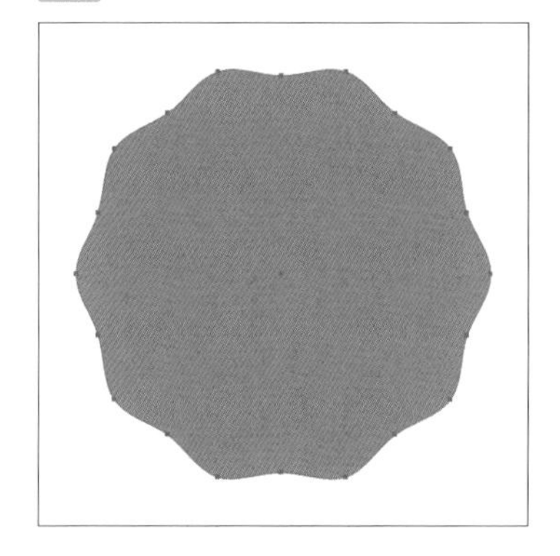

15 14-1 の波型円形をフォークの上に重ねたら 15-1、オブジェクトメニュー→“重ね順”→“最背面へ”を実行して、重ね順を変更します 15-2。

15-1

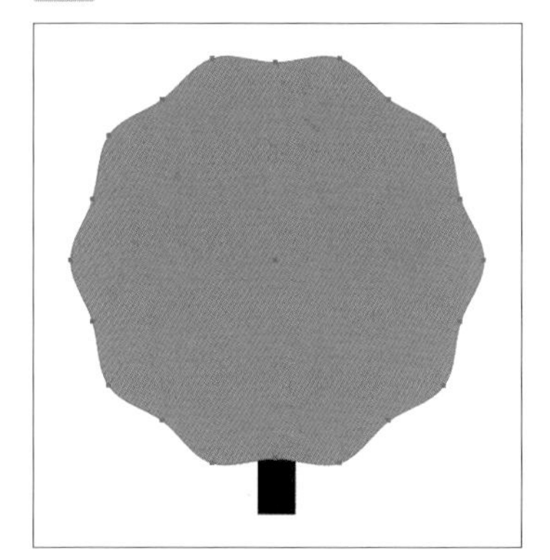

波型円形とフォークを重ねる

15-2

波型円形を最背面へ送る

16 波型円形とフォークの両方を選択し、整列パネルの［水平方向中央に整列］をクリックして正確に中央揃えにします 16-1 16-2。

16-1

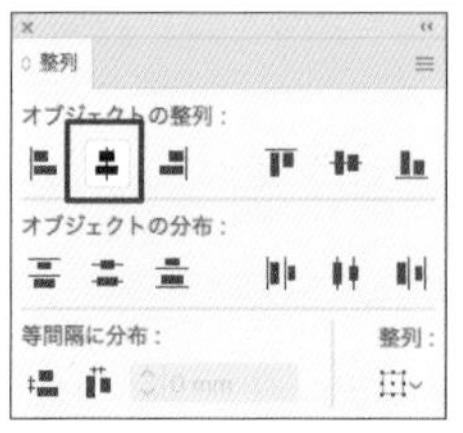

［水平方向中央に整列］をクリック

16-2

17 フォークと波型円形の両方を選択し 17-1 、パスファインダーパネルの［前面オブジェクトで型抜き］をクリックします 17-2 。波型円形がフォークの形で型抜きされました 17-3 。このように、パスファインダーにはP.194で紹介した合体だけではなくさまざまな種類があります。

17-1

17-2

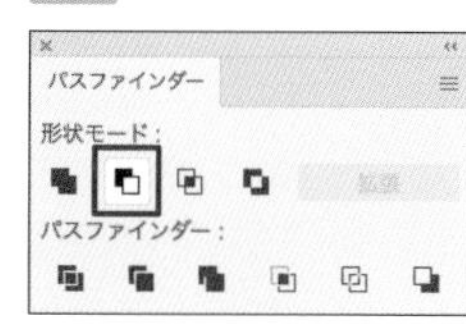

［前面オブジェクトで型抜き］をクリック

17-3

18 最後に回転ツールを使って図形を-45度回転すれば 18-1 、アイコンの完成です 18-2 18-3 。

18-1

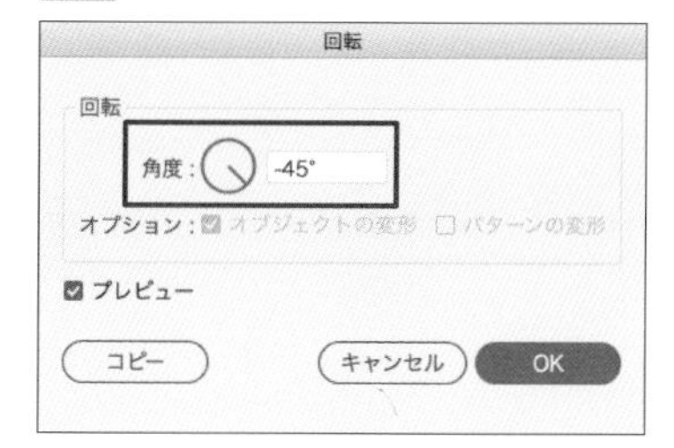

18-2

18-3

ONE POINT

パスファインダーについて

パスファインダーとは

パスファインダーは、複数の図形を組み合わせて新たな図形を作るツールです。Illustratorにおける作図機能の中でも使用頻度の高い重要なもののひとつです。組み合わせたいオブジェクトを選択し、パスファインダーパネルで目的のアイコンをクリックして実行します。

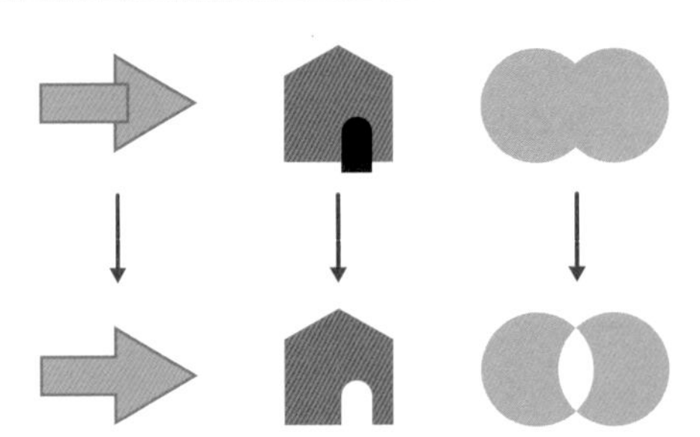

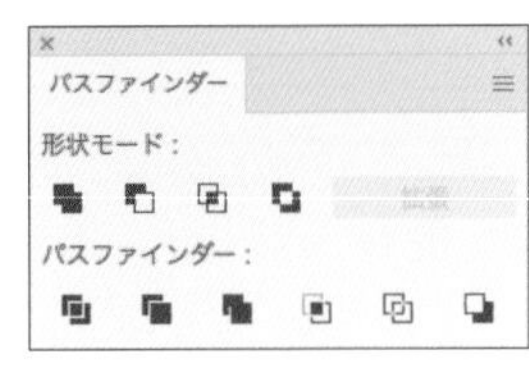

パスファインダーの種類

パスファインダーは全10種類あります。このうち、パネル上段の4種類は「形状モード」と呼ばれ、パスファインダーの中でもよく使うものですので、ぜひ覚えておきましょう。

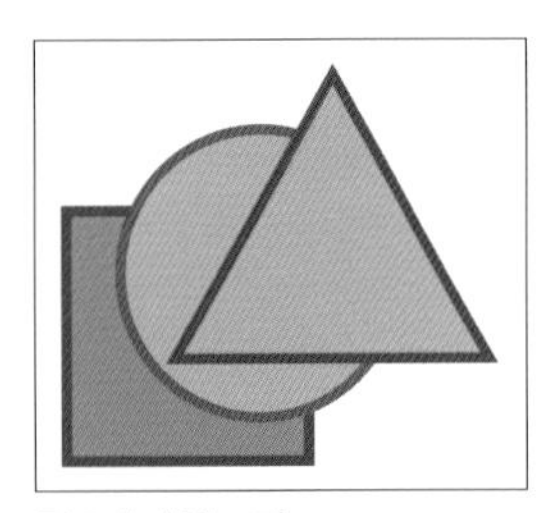

元のオブジェクト
3つの図形が重なった状態で、三角と丸の塗りは同じ

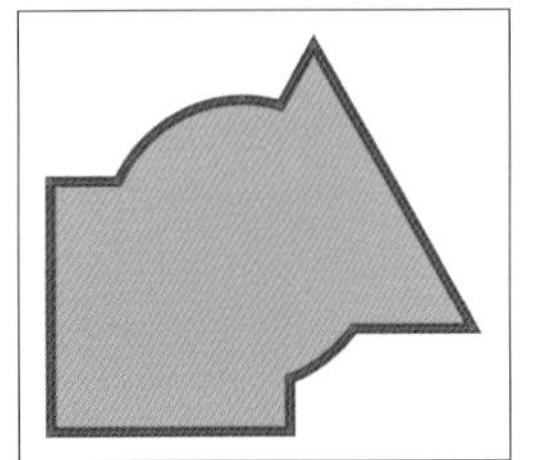

合体
オブジェクトが重なった範囲を結合し、ひとつのオブジェクトにする

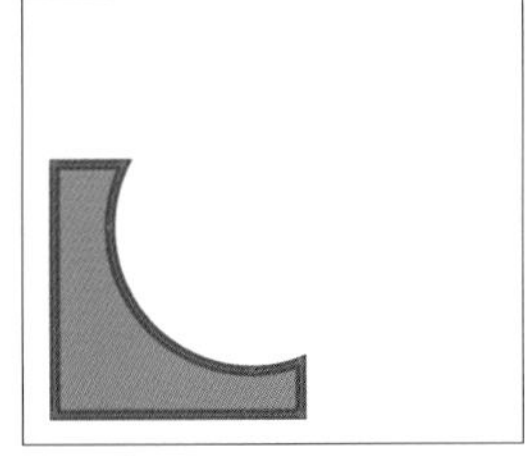

前面オブジェクトで型抜き
最背面のオブジェクトを前面にあるオブジェクトで型抜きする

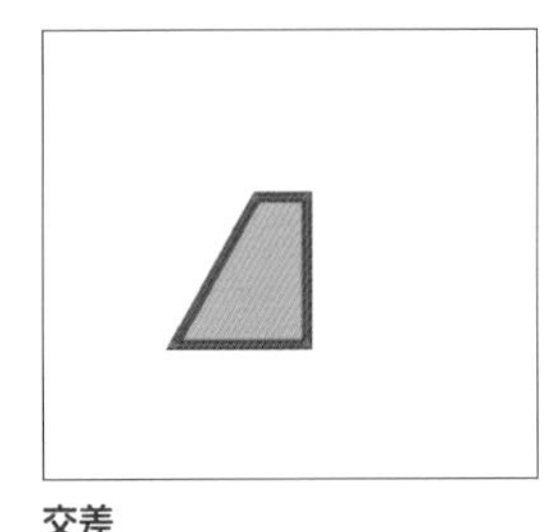

交差
すべてが重なった共通範囲だけを残してほかを削除する

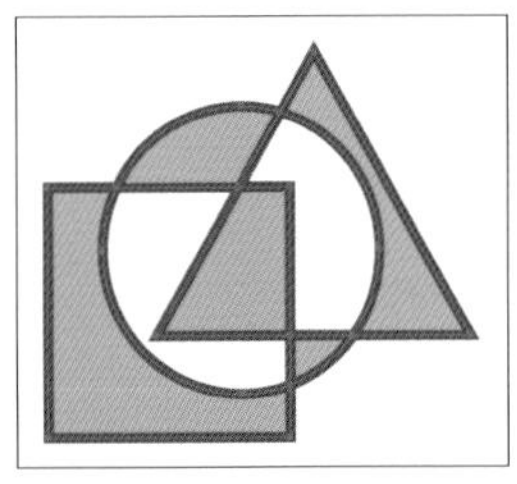

中マド
オブジェクトが重なった範囲を削除して抜きの状態にする

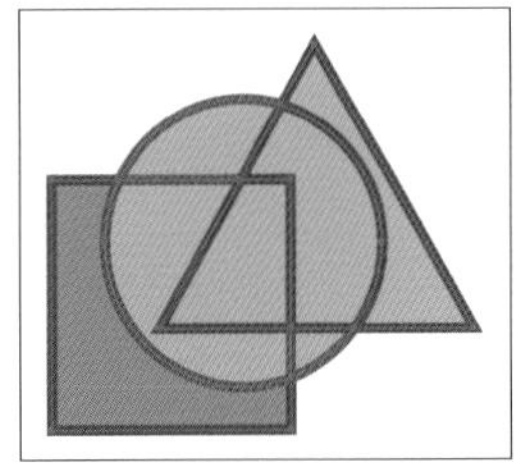

分割
選択オブジェクトの重なったパスでそれぞれのオブジェクトを分割する

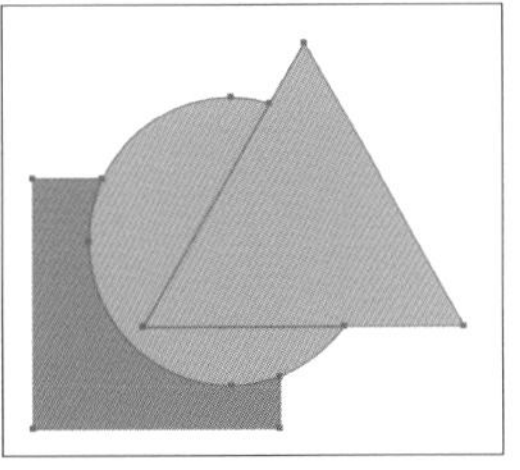

刈り込み
前面のオブジェクトによって隠れている範囲だけを削除する。線は消える

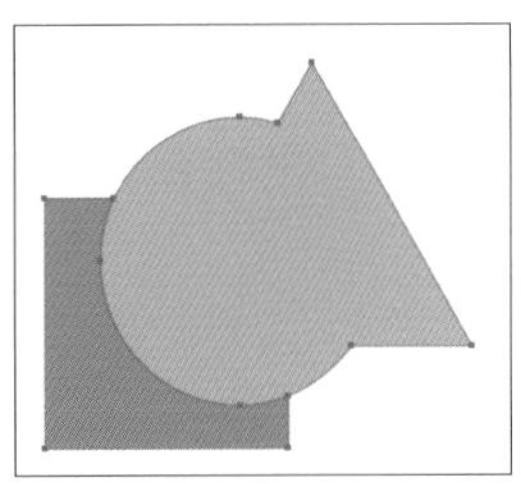

合流
塗りが同じオブジェクトを合体、それ以外は刈り込みと同じにする。線は消える

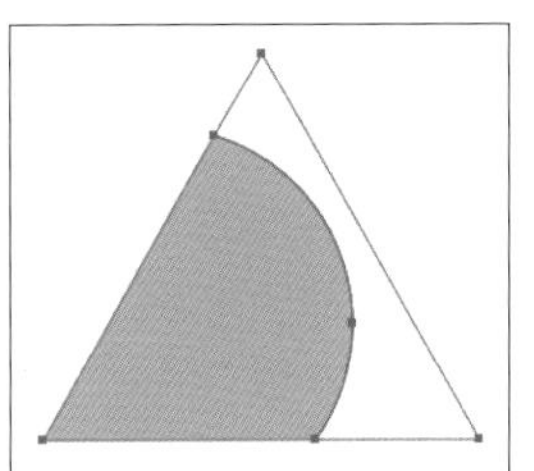

切り抜き
最前面のオブジェクトの範囲外を削除し、残った範囲を刈り込みする。線は消える

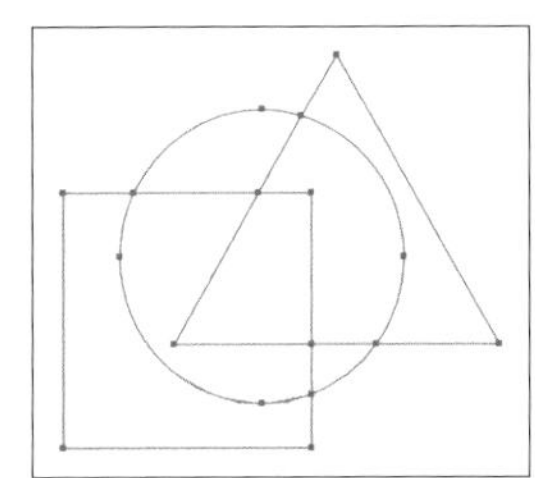

アウトライン
パス同士が交差した位置でそれぞれのパスをバラバラに分割する。塗りは消える

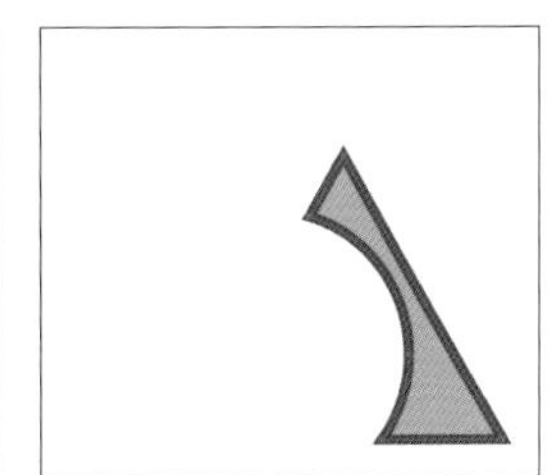

背面オブジェクトで型抜き
最前面のオブジェクトを背面にあるオブジェクトで型抜きする

複合シェイプについて

パスファインダーは、パス自体の形状を変えてしまうので、一度実行すると元の形に戻せないのが難点です。しかし、形状モードと呼ばれる4種類（「合体」「前面オブジェクトで型抜き」「交差」「中マド」）については、パネルのアイコンをoption（Alt）＋クリックすることで元のパスを残しながらパスファインダーの結果をえる「複合シェイプ」機能が使えます。

元オブジェクト

クリック

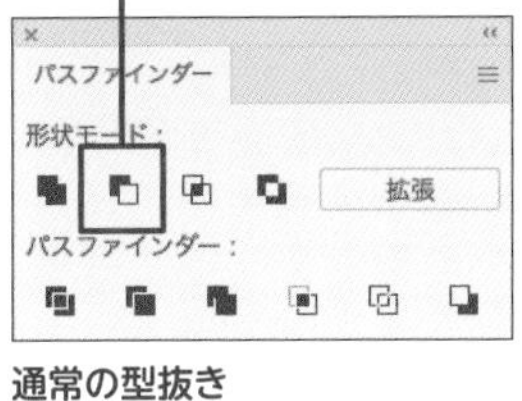

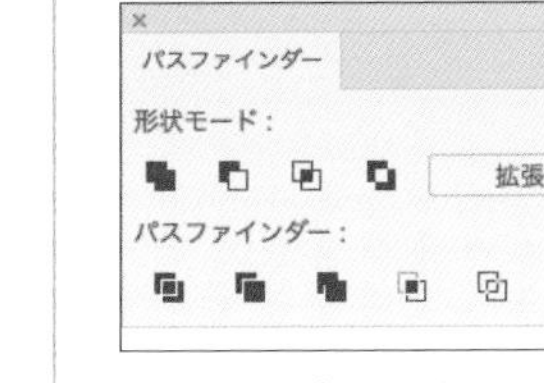

通常の型抜き

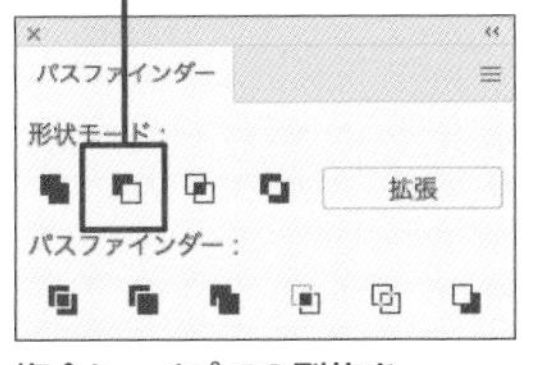

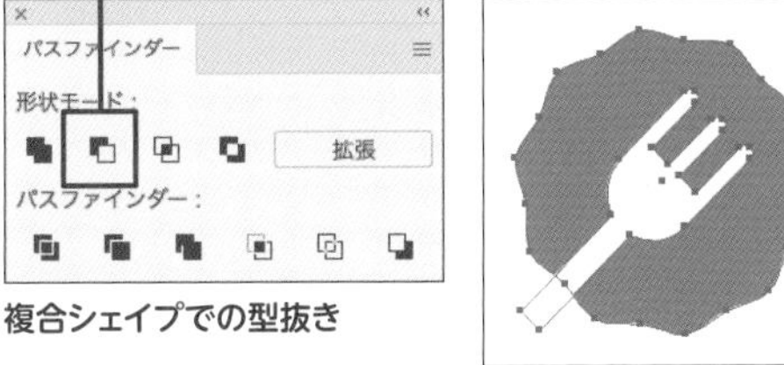

複合シェイプでの型抜き

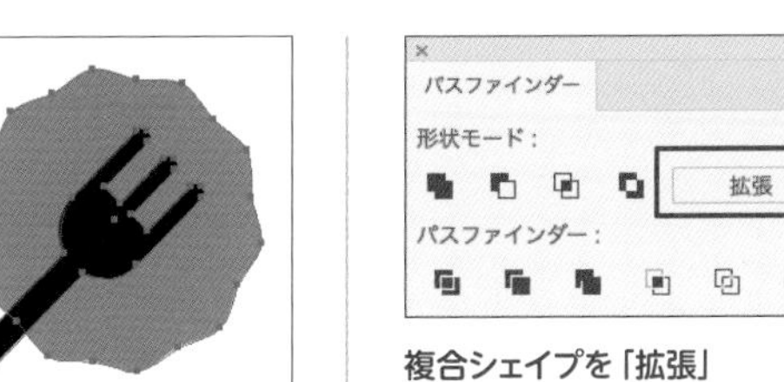

複合シェイプを「拡張」

複合シェイプを「解除」

元のオブジェクトに戻る

効果を組み合わせて作るエンブレム

THEME テーマ

Illustratorには、オブジェクトにエフェクトを追加する「効果」という機能があります。効果にはさまざまな種類がありますが、この中のいくつかを組み合わせて簡単なエンブレムを作成してみましょう

KEYWORD キーワード

効果

TRY 完成図

Lesson5/04/5-4_作例.ai

01 エンブレムのベースを作る

1 楕円形ツールで［幅：80mm］［高さ：80mm］の正円を作成します 1-1。［線：C35/M40/Y80/K0］ 1-2、［塗り：C10/M5/Y40/K0］ 1-3 に設定しておきましょう。

線パネルで［線幅：3pt］［線端：丸型線端］に変更し、［破線］をチェックして、破線の設定を［線分：120pt］［間隔：7pt］［線分：40pt］［間隔：7pt］［線分：200pt］［間隔：7pt］にします 1-4 1-5。

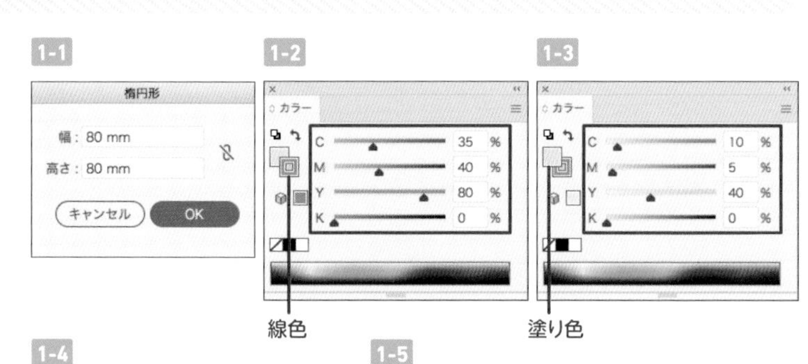

1-5

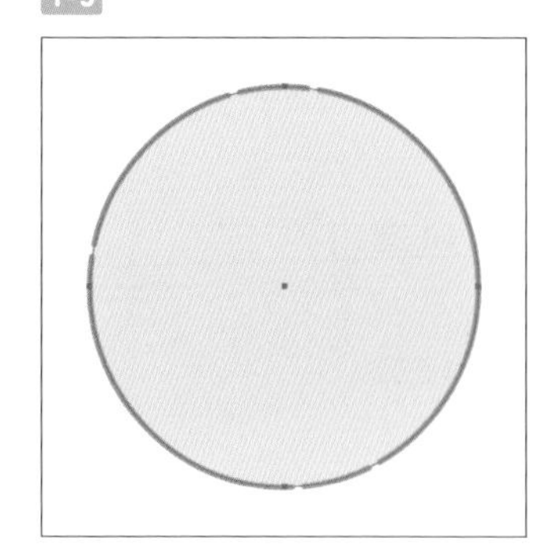

2 この正円を選択した状態で、効果メニュー→"パスの変形"→"ジグザグ..."を選択し、[大きさ：2%][パーセント][折り返し:3][ポイント:滑らかに]の設定で[OK]をクリックします 2-1。円が波打った形になりました 2-2。

2-1

ジグザグ
オプション
大きさ：2%
パーセント　入力値
折り返し：3
ポイント
滑らかに　直線的に
プレビュー　キャンセル　OK

2-2

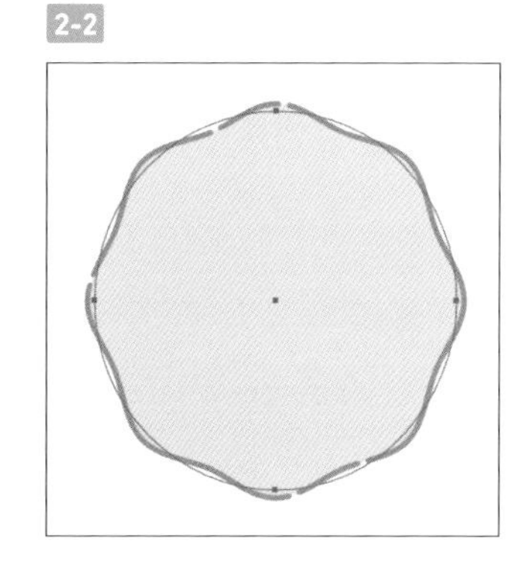

3 アピアランスパネルを開きます。現在、上から[ジグザグ][線][塗り]という構成になっています。縁取りのために線をひとつ増やしてみましょう。

アピアランスパネル左下の[新規線を追加]をクリックします 3-1。[線]がひとつ増えて合計2つになりました 3-2。

3-1

アピアランス
パス
ジグザグ
線：3 pt 破線
不透明度：初期設定
塗り：
不透明度：初期設定
不透明度：初期設定

新規線を追加

3-2

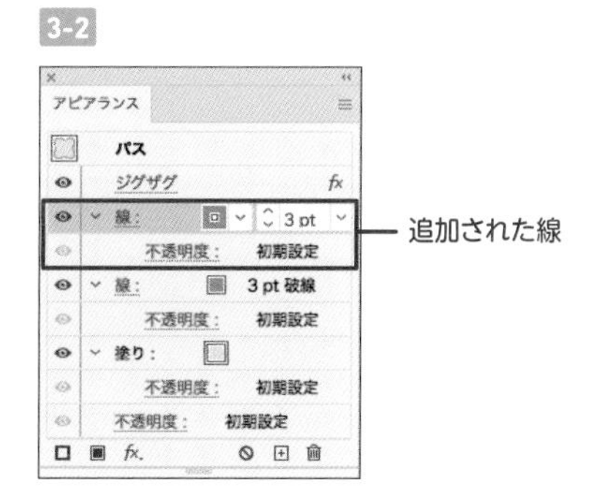

4 2つのうちの上の[線]をクリックで選択して[線幅：1.5pt]に変更します 4-1。

線パネルで、破線の設定を[線分：120pt][間隔：5pt][線分：10pt][間隔：5pt][線分：200pt][間隔：5pt]に変更します 4-2。

そのまま、効果メニュー→"パス"→"パスのオフセット..."を選択し、[オフセット：-3mm]で実行します 4-3。細い線だけが枠の内側へ縮小されて小さくなりました 4-4。

4-1

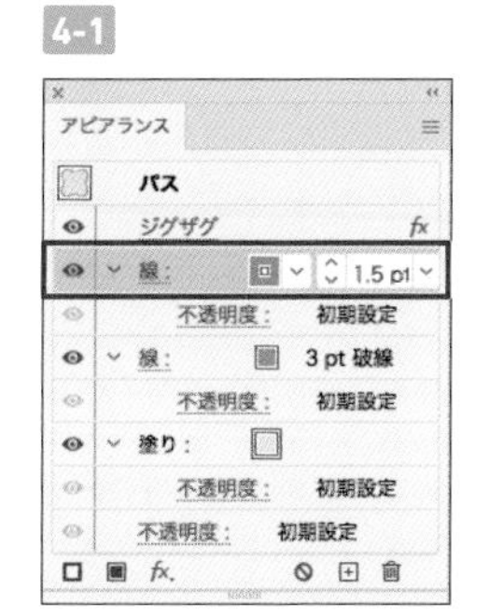

4-2

4-3

4-4

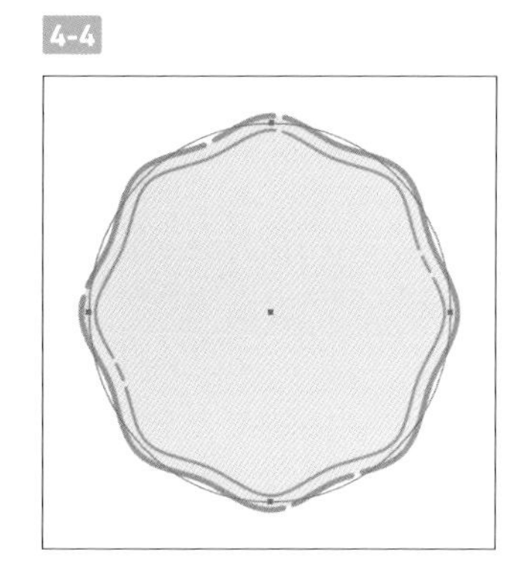

5 アピアランスパネルで［塗り］の項目を選択します 5-1。その状態で、効果メニュー→“パスの変形”→“変形...”を選択し、［移動］を［水平方向：3mm］［垂直方向：3mm］にして実行します 5-2。塗りだけが右下方向に移動してずれたような状態になりました 5-3。

5-1

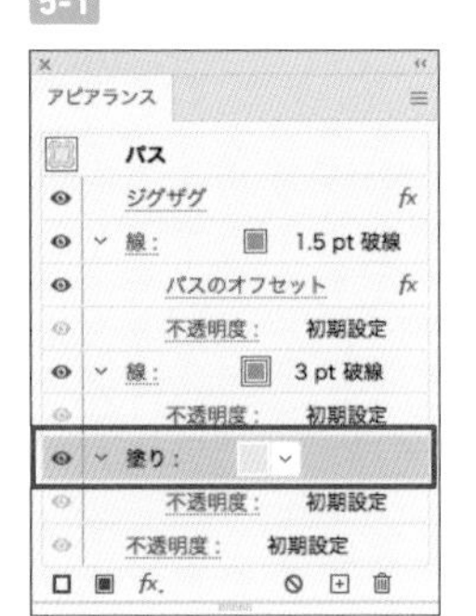

5-2

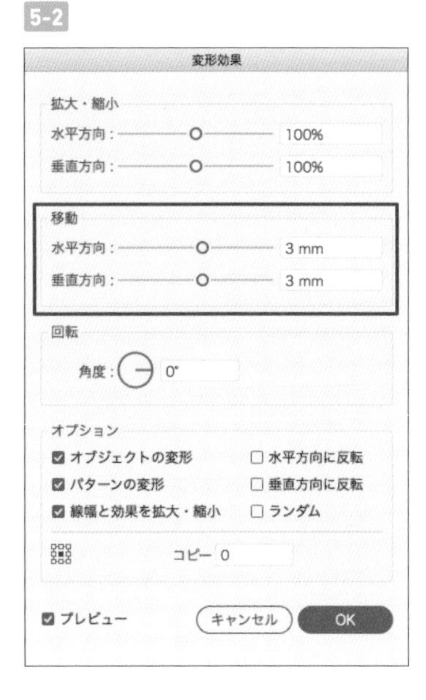

5-3

02 文字を追加する

6 文字ツールを選択し、文字パネルで［フォント：Proxima Soft Bold］［フォントサイズ：180pt］に設定して 6-1、「G」という1文字を作成します 6-2。

この文字を先ほど作成したフレームの中央に配置し、［塗り：C35/M40/Y80/K0］にします 6-3 6-4。

6-1

6-2

memo

「Proxima Soft Bold」のフォントは、CCユーザーであればAdobe Fontsから同期して使用できます。もしフォントが使えないときは、太めのゴシックで代用してもかまいません。

また、環境設定の文字の単位を「ポイント」に設定しています。単位の環境設定についてはP.28をご覧ください。

6-3

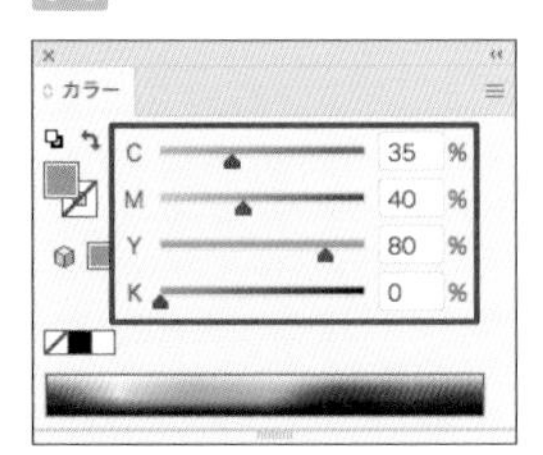

6-4

7 文字を選択し、効果メニュー→“スタイライズ”→“ドロップシャドウ...”を選択します。

［描画モード：通常］［不透明度：100%］［X軸オフセット：2mm］［Y軸オフセット：2mm］［ぼかし：0mm］［カラー：白］で［OK］をクリックすると 7-1 、文字の右下に白いドロップシャドウが追加されました 7-2 。

7-1

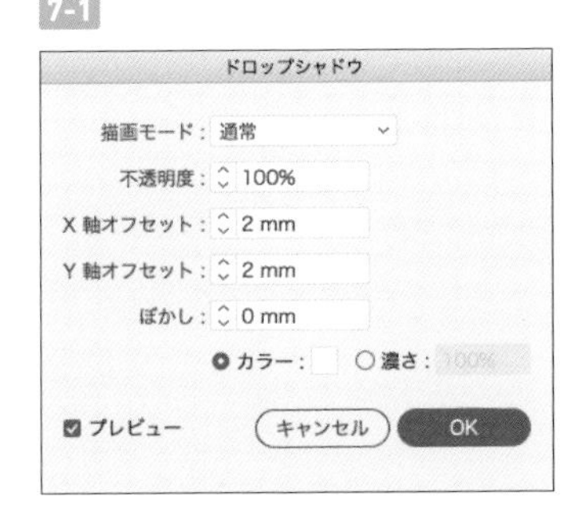

7-2

03 エンブレム周辺にキラキラを追加する

8 楕円形ツールで［幅：10mm］［高さ：10mm］の正円を作成し 8-1 、［線：なし］［塗り：C10/M5/Y40/K0］に設定します 8-2 。効果メニュー→“パスの変形”→“パンク・膨張...”を選択し、スライダーを［収縮］側へ移動して［-50%］で実行します 8-3 。これで、正円がキラキラの形になりました 8-4 。

8-1

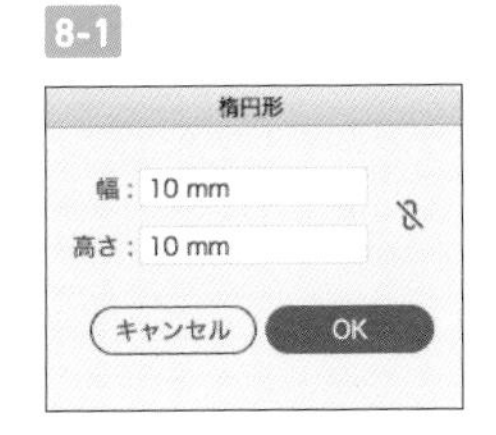

8-2

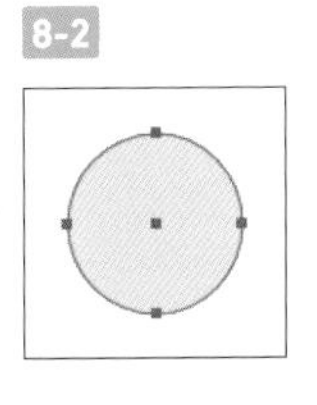

8-3

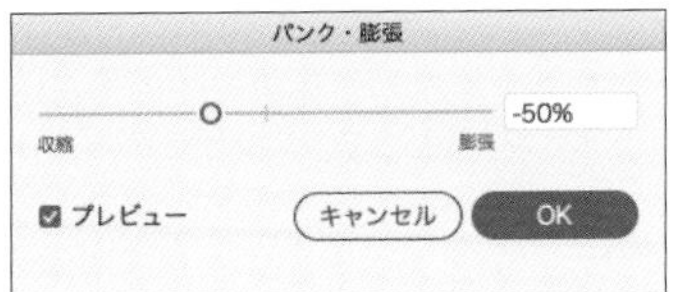

8-4

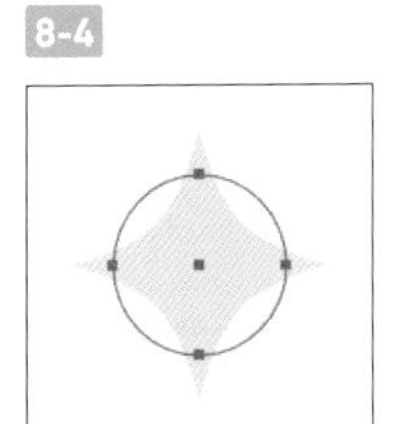

9 キラキラのオブジェクトを複製して、フレームの周辺に配置します 9-1 。ひとつひとつ大きさを変えてランダムな印象にすれば完成です 9-2 。

9-1

9-2

ONE POINT

効果について

「効果」機能とは

効果は、オブジェクトに対して何らかのエフェクトを加える機能です。パスの形を変えたり、ドロップシャドウや光彩を追加したり、ベクターをビットマップに変換して加工するなど、さまざまな種類があります。
効果には「Illustrator効果」と「Photoshop効果」がありますが、主に使うのは「Illustrator効果」です。まずはこちらを使いこなすようにしましょう。

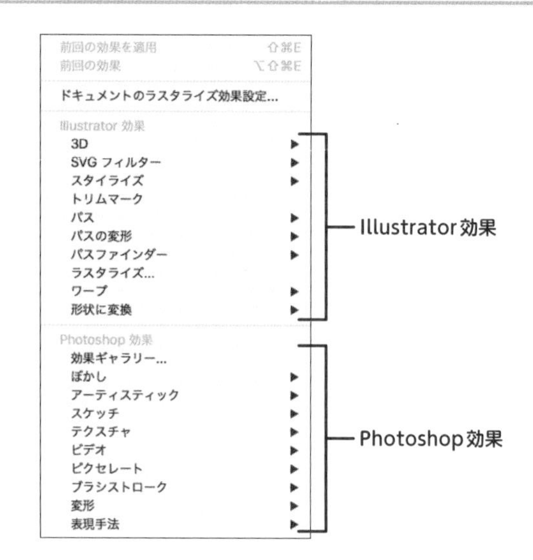

効果とアピアランスパネル

オブジェクトに追加した効果は、アピアランスパネルで確認できます。全体に対する効果は、[線][塗り]の上か下に効果名が追加されます。個別の線や塗りだけに追加した効果は、[線][塗り]の項目の左端にある三角アイコンをクリックして中身を展開すれば、そこで確認できます。効果名の右端にあるfxの文字をドラッグすることで、移動したり順番を変えたりすることも可能です。

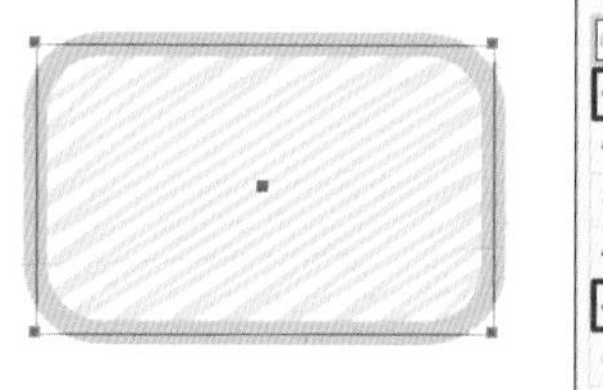

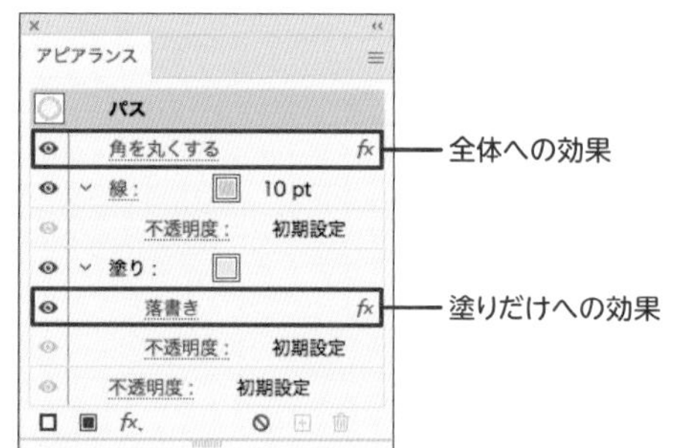

設定の変更と効果の拡張

効果は、元オブジェクト自体には一切変更を加えず、外観のみが変化するのが特徴です。たとえば、長方形に角を丸くする効果を追加しても、アウトライン表示にするとパスの形状は効果の追加前と変わっていません。そのため、あとから設定を変更したり、解除して元に戻すこともできます。逆に、効果の外観を元オブジェクトに適用することもできます。これを「効果の拡張」や「アピアランスの分割」と呼びます。

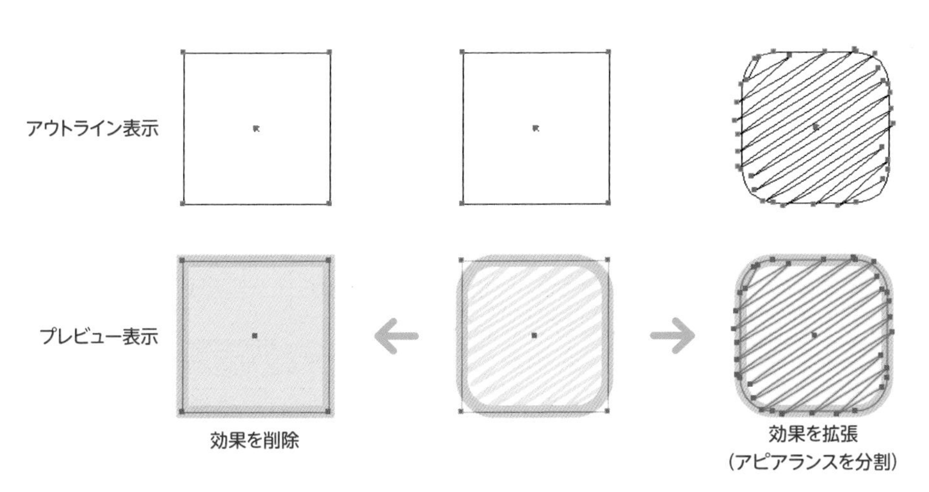

オブジェクトメニュー→"アピアランスを分割"を実行すると、元オブジェクトに効果が適用される(効果の拡張)。一度拡張した効果は元に戻せないので慎重に行おう

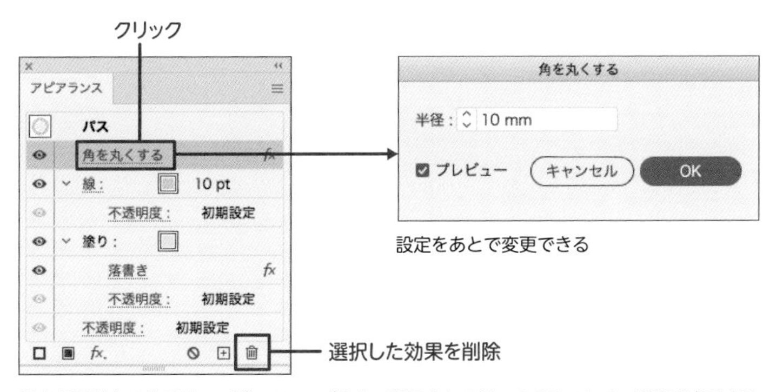

設定項目がある効果は、アピアランスパネルで効果名をクリックすることで、設定を変更することが可能だ
効果を解除するときは、効果の項目を選択し[選択した項目を削除]をクリックする

シンボルを使って効率的にデザインを管理する

THEME テーマ

シンボルは、繰り返し出現するパーツを管理するときに最適な機能です。ひとつのマスターにリンクしたインスタンス（分身）を配置することで、オブジェクトを効率的に編集できます。

KEYWORD キーワード

シンボル

TRY 完成図

Lesson5/05/5-5_作例.ai

01 シンボルを登録する

1 雪の結晶パーツを作成します。ここでは、あらかじめ用意したデータを使いましょう。「data_5_5_1.ai」を開き、すべてを選択してコピーします。作業用のドキュメントに戻り、コピーしたパーツをペーストします 1-1。

1-1

Lesson5/05/data_5_5_1.ai

2 ペーストしたオブジェクトを選択し 2-1、シンボルパネルの［新規シンボル］をクリックします 2-2。

2-1

2-2

3 「シンボルオプション」ダイアログが開いたら[名前：雪の結晶][スタティックシンボル][基準点：中央]に設定して[OK]をクリックします 3-1。シンボルパネルに雪の結晶が登録されました 3-2。

3-1

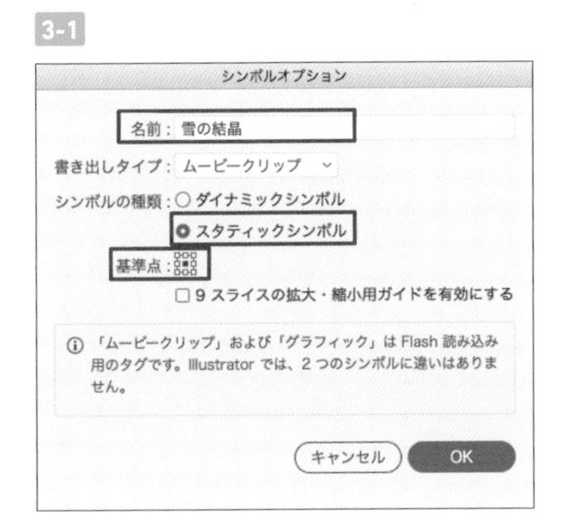

3-2

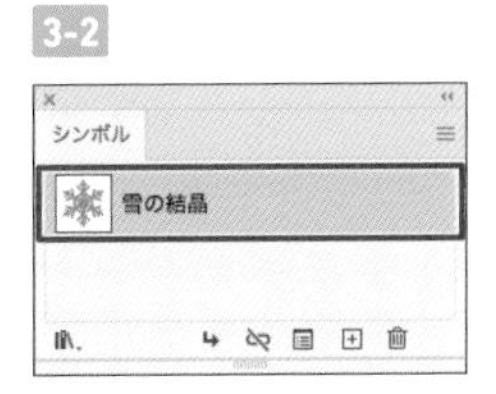

02 シンボルを使ってデザインを完成させる

4 土台となるデザインを作成します。これもあらかじめ用意してあるデータを使いましょう。「data_5_5_4.ai」を開き、すべてを選択してコピーします。作業用のドキュメントに戻り、コピーしたデザインをペーストします 4-1。

4-1

Lesson5/05/data_5_5_4.ai

5 シンボルパネルから「雪の結晶」をドラッグ＆ドロップして 5-1、デザイン上の適当な位置に配置します 5-2。

このように、シンボルパネルからドラッグ＆ドロップすることで、シンボルを繰り返し使用することができます。このとき、シンボルパネルに登録されたパーツを「マスター」、ドキュメント上に配置されたパーツを「シンボルインスタンス」と呼びます。シンボルインスタンスはマスターの分身です。

5-1 マスター　5-2 シンボルインスタンス

シンボルパネルからドラッグ＆ドロップ

6 同じ要領でシンボルインスタンスを配置しながら、6-1を参考にレイアウトします。それぞれの大きさは、拡大・縮小ツールを使って調整しましょう。

6-1

7 選択ツールでシンボルインスタンスの中のどれかひとつを選択し7-1、選択メニュー→"共通"→"シンボルインスタンス"を実行します7-2。こうすることで、選択したものと同じマスターを持つシンボルインスタンスすべてを選択できます。そのまま、オブジェクトメニュー→"重ね順"→"最背面へ"を実行します7-3。

7-1

7-2

選択メニュー→"共通"→"シンボルインスタンス"を選択すると、同じマスターを持つシンボルインスタンスすべてが選択される

7-3

オブジェクトメニュー→"重ね順"→"最背面へ"を実行

8 デザインの背景の長方形を、選択ツールでshiftキーを押しながらクリックして選択範囲に追加します 8-1。

オブジェクトメニュー→“クリッピングマスク”→“作成”を実行し、はみ出た範囲をマスクします 8-2。クリッピングマスクを作成すると長方形の塗りは破棄されるので、再び［塗り：C15/M0/Y5/K0］に戻します 8-3。これでザインは完成です 8-4。

> **memo**
> クリッピングマスクについての詳細は220ページ Lesson5-07を参照してください。

8-1

8-2

8-3

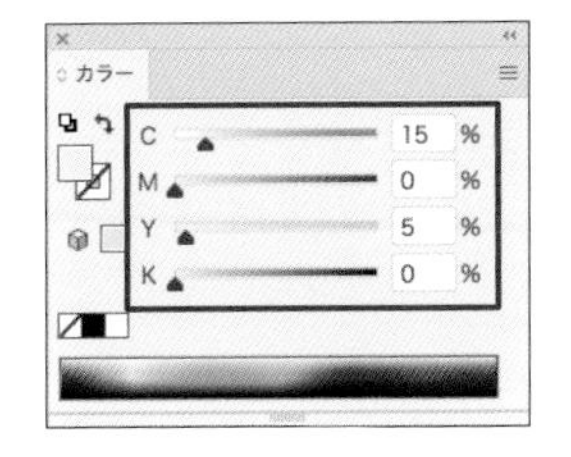

8-4

03 シンボルを編集する

9 現在のままだと雪の結晶の色が強すぎるので、調整してみましょう。シンボルパネルの「雪の結晶」をダブルクリックすると 9-1、シンボルの内容を編集するモードに変わります 9-2。

9-1

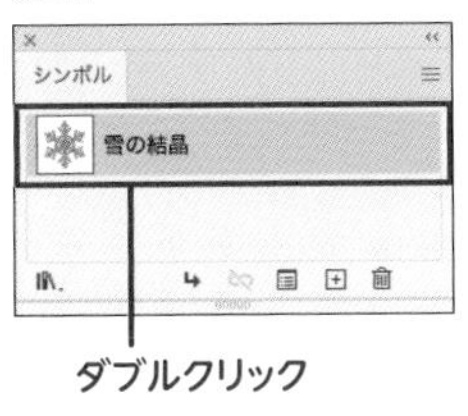

9-2

10

雪の結晶を選択し、[塗り：C40/M5/Y15/K0]に変更したら 10-1 10-2、キーボードのescキーを押して編集モードを終了します。

シンボルのマスターを編集すると、その内容がすべてのシンボルインスタンスに反映されます 10-3。これがシンボルのメリットです。

10-1

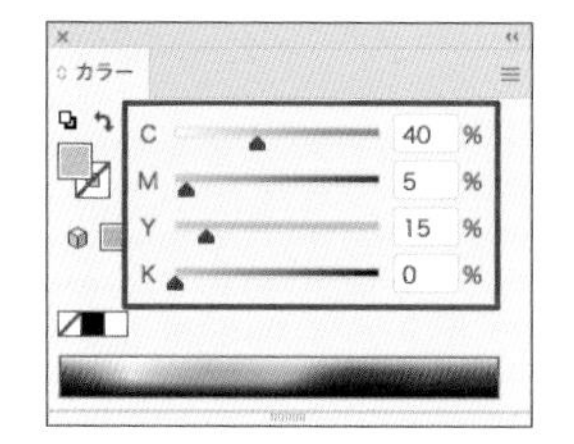

10-2

マスターの塗りをC40/M5/Y15/K0に変更

10-3

すべてのシンボルインスタンスに塗りの変更が反映される

11

最後に、シンボルのマスターを別のものに変更してみましょう。あらかじめ用意してある「data_5_5_11.ai」を開き、作業用のドキュメントにコピー&ペーストします 11-1。

ペーストしたパーツを選択し 11-2、シンボルパネルの[新規シンボル]をクリックして 11-3、[名前：桜の花][スタティックシンボル][基準点：中央]に設定して[OK]をクリックします 11-4。シンボルパネルに桜の花が登録されました 11-5。

11-1

11-2

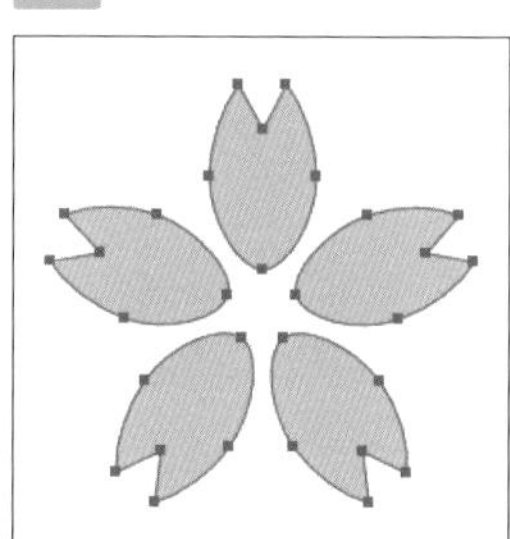

Lesson5/05/data_5_5_11.ai

11-3

11-4

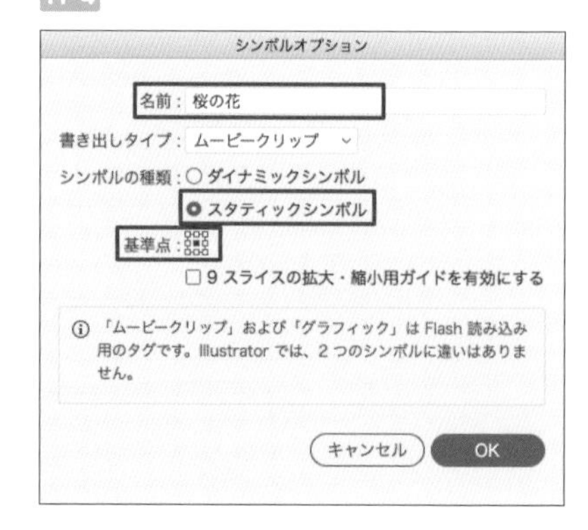

11-5

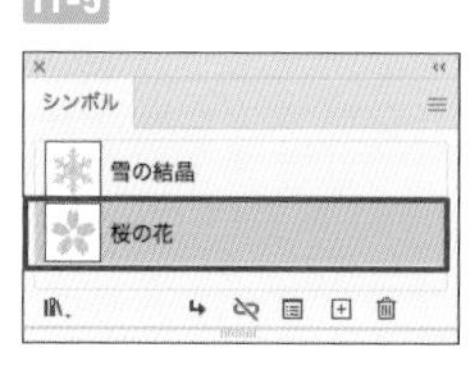

12 ダイレクト選択ツールでデザイン上の雪のパーツをどれかひとつ選択し 12-1、選択メニュー→“共通”→“シンボルインスタンス”を実行して雪の結晶パーツをすべて選択します 12-2。

コントロールパネルの［置換］をクリックして「桜の花」を選択すると 12-3、シンボルインスタンスがすべて桜の花に変わります 12-4。背景の長方形を［塗り：C5/M10/Y0/K0］に変更すれば完成です 12-5 12-6 12-7。

12-1

12-2

選択メニュー→“共通”→“シンボルインスタンス”で雪の結晶パーツをすべて選択

12-3

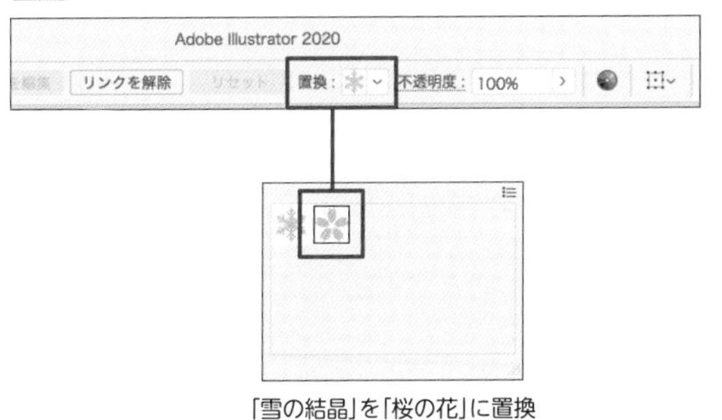

「雪の結晶」を「桜の花」に置換

12-4

12-5

12-6

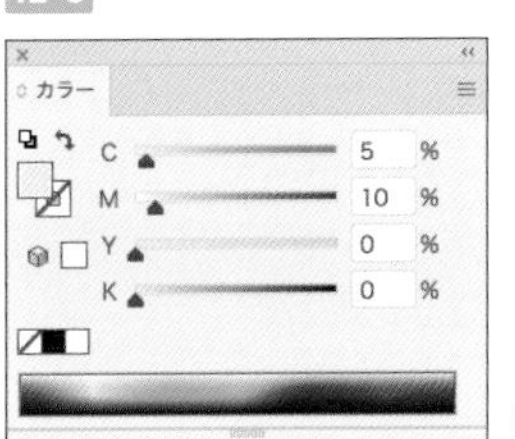

塗りをC5/M10/Y0/K0に変更

12-7

memo

背景の長方形はクリッピングパスになっているので、塗りの部分をクリックして選択することはできません。境界のパスをクリックして選択します。

ONE POINT

シンボルについて

ダイナミックシンボルとスタティックシンボル

シンボルには「スタティックシンボル」と「ダイナミックシンボル」の2種類があります。スタティックシンボルは、マスターとインスタンスが常に同じ見た目になりますが、ダイナミックシンボルでは、基本的な形は共有しながら、インスタンスごとに色だけを変えるなどの便利な使い方ができます。ただし、マスターに加えた変更がどのようにインスタンスに反映されるかをしっかり把握しておかないと、思わぬ結果になることもあるので注意が必要です。慣れないうちは、スタティックシンボルのみを使うようにしておくのが無難でしょう。

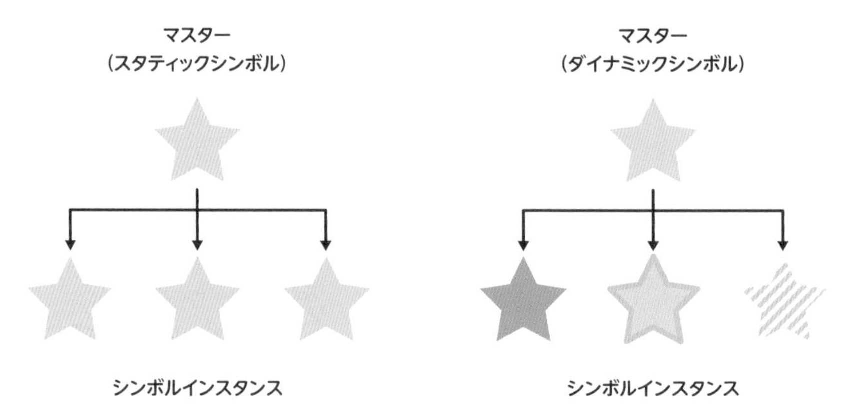

シンボルを通常のオブジェクトに戻す

シンボルインスタンスは、通常のオブジェクトに戻すこともできます。シンボルインスタンスを選択し、シンボルパネルの［シンボルへのリンクを解除］をクリックします。

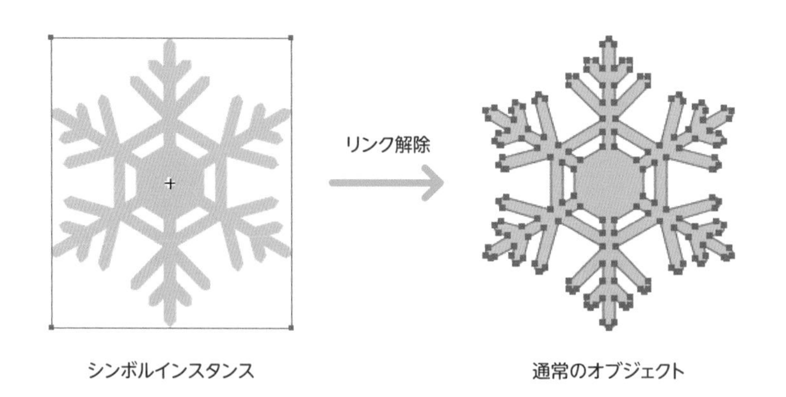

9スライスを使った伸縮可能なシンボル

シンボルには「9スライス」という機能があります。9スライスを有効にすると、シンボル編集の画面に縦横それぞれ2本ずつの破線ガイドが追加されます。このガイドはドラッグで自由に移動でき、バウンディングボックスなどでシンボルインスタンスのサイズを変更したとき、伸縮する範囲を定義できます。これにより、飾り罫などの角の形状比率を崩さず全体を伸縮させることが可能になります。

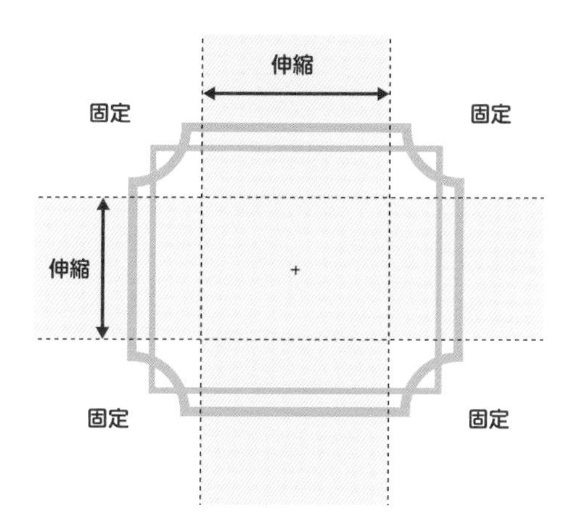

9スライスガイドの内側（ピンクの領域）のみが伸縮の対象となり、それ以外はサイズが固定される。

9スライス無効で横に引き伸ばした例。全体が引き伸ばされるため角の形状が崩れている

9スライス有効で横に引き伸ばした例。ガイドの内側のみが伸縮するので、角の形状は保持されている

Lesson 5
06
60 min

ワープ効果で凹凸のあるロゴを作る

THEME テーマ

長方形などの単純な図形でも、ワープ効果を組み合わせることで印象的な形にアレンジできます。15種類あるワープ効果それぞれの特徴を把握して、うまく組み合わせてみましょう。

KEYWORD キーワード

ワープ

TRY 完成図

Lesson5/06/5-6_作例.ai

01 ベースとなる図形を作る

1 長方形ツールで[幅：90mm][高さ：55mm]の長方形を作成し 1-1 、[線幅：2pt] 1-2 、[線：黒][塗り：白]に設定します 1-3 。

1-1

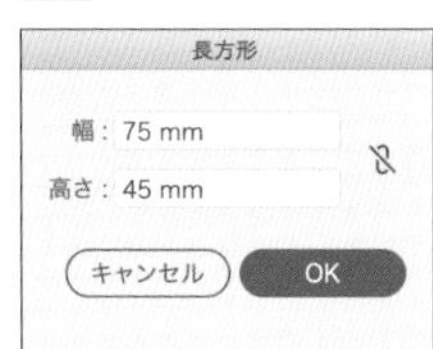

1-2

1-3

[線色：黒][塗り：白]

2 ダイレクト選択ツールを選択し、長方形の四隅にあるコーナーウィジェットのどれかひとつを、内側へ向かって7mm程度までドラッグします 2-1。長方形が角丸になったら、option（Alt）を押しながらコーナーウィジェットを1回クリックします。角丸が内向きになりました 2-2。

> **memo**
> コーナーウィジェットが表示されてない場合は表示メニュー→“コーナーウィジェットを表示”を選択します。作業中にコーナーウィジェットが邪魔なときは、同様の手順で非表示にもできます。以降の解説はコーナーウィジェット非表示で進めます。

2-1

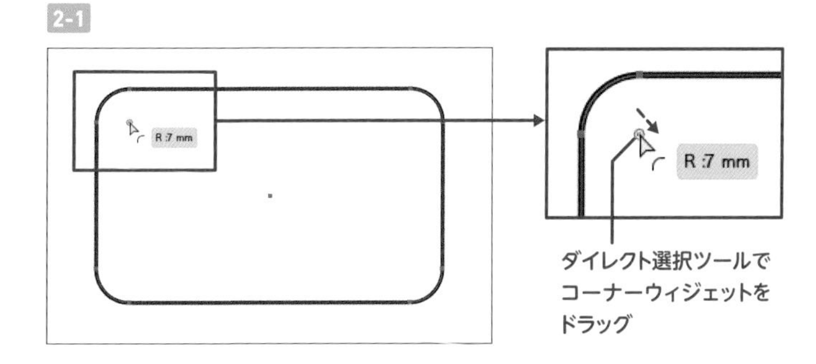

2-2

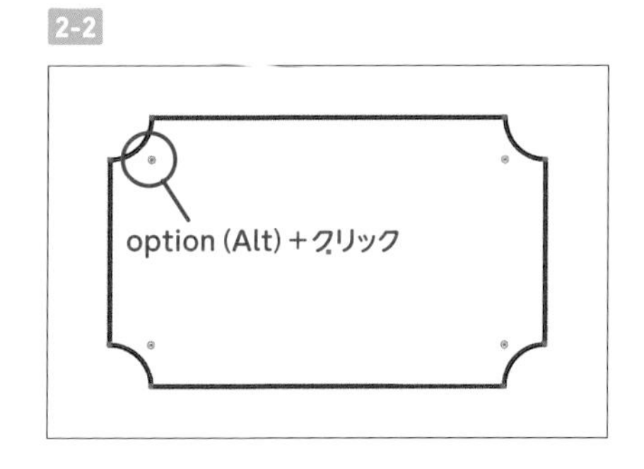

3 アピアランスパネルを開き、[新規線を追加]をクリックして[線]を追加します。2つある[線]のうち、下側の[線]の項目を選択し、線パネルで[線幅：1pt]に変更します 3-1。

3-1

アピアランス
パス
線： 2 pt
不透明度： 初期設定
線： 1 pt
不透明度： 初期設定
塗り：
不透明度： 初期設定

新規線を追加

4 引き続き、下側の[線]の項目を選択した状態で、効果メニュー→“パス”→“パスのオフセット...”を選択し、[オフセット：-1.5mm]で実行します 4-1。

パスが内側に縮小され、長方形の線が二重になりました 4-2。これでベースの図形は完成です。

4-1

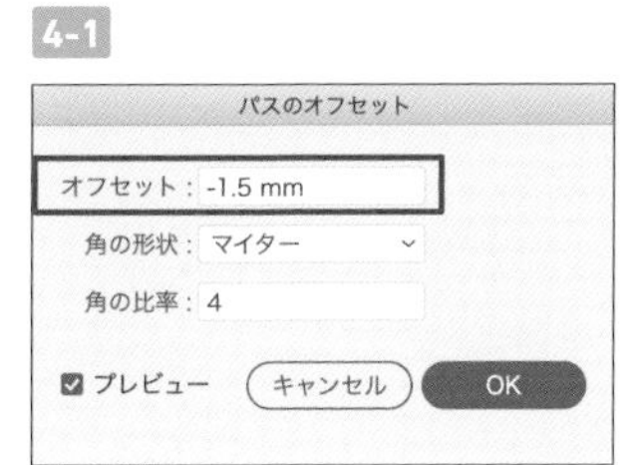

4-2

02 ワープ効果で形を変える

5 長方形を選択した状態で、アピアランスパネルの一番上にある［パス］の項目を選択し 5-1、効果メニュー→“ワープ”→“でこぼこ...”を選択します。

［水平方向］を選択し、［カーブ：-15%］で実行すると 5-2、長方形の上下がくぼみました 5-3。このように、ワープは既存の図形を特定の形状に変形できるのが特徴です。

5-1

5-2

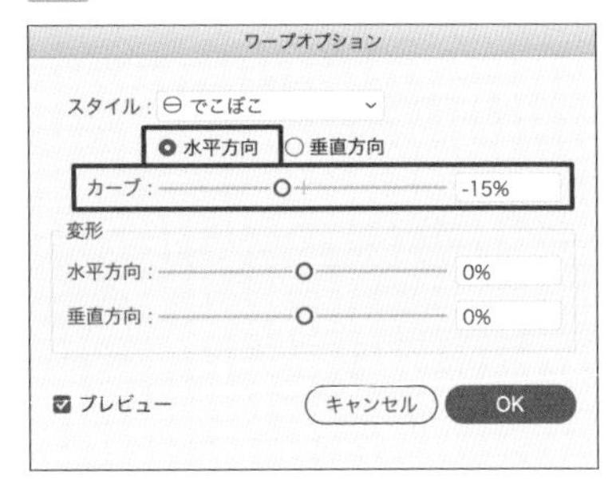

5-3

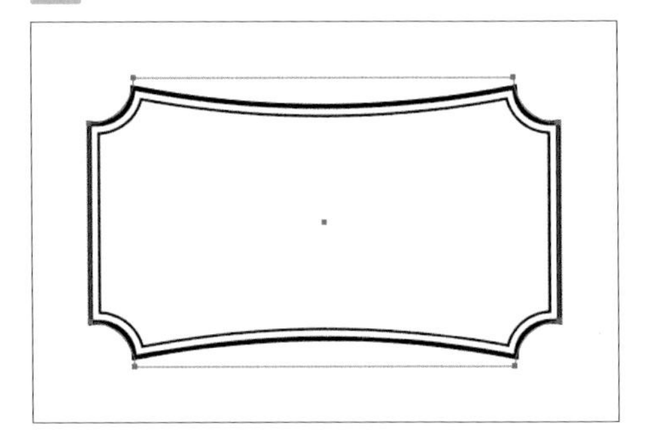

6 再度、効果メニュー→“ワープ”→“でこぼこ...”を選択します。今度は［垂直方向］［カーブ：20%］とします 6-1。

今度は、長方形の左右が膨らみました 6-2。これで、ロゴのベースとなるフレームが完成です。

6-1

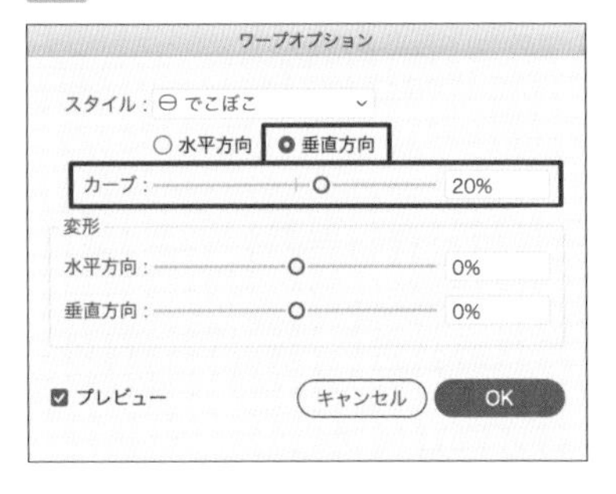

> **memo**
>
> 2回目の効果を追加する際に、確認のダイアログが表示されることがありますが、［新規効果を適用］をクリックして処理を続行しましょう。

6-2

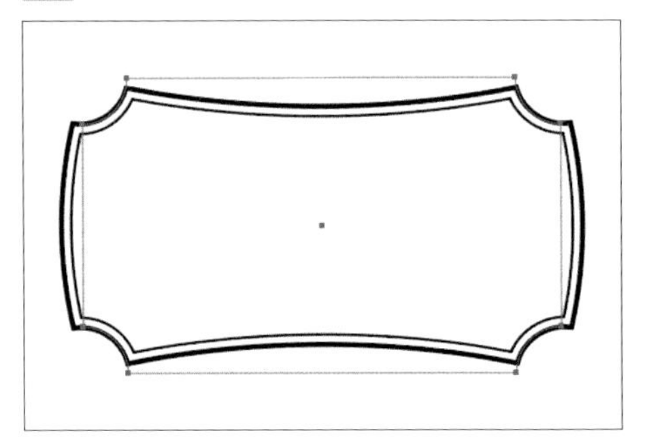

03 ロゴを仕上げる

7 ロゴに必要な文字を作成し、フレームのセンターに並べます 7-1。ここでは、上から「ITC Avant Garde Gothic Pro Medium」、「Acumin Pro ExtraCondensed Med Medium」、「Shelby Bold」というフォントを使って構成しました。

CCユーザーならいずれもAdobe Fontsのサイトから同期して使うことができますが、自分の好きなフォントにアレンジしても問題ありません。

7-1

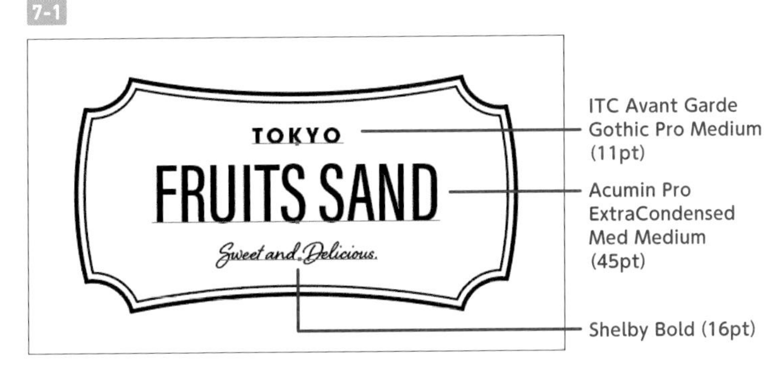

memo
Adobe Fontsの使い方は84、303ページを参照してください

8 最後に、[幅：4mm] [高さ：1mm] の長方形を縦に3つ並べて作ったアイコンを両サイドに配置し 8-1、色を [C50/M0/Y20/K0] に調整して完成です 8-2。

8-1

8-2

ONE POINT

ワープ効果

ワープ効果について

ワープ効果は、既存の図形を指定の形へ変形する機能です。変形の強さや方向などを自由に調整できるため、オブジェクト全体の形を調整して印象を高めたいときなどに有効です。

ワープ効果の種類

ワープ効果には、全部で15種類のスタイルがあります。今回の作例のように、複数のワープを組み合わせて使うことも可能です。この中でも「円弧」、「でこぼこ」、「下弦」、「上弦」、「アーチ」、「旗」は使い勝手がよく、使用頻度も高いので特徴を覚えておくといいでしょう。

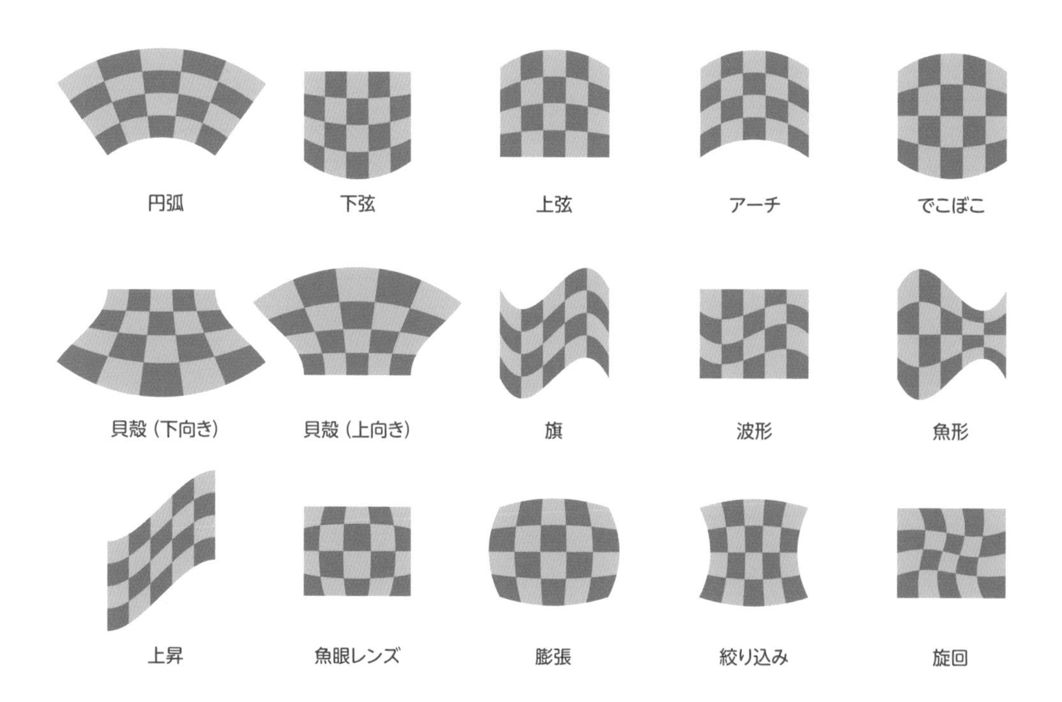

ワープの基本的な使い方

① [スタイル] では、ワープの種類を指定し、② [垂直方向] [水平方向] のチェックで効果の方向を決めます。
③ [カーブ] の値で変形の強さを指定できます。
④[変形]にある2項目は、変形の偏りを指定でき、上下、または左右のどちらかを大きくするような変形ができます。

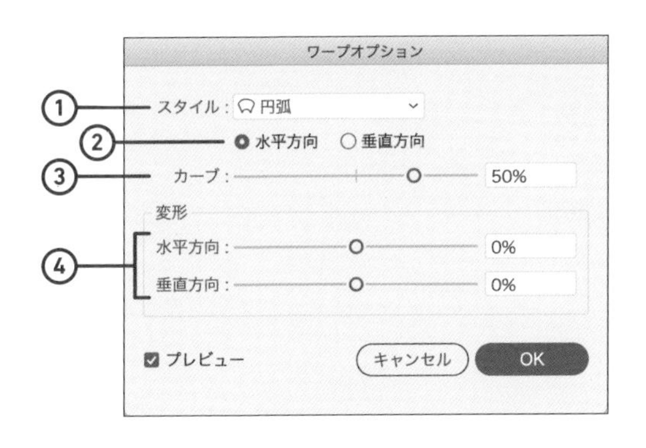

オブジェクトがグループ化されているときは、グループ全体をひとつのセットとして扱います。

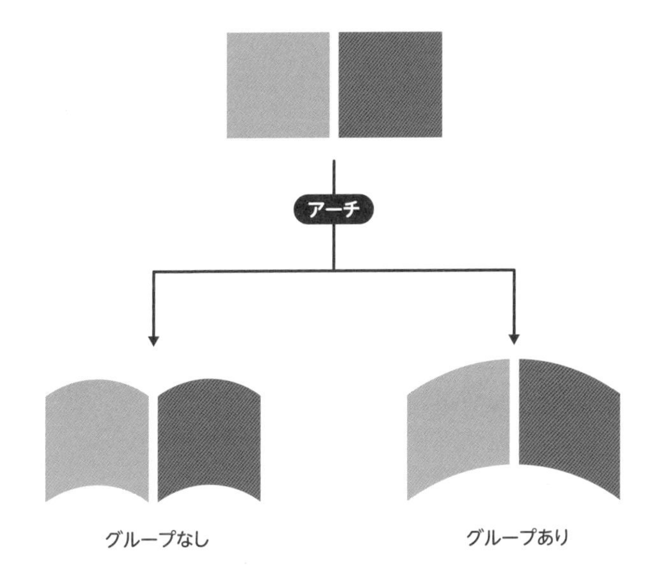

ラフな形の円で画像をマスクする

THEME テーマ

画像やオブジェクトの不要な範囲を隠すには、クリッピングマスクを使うのが基本です。普段の作業でも使用頻度が高い重要な機能です。この作例を通じて、クリッピングマスクの使い方をマスターしましょう。

KEYWORD キーワード

クリッピングマスク

TRY 完成図

Lesson5/07/5-7_作例.ai

01 クリッピングマスクの仕組みを理解する

1 作業に入る前に、クリッピングマスクの仕組みを理解しておきましょう 1-1。クリッピングマスクに必要なのは、マスクの中身とクリッピングパス（マスクとして使うパス）の2つです。マスクの中身は複数のオブジェクトでもかまいませんが、クリッピングパスは基本的に1つのパスのみです。マスクしたあとは、クリッピングパスの内側のみに中身が表示されるようになります。

1-1

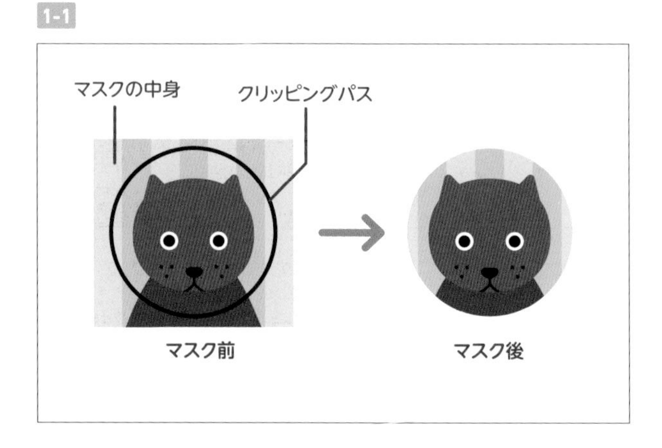

02 マスク用の柔らかい円を作る

2 それでは実践です。まず、クリッピングパスとして使う図形を作成しましょう。楕円形ツールで［幅：60mm］［高さ：55mm］の楕円形を作成します 2-1 2-2。

効果メニュー→“パスの変形”→“ラフ...”を選択し、［サイズ:パーセント/5%］［詳細:1］［ポイント：丸く］に設定して［OK］をクリックします 2-3。楕円形が歪んでやわらかい形になりました 2-4。

> **memo**
> ラフ効果の結果は実行のたびランダムに変化しますので、実際には作例と少し違う形になります。実行後に形が気に入らない場合はいったんcommand (Ctrl) + Zで取り消して、再度実行するといいでしょう。

2-1

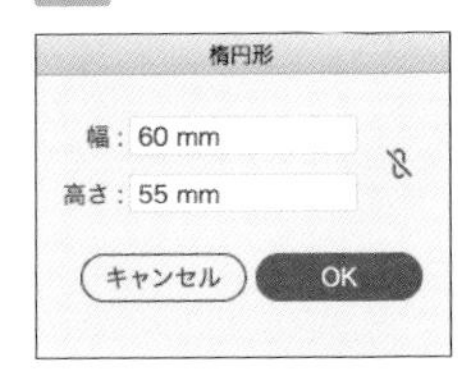

2-2

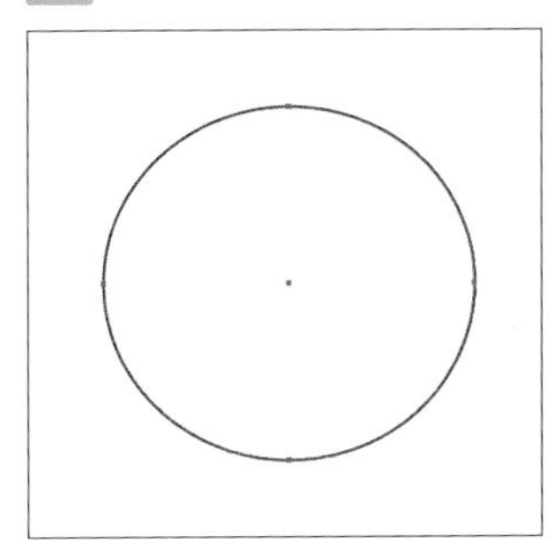

2-3

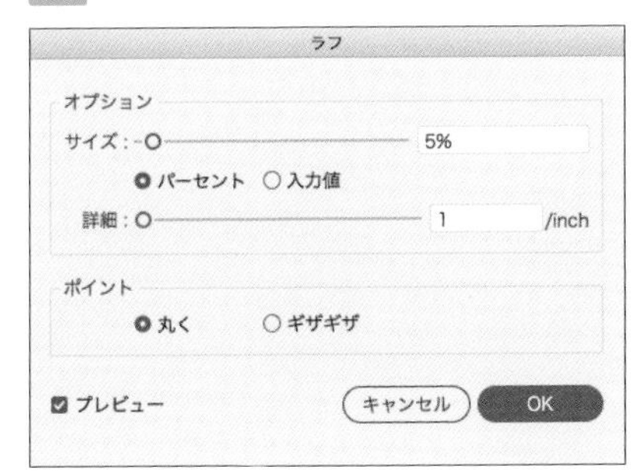

2-4

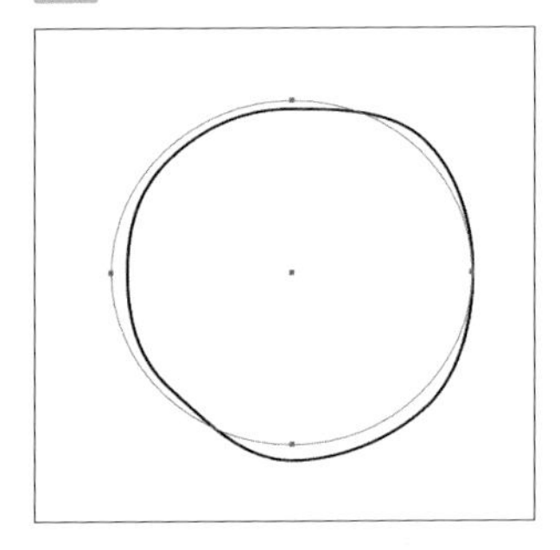

3 再度、効果メニュー→“パスの変形”→“ラフ...”を選択します。今度は、［サイズ：入力値/0.5mm］［詳細：40］［ポイント：丸く］に設定して［OK］をクリックします 3-1。パスのエッジがギザギザになり、よりアナログ感が出ました 3-2。

最後に、オブジェクトメニュー→“アピアランスの分割”を実行して、効果をパスに適用すれば、マスク用のパスは完成です 3-3。

3-1

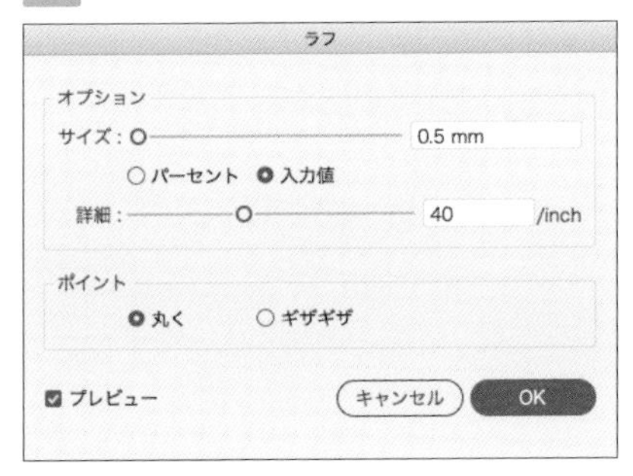

3-2

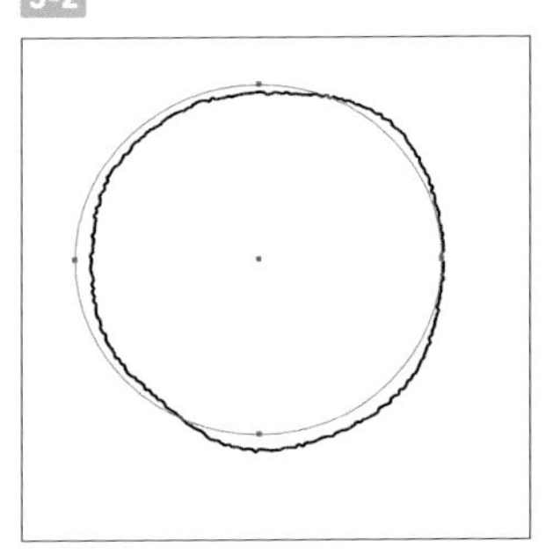

3-3

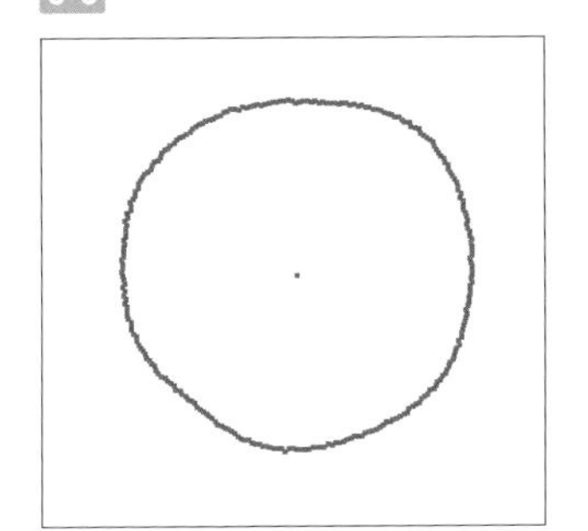

> **memo**
> 効果の追加を確認するダイアログが表示されたら［新規効果を適用］をクリックして続行します。

03 画像を配置してマスクする

4 マスクの中に入れる写真をIllustratorに配置しましょう。ファイルメニュー→“配置...”を選択し、目的の写真(cat1.jpg)を選んで[配置]をクリックすると 4-1、ダイアログが閉じてマウスポインタが配置用の表示になります 4-2。好きな場所でクリックすると、その位置を左上にして画像がドキュメントに配置されます 4-3。

4-1

Lesson5/07/cat1.jpg

4-2

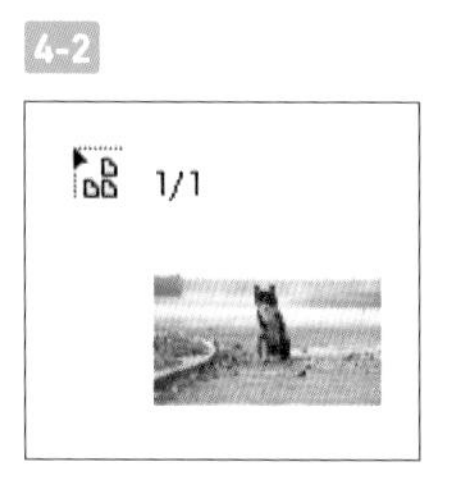

マウスポインタの表示

4-3

5 配置した画像を選択した状態で、オブジェクトメニュー→“重ね順”→“最背面へ”を実行して重ね順を変更しておきます。選択ツールで画像を移動し、先ほど作成したマスク用パスの下に重ねます 5-1。パスと画像を両方選択し 5-2、オブジェクトメニュー→“クリッピングマスク”→“作成”を実行すると、写真がパスの形でマスクされます 5-3。

5-1

5-2

5-3

04 マスクの中身を編集する

6 クリッピングマスクにしたオブジェクトのセットは、「クリップグループ」と呼ばれるひとつのグループになるため、選択ツールでは中身だけを選択して編集することはできません。中身の位置や大きさを編集したい場合は、クリッピングマスクのオブジェクト編集を使います。

まず、選択ツールでクリップグループを選択し、コントロールパネルの左端にある［オブジェクトを編集］ボタンをクリックします 6-1。

これで、クリップグループの中身だけが選択された状態になるので 6-2、ドラッグして移動したり、拡大・縮小ツールを使って大きさを変えることができます。画像の位置や大きさがバランスよくなるように調整しましょう 6-3。

6-1

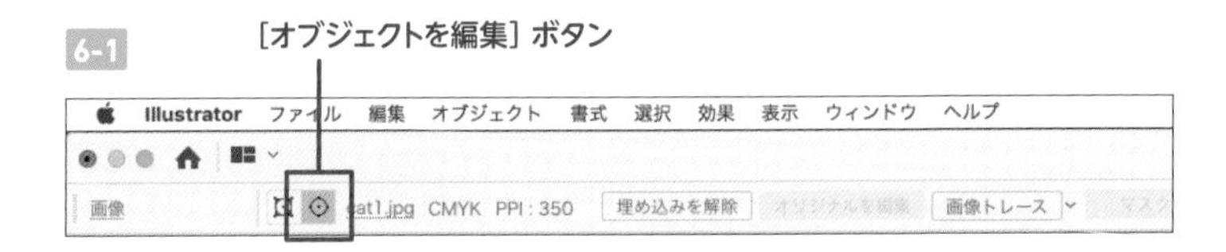

> **memo**
> オブジェクトの編集時に一度選択を解除すると、編集が終了してしまいます。引き続き編集をしたい場合は、再びクリップグループを選択して［オブジェクトを編集］ボタンをクリックしましょう。

6-2

6-3

7 ここまでと同じ要領を繰り返し、違う画像（cat2.jpg）のクリップグループを作成します 7-1。7-2 では、2つのクリップグループをタイトル文字の横にバランスよく配置しています。

7-1

Lesson5/07/cat2.jpg

7-2

ONE POINT

そのほかのクリッピングマスク機能

配置画像を長方形ですばやくマスクする

ドキュメントに配置した画像を選択ツールで選択すると、コントロールパネルに［マスク］というボタンが表示されます。これをクリックすると、画像と同じ大きさのクリッピングマスクが自動的に作成されます。そのまま選択解除せずに、画像のコーナーと四辺に表示されたバウンディングボックスのハンドルをドラッグすることで、すばやくマスクのサイズを変え、トリミングを調整できます。ハンドルが表示されていないときは、表示メニュー→"バウンディングボックスを表示"で表示しましょう。

配置画像を選択し、コントロールパネルの［マスク］をクリックしたあとハンドルをドラッグして手ばやくトリミング調整

編集モードを使ったマスク内容の調整

マスクした中身を調整するときは、コントロールパネルの［オブジェクトを編集］ボタンをクリックする以外に、編集モードを使う方法もあります。選択ツールでクリップグループをダブルクリックすると、タイトルバーの下にグレーの帯が表示され、グループの編集モードに入ります。この状態なら、クリッピングパスもその中身も自由に選択して編集ができます。編集が終わったら、余白をダブルクリックするかescキーを押して編集モードを終了します。この方法を使うには、環境設定の［一般］にある［ダブルクリックして編集モード］をオンにしておきます。

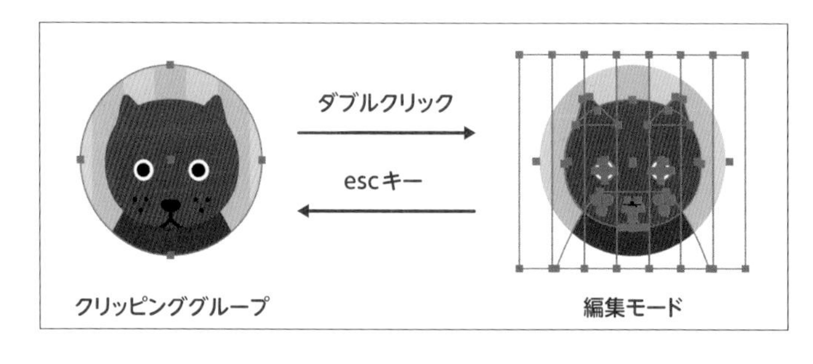

選択ツールでクリップグループをダブルクリックして編集モードに入れば、クリッピングパスも中身も自由に選択できる

複数のパスをクリッピングパスにする

文字の形で画像をマスクするなど、複数のパスをクリッピングパスとして使いたいときは、事前にすべてのパスを複合パス化します。クリッピングパスとして使いたいパスをすべて選択し、オブジェクトメニュー→"複合パス"→"作成"を実行すれば、複合パスにできます。

アウトライン化した文字を使って画像をマスクしたい

失敗した例。そのままだとうまくマスクできない

事前にすべての文字を複合パスにしてからクリッピングマスクにした例

マスクを解除する

クリップグループにしたオブジェクトを選択し、オブジェクトメニュー→"クリッピングマスク"→"解除"を実行すれば、マスクが解除されます。クリッピングマスクとして使われていたパスは、塗りと線がない透明状態になります。

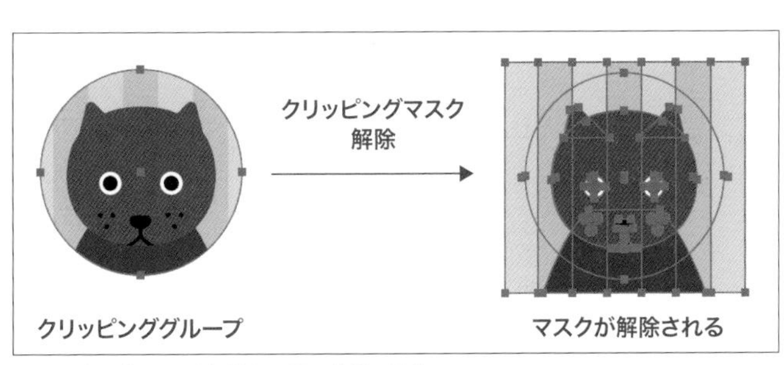

クリッピングマスクを解除して元の状態に戻す

濃度に応じた柔軟なマスクができる「不透明マスク」

Illustratorのマスクはクリッピングマスクが基本ですが、それとは別に「不透明マスク」という機能もあります。クリッピングマスクはパスの形が基本となっていたので、シャープなエッジのマスクしか作れませんが、不透明マスクを使うと半透明やグラデーション状態のような、高度なマスクができます。

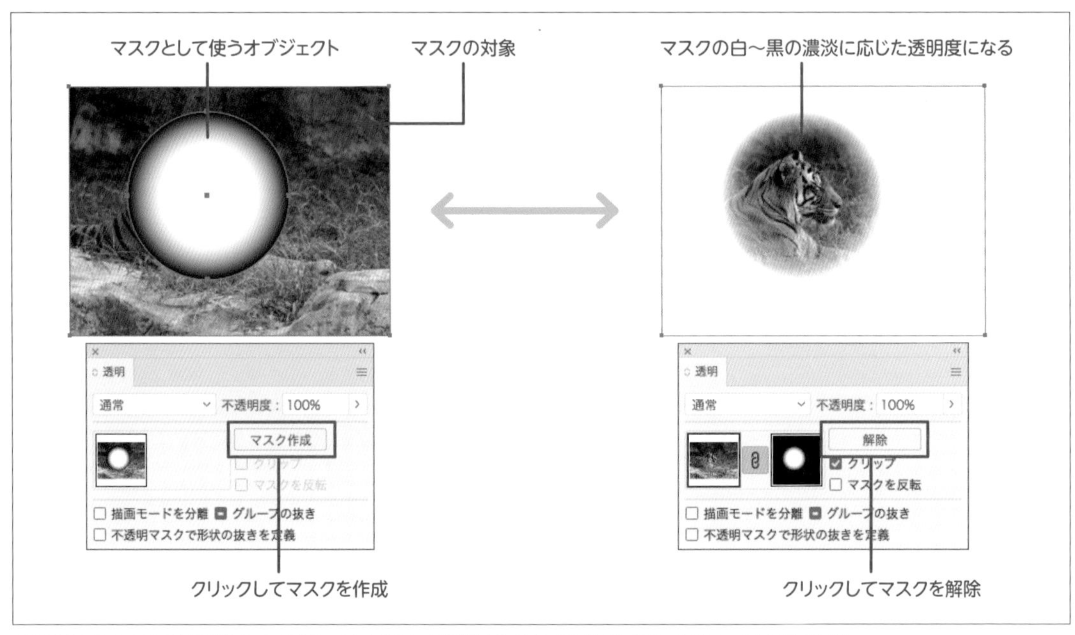

マスクの中身の上に色の濃淡をもつオブジェクトを重ね、透明パネルの[マスク作成]ボタンをクリックして作成する
マスクの透明度が色の濃度で決まるため、エッジがぼやけたやわらかいマスクなども作成可能だ

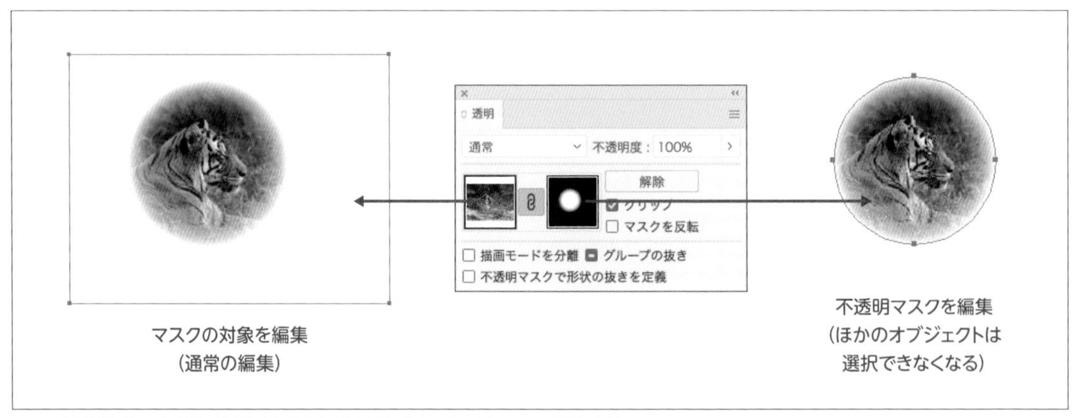

マスクを編集したいときは、透明パネルの右側のサムネイルをクリックして編集する
マスク編集中はほかのオブジェクトは選択できないので、編集が終わったら左側のサムネイルをクリックして終了しよう

Lesson 6

文字をアレンジしてみよう

文字は、入力してフォントやサイズ、行間などを設定するだけでなく、グラフィカルな効果を加えたり、ツールで変形加工したりできます。テクニックを習得して表現の幅を広げましょう。

文字の一部をアレンジしてロゴを作る

THEME テーマ

文字をアウトライン化するとパスに変換されるため、自由な編集が可能になります。また、アンカーポイントを１つずつ編集するよりも、パペットワープツールを使うことで自然に文字を変形できます。

KEYWORD キーワード

文字のアウトライン化
パペットワープツール

TRY 完成図

Lesson6/01/6_1.ai

01 文字をアウトライン化する

1 文字を作成し色を付ける：ツールバーから文字（縦）ツールを選択し、縦書き文字を作成します 1-1 ～ 1-3 。

memo

サンプルで使用している「Ro 篠Std-M」はAdobe Fontsからダウンロードして利用可能です。

また、環境設定の文字の単位を「ポイント」に設定しています。単位の環境設定についてはP.28をご覧ください。

1-1

1-2

縦書き文字を作成

1-3

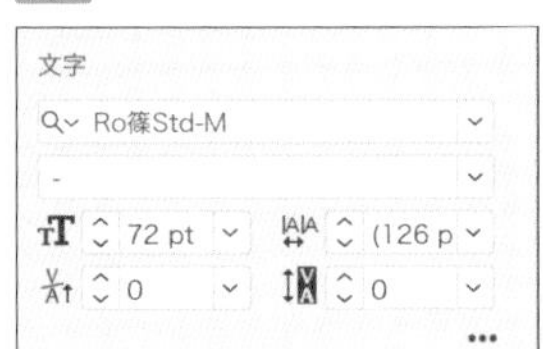

2 文字をドラッグして選択し、色を設定しておきます 2-1 ～ 2-5。

2-1

2-2

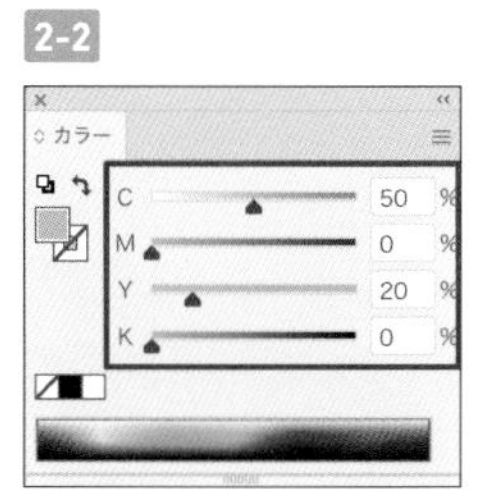

上2文字をドラッグして選択し、色を設定

2-3

2-4

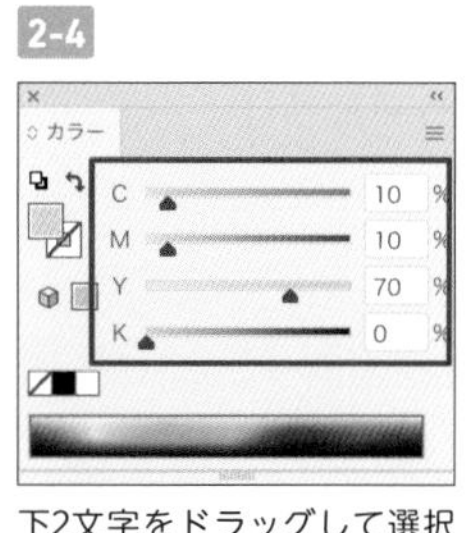

下2文字をドラッグして選択し、色を設定

2-5

3 **文字をアウトライン化**：選択ツールを選び、作成した文字をクリックして選択し 3-1、書式メニュー→“アウトラインを作成”を選択します 3-2。文字がアウトライン化されパスに変換されます 3-3 3-4。

3-1

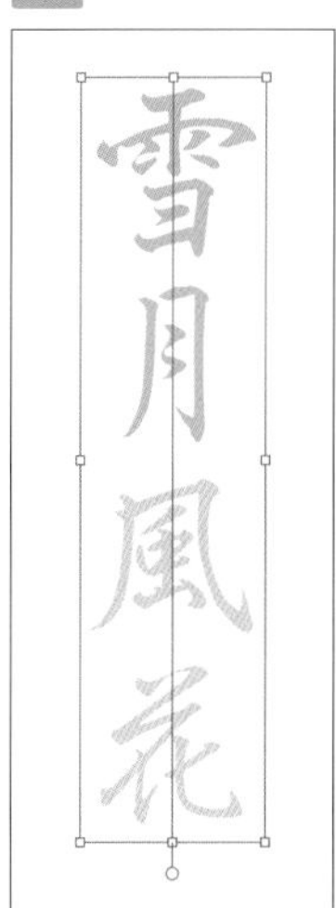

3-2

選択ツールでテキストオブジェクトを選択し、書式メニュー→“アウトラインを作成”を選択

3-3

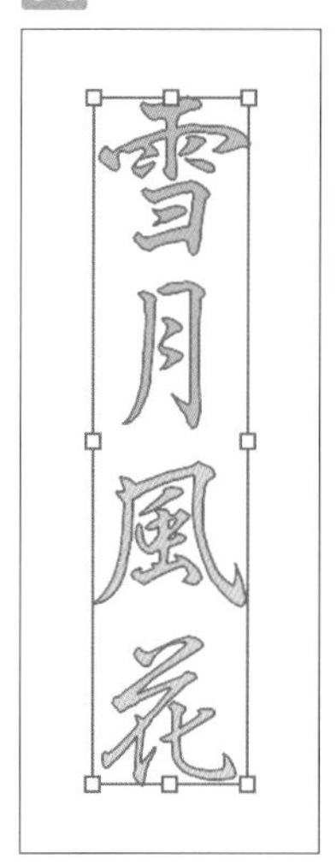

テキストオブジェクトがアウトライン化されパスに変換される

3-4

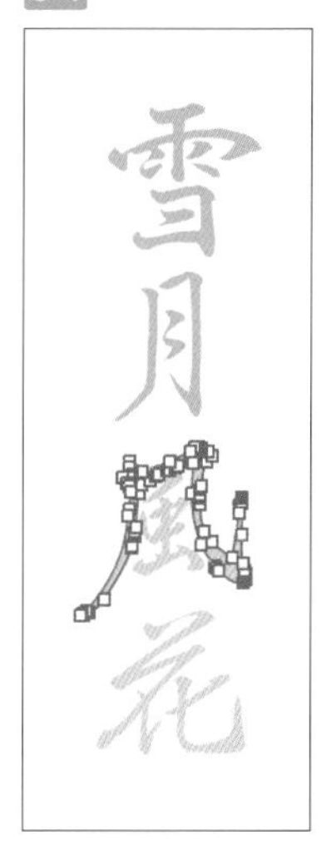

memo

一度アウトライン化するとフォントを変えたり文字内容を変えることはできませんので、アウトライン化する前に文字オブジェクトを複製しておき再編集可能な状態で残しておきましょう。

02 パペットワープツールで文字を変形する

4 パペットワープツールで加工：ツールバーからパペットワープツール➡を選択します 4-1。するとアウトライン化された文字の上に自動的にピンが表示されます 4-2。ピンの位置はドラッグして移動させることができます。

> **memo**
> 文字を選んだ状態でパペットワープツールを選択すると、その文字は自動的にアウトライン化されます。

4-1 4-2

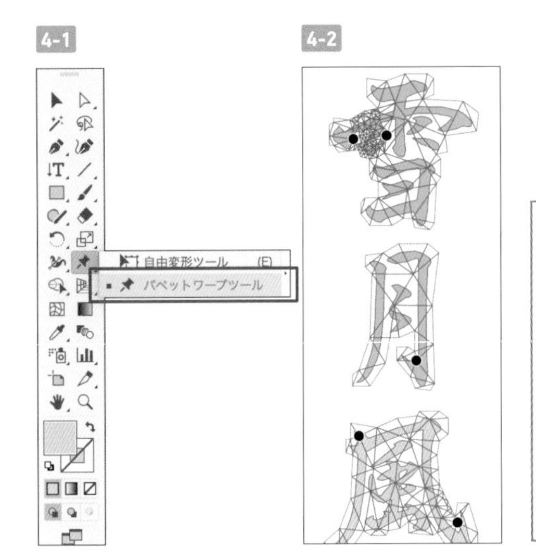

> **memo**
> パペットワープツールは自由変形ツールを長押しすると表示されるサブメニューから選択できます。
> 自由変形ツールがツールバーに表示されていない場合は、ウィンドウメニュー→"ツールバー"→"詳細"を選択してください。

5 ピンを追加して文字を動かす：文字のはらいの部分に合わせてクリックすると新しくピンが打たれます 5-1。他のピンは固定された状態になり、ピンを動かすとその部分のオブジェクトを変形させることができます 5-2。

5-1

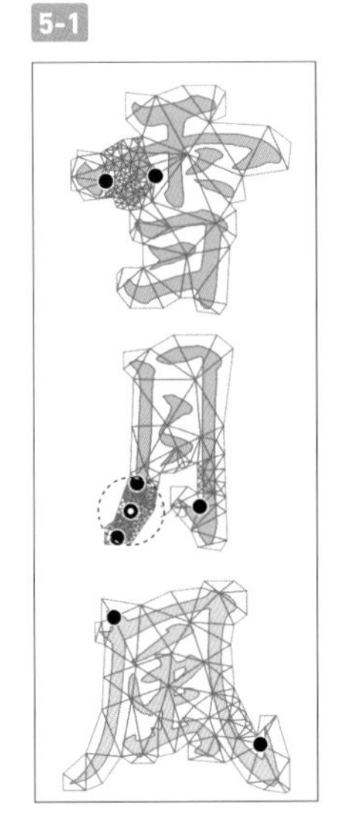

5-2

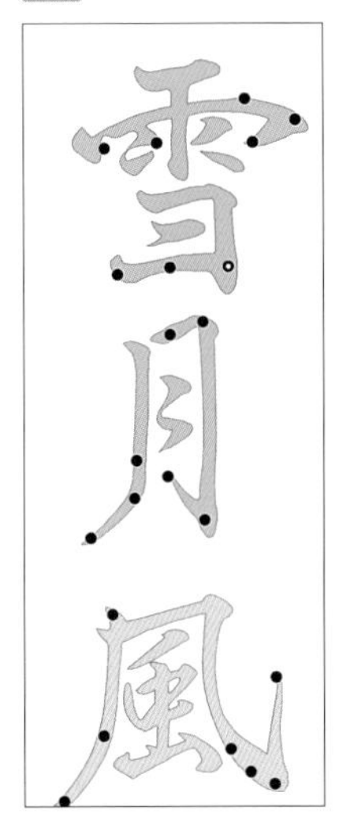

新たにピンを打って文字のはらいやはねを変形した

6 移動ツールで文字の位置を調整：パペットワープツールで文字の変形ができたら、選択ツールで、各文字の位置を調整します。

ただし、アウトライン化された文字はグループ化されているため、ダブルクリックしてグループ編集モードに入ってから、各文字をドラッグして大きさや位置を調整します 6-1。

6-1

各文字の位置と大きさを調整

文字がランダムに配置されたロゴを作る

THEME テーマ

文字タッチツールを使うと文字をアウトライン化せずに位置を動かしてロゴのようなデザイン文字を作ることができます。さらに線の位置を移動させると文字ずれのような効果を加えてみましょう。

KEYWORD キーワード

文字タッチツール

TRY 完成図

Lesson6/02/6_2.ai

01 グローバルカラーで文字色を設定する

1 文字ツールでタイトルを作成：文字ツールを使ってタイトル用の文字を作成しておきます 1-1 1-2。

> **memo**
> サンプルで使用している「貂明朝」はAdobe Fontsからダウンロードして利用可能です。

1-1

分葱山惣菜店

1-2

2 **スウォッチにグローバルカラーを登録**：文字に色をつける前に、スウォッチパネルで、[新規スウォッチ]をクリックして 2-1 、2つのカラーを追加します。この際にグローバルカラーにチェックをしておくと 2-2 2-3 、あとでこの色を変えたときに同じカラーが適用された部分が連動して変わります。

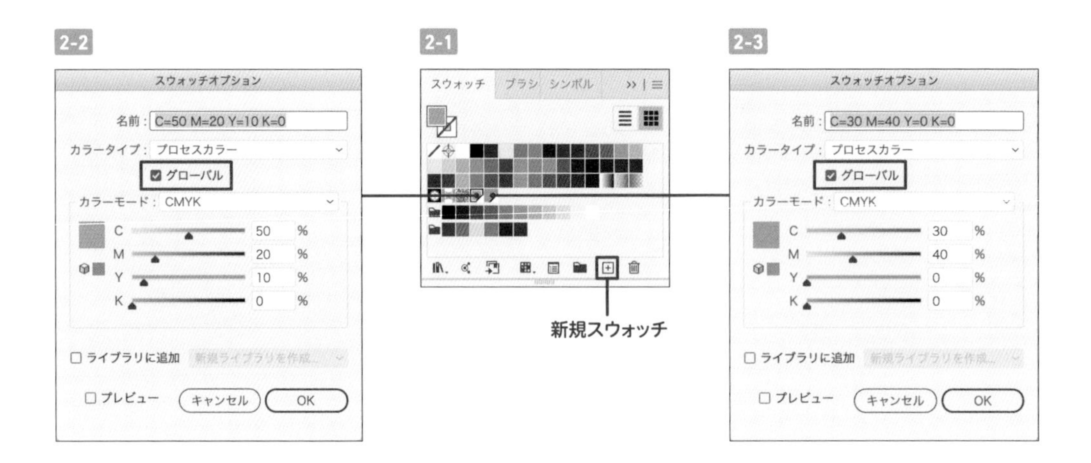

3 **文字にカラーを設定**：選択ツールで文字全体を選択し、スウォッチパネルから登録したカラーを選択します 3-1 3-2 。さらに、文字ツールで文字の一部を選択して別のカラーを指定しておきます 3-3 。

3-1

3-2

3-3

分葱山惣菜店

02 文字タッチツールで1文字ずつ変形する

4 **文字タッチツールを選択**：作成した文字を1文字ずつ動かすにはツールバーから文字タッチツールを選択します 4-1 。このツールを選んでいる場合には1文字ずつクリックして大きさや位置、角度をなどを調整できます。

4-1

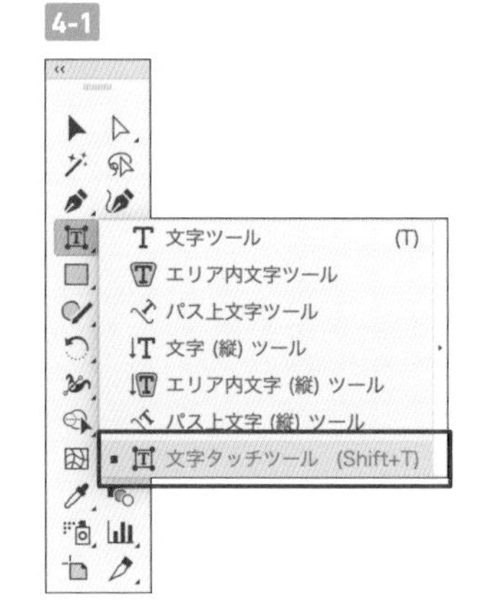

memo

文字タッチツールは文字ツールを長押しすると表示されるサブメニューから選択できます。

サブメニューに文字タッチツールが表示されない場合は、ウィンドウメニュー→"ツールバー"→"詳細"を選択してください。

5 **1文字ずつ大きさや向きを変更**：右上のコーナーハンドルをドラッグすると文字の大きさが変わります 5-1 5-2。

上部にあるハンドルを動かすと回転が可能です 5-3。

左上のハンドルは垂直にリサイズ、右下のハンドルは水平にリサイズできます。

文字の中央をドラッグすると位置を移動できます 5-4。

ただし、前の文字よりも前に移動させたり改行を超えて移動させることはできません。

5-1

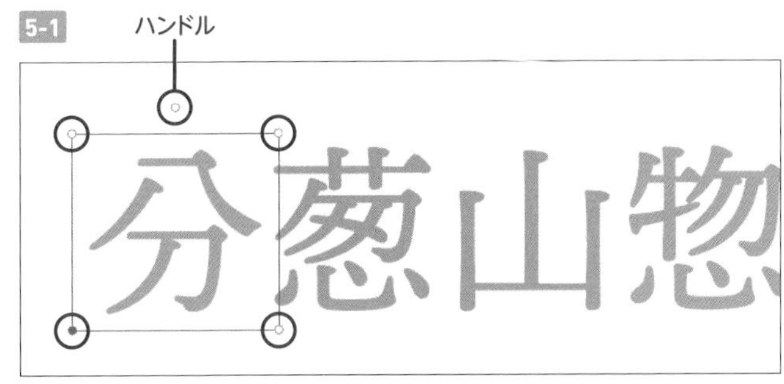

文字をクリックすると、文字を囲むボックスおよび、その四隅と上部にハンドルが表示される

5-2

右上のハンドルをドラッグすると文字の大きさを変えることができる

5-3

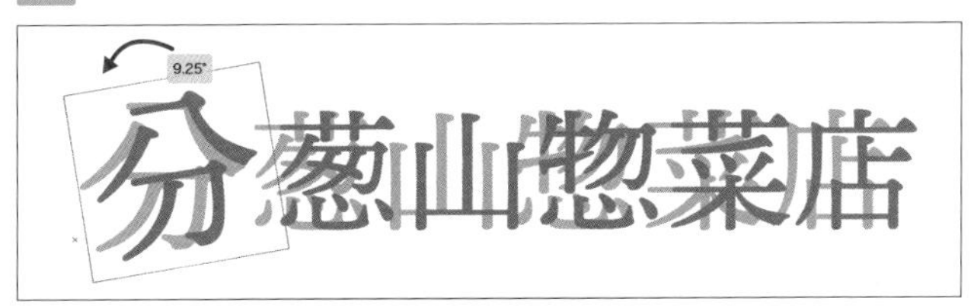

文字上部のハンドルをドラッグすると文字を回転できる

5-4

選択した文字をドラッグすると移動できる

03 文字に縁(線)を設定して移動する

6 **線を追加**：文字の周りに線を追加したい場合には、選択ツールで文字全体を選択した状態で、アピアランスパネル上で［新規線を追加］をクリックします 6-1 6-2。

6-1

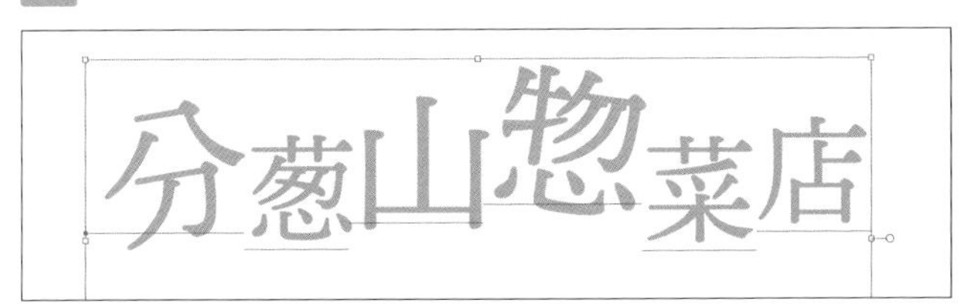

6-2

すると新しく黒の1ptの線が文字の周りに追加されます 6-3 6-4。

6-3

6-4

7 **線の位置を移動**：新たに追加された線の位置を移動させて版ズレの効果を作ってみましょう。アピアランスパネル上で［線］を選択しておき 7-1、効果メニュー→“パスの変形”→“変形…”を選択します 7-2。表示されるダイアログの［移動：水平方向］［移動：垂直方向］を-0.5mmに変更します 7-3。線のみが左上にずれた状態になりました 7-4。

7-1

7-2

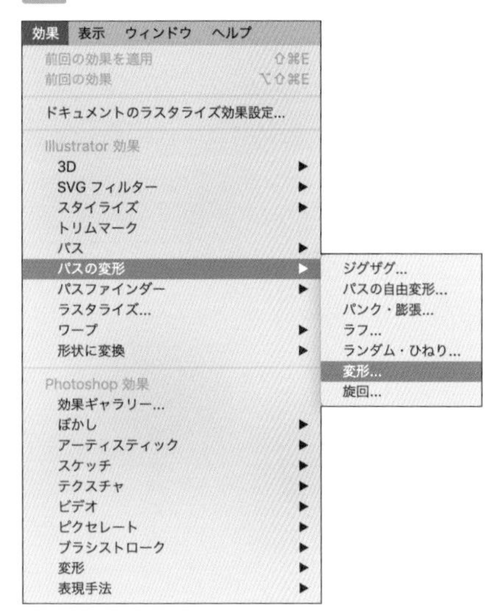

7-3

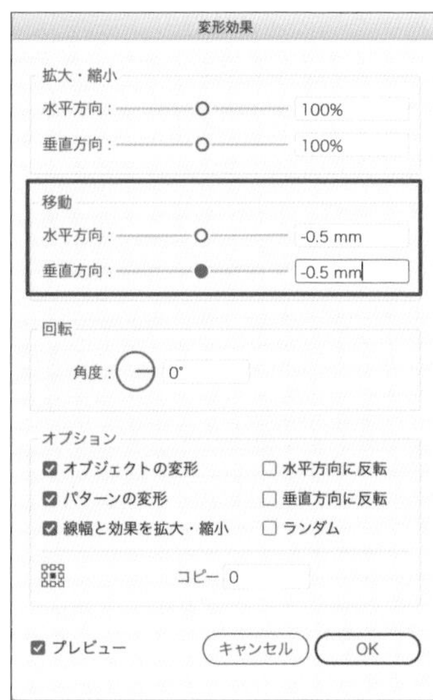

7-4

文字を縁取る線が左上にずれた

04 フォントや文字色を変更する

8 **フォントやカラーを変更**：文字はアウトライン化されていないため、あとからフォントを変更したり文字内容を変えることができます 8-1 8-2。

また、スウォッチパネル上でグローバルカラーをダブルクリックして色情報を変更すると 8-3 8-4、その色が適用された部分のカラーも同時に変わります 8-5。

8-1

8-2

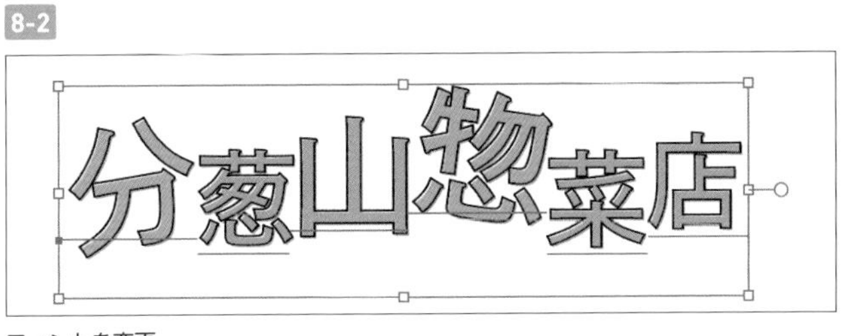

フォントを変更

8-3 8-4

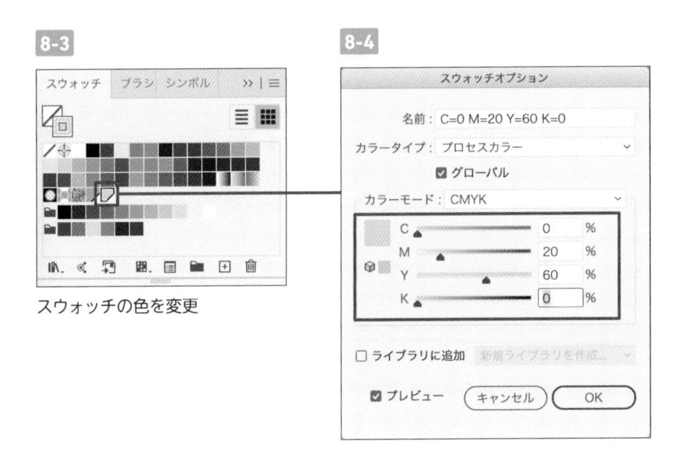

スウォッチの色を変更

8-5

同じスウォッチが適用されている色が変更される

縁取りされた文字を作る

THEME テーマ

アピアランスパネルを使うことで、文字に対して複数の線や塗りを追加できます。塗りや線ごとに別の効果を加えられるので、一部の塗りや線だけを変形させて、立体感を出すような表現も作り出せます。

KEYWORD キーワード

アピアランス

TRY 完成図

Lesson6/03/6_3.ai

01 テキストオブジェクトに塗りと線を設定

1 塗りのない文字を作成：タイトルの文字を作成します 1-1 1-2。

あらかじめ設定されているカラーは線や塗りの順序を変えることができないため、いったん文字ツールで文字全体を選んで、[塗り：なし] に設定します 1-3 1-4。

memo

サンプルで使用している「Reross」はAdobe Fontsからダウンロードして利用可能です。

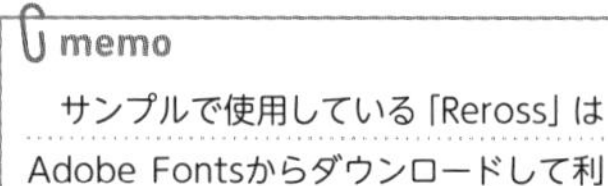

1-1

1-2

1-3

文字の塗りを[なし]に設定

1-4

2 **塗りを追加しカラーを設定**：選択ツールで文字を選択してアピアランスパネルを開き、[新規塗りを追加]をクリックして追加します 2-1 2-2。黒色が設定されたら、[塗り]のカラーを［C60/M0Y20/K0］に変更します 2-3 2-4。ここではスウォッチに登録して使用しました。

2-1

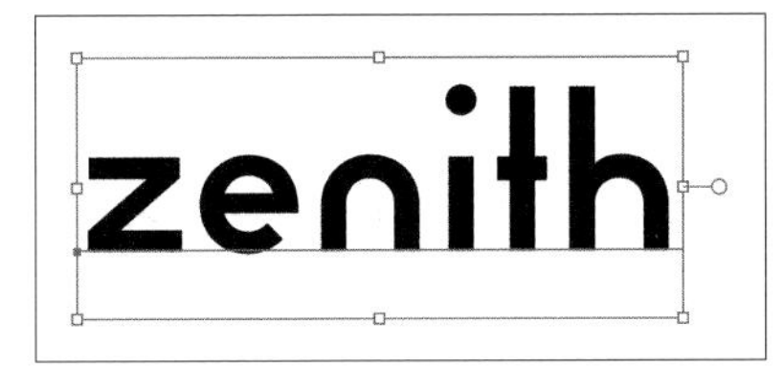

2-2

2-3

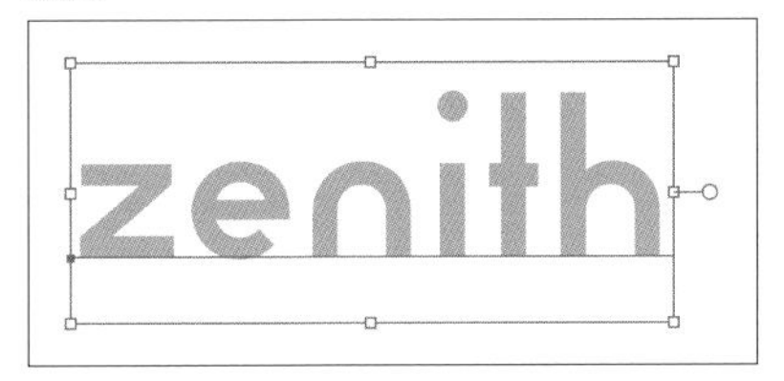

テキストオブジェクトに塗り色を設定

2-4

3 **線を追加し太さを設定**：アピアランスパネルの塗りの上にある［線］を黒に設定し、太さを5ptに変更します 3-1 3-2。

線は文字の外側と内側に太くなるため、内側の文字色が線で見えなくなってしまいます。そこでアピアランスパネル上で上部にある[線]をドラッグして[塗り]の下に移動します 3-3 3-4。すると線の上に塗りがあるため、線で文字が消えることがなくなります。

3-1

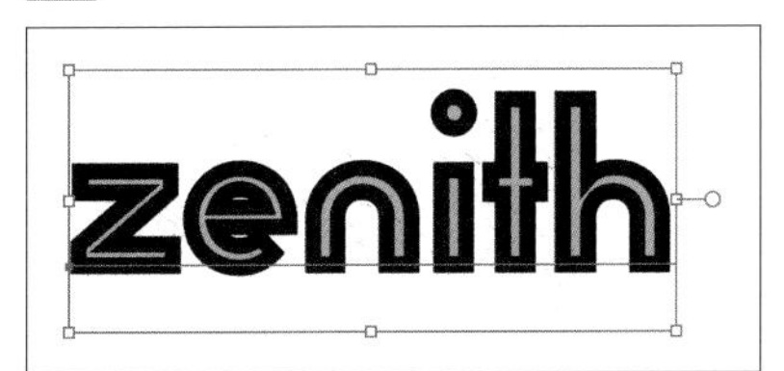

テキストオブジェクトに5ptの線を設定

3-2

3-3

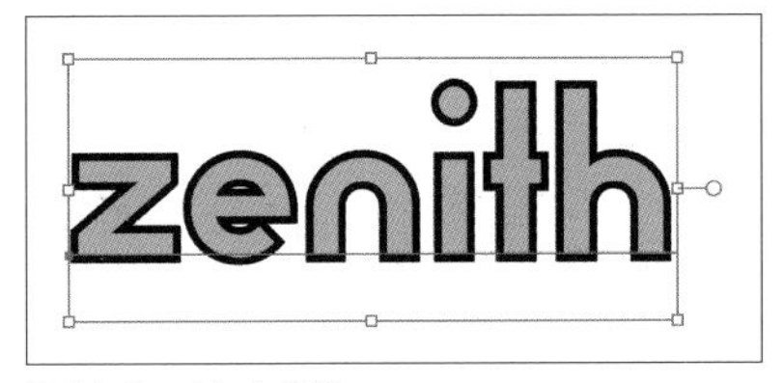

塗りを上に出した状態

3-4

「線」をドラッグして下に移動

4 線を複製し色と太さを変更

線を複製し色と太さを変更：次に黒の［線］を選択した状態で、アピアランスパネルの［項目を複製］をクリックします。

同じ線が2つ重なった状態で、下側にある［線］をグレー（K40）に、上側にある［線］を白にし、白い線の太さを2ptまで下げます。すると二重の縁取りの文字ができました4-1 4-2。

4-1

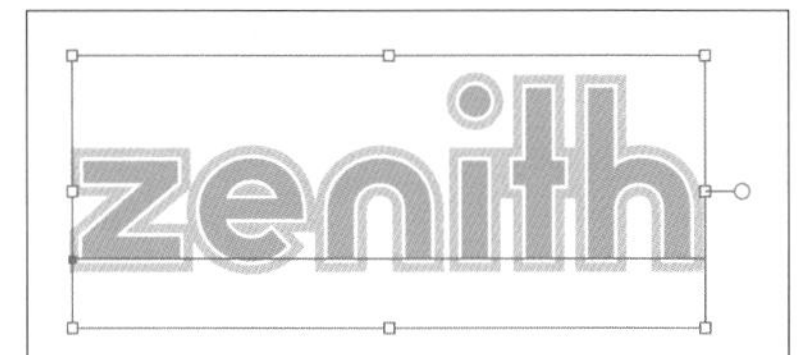

4-2

項目を複製

5 変形コピーで奥行きを付ける

変形コピーで奥行きを付ける：最後にグレーの部分に奥行きを付けてみましょう。アピアランスパネルで一番下にあるグレーの［線］を選択し5-1、効果メニュー→“パスの変形”→“変形...”を選択します5-2。

表示される「変形効果」ダイアログの［移動］を［水平方向：0.1mm］［垂直方向：0.1mm］とし、［コピー：20］に設定します5-3。するとグレーが右下に伸びたような表現になります5-4。

5-1

一番下のグレーの線を選択

5-2

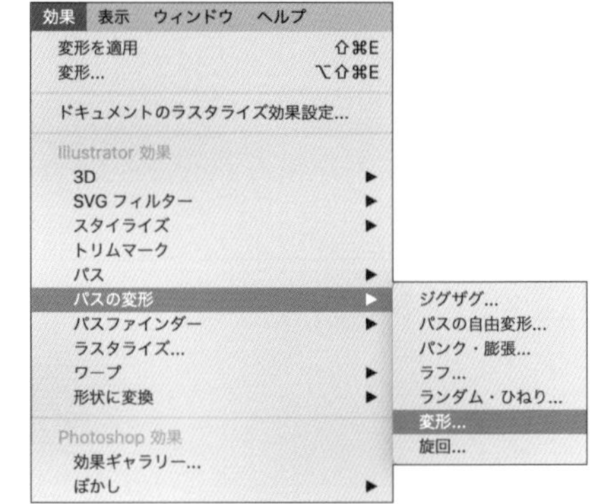

5-3

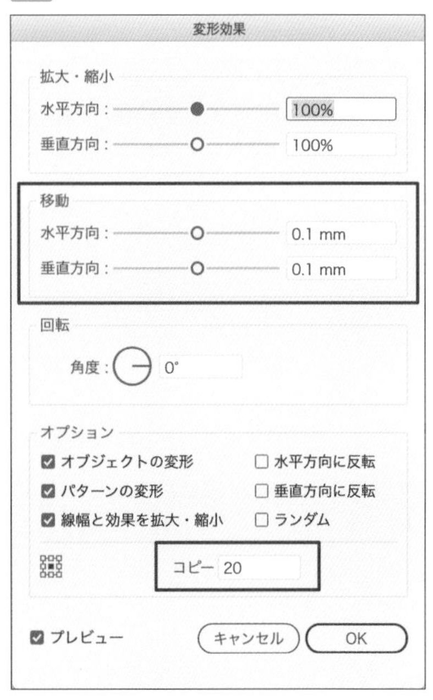

5-4

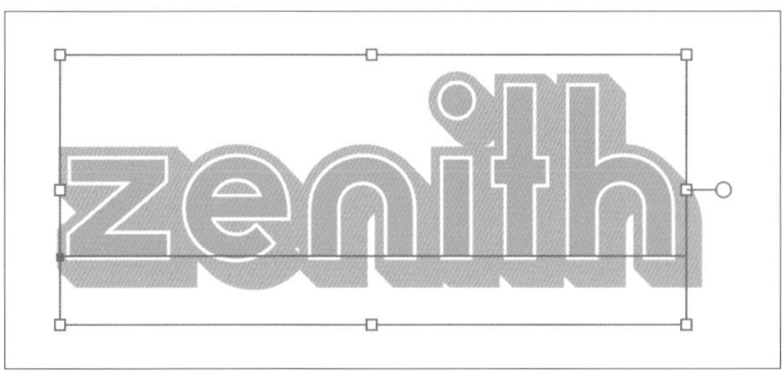

異なるフォントを組み合わせてタイトルを作る

THEME テーマ

欧文や数字部分だけ別のフォントを割り当てたいというような場合、手作業で指定していくのは面倒です。そのようなときは、文字の種類によって、割り当てるフォントを指定できる合成フォントを使うと便利です。

KEYWORD キーワード

合成フォント

TRY 完成図

Seminar参加受付
Illustrator配信講座
Webレイアウトトレンド20

・セミナー参加受付
・Illustrator配信講座
・Webレイアウトトレンド20

Lesson6/04/6_4.ai

01 和文と欧文を別のフォントにする

1 合成フォントを作成：合成フォントを作成するには、書式メニュー→“合成フォント...”を選択します 1-1。

合成フォントのダイアログ 1-2 で［新規］をクリックすると合成フォント名を入力するダイアログが表示されるので、覚えやすい名前を付けます。ここでは使用するフォント名で指定しています。

memo

合成フォントは、ドキュメントを開いて作成した場合には、そのドキュメント内に保存されます。ドキュメントを開いていない状態で合成フォントを作成した場合は、Illustratorのアプリケーション内に保存されます。

1-1

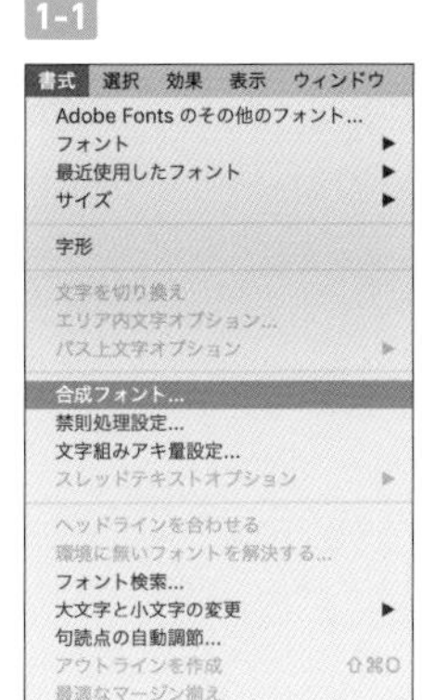

1-2

合成フォント

合成フォント：［初期設定セット］　単位：%

	フォント		サイズ	ベース...	垂直比率	水平比率	
漢字	小塚ゴシック Pr6N	R	100%	0%	100%	100%	−
かな	小塚ゴシック Pr6N	R	100%	0%	100%	100%	✓
全角約物	小塚ゴシック Pr6N	R	100%	0%	100%	100%	−
全角記号	小塚ゴシック Pr6N	R	100%	0%	100%	100%	−
半角欧文	Myriad Pro	Regular	100%	0%	100%	100%	−
半角数字	Myriad Pro	Regular	100%	0%	100%	100%	−

新規...　保存　フォントを削除　書き出し...　特例文字...

サンプルを表示

キャンセル　OK

新規合成フォント

名前：VDLギガ+AllRoundGotihc

元とするセット：なし

キャンセル　OK

2 **和文部分のフォントを指定**：合成フォントの初期設定では全角が「小塚ゴシック」、半角に「Myriad」が指定されています。合成フォント名が上部に表示されたら、「漢字」「かな」「全角約物」「全角数字」に日本語フォントを指定します。ここではAdobe Fontsの「VDL ギガJr」を指定しています 2-1。ダイアログ下部には設定した合成フォントのサンプルが表示され、ズームで表示の大きさを変えることができます。

2-1

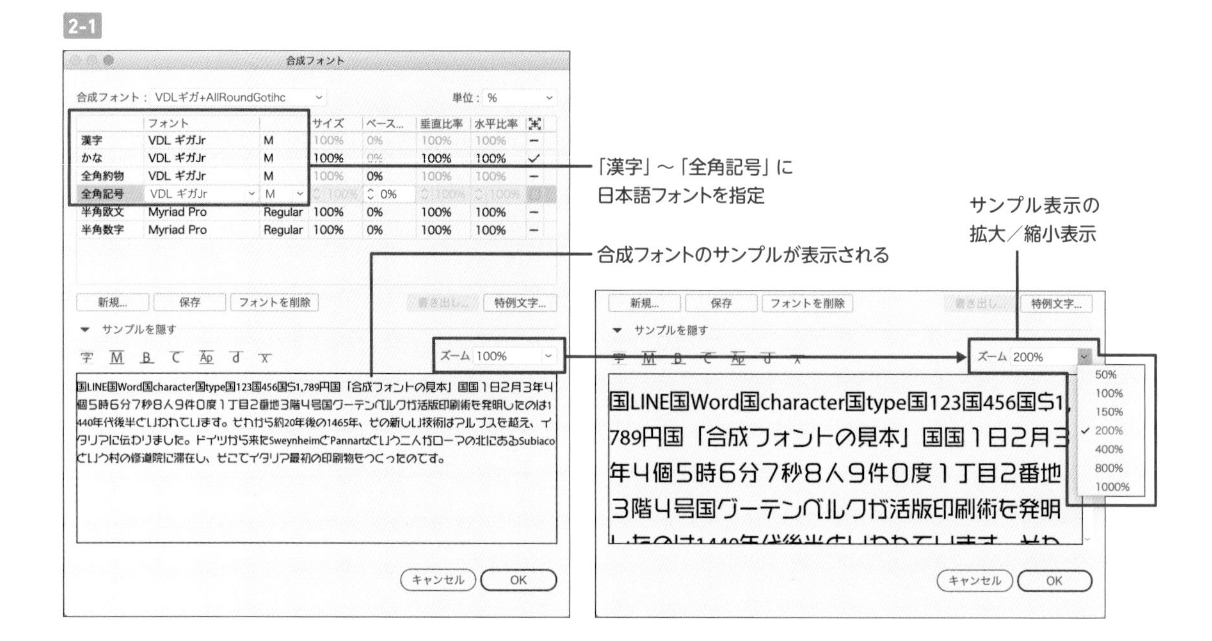

3 **欧文・数字部分のフォントを指定**：次に「半角欧文」と「半角数字」をAdobe Fontsの「All Round Gothic」に変更します 3-1。フォントを選ぶ際にはデザインや太さが似ているものを選ぶと違和感の少ない合成フォントができます。また半角欧文と半角数字はサイズを変更できるため、サンプルを見ながらサイズを拡大したり 3-2、ベースラインの位置を調整して 3-3、全角と並んだときに違和感がないように調整します。設定できたら［OK］をクリックして合成フォントを保存します。

3-1

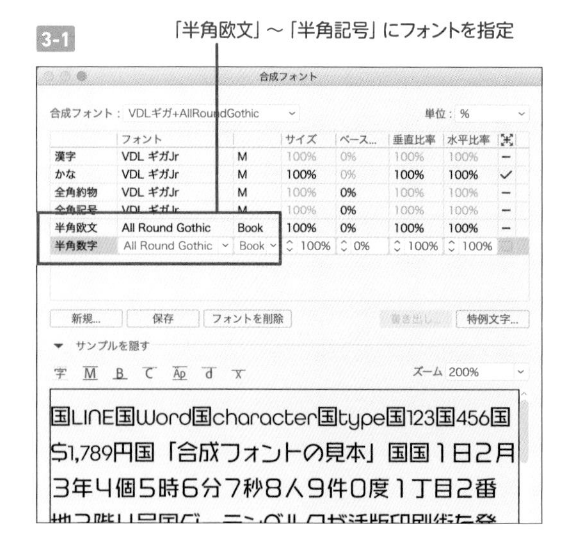

3-2

サイズを変更

3-3

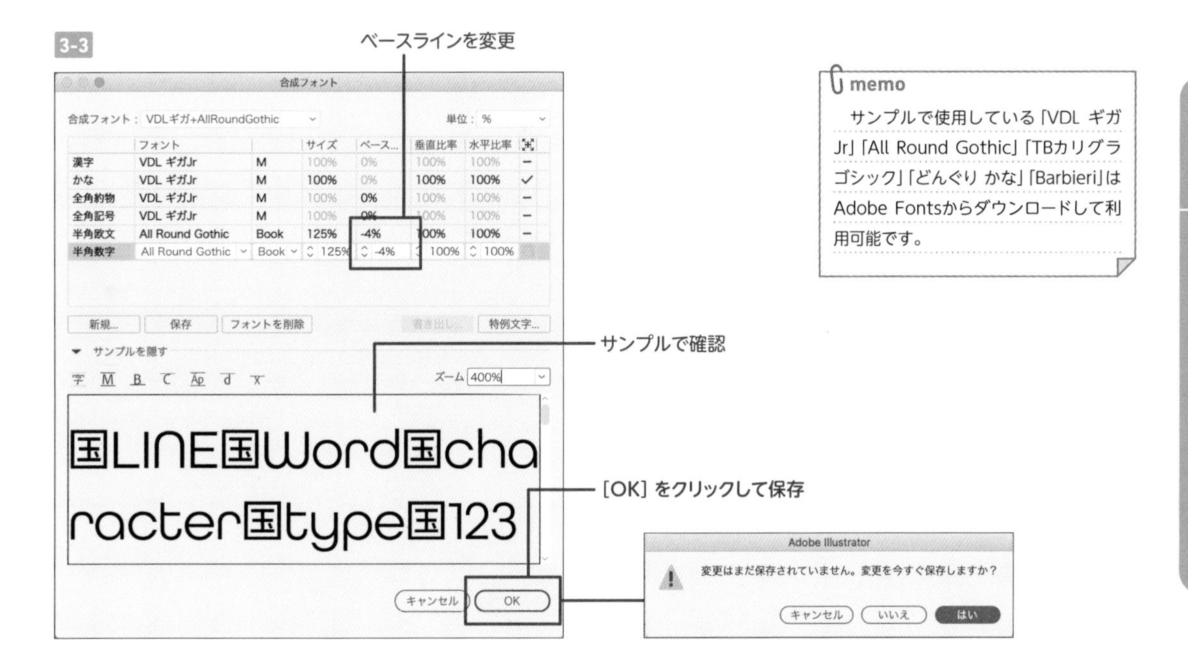

memo

サンプルで使用している「VDL ギガJr」「All Round Gothic」「TBカリグラゴシック」「どんぐり かな」「Barbieri」はAdobe Fontsからダウンロードして利用可能です。

4 **合成フォントを使用する**：作成した合成フォントは、通常のフォントと同じようにフォントメニューに設定した名前で表示されるので、書式メニューや文字パネルからフォント名を探して指定できます 4-1 ～ 4-4。

4-1

Adobe Fontsの「VDL ギガJr」フォントを指定

4-2

4-3

欧文は「All Round Gothic」フォント　和文は「VDLギガ Jr」フォント

Seminar参加受付
Illustrator配信講座
Webレイアウトトレンド20

合成フォントの「VDLギガ+AllRoundGothic」を指定。「参加受付」「レイアウトトレンド」などの和文には「VDL ギガJr」フォント、「Seminar」「Illsutrator」などの欧文には「All Round Gothic」フォントが設定されている

4-4

合成フォントは通常のフォントと同じようにフォントメニューから指定できる

02 漢字とかなでフォントを分ける

5 かな部分と欧文部分を指定する：合成フォントは、和文の漢字とかなに別のフォントを指定することもできます。漢字がなく、かなだけのフォントも合成フォントに組み合わせて使用できます。ここでは全角の漢字や約物には「TBカリグラゴシック」、かな部分に「どんぐり」を指定し、半角欧文、数字には「HWT Unit Gothic」を指定しています5-1〜5-5。

5-1

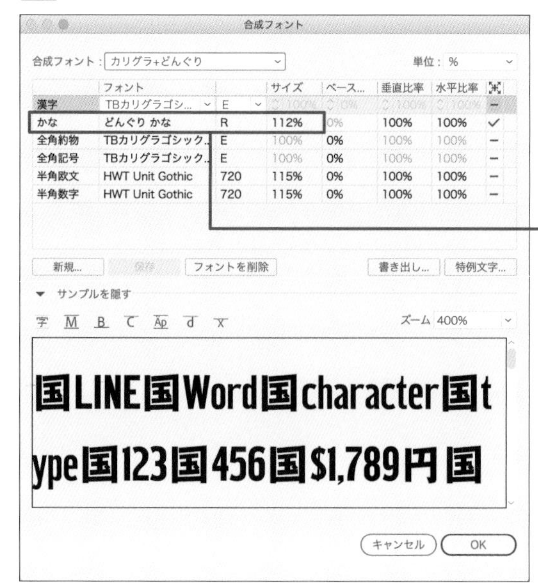

「かな」のみ「どんぐり」フォント、それ以外の和文には「TBカリグラゴシック」を指定

5-2

・セミナー参加受付
・Illustrator配信講座
・Webレイアウトトレンド20

Adobe Fontsの「TBカリグラゴシック」フォントを指定

5-3

5-4

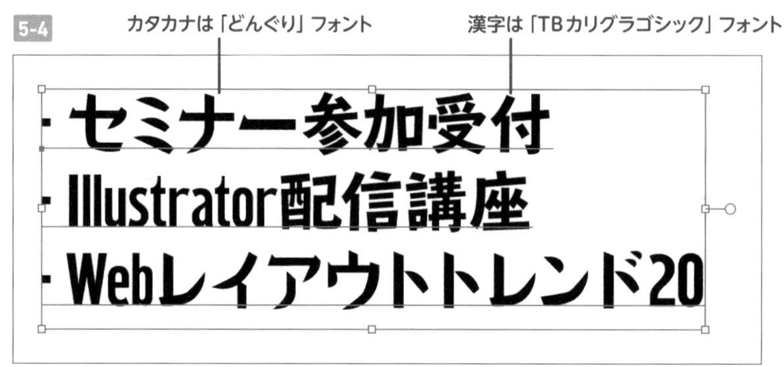

合成フォントの「カリグラ+どんぐり」を指定。「参加受付」「配信講座」などの漢字には「TBカリグラゴシック」フォント、「セミナー」「レイアウトトレンド」などのカタカナには「どんぐり」フォント、「Illsutrator」「Web」などの欧文には「HWT Unit Gothic」フォントが設定されている

5-5

縦書き文字をアレンジする

THEME テーマ

Illustratorには縦組み文字にした場合に読みやすいように縦中横を使って文字を回転させる機能があります。また括弧類や記号には横組みと縦組みでは別の字形を指定する必要があります。

KEYWORD キーワード

縦組み文字

TRY 完成図

Lesson6/05/6_5.ai

01 文字を縦書きに変更する

1 **横書き文字を作成**：タイトル文字を作成し、黄色（Y100）の文字色に設定しておきます 1-1。

1-1

開店 10 周年
“99 アニバーサリーセール”

2 選択ツールで文字をクリックして選択し、アピアランスパネルで［新規塗りを追加］をクリックして黒色に設定します 2-1～2-3。

2-1 新規塗りを追加

アピアランス
テキスト
文字
不透明度 初期設定

2-2 塗りを黒色に設定

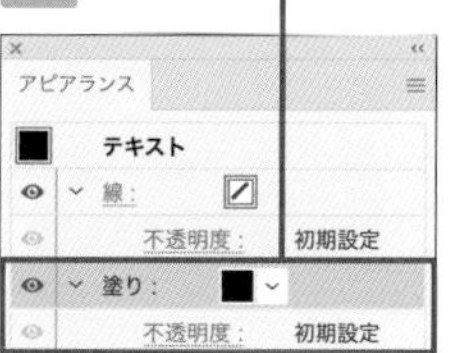

2-3

開店 10 周年
“99 アニバーサリーセール”

memo

サンプルで使用している「TBカリグラゴシック」はAdobe Fontsからダウンロードして利用可能です。

3 **文字を太らせる**：そのままアピアランスパネルで塗りを選択した状態で、効果メニュー→“パス”→“パスのオフセット…”を選択します3-1。

表示されるダイアログで［オフセット：1mm］、［角の形状：ラウンド］に設定します3-2。文字がオフセットで太くなりました3-3。

3-1

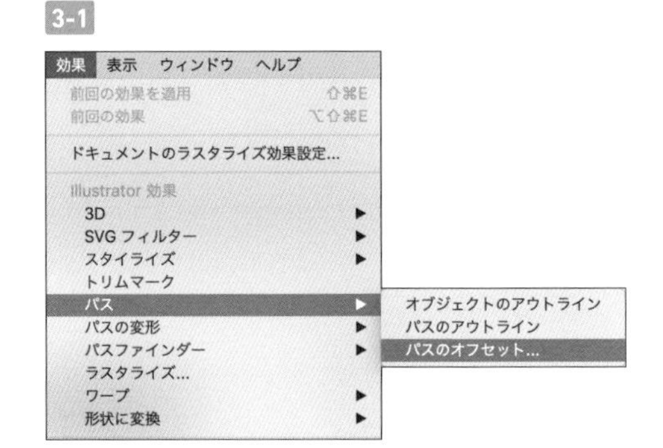

3-2

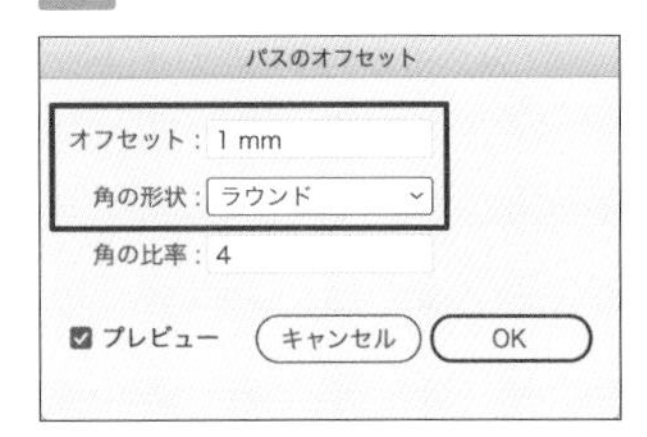

3-3

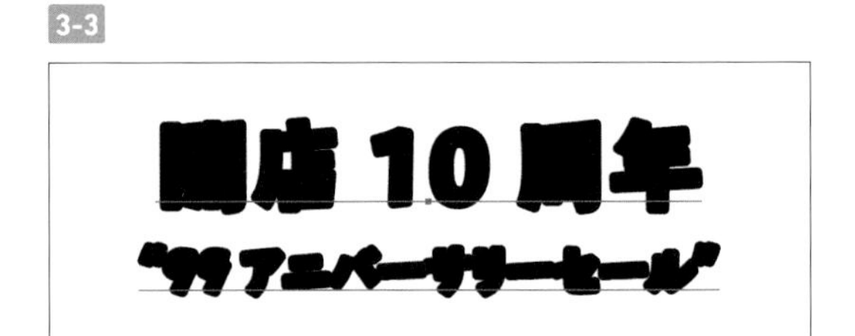

4 次にアピアランスパネル上で、黒の［塗り］をドラッグして文字の下に移動します4-1 4-2。すると黄色の文字が表示されるようになりました4-3。

4-1

4-2

4-3

開店 10 周年
“99 アニバーサリーセール”

5 **文字を動かして立体的に**：アピアランスパネルで黒の塗りを選択して、効果メニュー→“パスの変形”→“変形…”を選択します5-1。

5-1

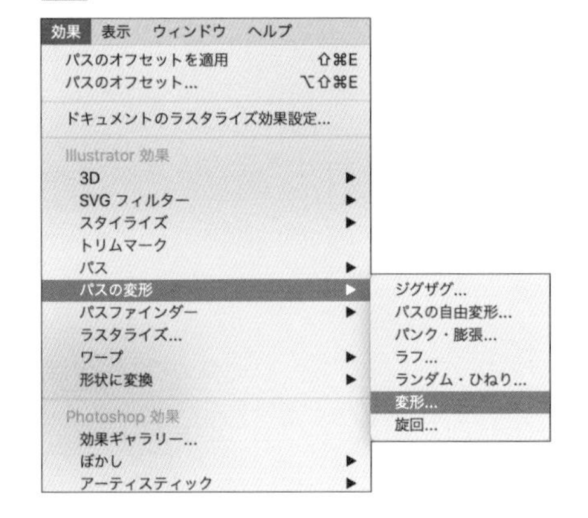

表示されるダイアログで[移動]の[水平方向][垂直方向]をともに0.5mmに設定します5-2。オフセットで太らせた文字が右下に移動し立体感のある文字表現に変わりました5-3。

5-2

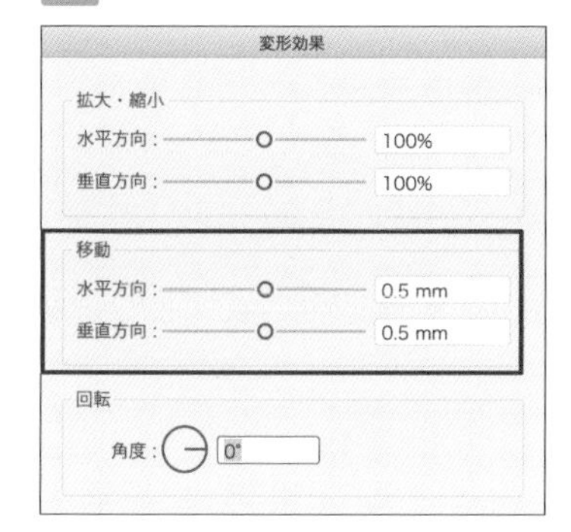

5-3

6 文字色を変更：1行目のみ選択し6-1、文字色を白に変更します6-2 6-3。

6-1

6-2

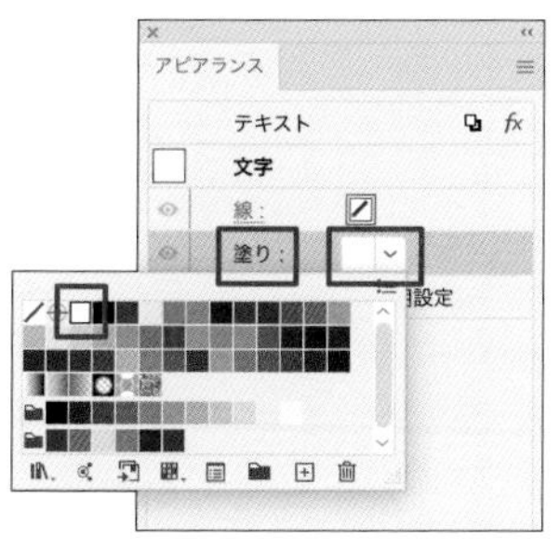

6-3

7 縦組みに変更：文字を縦組みに変更してみましょう。テキストオブジェクトを選択し7-1、書式メニュー→"組み方向"→"縦組み"を選択します7-2 7-3。

なお、縦組みを横組みに変更する場合には、"横組み"を選択します。

7-1

7-2

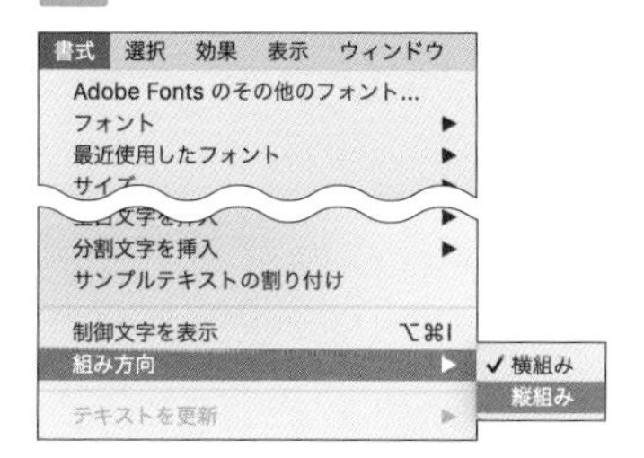

7-3

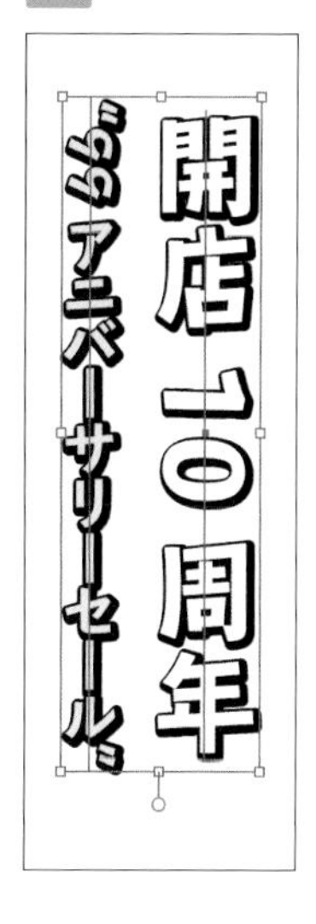

02 横になっている英数字を縦にする／かっこの種類を変える

8 **縦中横の設定**：縦組みにすると半角英数字が横倒しになります 8-1 。2桁の数字は回転させたほうが読みやすいので、文字ツールで「10」の文字を選択し 8-2 、文字パネルのメニューから縦中横を選択します 8-3 。すると90度回転し正面を向いた状態になります。

また、「“ ”」で括られた部分を縦組みにするには「〝〟」の組み合わせに変更します。「かっこ」で漢字変換し 8-4 ～ 8-6 、「〝〟」を探して置き換えます 8-7 。

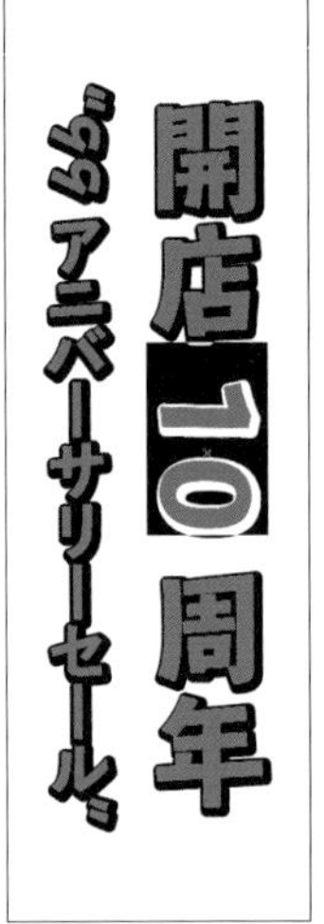

8-2

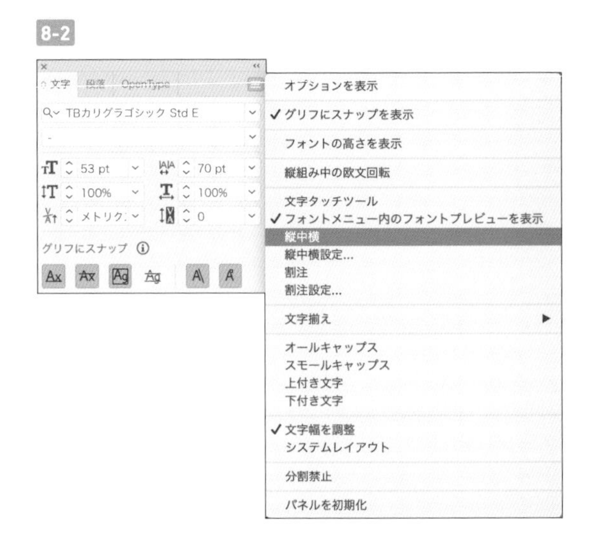

8-3

8-4

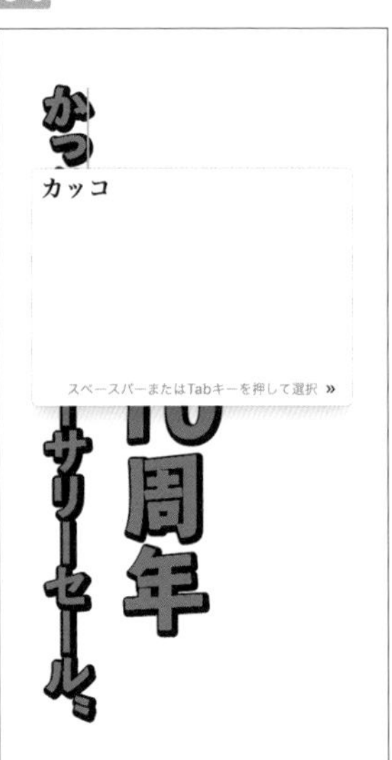

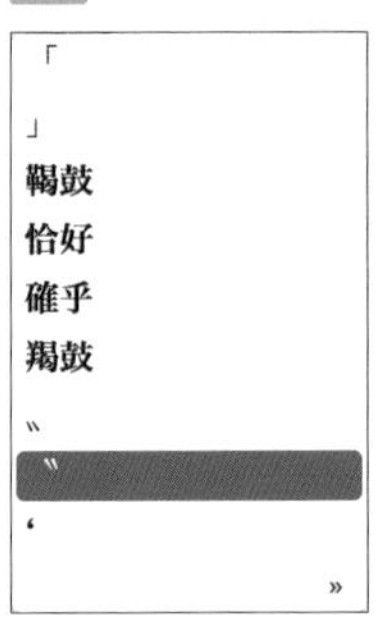

8-7

Lesson 7

納品データを作ってみよう

印刷とWebでは、フォーマットやデータ形式、実際の作り方が大きく異なります。本章では、名刺サイズのショップカード、A4サイズの案内チラシ、Webサイト用のバナーの作成を通じて、作成時の注意点、コツなどを解説します。

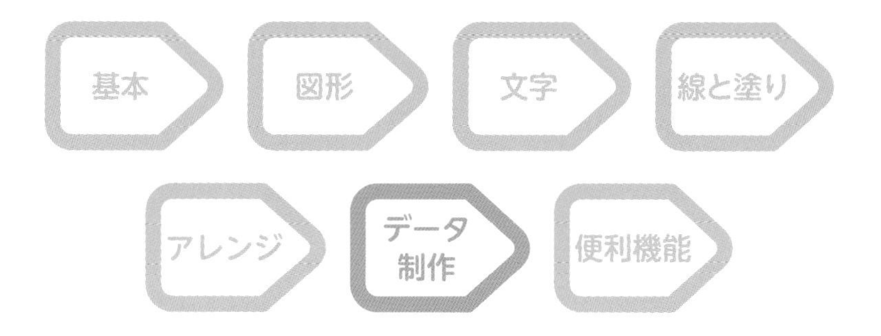

Lesson 7

01

90 min

ショップカードを作る

THEME テーマ

名刺サイズのショップカードを作成します。ここでは印刷用のデータのフォーマット、画像の配置とクリッピングマスク、文字の入力等の基本的な作成方法を解説します。

KEYWORD キーワード

カスタムサイズのドキュメントの作成

TRY 完成図

Lesson7/01/ショップカード.ai

01 印刷用のフォーマットを作成する

1 ショップカードのサイズの新規ドキュメントを作成：ファイルメニュー→“新規”を選択して［新規ドキュメント］ダイアログを表示します 1-1。

印刷するデータを作成する場合は、プリセットタブの［印刷］①を選択します。②にファイル名を入力します（保存の際に変更することもできます）。

サイズのプルダウンから［ミリメートル］を選択し③、名刺サイズの［幅：91mm］［高さ：55mm］④と入力します。［裁ち落とし］の天地左右がすべて3mm⑤になっていることを確認して、［作成］ボタンをクリックします。

1-1

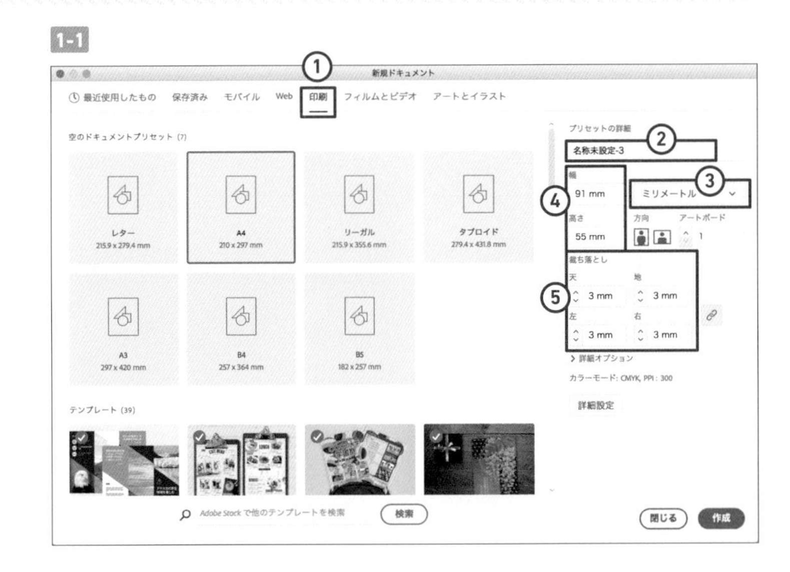

次ページ手順 3 POINT参照。

02 画像を配置してマスクする

2 カード全面に写真を配置する： ファイルメニュー→"配置..."を選択します。サンプルの「image_rose.jpg」を選択し、配置ダイアログ下部の［リンク］にチェックが入っているのを確認して、［配置］ボタンをクリックします 2-1。
アートボード上で画像を配置したいサイズにドラッグします 2-2。
画像が配置されます 2-3。

2-1

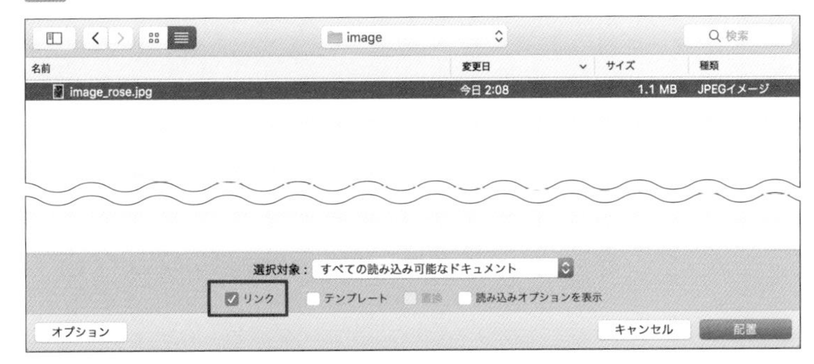

Lesson7/01/image/image_rose.jpg

2-2

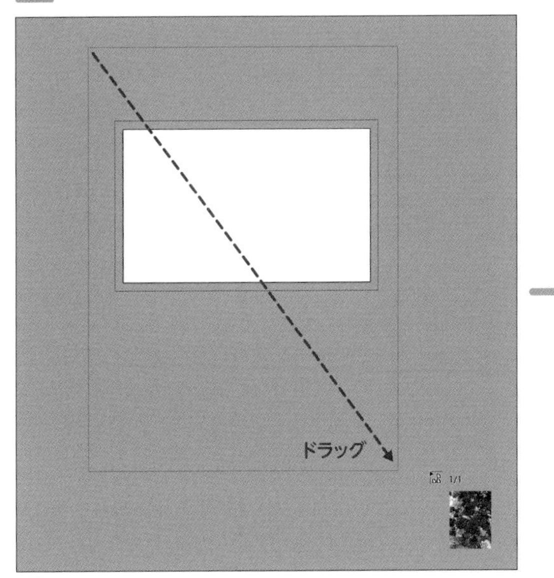

2-3

3 クリッピングマスク用の長方形を描画する： 長方形ツールを選択し 3-1、アートボード上をクリックして長方形ダイアログを表示します。
実寸サイズ幅91mm、高さ55mmの上下左右に ! 塗り足し3mmを加え、［幅：97 mm］、［高さ：61mm］と入力して［OK］ボタンをクリックします。

3-1

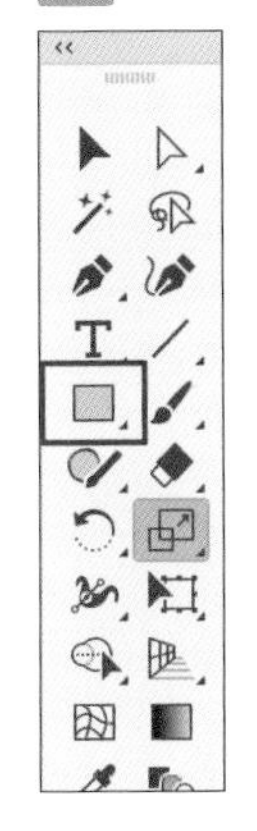

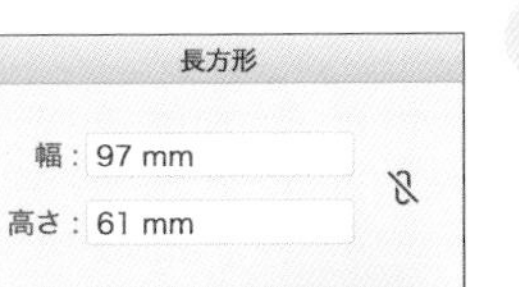

! POINT

印刷入稿用データで紙の縁まで印刷する裁ち落としの場合、はみ出しがないように塗り足しを外側に3mm大きく作る必要があります。実寸のアートボードの外側に赤い線で示されています。

4 ［整列］で長方形の位置を合わせる

［整列］で長方形の位置を合わせる：描画した長方形を選択し 4-1、プロパティパネルの［整列］セクションの基準のプルダウンで［アートボードに整列］を選択します 4-2。
次に、［整列］の［水平方向中央に整列］、［垂直方向中央に整列］をクリックします 4-3。これで長方形がアートボードに対して水平垂直方向の中央に整列します。

4-1

4-2

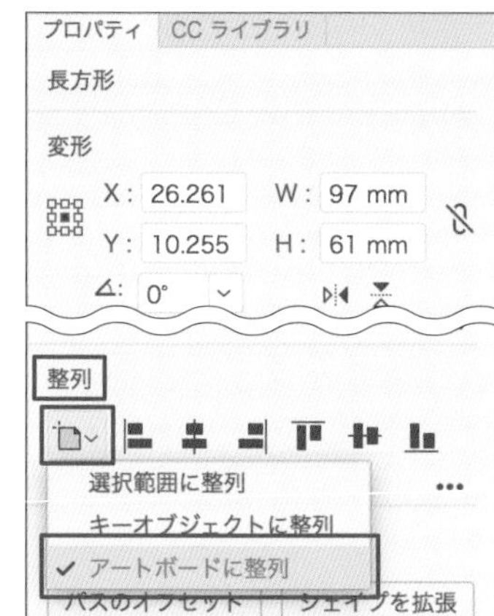

> **memo**
> 本節の以降では、プロパティパネルで整列やカラーの設定、変形等の操作を行っていきます。それぞれの操作は、整列パネルやスウォッチパネルなど、各パネルからも行えます。

4-3

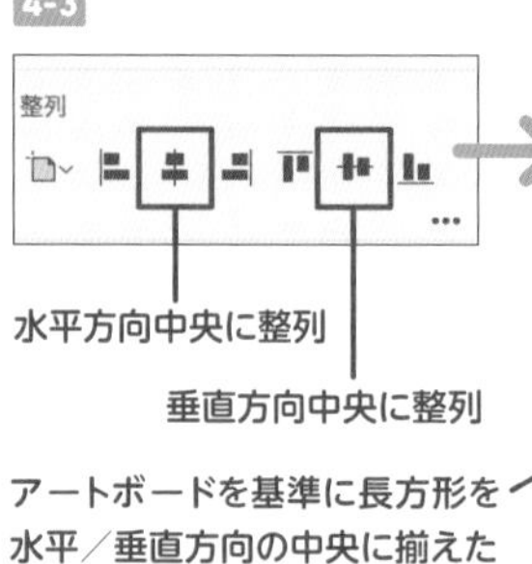

5 画像をクリッピングマスクする

画像をクリッピングマスクする：中央に配置した長方形と配置画像の両方を選択し、オブジェクトメニュー→“クリッピングマスク”→“作成”を選択します 5-1。
画像が長方形でマスクされます。

5-1

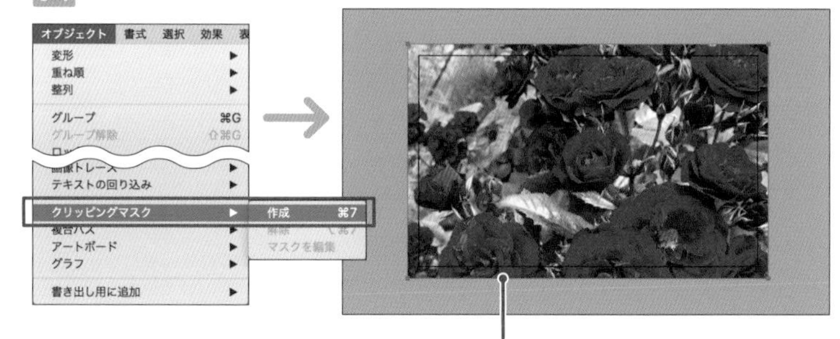

03 長方形を配置して枠を装飾する

6 長方形を配置する

長方形を配置する：長方形ツールでアートボード上をクリックし、［幅：70mm］、［高さ：40mm］の長方形を描画します 6-1。

6-1

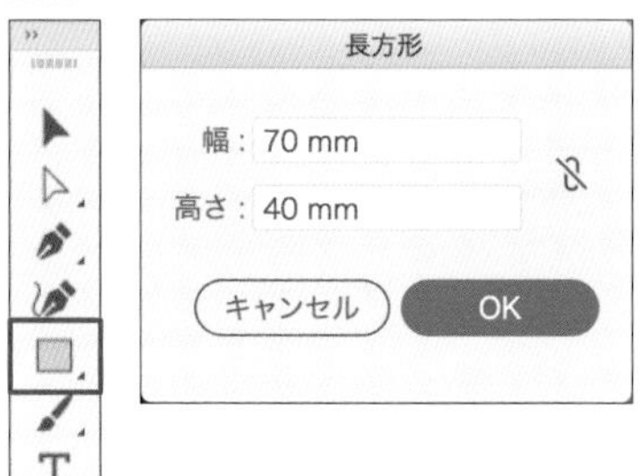

7 [整列] でアートボードを基準に水平／垂直方向の中央に整列します 7-1 ◎。

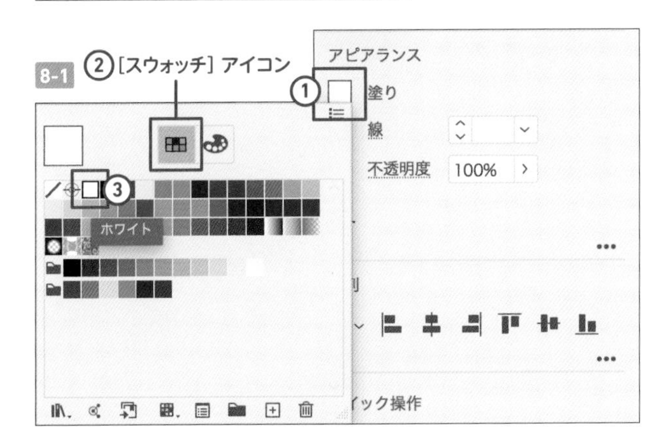

8 プロパティパネルの [アピアランス] セクションで、[塗り] 8-1 ①をクリックし、表示されるパネルで [スウォッチ] アイコンをクリックし②、[ホワイト] を選択して③、[塗り] を白にします。
次に [不透明度] を90%に設定し 8-2、下の写真が少しだけ透けて見えるようにします。

8-2

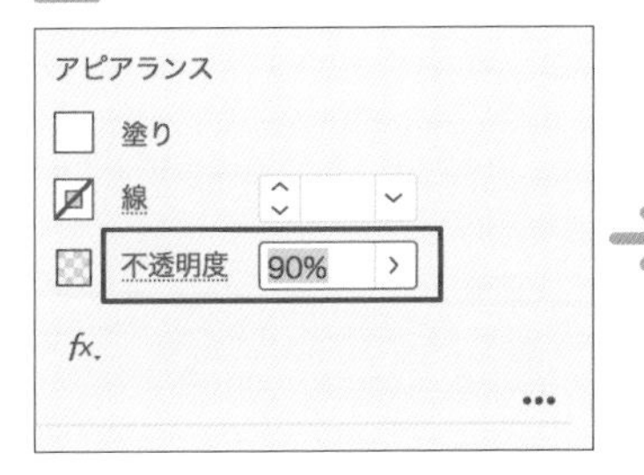

9 **線のカラーを設定する**：[アピアランス] セクションの [線] 9-1 ①をクリックすると表示されるパネルで [カラー] アイコンをクリックし②、カラースライダーの値を [C25/M25/Y50/K0] とし③、くすんだ金色に指定します。
　また、線の太さを1ptに指定します④。

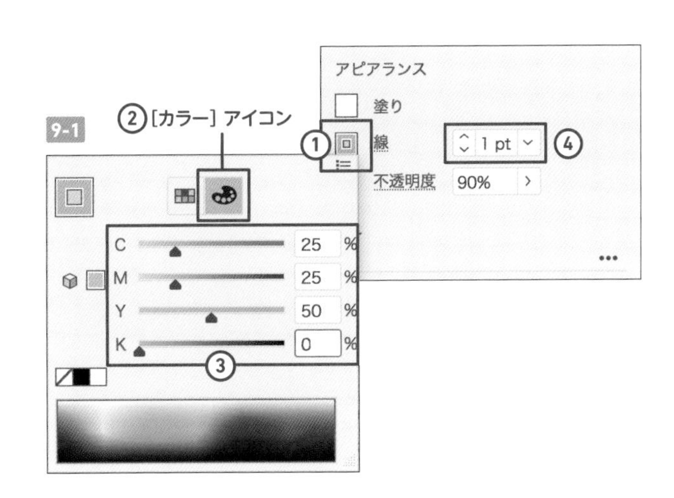

10 パスのオフセットで内側にする

パスのオフセットで内側にする：[アピアランス] セクションの 10-1 ①をクリックしてアピアランスパネルを表示し、[線] を選択して②、下部の [新規効果を追加] ボタン③をクリックし、"パス" → "パスのオフセット..." を選択④、[パスのオフセット] ダイアログ 10-2 を表示します。

[オフセット：-1mm] と入力して [OK] ボタンをクリックします。これで [線] が [塗り] よりも1mm内側にオフセットされます。

10-1

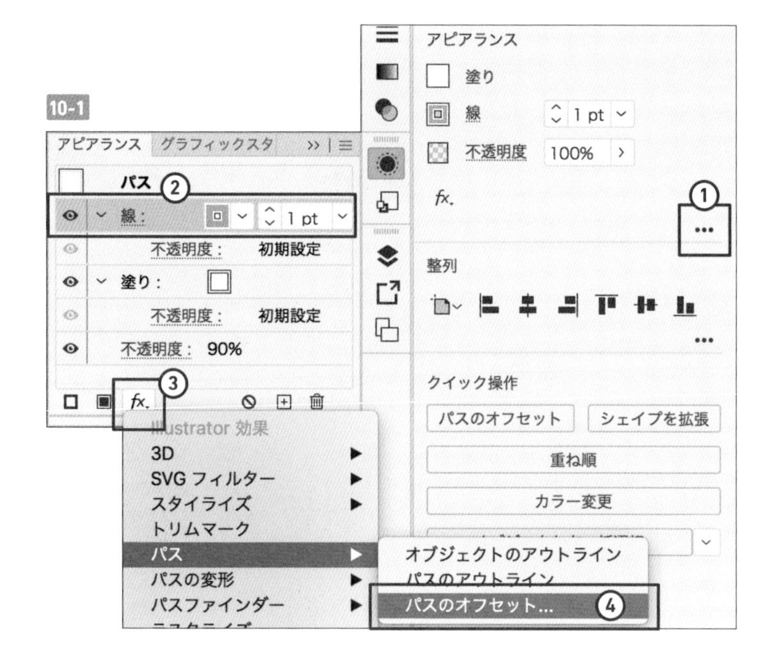

10-2

パスのオフセット

オフセット：	-1 mm
角の形状：	マイター
角の比率：	4

☑ プレビュー　キャンセル　OK

11 角丸の設定

角丸の設定：プロパティパネルの [変形] の [詳細オプション] 11-1 ①をクリックしてオプションを表示し、[角丸の半径値をリンク：オン] にして②、[角丸の半径：4mm] と入力します③。長方形の角が丸くなります 11-2。

11-1

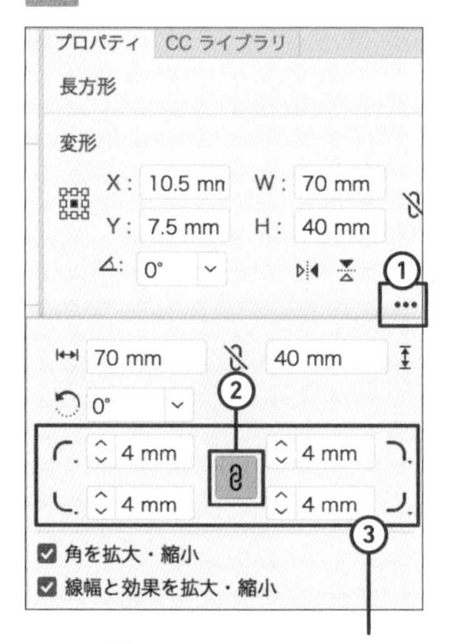

②でリンクされているので、どれかひとつの値を4mmにすればほかの値も4mmになる

11-2

長方形の四隅に半径4mmの角丸が設定される

12 同じオプションの［角の種類］をクリックし、プルダウンメニューから［角丸（内側）］を選択します12-1。これは4カ所とも変更します12-2。

12-1

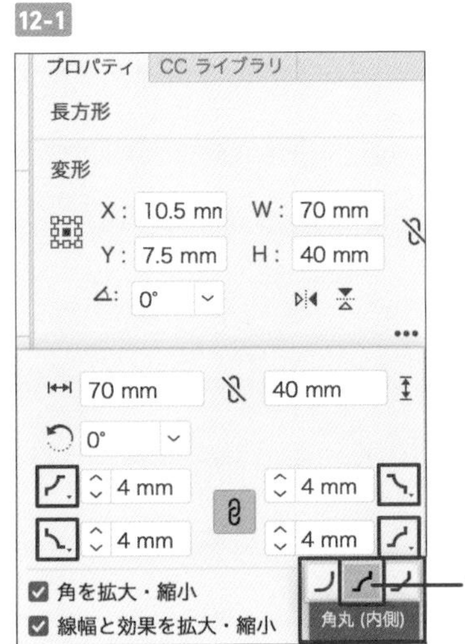

12-2

角丸が内側に設定される

04 文字を入力して整える

13 **文字を入力し、文字の大きさを変更する：** ツールバーからテキストツールを選択し13-1、アートボード上をクリックします。ここでは「ルージュメイアン」と入力しました13-2。

選択ツールで入力したテキストオブジェクトを選択して、プロパティパネルの［文字］セクションのフォントサイズでサイズを変更します。ここでは24ptに設定しました13-3。

13-1

13-2

> **memo**
> ここでは環境設定の文字の単位を「ポイント」に設定しています。「級」に設定している場合は34Qとしてください。単位の環境設定についてはP.28をご覧ください。

13-3

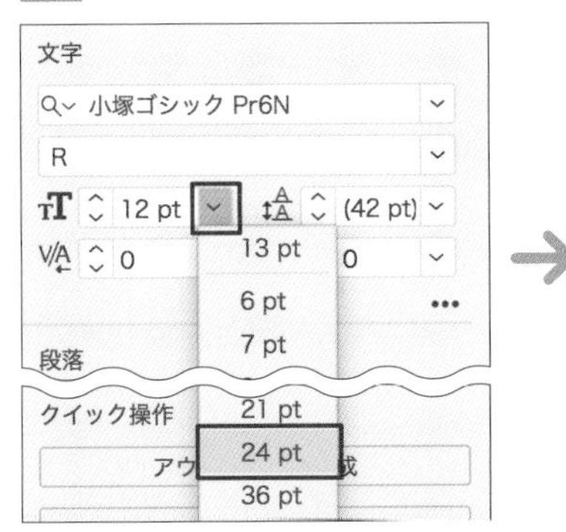

14 フォントを選び文字間などを微調整する

フォントを選び文字間などを微調整する：[文字] セクションの [フォントファミリを設定] のプルダウンメニューからフォントを選択します。ここでは「筑紫B丸ゴシック」を選択しました 14-1。[フォントスタイルを設定] で [Regular] を選択します 14-2。

[カーニング] で [メトリクス] を選択して、文字間を自動調整します 14-3 14-4。

14-1

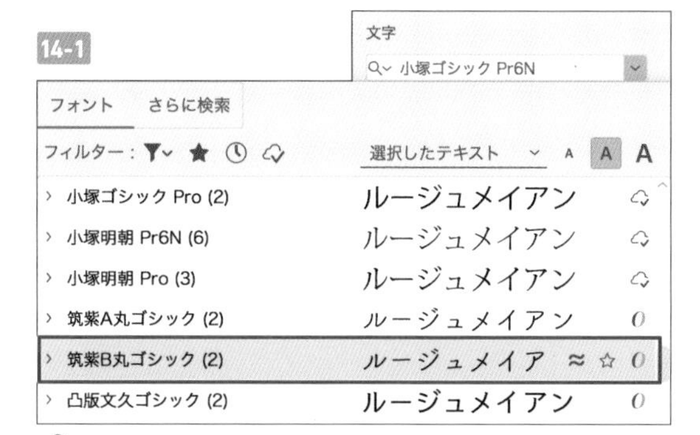

memo

「筑紫B丸ゴシック」は、CCユーザーならAdobe Fontsから同期して使用できます。もし利用できない場合は、ほかのフォントで代用してください。

14-2

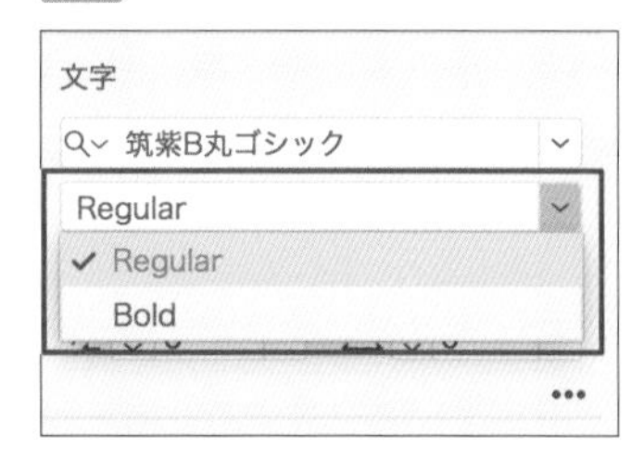

memo

メトリクスはフォントによって設定可能なものと不可なものがあります

14-3

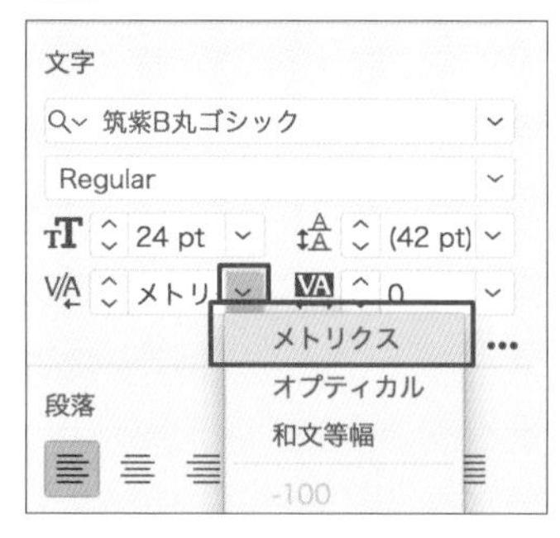

14-4

memo

印刷会社等に納品する際のパッケージ方法についてはP.263～266をご覧ください。

15 位置を整列する

位置を整列する：[段落] セクションで [中央揃え] を選択し 15-1 ①、テキストオブジェクトの基準点を中央に揃えます。

[整列] セクションでアートボードを基準にして②、[水平方向中央に整列] を選択します③。

ほかの文字も追加して完成です 15-2 15-3。

15-1

段落 ①

整列 ② ③

選択範囲に整列
キーオブジェクトに整列
✓ アートボードに整列

15-2 追加文字の書式設定

薔薇専門店
フォント：筑紫B丸ゴシック Regular、文字サイズ：13pt（18Q）

Rouge Meilland
フォント：Minion Variable Concept Regular、文字サイズ：12pt（17Q）

TEL:00-0000-0000 twitter:@xxxxxx
フォント：Minion Variable Concept Regular、文字サイズ：11pt（15Q）

15-3

A4チラシを作る

THEME テーマ

片面4色刷り・A4サイズでカフェの案内チラシを作成してみましょう。ドキュメントや環境設定の扱いのほか、データ完成後のパッケージの手順についても解説します。

KEYWORD キーワード

商業印刷用ドキュメントの作成

TRY 完成図

Lesson7/02/A4チラシ.ai

01 A4サイズの印刷用ドキュメントを作成する

1 ファイルメニュー→"新規..."から[新規ドキュメント]ダイアログを表示します。[印刷]タブ 1-1 ①に切り替えると、空のドキュメントプリセットにA4サイズが用意されていますので選択しましょう②。

ダイアログ右側の[プリセットの詳細]で[幅]が210mm、[高さ]が297mm③、[裁ち落とし]が天地左右すべて3mmになっているのを確認し④、[作成]をクリックします⑤。

A4サイズの新規ドキュメントが作成されます。

1-1

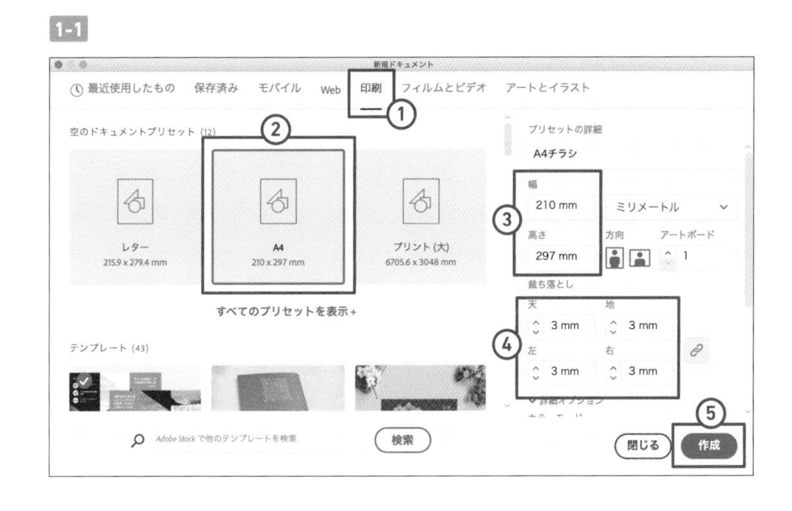

02 環境設定を印刷向けに整える

2 ドキュメントのサイズが適切であれば単位は好きなものを使ってかまいませんが、ここでは印刷物を作りやすい単位に設定してみましょう。

Illustratorメニュー（Windowsでは編集メニュー）→“環境設定”→“単位...”を開き、[一般]が[ミリメートル]になっているか確認します。[文字]に[級]、[東アジア言語のオプション]に[歯]を設定しましょう 2-1。

2-1

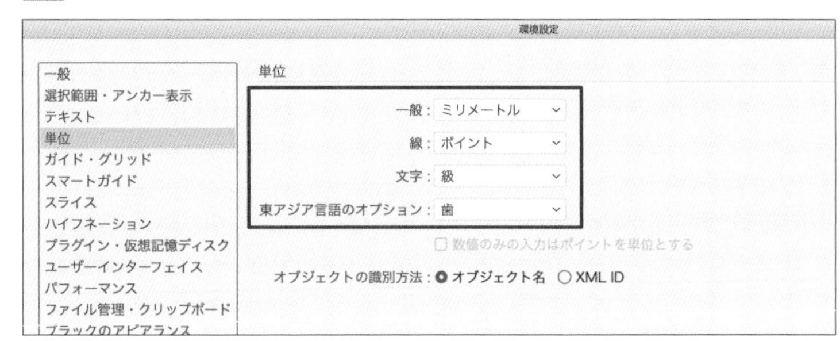

memo

級(Q)・歯(H)はどちらも1Q・1H= 0.25mm =1/4mmです。基本的にメートル法でサイズ指定を行う印刷物の制作では、計算がかんたんで扱いやすい単位と言えます。なお、この作例では[線]は[ポイント]のままで進めます。

03 グローバルスウォッチにカラーを登録する

3 デザインのアクセントになるカラーなど、あとからまとめて一括調整を行う可能性のあるカラーは、グローバルスウォッチから適用すると便利です。

登録したいカラーをカラーパネルに表示している状態で 3-1、スウォッチパネルの[新規スウォッチ]ボタンをクリックします 3-2。[スウォッチオプション]が表示されたら[グローバル]をオンにして[OK]を選びましょう 3-3。

グローバルスウォッチとして登録されたカラーは、スウォッチパネルのサムネイル右下隅に三角形のマークが付きます 3-4。ここでは、紺色[C100/M80/Y30/K20]と黄色[C0/M10/Y100/K0]のカラーを登録しておきました。通常のスウォッチと同じように、デザインのパーツや文字のカラーなどに適用して利用しましょう。

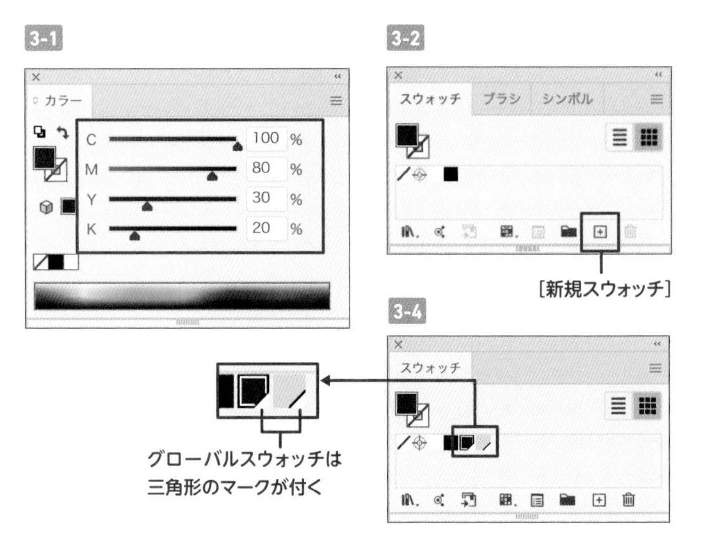

3-3

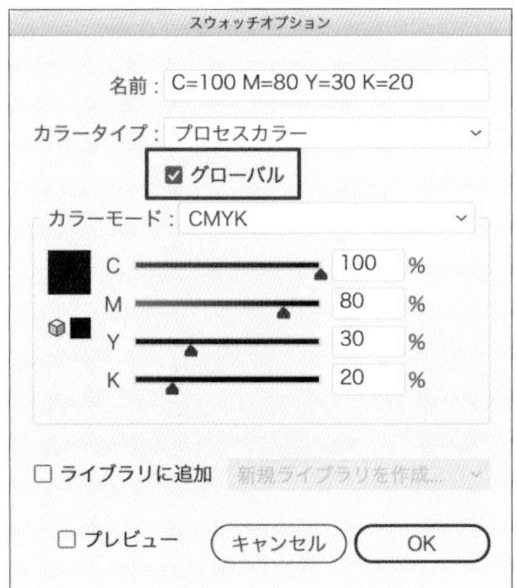

04 テキストを配置して調整する

4 チラシで伝えたい内容をテキストで掲載します。文字ツールでアートボード上をクリックして掲載内容をそれぞれ入力しましょう 4-1。

文字の大きさやフォント、文字揃えなども、雰囲気やバランスを考えながら設定していきます。

① Tasty Tea & Homemade Sweets
Pacifico Regular・40Q

② CAFETERIA VENERE
Rift Bold・120Q

③ こだわりの紅茶と（中略）お待ちしています
DNP 秀英丸ゴシック Std B・28Q

④ （メニュー）
DNP 秀英丸ゴシック Std B・18Q

⑤ ※メニューは（中略）税込みです。
DNP 秀英丸ゴシック Std B・10Q

⑥ （電話番号）
Rift Bold・60Q

⑦ （住所・営業時間など）
DNP 秀英丸ゴシック Std B・14Q

※フォントはいずれもAdobe Fontsです。欧文フォントではカーニングを［オプティカル］、和文フォントでは［メトリクス］に設定しています。

メニューの部分はタブ組み で整えました 4-2。メニューと店舗情報のテキストはK100%、その他のテキストは紺色のグローバルスウォッチのカラーを適用しています。

297ページ **Lesson8-10**参照。

05 画像を配置・確認する

5 ファイルメニュー→“配置...”からメインのイメージになる画像 5-1 を配置しましょう。印刷会社などから指定がある場合を除いて、印刷用途の配置画像にはネイティブ形式である**.psdファイル**を利用するのが現在の主流です。今回の作例ではカラーモードをCYMK、画像解像度を350dpiにして、レイヤーにベクトルマスク 5-2 を設定した「tea.psd」をリンク配置しました 5-3 。

5-1

Lesson7/02/tea.psd

WORD .psdファイル

Adobeの画像処理アプリ「Photoshop」のオリジナルファイル形式。マスクやレイヤーなどの情報も一緒に保存できる。

同じAdobeの製品IllustratorやInDesignでは.psd形式のまま読み込むことができる。

5-2 Photoshopのレイヤーパネル

5-3

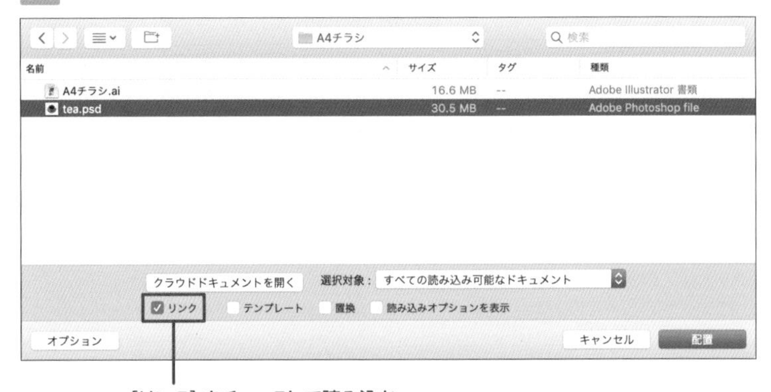

6 画像を配置して大きさを調整した後は 6-1 、印刷に適した状態になっているかを確認しましょう。リンクパネル 6-2 で配置した画像を選び①、[リンク情報を表示] ②をクリックして詳細を表示します。

6-1

6-2

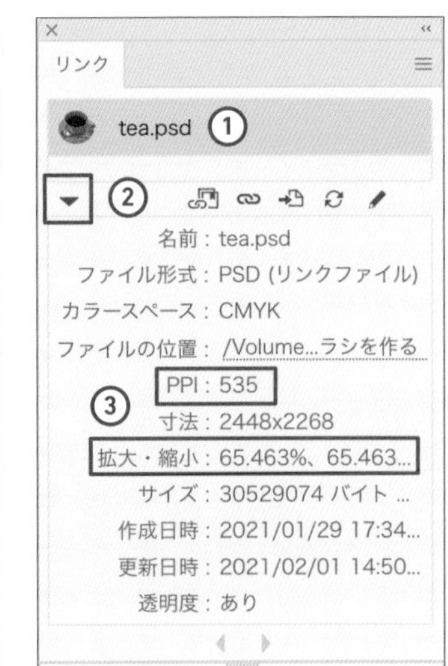

商業印刷に適した解像度

印刷用途の場合、画像のカラースペースはCMYKにしておくのが基本です※。実効解像度が足りているかどうかは、[PPI] が350ppi以上、[拡大・縮小] が100%以下になっているかを目安にしましょう（前ページ 6-2 ③）。

Illustrator上で画像を元のサイズより大きく拡大して実効解像度が低くなっている場合、解像度が不足してきれいに印刷されない可能性があります。反対に、画像を極端に小さく縮小している場合は、実効解像度が十分でもファイルサイズが肥大化するといった不要なトラブルを引き起こします。印刷物の品質を担保するためにも、適切な解像度であるかきちんと確認を行うようにしましょう。

※印刷会社側で最終的な色補正をしたり、PDF書き出し時にCMYK変換したりするケースでは、RGBのまま作業を進めるフローもあります。

06 地図やイラスト、装飾パーツなどを配置する

7 空いているスペースに地図とイラストパーツを配置します。今回の作例では図のような地図と、旗・バラの花のイラストを用意して配置しました 7-1。

7-1

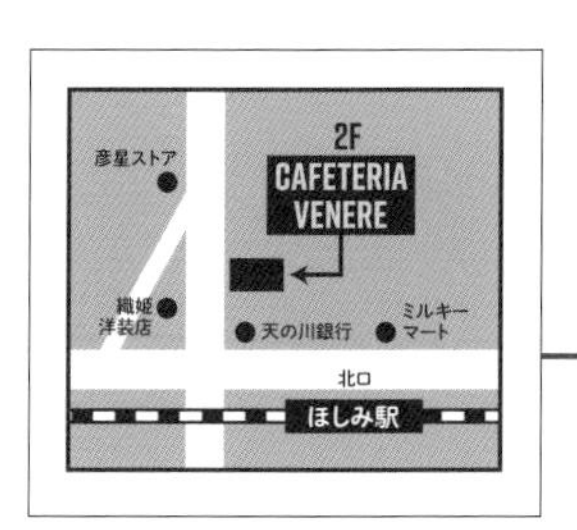

8 ティーカップの画像の周りに、放射状の破線のパーツを描き足してみましょう。直線ツールでshiftキーを押しながらドラッグして17mmほどの垂直な直線を引き、水平方向に複製して全体の幅を105mmほどにします 8-1 8-2。線のカラーには紺色のグローバルスウォッチを適用しました。

さらに線パネルで［線幅：3pt］、［線端］を［丸型線端］、［破線］をオン、［線分：2pt］、［間隔：6pt］にします 8-3。

8-1

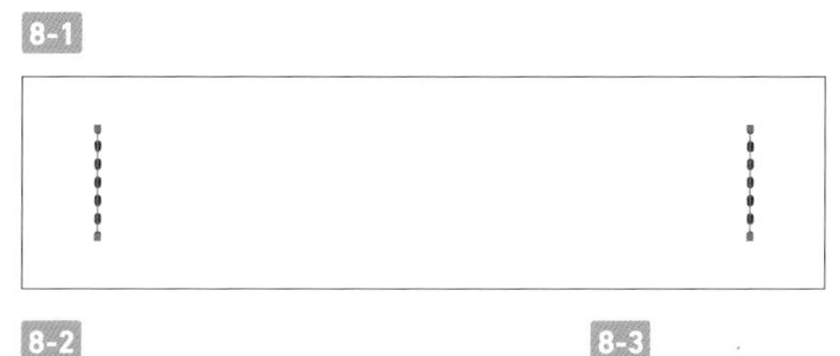

8-2 8-3

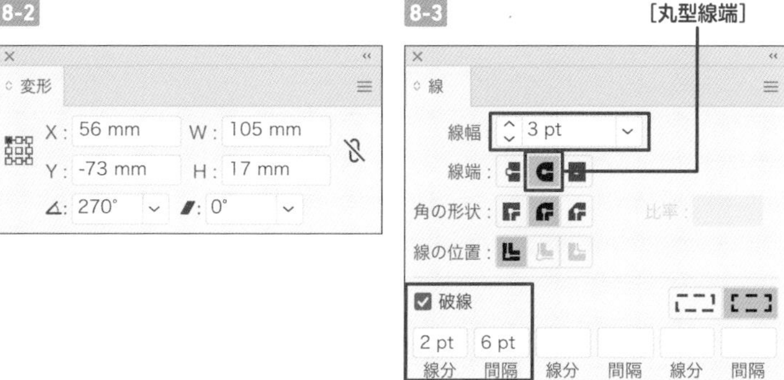

9 線を2本とも選択し、オブジェクトメニュー→“ブレンド”→“作成”からブレンドを作成します。

ブレンドオブジェクトを選択してオブジェクトメニュー→“ブレンド”→“ブレンドオプション...”を選択すると、作成したブレンドの詳細設定ができます。ここでは［間隔：ステップ数：20］にしました 9-1 9-2。

9-1

9-2

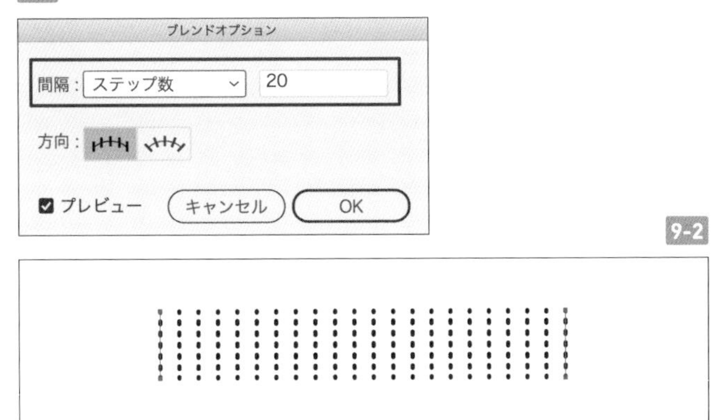

10 ブレンドオブジェクトを選択したまま、効果メニュー→“ワープ”→“円弧”を適用します。［ワープオプション］ダイアログで［水平方向］を選び、［カーブ：100%］と設定しましょう 10-1。［ワープ：円弧］効果によってブレンドが放射状に変形されます 10-2 10-3。

10-1

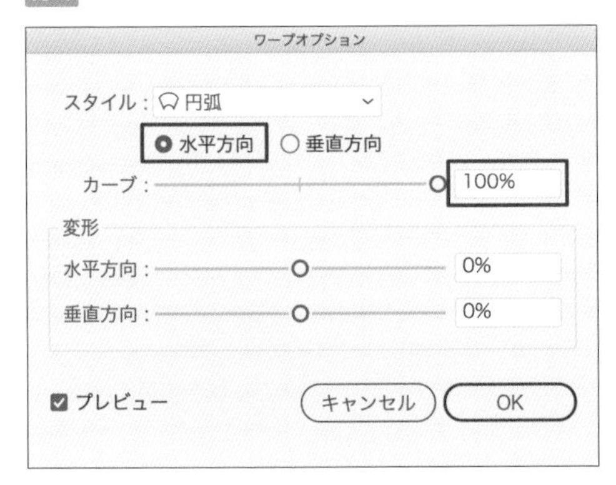

10-2

10-3

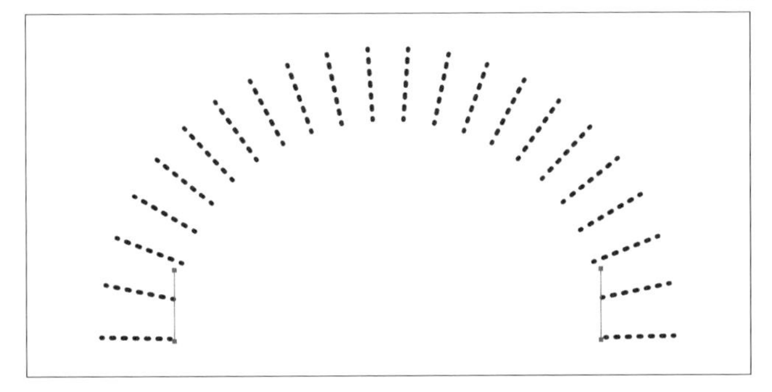

11 できた破線のパーツはティーカップの画像の近くに配置します 11-1。

11-1

12 正円とテキストを組み合わせたアイコンを作成し、メニュー部分の右側の空いているスペースに配置しました 12-1。

正円の大きさは高さ・幅36mmほどです。正円の塗りには黄色のグローバルスウォッチ、テキストのカラーには紺色のグローバルスウォッチを設定しています。

12-1

正円は直径36mm、文字は「DNP 秀英丸ゴシック Std B」(Adobe Fonts)、22Qを設定

07 背景を作成する

13 背景には質感のある画像を敷いてみましょう。258ページ手順5と同様にして画像「BG_texture4C.psd」を配置し、shift + command (Ctrl) +「[」キーで最背面に移動します 13-1。

13-1

画像 (BG_texture4C.psd) を配置し、最背面へ移動

14 A4サイズに天地左右3mmずつの裁ち落とし(塗り足し)を含めた大きさになるよう、位置やサイズを調整しましょう。必要に応じ、クリッピングマスクなどで処理します 14-1。

249ページ **Lesson7-01**参照。

220ページ **Lesson5-07**参照。

14-1 アートボード左上隅拡大図

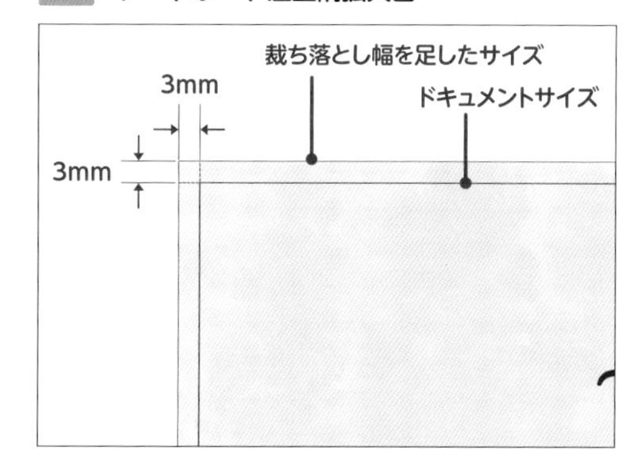

A4サイズの210×297mmに上下左右の裁ち落とし幅3mmを足したサイズ(216×303mm)の長方形を作成し、背景の画像を"クリッピングマスク"でマスクする

15

さらに長方形ツールで幅24mm、高さ303mmの長方形を描き、塗りに白いストライプのパターン❗を適用して背景画像の左側に配置します。重ね順は背景と文字の間になるようにします。15-1。

POINT

ストライプのパターンは、塗りに白いカラーを適用した長方形をパターンに登録して作成したものです。パターン編集モード15-2のパターンオプションパネル15-3から、タイルの幅を長方形より少し大きく設定するとかんたんに作成できます(パターンの作り方については➡参照)。

➡ 158ページ　**Lesson4-08**参照。

15-1

15-2

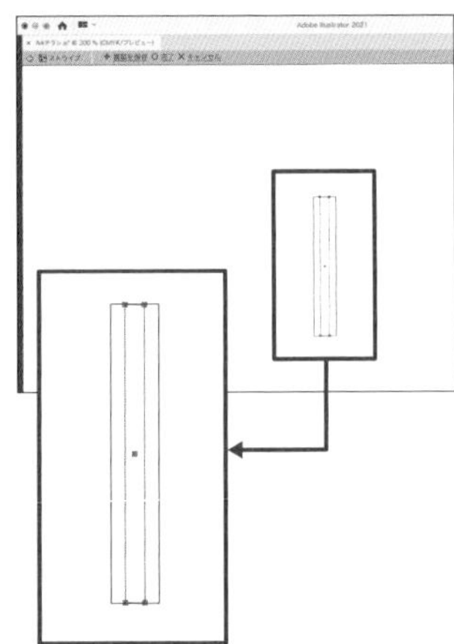

15-3

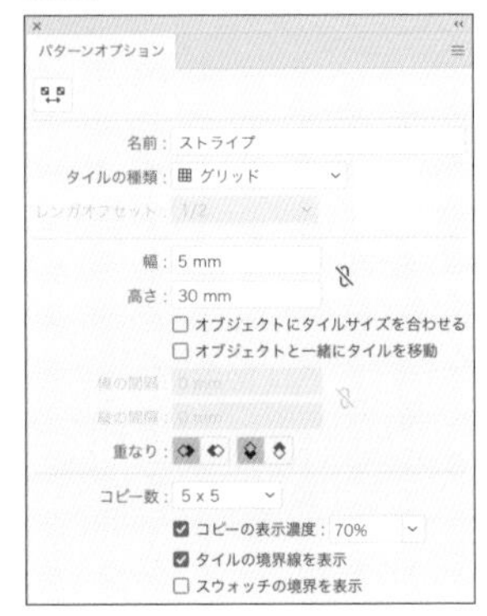

16

パターンを適用した長方形を選択したままオブジェクトメニュー→"変形"→"回転"を選択し、[角度]に[-45°]を入力しましょう16-1。

[オプション]で[オブジェクトの変形]をオフに、[パターンの変形]をオンにして[OK]をクリックすると、パターンのみに変形が適用されて16-2のような斜めのストライプになります。

16-1

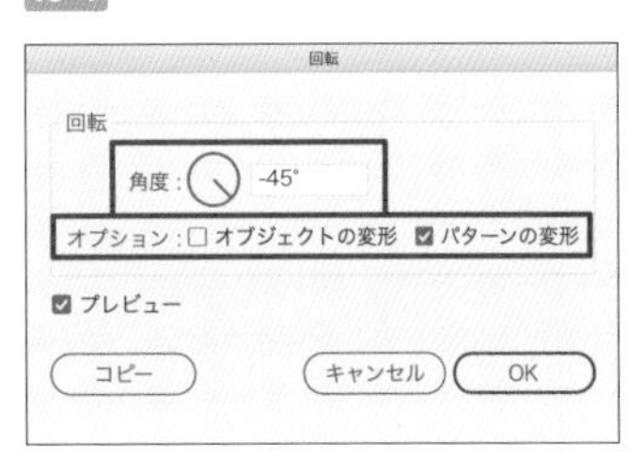

16-2

17 長方形パーツを複製して、右側にも配置してレイアウトは完成です 17-1。

17-1

08 データをパッケージする

18 完成したデータをパッケージしてひとまとめにしてみましょう。パッケージしたいIllustrator書類を開いている状態で、ファイルメニュー→“パッケージ...”を選択します 18-1。

なお、一度も保存していないドキュメントでは“パッケージ”を実行できません。“パッケージ”が選択できない場合は、先にファイルメニュー→“保存”でドキュメントを保存しておきましょう。

18-1

19 現在の状態でドキュメントが保存されていない場合は 19-1 のようなアラートが表示されますので［保存］をクリックします。

19-1

20 ［パッケージ］ダイアログが表示されたら20-1、パッケージ済みのフォルダーを保存したい場所やフォルダー名などを設定します。

［オプション］は必要に応じ設定しましょう。ここではすべてオンにして［パッケージ］をクリックしました。

20-1

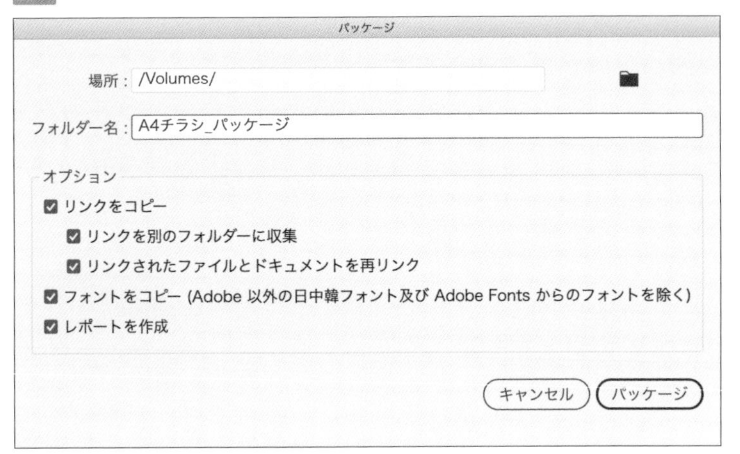

21 ［パッケージ］ダイアログの［オプション］で［フォントをコピー］をオンにしていると、21-1のようなアラートが表示されます。この作例ではAdobe Fontsのフォントのみを利用しているため収集されるフォントはありませんが、説明をよく確認して［OK］をクリックします。パッケージが続行されます。

21-1

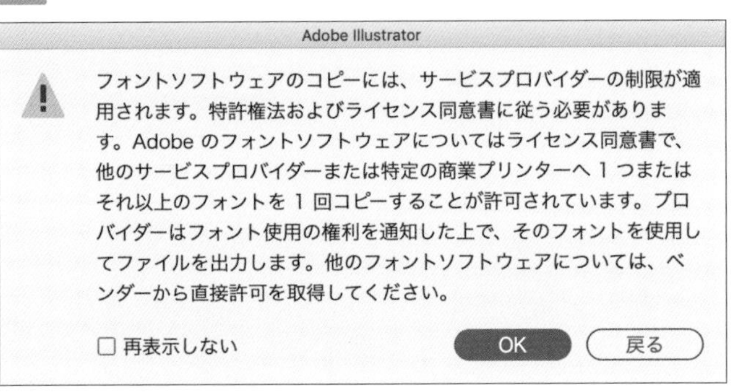

22 パッケージが完了すると、終了のダイアログが表示されます22-1。

［パッケージを表示］をクリックすると、ファイルブラウザで実際にファイルを収集した階層が表示されます。

パッケージされたフォルダを確認すると、リンクで配置されている画像やパッケージ可能なフォント、パッケージのレポートなどがまとめられているのがわかります。印刷会社へネイティブデータを入稿する際などに活用すると便利な機能です。

22-1

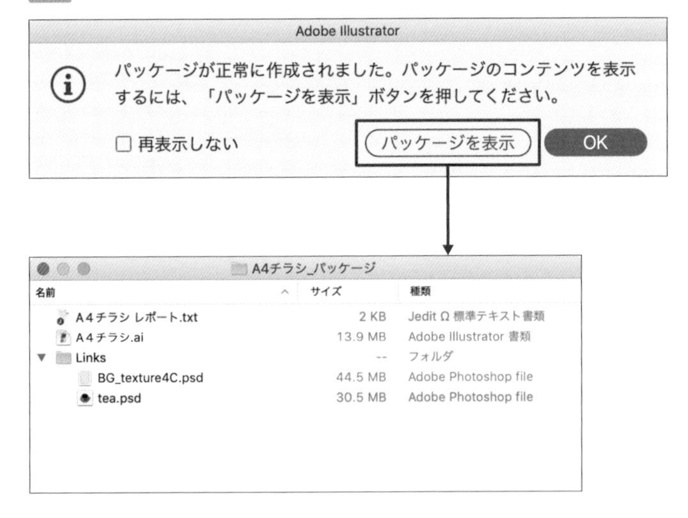

09 PDFを書き出す

23 PDFで入稿する場合は、ファイルメニュー→“複製を保存...”を選択します 23-1。

ファイルメニュー→“別名で保存...”からでも同様の操作でPDFを書き出すことができますが、保存後にPDF変換された書類がIllustrator上で開かれたままになります。ミスを防ぐためには“複製を保存”を利用するのがおすすめです。

23-1

24 表示されたウィンドウで保存先を選び、[名前]にファイル名を入力しましょう。[ファイル形式]で[Adobe PDF (pdf)]を選択して[保存]をクリックします 24-1。

24-1

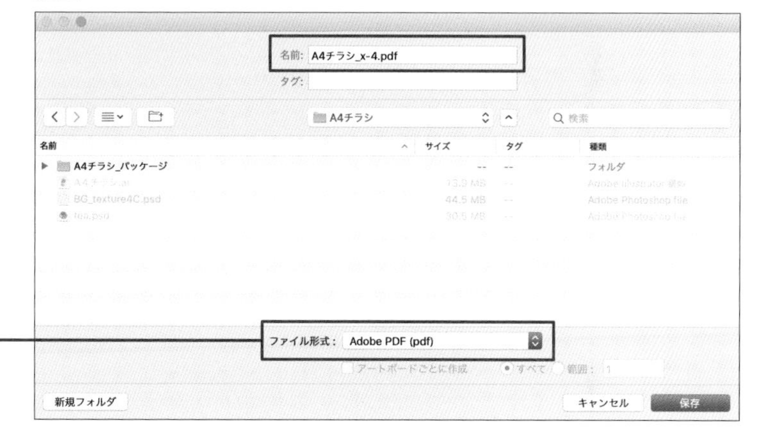

Adobe Illustrator (ai)
Illustrator EPS (eps)
Illustrator Template (ait)
✓ Adobe PDF (pdf)
SVG 圧縮 (svgz)
SVG (svg)

25 [Adobe PDFを保存]ダイアログが表示されたら、用途に応じてPDFの設定を行います 25-1。

ここではプリセットを利用してPDF X-4に準拠したPDFを書き出してみましょう。[Adobe PDFプリセット]のドロップダウンリストから[PDF/X-4:2008(日本)]を選択します。

PDF X-4は入稿用途でも一般的なフォーマットですが、印刷会社などから指定されているプリセットや設定がある場合はそちらを優先します。

25-1

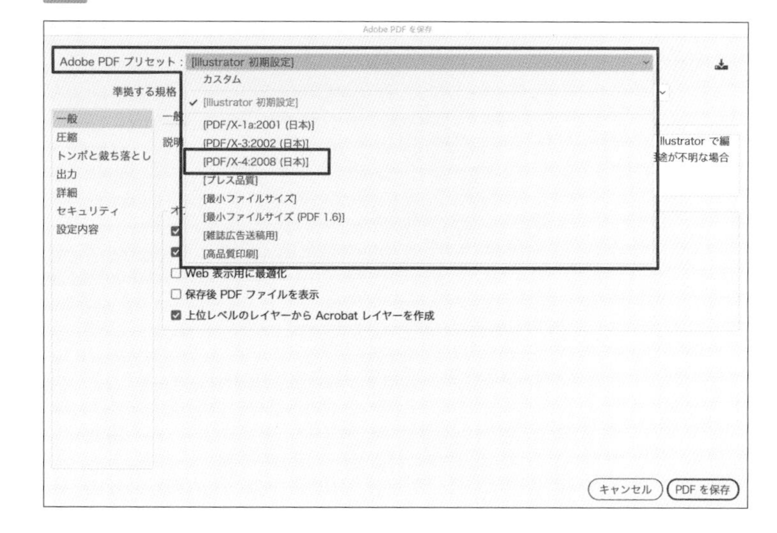

26 [PDF/X-4:2008（日本）]では裁ち落とし（塗り足し）とトンボが付きません。ダイアログで設定を変更してみましょう 26-1。

[トンボと裁ち落とし]で[トンボ]のチェックをオンにします。[レジストレーションマーク]や[カラーバー]などは必要に応じてオンにしましょう 26-2 26-3。

[裁ち落とし]では天地左右それぞれに3mmを設定します。ドキュメント側で適切に裁ち落としの設定ができている場合は[ドキュメントの断ち落とし設定を使用]をオンにしてもかまいません。

設定を終えたら[PDFを保存]をクリックします。指定した場所にPDFが書き出されます。

PDF形式で保存したデータは、内容をチェックするための校正用途や、そのまま印刷データとして扱われる入稿用途など、さまざまな場面で活用されています。用途に応じて適切な設定のPDFを書き出せるようにしましょう。

26-1

Adobe PDF を保存

Adobe PDF プリセット：[PDF/X-4:2008 (日本)](変更)

準拠する規格：PDF/X-4:2010　互換性：Acrobat 7 (PDF 1.6)

一般
圧縮
① トンボと裁ち落とし
出力
詳細
セキュリティ
設定内容

トンボと裁ち落とし

トンボ
すべてのトンボとページ情報をプリント
② トンボ　種類：日本式
レジストレーションマーク　太さ：0.50 pt
カラーバー
ページ情報　オフセット：0 mm

裁ち落とし
ドキュメントの裁ち落とし設定を使用
③ 天：3 mm　左：3 mm
地：3 mm　右：3 mm

④ キャンセル　PDF を保存

26-2

今回の設定で書き出したPDF。トンボと裁ち落としが設定されている

26-3

レジストレーションマークとカラーバーも設定した例

Webサイト用のバナーとサイズバリエーションを作成する

THEME テーマ

Webサイトに掲載するバナーを作成します。同じバナーでサイズバリエーションを作成する場合は、ひとつのファイルで、共通のオブジェクト、画像などを一括で管理すれば、効率よく作成できます。

KEYWORD キーワード

複数のアートボード

TRY 完成図

Lesson7/03/ai/ハンドソープバナー.ai

01 新規ドキュメントを準備

Google、Yahoo!JAPAN、そのほかのECサイトになどに出稿するバナーなどは、同じ内容でサイズバリエーションを作成するケースが大半です。まずは、元となるバナーを作成し、それをもとに複数のアートボードでサイズバリエーションを作成していきましょう。

1 ファイルメニュー→"新規..."もしくはホーム画面の［新規作成］で［新規ドキュメント］ダイアログを表示し 1-1、ダイアログ上部のプリセットのタブで［Web］を選択します①。

アートボードのサイズを基本のサイズに変更します。作例ではGDN/YDNでPC/スマホ共通の［幅：300px］、［高さ250px］に設定しています②。［プレビューモード：ピクセル］に設定して③、［作成］をクリックします。

1-1

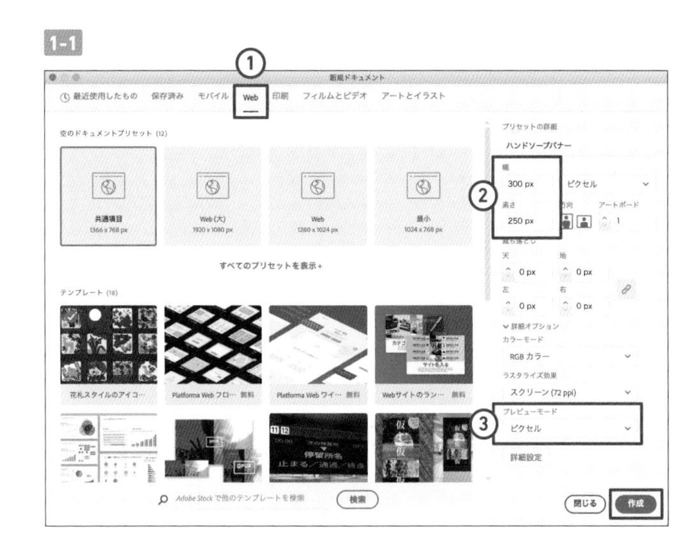

WORD GDN/YDN

GDNは「Google ディスプレイ ネットワーク」、YDNは「Yahoo!ディスプレイアドネットワーク」の略称で、広告ネットワークの代表的な2つといえる。

これらのディスプレイ広告は、Webサイトやアプリケーションに掲載されるバナー広告を配信する広告ネットワークで、それぞれのパートナーサイト内に表示される。

※YDNは2021年春からYDAへサービスがリニューアルされる。

02 Web制作に必要な設定

2 プロパティパネルの［スナップオプション］で［ピクセルにスナップ］をオン、［キー入力］を1pxに設定します 2-1。

3 表示メニュー→"定規"→"アートボード定規に変更"を選択し 3-1、座標の基準をアートボードに設定します。

これで複数のアートボードそれぞれの左上が基準点になります。

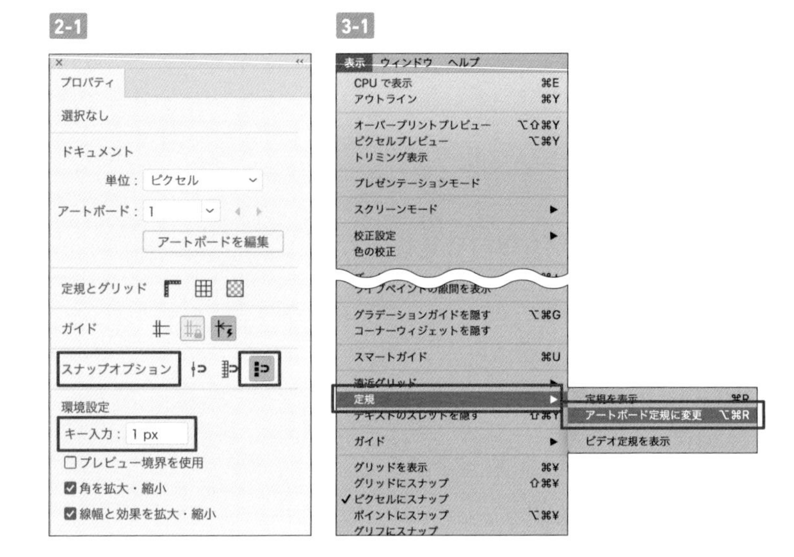

03 バナーのデザインを作成

4 背景にカラー設定する場合などには、アートボードサイズと同じサイズの長方形を、［X：0］［Y：0］の位置に配置します 4-1。ここでは［塗り：R185/G231/B228］に設定しました。

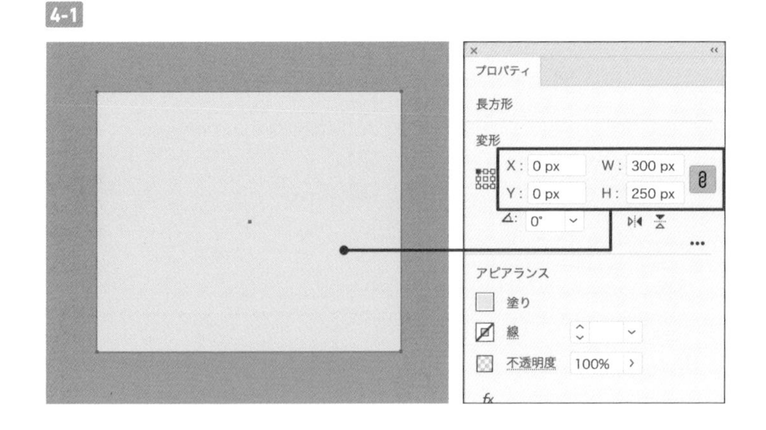

5 画像「handsoap.psd」を配置します 5-1。jpgなどの画像書き出しの際に再サンプルされるので、自由に拡大縮小して大きさを調整できますが、リンクパネル 5-2 で画像解像度が72ppi以下にならないようにします。

5-1

Lesson7/03/ai/handsoap.psd

5-2

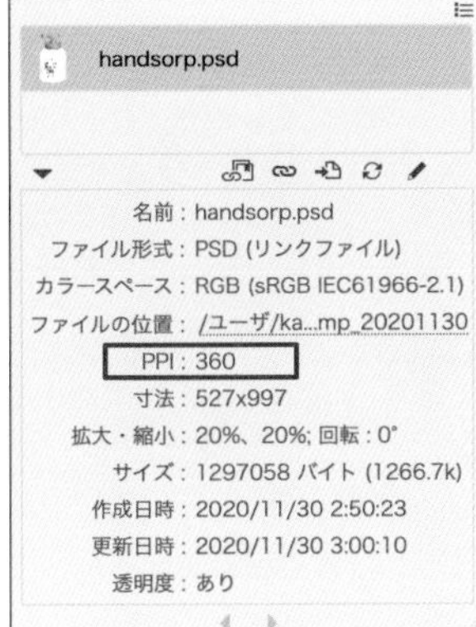

memo

Web黎明期からディスプレイ表示用の解像度は72ppiで運用されてきましたが、現在はiPhoneやRetinaなど高精細ディスプレイが増えてきたため、144ppiになりつつあります。標準規格は未だ72ppiなので配置画像は144ppiで作成して倍角で書き出し、html上で縮小表示やリキッドレイアウトで表示されるなど、複雑な工程になっています。したがって、Web用は一概に72ppiとは言えませんが、この例のような出稿用バナーの場合はピクセル指定の原寸表示なので最終的に72ppiで作成します。そのため、配置画像も72ppi以上にしておきます。

6 ロゴなどはピクセル整合で形が変形しないようにシンボルに登録し 6-1 6-2、保護します。左上を基準点にしておくとのちの調整が楽になります。

6-1

6-2

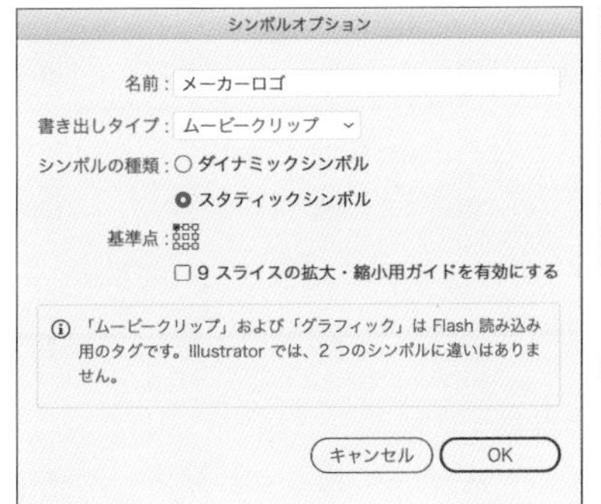

memo

書き出しタイプはすでにAdobeのサポートが終了しているFlashのタイムライン構成のためのオプションなので、どちらに設定しても問題ありません。

206ページ **Lesson5-05**参照。

7 アートボードからはみ出すオブジェクトなどは、アートボードサイズに収まるオブジェクトでクリッピングマスクにしておきます 7-1。

220ページ **Lesson5-07**参照。

7-1

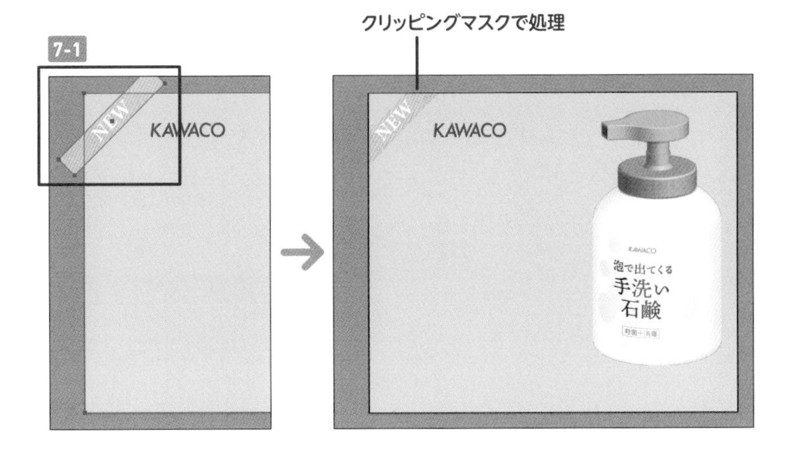

8

画像「handsoapmini.psd」を配置し、文字を入力します。縁文字はアピアランスを使用します 8-1。

縁文字は文字の塗りを［なし］にし、アピアランスパネルでテキストオブジェクトに塗りを2つ追加します 8-2。

上の塗りを文字の色、下の塗りをフチの色に設定し、下の塗りに効果メニュー→“パス”→“パスのオフセット...”で［オフセット：2px］［角の形状：ラウンド］に設定します 8-3（縁文字の作成方法については も参照）。

8-1

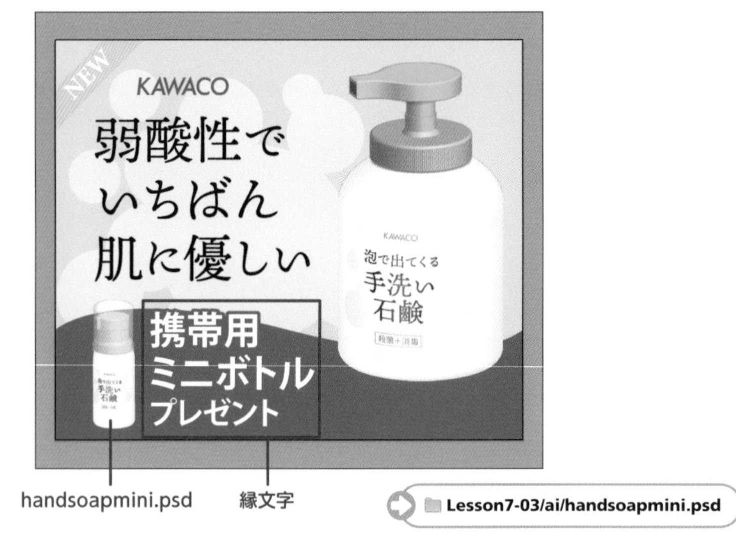

Lesson7-03/ai/handsoapmini.psd

8-2　8-3

アピアランスパネル → 130ページ　Lesson4-02参照。

縁文字 → 236ページ　Lesson6-03参照。

9

サイズに関する注意点を見ていきます。線幅が1px（1pt）など奇数の場合はアンチエイリアス処理によるボケを避けるため、線を内側に設定します 9-1。

9-1

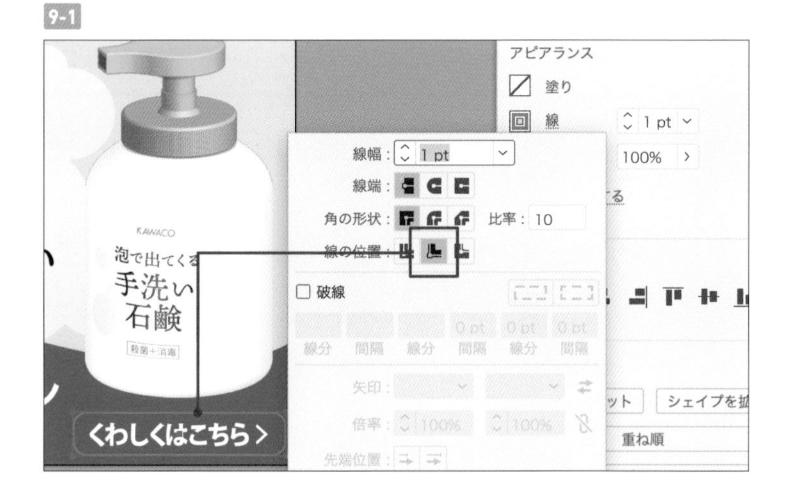

10 ボタンなどの長方形のオブジェクトのサイズと座標はピクセルが小数点以下にならないように調整します 10-1 。

拡大／縮小などで小数値が出た場合は①、プロパティパネルの［ピクセルグリッドに整合］ボタン②をクリックし、小数点以下を破棄して整数に調整します 10-2 ①。

10-1

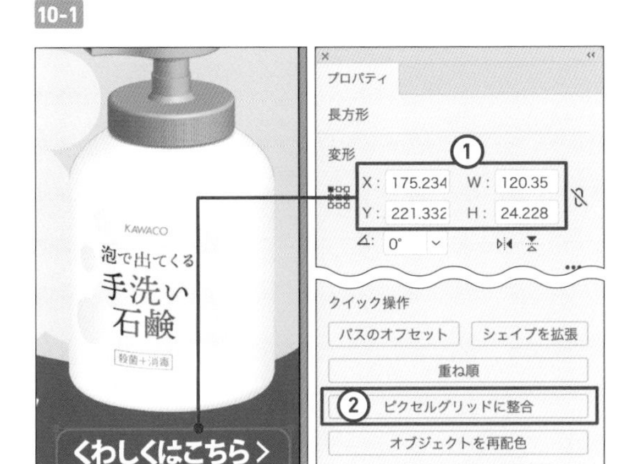

10-2

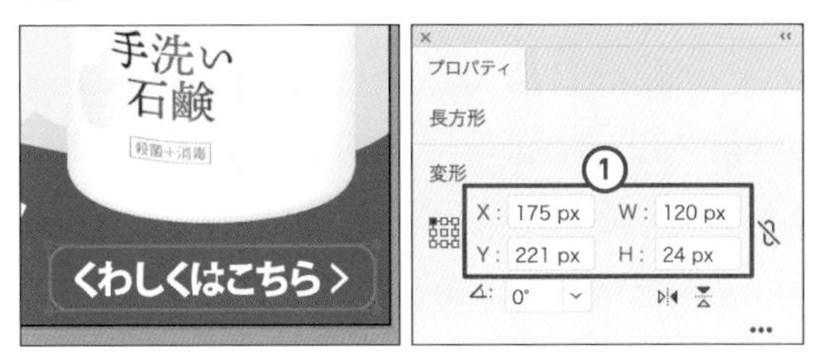

POINT

ロゴやアウトライン化された文字などはピクセル整合で形が崩れてしまうので、行わないように注意します。

04 アートボードを書き出す

11 ファイルメニュー→“書き出し”→“スクリーン用に書き出し...”を選択し、表示されるダイアログ 11-1 で［アートボード］タブ①を選択します。

アートボード名②をダブルクリックし、書き出し後のファイル名を設定することができます。

フォルダアイコン③を選択して書き出し先を指定し、フォーマットを選択します④ ！。

11-1

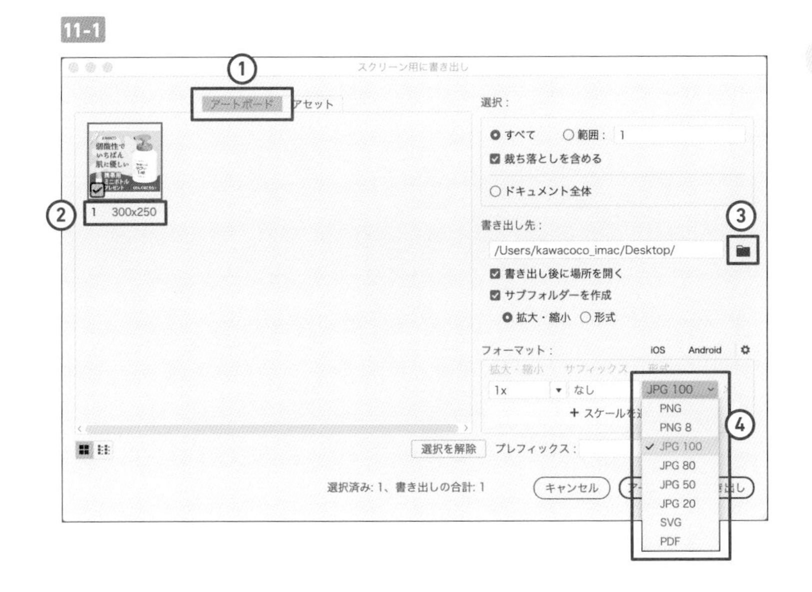

POINT

jpegはフルカラー（約1670万色）を扱うことができ、色数を保ったまま圧縮できるので、写真などに適した方式です。

pngはフルカラー（約1670万色）を扱うことができ、256階調の透過用アルファチャンネルをサポートしているので背景を透過して書き出すこともできます。シャープな線やフラットな面の多いロゴや図形、イラストなどに適しています。

GIFは色数が256色に制限されているので昨今あまり使用されませんでしたが、GIFアニメをサポートしているのでSNSなどで使用される機会が増えました。

SVGはXMLをベースに記述されたベクターデータなので、解像度に依存することなく表示することができます。ロゴや図形などに適したフォーマットです。

12 ファイル形式の細かい設定が必要な場合は歯車アイコン⚙をクリックし 12-1 ①、各種の設定を行います。

［アートボードを書き出し］ボタンをクリックして書き出します。

12-1

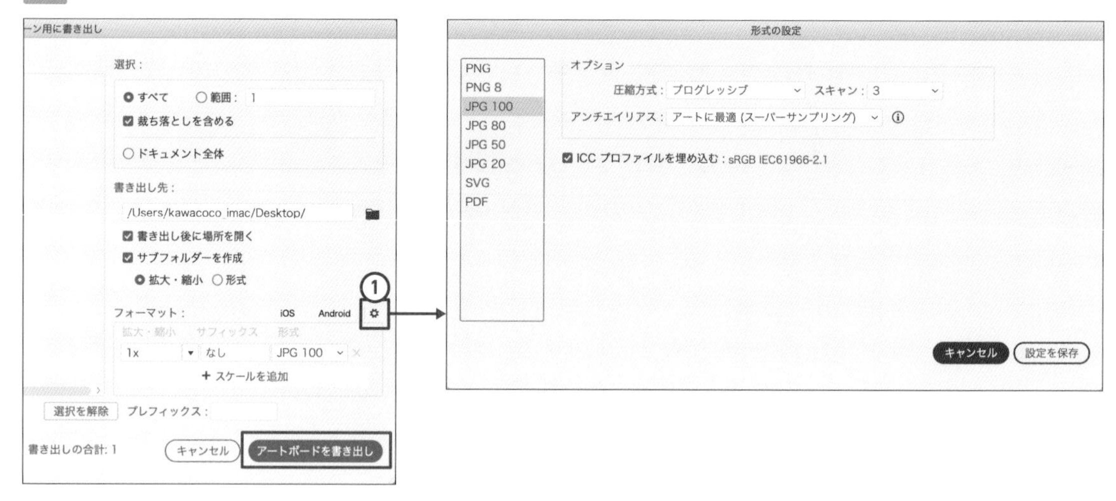

05 サイズバリエーションを作る

13 バリエーションのサイズの長方形を配置します。その際、X、Yの座標、W/Hのサイズともに整数にすることに注意してください（ピクセルグリッドに整合）。

ここではGDNで採用されているサイズ336×280を設定しています 13-1。

13-1

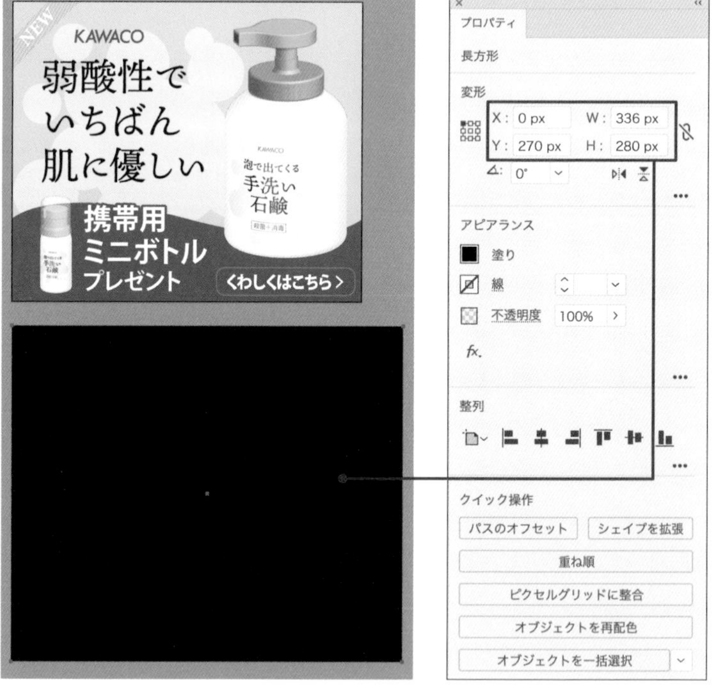

14 作成した長方形を選択し、オブジェクトメニュー→"アートボード"→"アートボードに変換"を選択します 14-1。

14-1

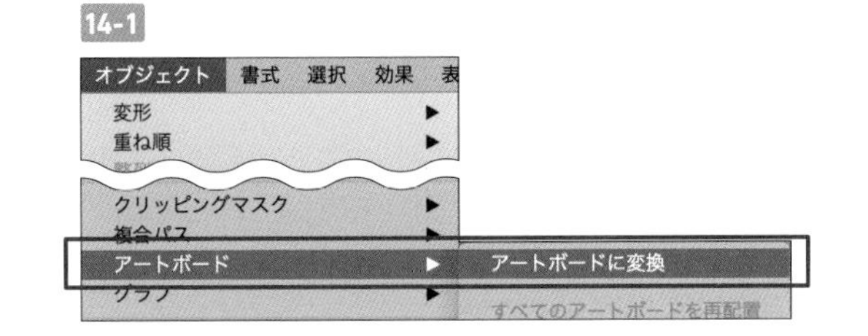

15 比率が同じ場合、基準サイズのアートボードを選択してオブジェクトをコピーし 15-1 ①、バリエーションのアートボードを選択して、編集メニュー→"同じ位置にペースト"を選択します②。

15-1

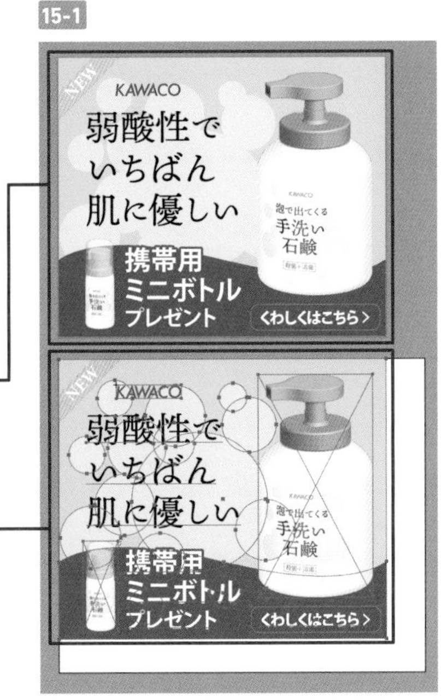

16 プロパティパネルのオブジェクトサイズで［縦横比を維持］16-1 がオンになっているのを確認し、縦横いずれかのサイズを変更します。

なお、作成するサイズバリエーションの縦横の比率が違う場合は、同じ位置にペーストしたあと、レイアウトを調整します。

16-1

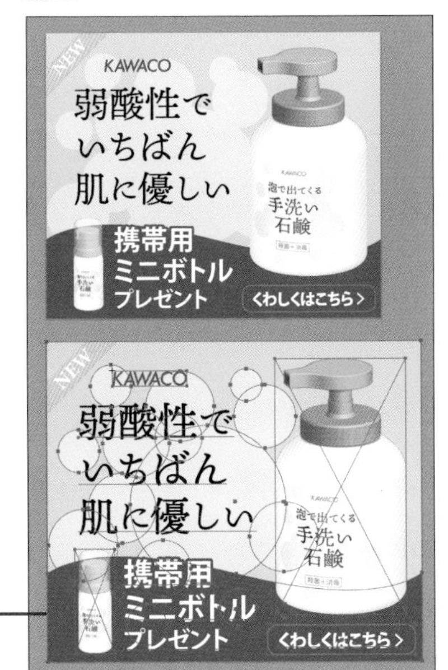

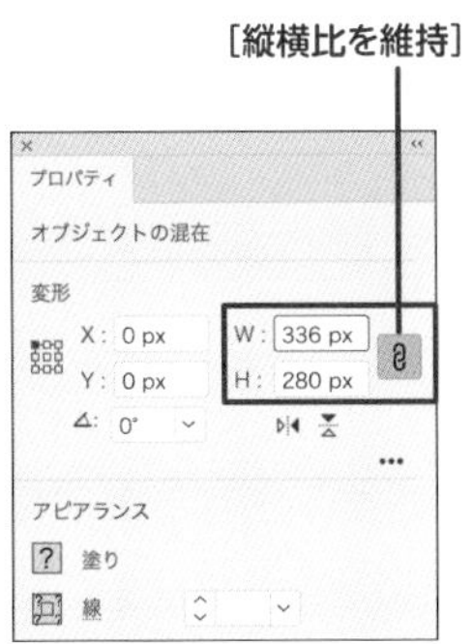

17 作例では300×300px（スクエア/GDN/YDNでレスポンシブ対応）、1200×628（GDN/YDNでレスポンシブ対応）17-1 を追加しています。

アートボードパネルで各アートボード名をクリックし、アートボード名を変更しておくとファイル名として書き出しされます 17-2 。

17-1

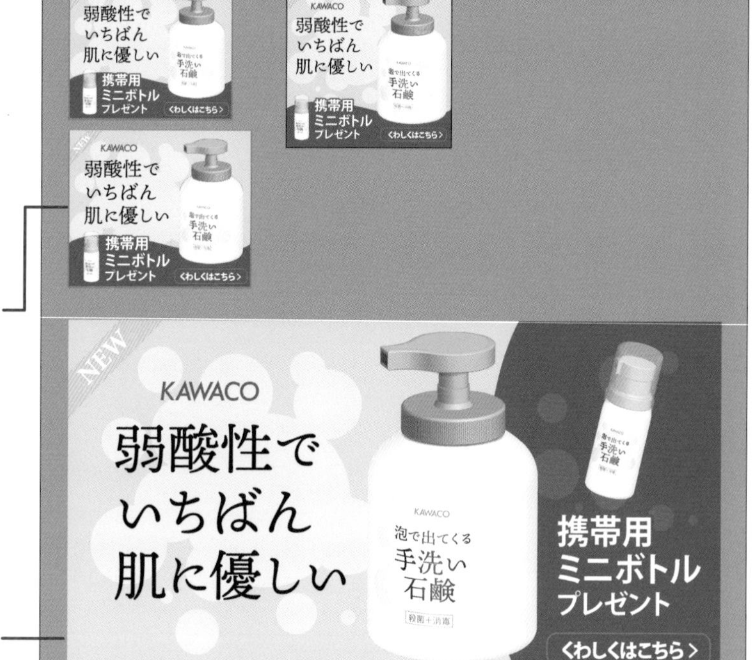

17-2

	アートボード	
1	300x250	
2	336x280	
3	300x300	
4	1200x628	

18 11～12と同様にファイルメニュー→"書き出し"→"スクリーン用に書き出し..."で書き出して完了です 18-1 。

18-1

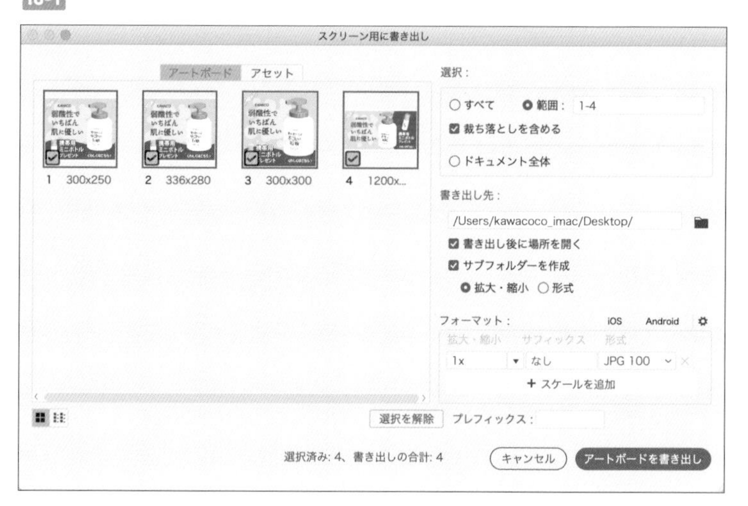

Lesson7/03/1x/300x250.jpg
300x300.jpg
336x280.jpg
1200x628.jpg

memo

書き出しの際、スクリーン用に書き出しで画像に荒れが出る場合は、ファイルメニュー→ "Web用に保存（従来）..." を試すことができます。

容量制限などで細かい圧縮率を調整する場合も "Web用に保存（従来）" で行うことができます。ただし、各アートボードごとに書き出しが必要になり、アートボード名はファイル名に反映されませんので、個別にファイル名を設定する必要があります。

Lesson 8

知っておきたい便利な機能

最後に、本書でここまで触れられなかった、知っておくと便利な機能をまとめて紹介します。ライブペイント、シェイプ形成ツールなどの描画機能だけでなく、ガイドや定規など描画補助として必須の機能などを取り上げます。

変形の繰り返し

直前に行った変形操作を繰り返したいときは“変形の繰り返し”を活用しましょう。複製と組み合わせると、さらに効率よく描画を行えます。

オブジェクトを等間隔に複製する

Lesson8/01/変形の繰り返し.ai

選択ツールでオブジェクトを選び、option (Alt) キーを押しながらドラッグして移動複製します 図1。正確に移動させる場合は、オブジェクトメニュー→“変形”→“移動...”などから「移動」ダイアログを呼び出し、数値入力して[コピー]をクリックしましょう 図2。

図1 option (Alt) +ドラッグで複製

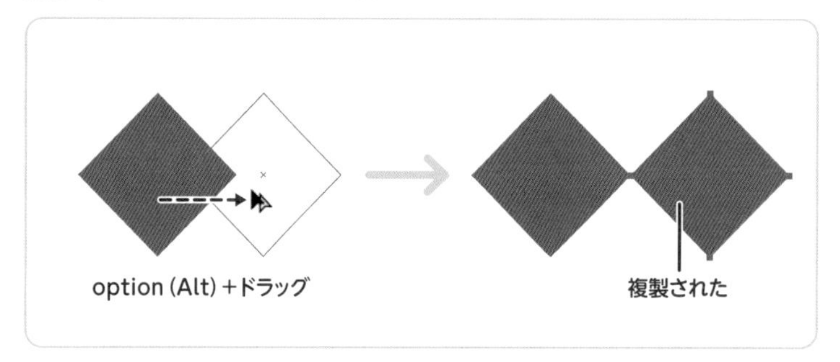

図2 「移動」ダイアログ

オブジェクトメニュー→“変形”→“変形の繰り返し”を実行するか、command (Ctrl) + Dキーを押すと、同じ移動距離でオブジェクトが複製されます 図3。何度も変形処理を繰り返す場合は、キーを押した回数だけ繰り返しが実行できるキー操作がおすすめです。

図3 command (Ctrl) + Dキーで連続複製

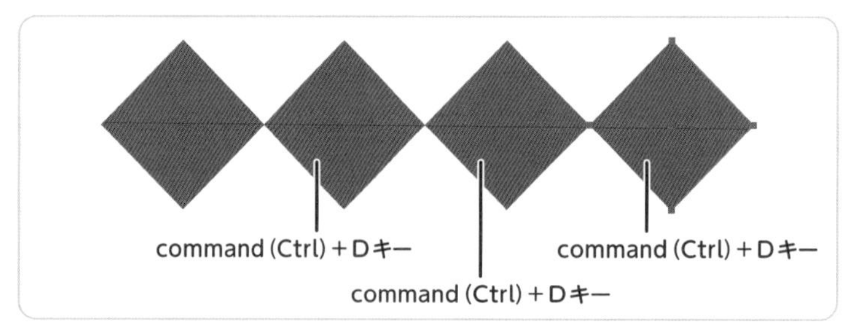

“変形の繰り返し”でできる処理

オブジェクトメニュー→“変形”から実行できる変形処理はいずれも“変形の繰り返し”が有効です。拡大・縮小の繰り返しでオブジェクトの大きさを少しずつ調整する 図4 、複製と組み合わせて回転コピーする 図5 などの処理が簡単にできます。

図4 **オブジェクトメニュー→“変形”→“拡大・縮小...”**

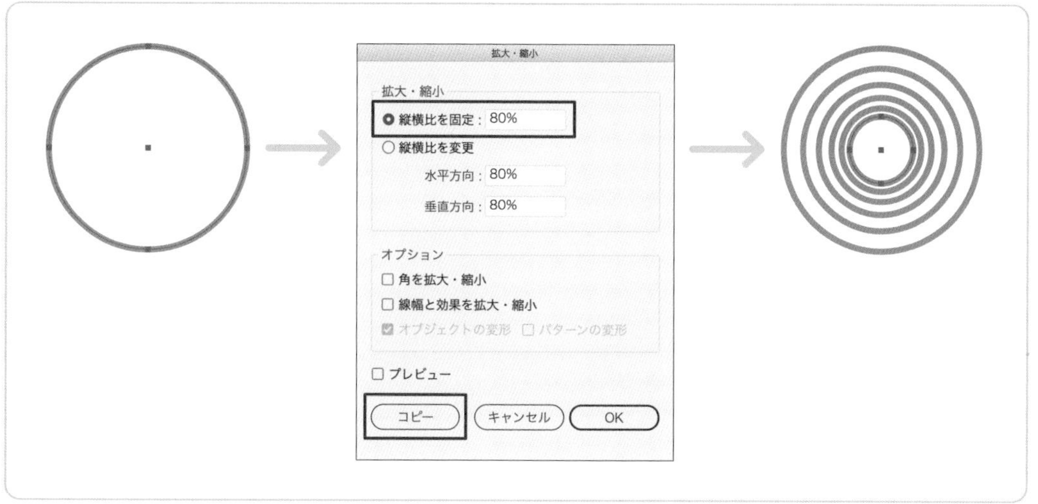

80%ずつ縮小・コピーを繰り返して同心円を描いた例

図5 **オブジェクトメニュー→“変形”→“回転...”**

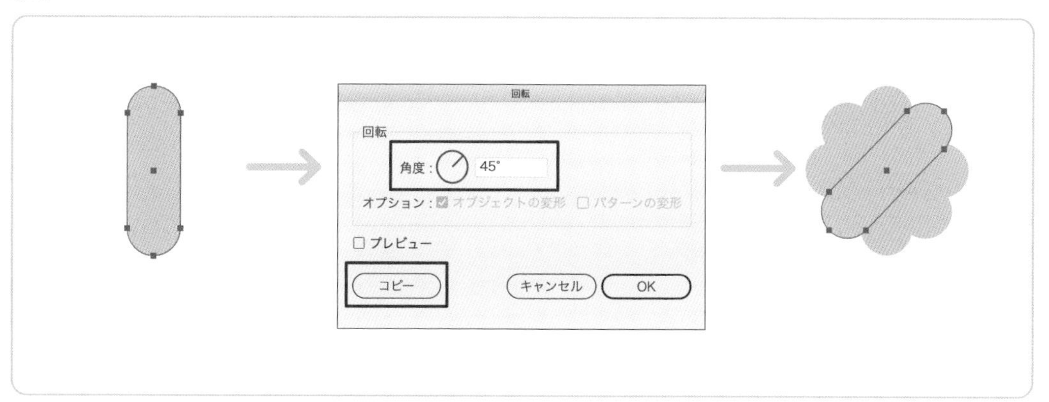

45°ずつ回転・コピーを繰り返して花のような形を描いた例

共通項目でオブジェクトを選択

THEME テーマ “共通”を利用すると、同じ属性を持つオブジェクトだけをすばやく選択することができます。メニューには12種類の設定が用意されています。

同一アピアランスのオブジェクトを選択する

Lesson8/02/共通項目でオブジェクトを選択.ai

選択したい属性をもつオブジェクトをひとつ選び、選択メニュー→“共通”で表示されるリストから目的の属性をクリックします。ここでは「アピアランス」を選択しました 図1。

ドキュメント上で同じ属性を持つオブジェクトが一括選択されます。このとき、非表示やロック状態になっているオブジェクトは選択対象になりませんので注意しましょう。

図1 選択メニュー→“共通”から目的の属性を選択

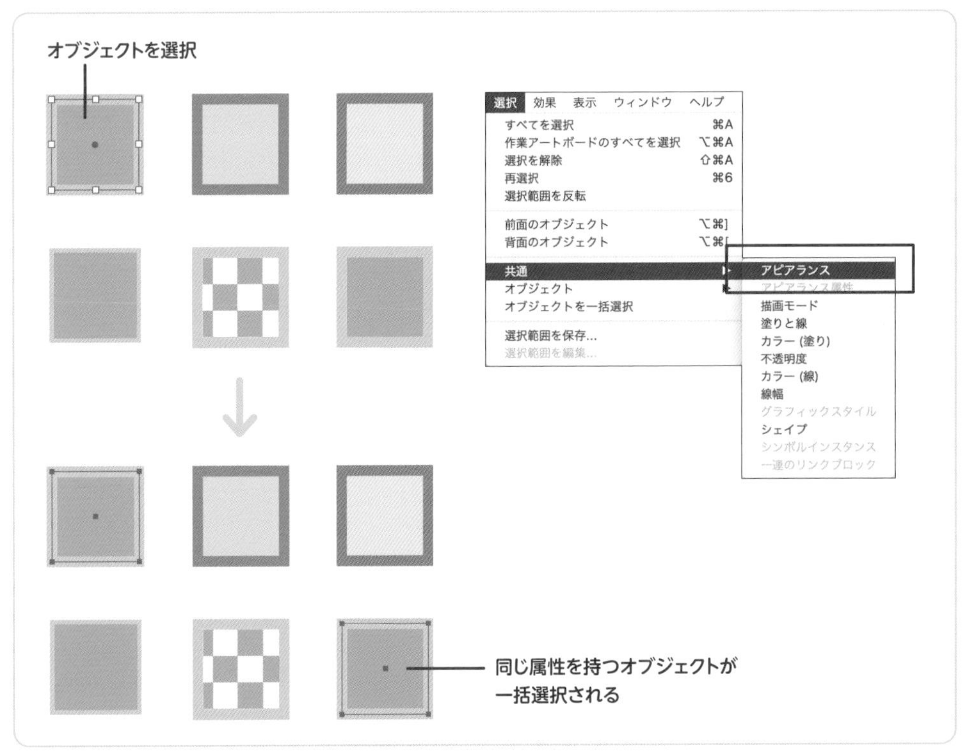

選択したオブジェクトと同じアピアランスを持つオブジェクトを選択

選択条件として指定できる属性

“共通”から指定できる属性は以下のようになっています 図2 図3 。

図2 選択メニュー→“共通”のサブメニューで指定できる属性

アピアランス	選択中のオブジェクトとまったく同じアピアランス
アピアランス属性	アピアランスパネルで選択している以下の属性 ・選択している線または塗りの項目全体（効果、不透明度、描画モードを含む） ・オブジェクト全体に適用されている不透明度、描画モード、効果
描画モード	オブジェクト全体に設定されている描画モード
塗りと線	アピアランスパネルで強調表示されている塗りと線（カラー・線幅）
カラー（塗り）	アピアランスパネルで強調表示されている塗りのカラー
不透明度	オブジェクト全体に設定されている不透明度
カラー（線）	アピアランスパネルで強調表示されている線のカラー
線幅	アピアランスパネルで強調表示されている線の線幅
グラフィックスタイル	適用されているグラフィックスタイル
シェイプ	長方形、楕円形または線のライブシェイプ ※角丸や扇形の角度など、シェイプのプロパティが変更されていても同じ種類のシェイプがすべて選択される
シンボルインスタンス	ダイナミックシンボル、またはスタティックシンボルのシンボルインスタンス ※ダイナミックシンボルの場合は、インスタンス側で個別にアピアランスを編集していても選択対象になる
一連のリンクブロック	スレッドテキストとして連結されているエリア内文字

ライブシェイプ→66ページ **Lesson2-07**参照。シンボル→206ページ **Lesson5-05**参照。スレッドテキスト→124ページ **Lesson3-13**参照

図3 アピアランスパネル

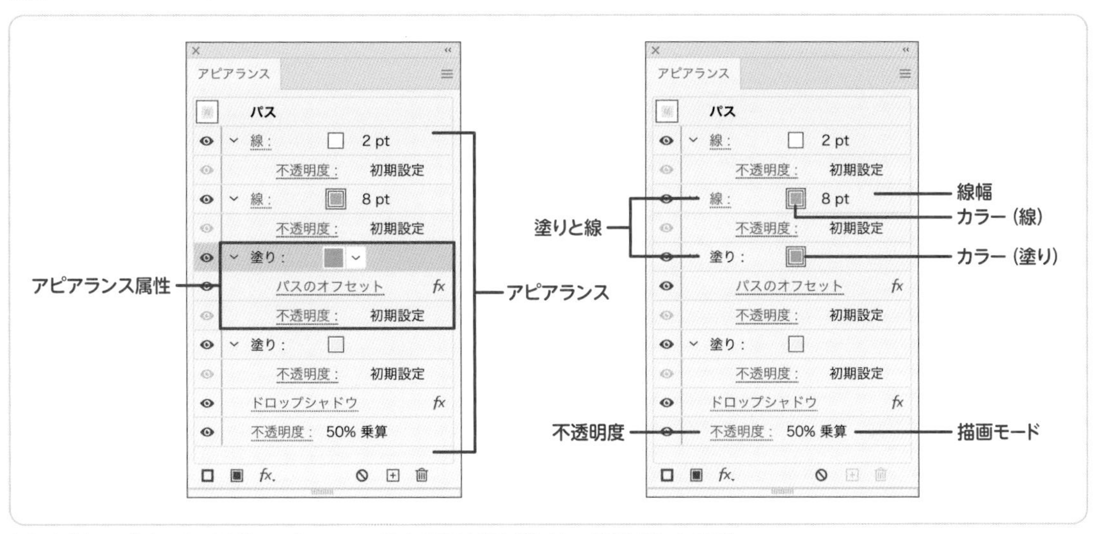

「選択条件として指定できる属性」でアピアランスに関する項目を選んだときに、選択対象になる属性

フリーグラデーション

フリーグラデーションを使うと、グラデーションの分岐点を自由な位置に設定できます。イラスト作成などで複雑な階調表現をするのに役立つ機能です。

自由な形状でグラデーションを設定する

Lesson8/03/フリーグラデーション.ai

オブジェクトの塗りを選択した状態で、グラデーションパネルから[種類：フリーグラデーション]を設定し、[描画：ライン]をクリックします 図1。

オブジェクト上をクリックすると、ライン状に繋がるようにグラデーションのカラー分岐点が配置されます。分岐点はクリックで選択できますので、それぞれに好きなカラーを設定しましょう 図2。分岐点をダブルクリックして、直接カラーパネルを呼び出すこともできます。

memo

Illustratorメニュー→“環境設定”→“一般...”で［コンテンツに応じた初期値を使用］がオンだと、フリーグラデーション適用時に自動でカラー分岐点が配置されます。作業がしにくい場合はオフにしましょう。

図1 [フリーグラデーション]、[描画：ライン]をクリック

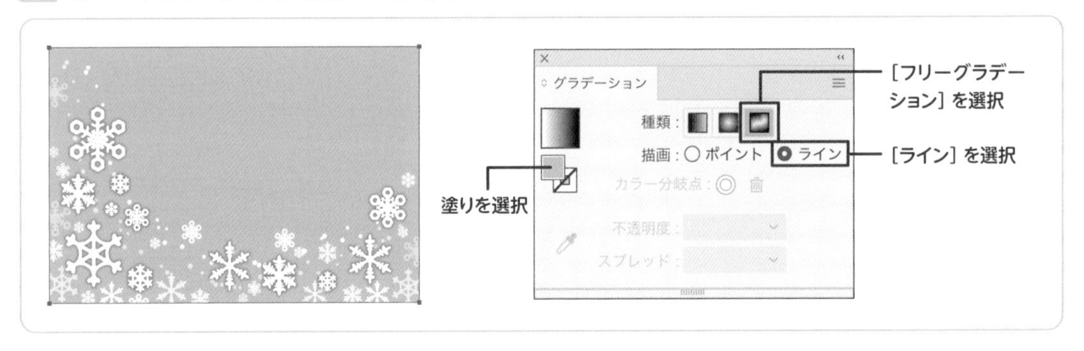

図2 ラインのカラー分岐点

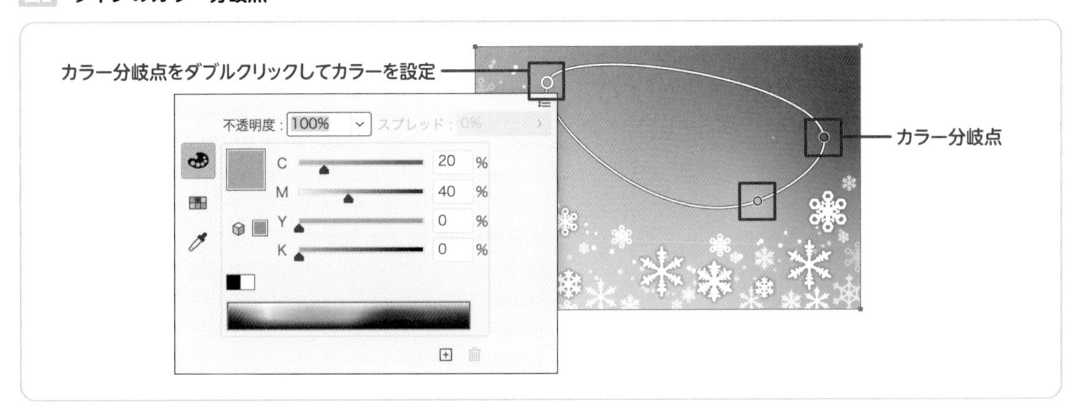

引き続きグラデーションパネルで[描画:ポイント]を選択し、オブジェクト上をクリックしてポイントグラデーションのカラー分岐点を追加します 図3。作例のように、[ライン] と [ポイント] のフリーグラデーションは混在させることが可能です。

図3 **ポイントのカラー分岐点**

フリーグラデーションを再編集する

フリーグラデーションを再編集したい場合は、オブジェクトを選択してからグラデーションツールに切り替えるか、グラデーションパネルの[グラデーションを編集]ボタンをクリックします 図4。

[ライン]、[ポイント] どちらの場合でも、オブジェクト上の分岐点はドラッグで自由に位置を変更できます。このとき、オブジェクトの外にドラッグすると分岐点が削除されてしまいますので注意しましょう。分岐点の削除はグラデーションパネルの [分岐点を削除] ボタンからも行えます。

図4 **フリーグラデーションの編集と分岐点の削除**

分岐点を選択して [分岐点を削除] をクリック

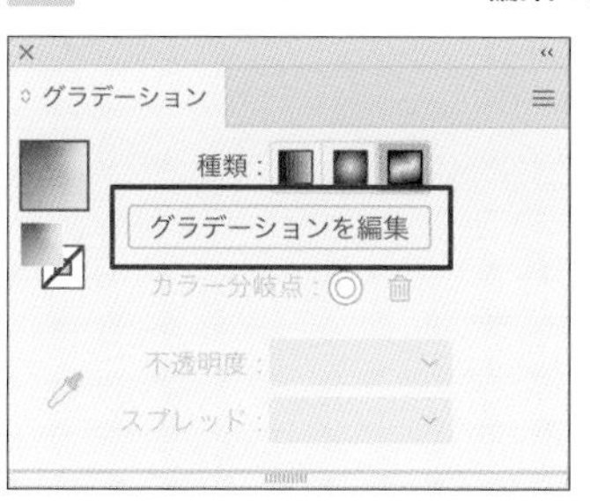

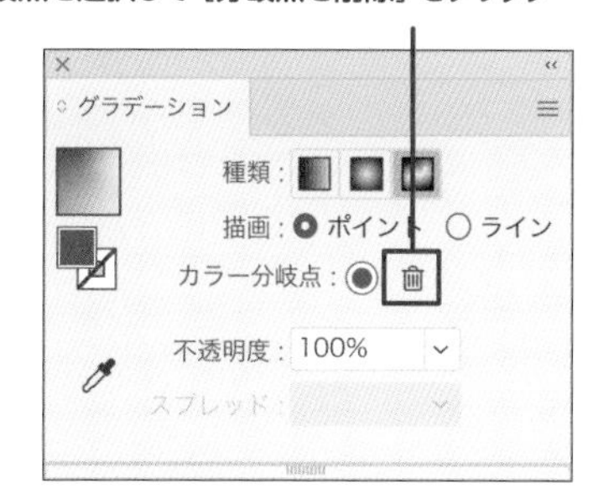

オブジェクトの外にドラッグして分岐点を削除

3D効果

THEME テーマ

"3D" 効果を利用して、平面のオブジェクトからかんたんに立体的な形状を作成してみましょう。表面の設定やシンボルのマッピングなども組み合わせると、工夫次第でさまざまなモチーフに活用できます。

回転体でボトルを作る

Lesson8/04/3D効果.ai

ペンツールなどで 図1 のようなパスを引き、適当な線幅とカラーを設定します。オブジェクトを選択した状態で効果メニュー→ "3D" → "回転体..." を適用しましょう 図2 。

「3D回転体オプション」ダイアログ 図3 が表示されたら [回転軸：左端] ①に設定しましょう。[プレビュー] ②をオンにして、見え方を確認しながら [位置] ③で好きなプリセットを選択します。作例では [オフアクシス法-前面] に設定しましたが、左側の立方体を直接ドラッグするか、X軸、Y軸、Z軸に角度を入力して自由に設定してもかまいません④。

[表面] ⑤で [陰影(艶消し)]、または [陰影(艶あり)] を設定している場合は、[詳細オプション] で表面の明るさや照明の位置などを調整できます。作例では⑥のように設定しました 図4 。

図1 パスを選択

図2 "3D"→"回転体"を選択

図3 回転の設定

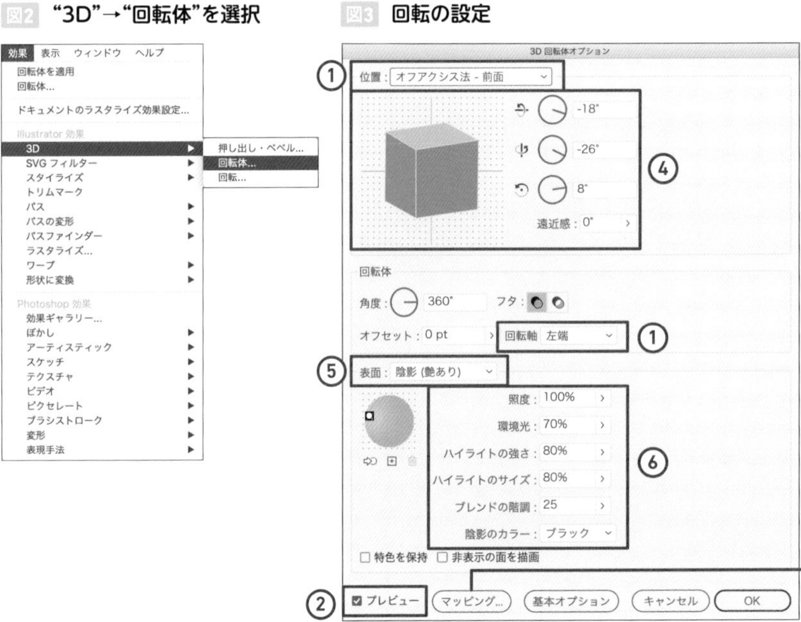

[アートをマップ] ダイアログ 図5 を表示

図4 設定結果

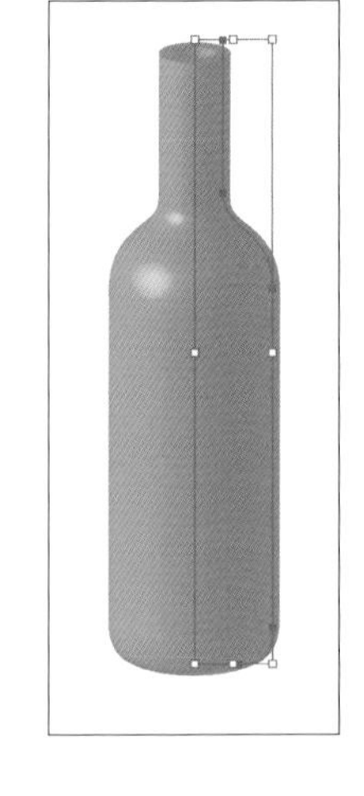

側面にシンボルをマッピングする

「3D回転体オプション」で［マッピング］をクリックすると［アートをマップ］ダイアログが表示されます 図5 。［プレビュー］をオンにして［表面］を切り替えると該当する面が赤く強調表示されますので、ボトルの側面を選択しましょう。選択した面には［シンボル］から選んだシンボルをマッピングすることができます。作例では、あらかじめシンボルに登録しておいたラベル風のアートワークを選択しました。プレビューを確認しながら、シンボルの位置や大きさを調整し、［OK］をクリックしてダイアログを閉じたら完成です 図6 。

WORD マッピング

Illustratorでは、3D オブジェクトの各面に、2D のアートワークを貼り付けること。

206ページ **Lesson5-05**参照。

図6 **設定結果**

図5 **ラベル風のアートワークをマッピング**

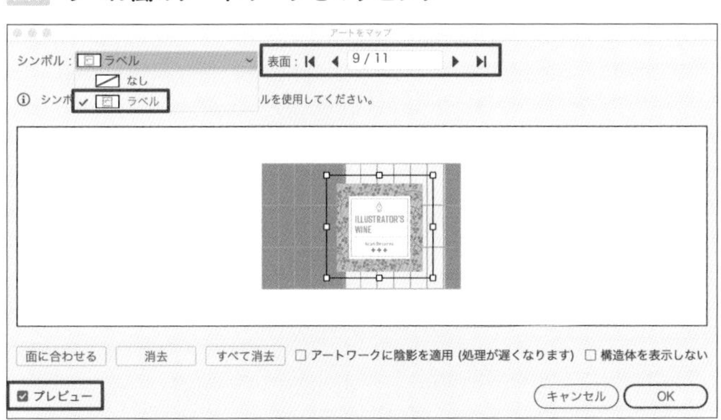

なお、3D効果にはここで紹介した“回転体”に加え、“押し出し・ベベル”、“回転”の3種類の効果があります 図7 ～ 図9 。

図7 **押し出し・ベベル**

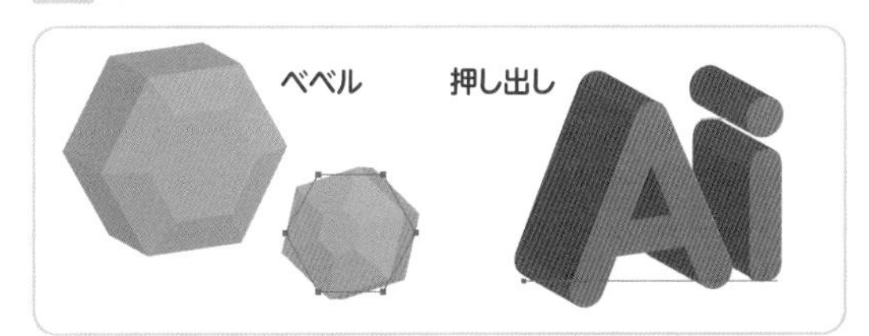

オブジェクトを1方向に押し出して立体形状を作る効果。箱や円柱のような形状を作成する際に利用する。［3D押し出し・ベベルオプション］ダイアログでベベル（エッジを斜面状に削ったり、丸めたりする効果）を設定をすると、エッジの部分にベベル処理を施すこともできる

図8 **回転体**

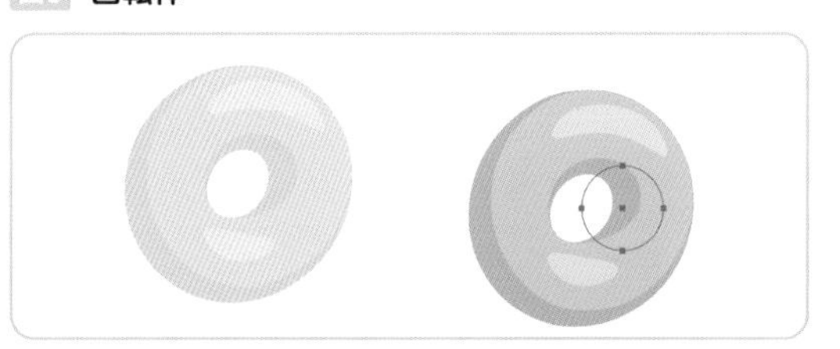

オブジェクトの左端または右端を基準にして回転体を作成。円柱、球のような形状のほか、「3D回転体オプション」ダイアログ（ 図3 ）で［オフセット］を設定するとドーナツのような形も作成できる

図9 **回転**

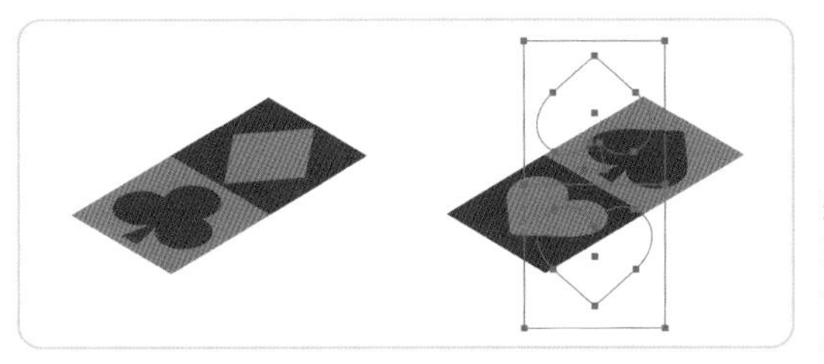

選択したオブジェクトを3D空間内で回転。複数のオブジェクトでできているアートワークの場合は、全体をグループ化してから回転を適用する

グラフ機能

THEME テーマ Illustratorには全部で9種類のグラフ作成ツールが用意されています。編集の際のポイントを押さえておけば、データを活かしたまま装飾を加えて華やかなグラフを作成できます。

グラフツールでグラフを作成する

Lesson8/05/グラフ機能.ai

グラフツール 図1 でアートボード上をドラッグまたはクリックし、適当な大きさでグラフオブジェクトを作成します。グラフの種類は後からでも変更ができますが、ここでは横向き積み上げ棒グラフツールを使用しました。

グラフオブジェクトを作成すると、データを入力するためのウィンドウが表示されます 図2 。ウィンドウ内のセルに直接データを入力するか、表計算ソフトなどで作成した表のデータをペーストしましょう。[データの読み込み] からはタブ区切りテキストを読み込むこともできますが、読み込んだデータはリンクされていないので、変更があった場合は再度読み込みが必要です。データ入力後に [適用] ボタンをクリックすると、セル内の数値がグラフに反映されます。

図1 グラフツール

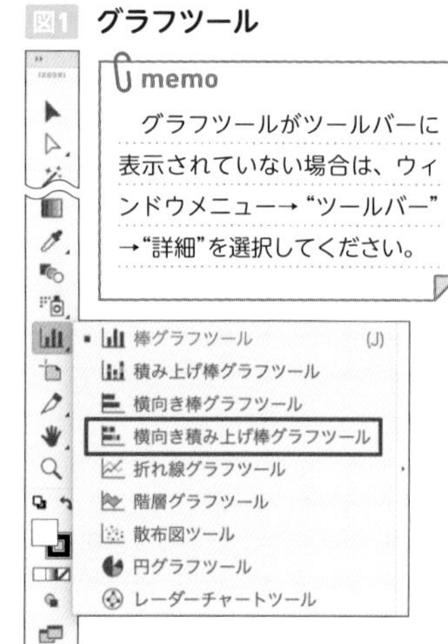

memo

グラフツールがツールバーに表示されていない場合は、ウィンドウメニュー→"ツールバー"→"詳細"を選択してください。

図2 グラフの作成

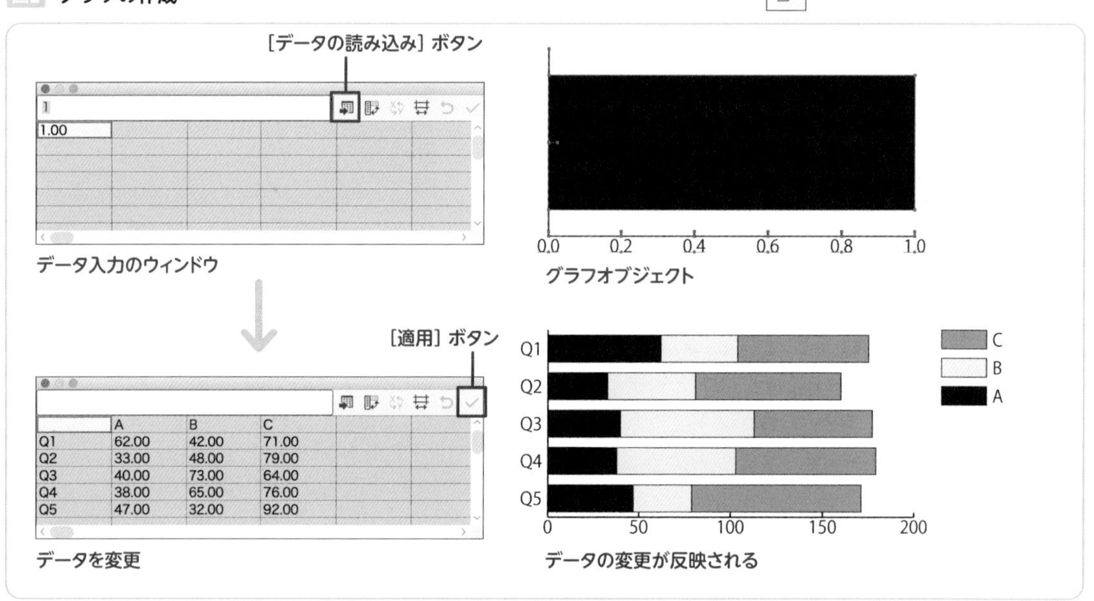

データ入力ウィンドウを表示している間はグラフの設定変更ができないため、入力が済んだら閉じておきましょう。再度ウィンドウを表示したい場合は、グラフオブジェクトを選択し、オブジェクトメニュー→“グラフ”→“データ...”をクリックします。グラフオブジェクトを分割していない限り、数値の変更はこのウィンドウから何度でも行えます。

グラフの見た目を整える

グラフオブジェクトを選択し、オブジェクトメニュー→“グラフ”→“設定...”をクリックすると、[グラフ設定] ダイアログが表示されます 図3 。ここでは目盛りの数や長さ、棒グラフの幅などグラフに関するさまざまな調整ができます。グラフの種類を後から変更したい場合もこのダイアログで設定しましょう。

図3 [グラフ設定]ダイアログ

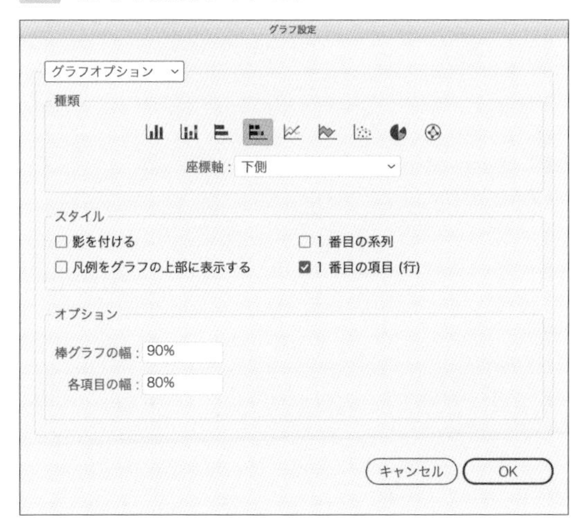

グループ選択ツール 図4 でグラフオブジェクトの編集したい箇所を複数回クリックすると、同じアピアランスが適用されているパーツをまとめて選択できます。この状態で、塗り・線のカラーなどを設定できます 図5 。

図4 グループ選択ツール

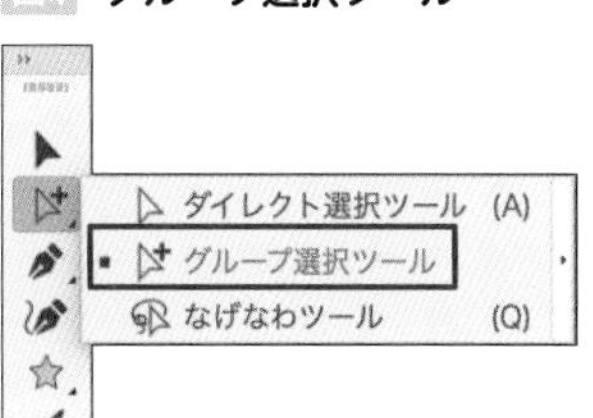

図5 塗り・線のカラーなどを設定

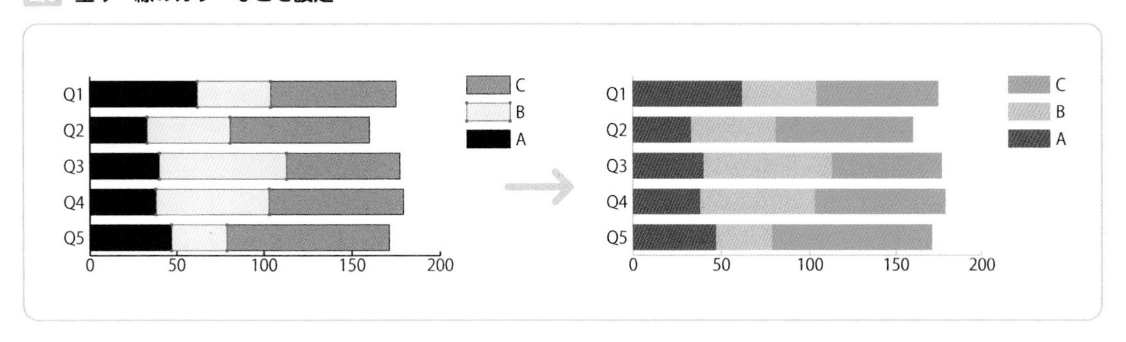

グラフのパーツには効果などを適用しても問題ありませんが、効果のかけ方によってはグラフの更新時に見た目がリセットされてしまいます。グラフ設定やデータの更新を頻繁に行う場合は特に、パーツ類に適用したアピアランスをグラフィックスタイルに登録しておきましょう 図6 。グラフィックスタイルとリンクしておくことでグラフ更新時にも見た目が保持されるようになり、万一リセットされた場合にも、グラフィックスタイルから簡単に同じアピアランスを適用することができます。

136ページ **Lesson4-03**参照。

座標軸や目盛りに使われているテキストも、フォントやフォントサイズなど文字に関する設定が変更できます 図7 。ただし、データを活かしたい場合は移動や削除、効果の追加は避けるようにしましょう。データを更新した際に設定がリセットされてしまうためです。

図6 アピアランスをグラフィックスタイルに登録

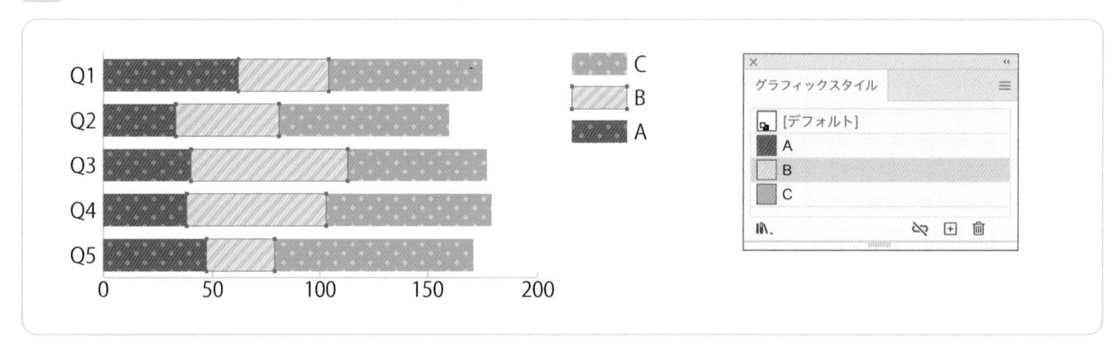

図7 座標軸や目盛りの文字のフォント、フォントサイズなどを変更

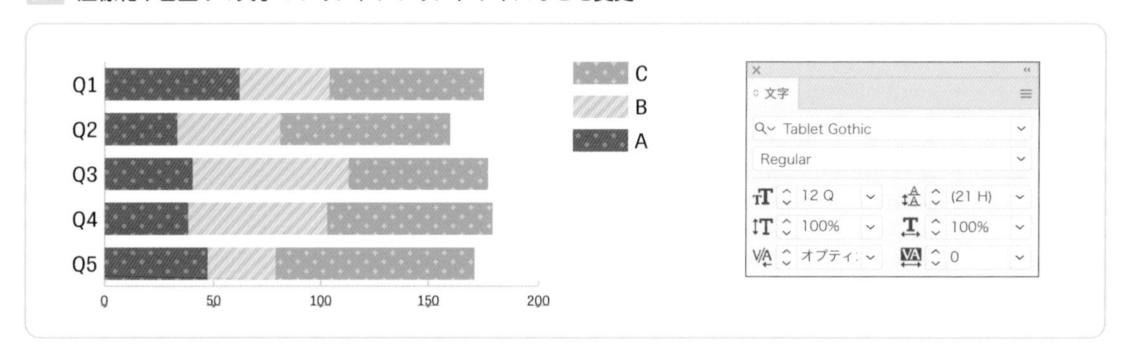

グラフオブジェクトの分割

グラフオブジェクトの分割はグループ解除で行います。データ入力ウィンドウを表示している場合は閉じてからshift＋command（Ctrl）＋Gキーなどでグループ解除すると、データとのリンクが解除され通常のオブジェクト同様に編集ができるようになります。データと連携させることはできなくなりますが、形を大きくアレンジするなど、グラフオブジェクトのままで難しい装飾は分割してから行いましょう。

ライブペイント

THEME テーマ　Photoshopのバケツツールのような感覚で線画に色をつけたいときはライブペイントツールが便利です。ドラッグやクリックなど、ペイント系のアプリケーションのような直感的な操作で効率よく着色作業ができます。

線画をライブペイントグループに変換する

色をつけたい線画を用意します。ここでは線オブジェクトで構成されたイラストを使いますが、塗りオブジェクトで描かれたものでも構いません。イラスト全体を選択した状態でライブペイントツール図1でクリックして、イラストをライブペイントグループに変換します図2。

図1 ライブペイントツール

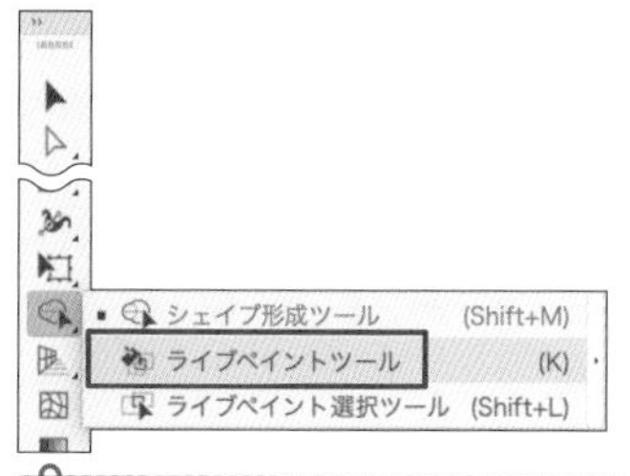

memo

ライブペイントツールがツールバーに表示されていない場合は、ウィンドウメニュー→"ツールバー"→"詳細"を選択してください。

線画に色をつける

線で囲まれた部分にライブペイントツールのポインターを置くと、塗りつぶせるエリアが赤くハイライトされます。クリックすると、そのときカラーパネルに表示されている塗りのカラーで塗りつぶされます図3。

図2 ライブペイントグループに変換

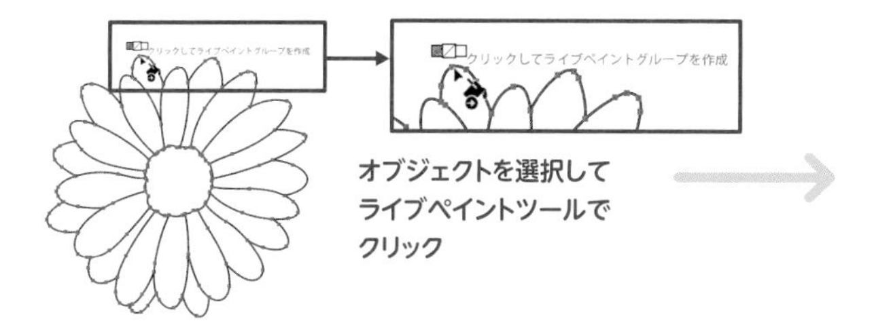

図3 ライブペイントグループ内のエリアを塗りつぶす

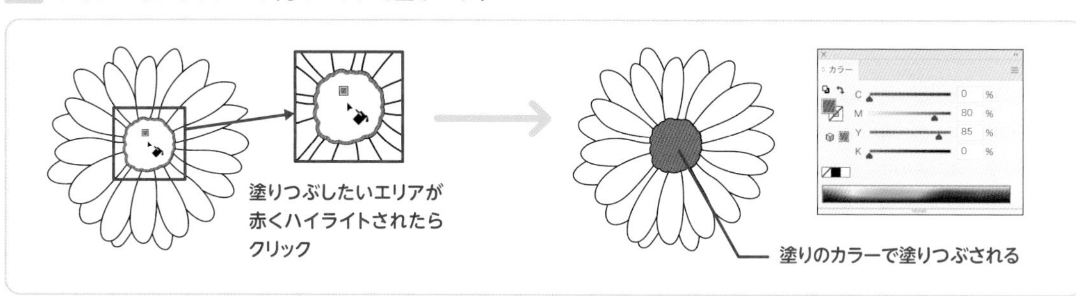

線で区切られた複数のエリアをまとめて塗りたいときは、ライブペイントツールでドラッグしましょう。また、トリプルクリックするとそのとき同じカラーが適用されている箇所をまとめて塗ることができます。塗りつぶすエリアの多い複雑な線画などで便利な操作です 図4 。

図4 複数のエリアを塗りつぶす

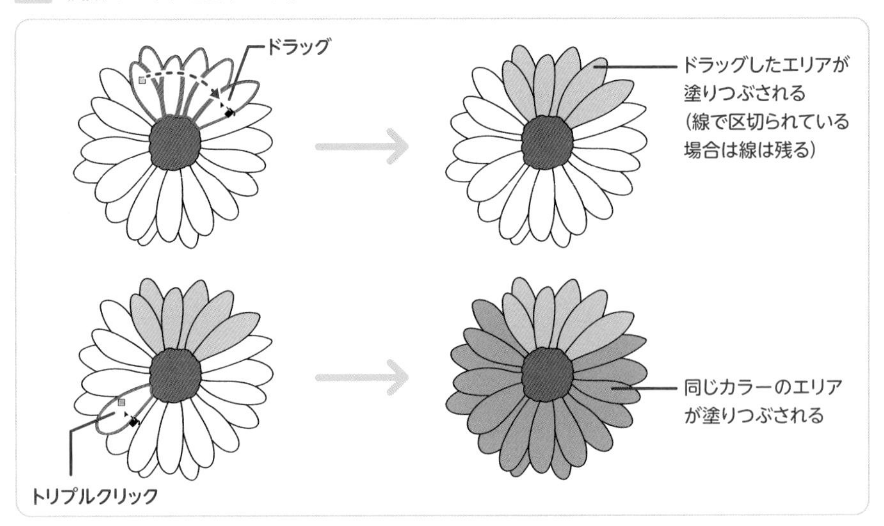

ライブペイント選択ツール(前ページ 図1 参照)を使うと、ライブペイントで着色した箇所を個別に選択・編集することができます。複数のエリアを選択したい場合はshiftキーを押しながらクリックしましょう。また、ライブペイントツール、ライブペイント選択ツールはどちらとも、option(Alt)キーを押すことで一時的にスポイトツールに切り替えることができます。その他のパーツと同じカラーを適用したい場合などに活用しましょう 図5 。

図5 ライブペイント選択ツールでエリアを個別に選択

ライブペイントにパーツを追加する

ライブペイントには、あとからパーツを追加することが可能です。作例では、花のイラストに対して葉っぱのようなパーツを描き足しました。全体を選択し、コントロールパネルの［ライブペイント結合］ボタンをクリックすると、描き足したパーツも含めてライブペイントで着色ができるようになります 図6。

23ページ Lesson1-02参照。

図6 ライブペイントグループにパーツを追加

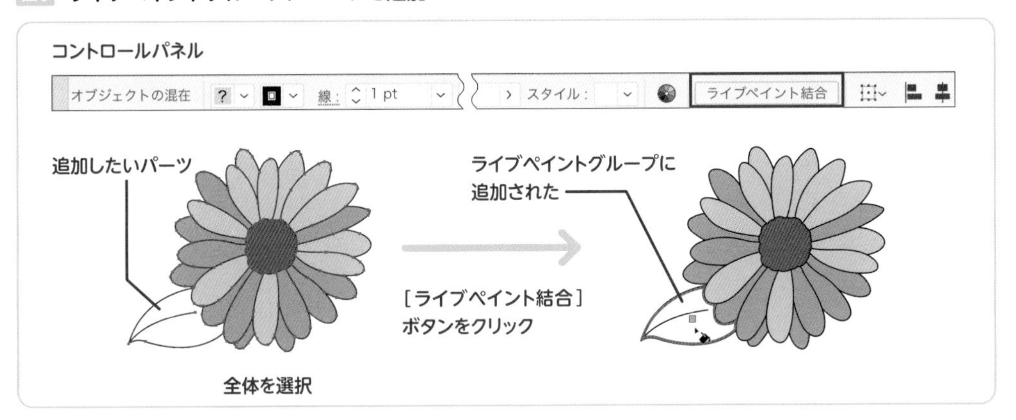

塗りつぶすエリアを調整する

線が部分的に途切れている場合など、塗りつぶしたいエリアがうまく検出できていない場合は隙間の設定を再度見直しましょう。ライブペイントグループを選択し、コントロールパネルの［隙間オプション］ボタンをクリックして 図7、［隙間オプション］ダイアログを表示します 図8。

図7 隙間を検出

［プレビュー］をオンにすると（次ページ 図8 ①）、検出された隙間が強調表示されます 図9。隙間が閉じられるかを確認しながら［隙間の検出］で［塗りの許容サイズ］の設定を変更しましょう 図8 ②。ここでは［広い隙間］を選択しましたが、［カスタムの隙間］で数値を指定することもできます。［OK］をクリックしてダイアログを閉じると、先ほどの隙間の設定が反映された状態で塗りつぶしができます 図10。

図8 ［隙間オプション］ダイアログ

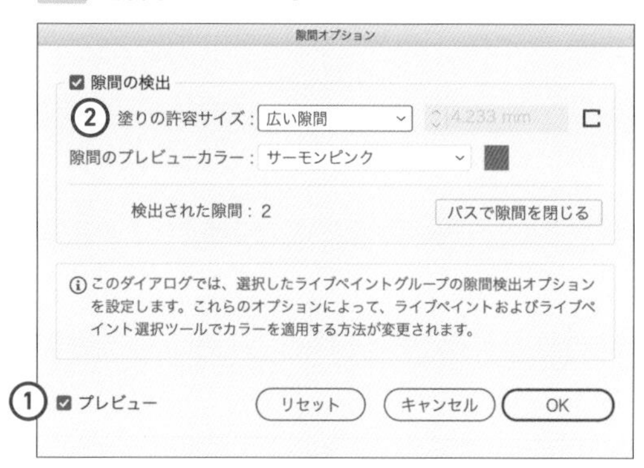

図9 隙間が検出される

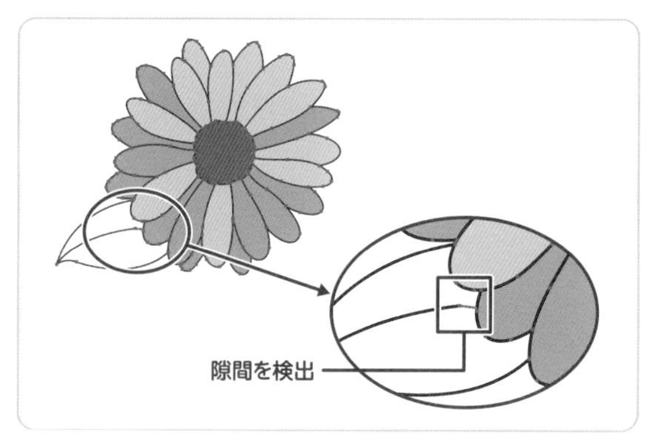

図10 隙間がふさがれて個別に塗りつぶせるようになった

ライブペイントを拡張する

ライブペイントグループの塗りや線には、線幅の変更やパターンスウォッチの適用などの編集が行えます。ただし、矢印や可変線幅、ブラシの適用や、塗りつぶした領域ごとに効果をかけるといった処理ができません。さらに複雑な編集を行いたい場合は、ライブペイントグループを拡張する必要があります。

ライブペイントグループを選択し、コントロールパネルの［拡張］ボタンをクリックします 図11 。拡張後は線と塗りとでグループに分けられた状態に変換されますので、通常のオブジェクトと同じように編集を行いましょう 図12 。

図11 ライブペイントを拡張

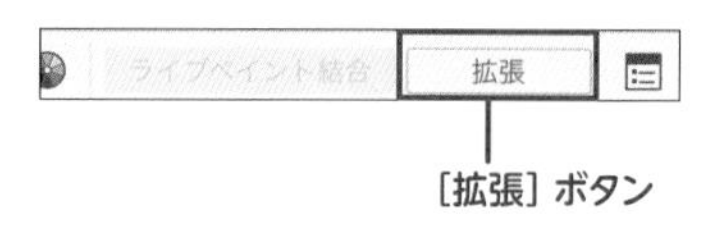

図12 線と塗りのグループとなる

シェイプ形成ツール

THEME テーマ

オブジェクトを組み合わせるときはパスファインダーパネルを使うのが一般的ですが、シェイプ形成ツールを使うとドラッグやクリックなどの直感的な操作で形を作ることができます。線オブジェクトの整理にも有効なツールです。

ドラッグ操作でかたちを作る

169,198ページ Lesson5-03参照。

Lesson8/07/シェイプ形成ツール.ai

塗りオブジェクトで描くイラストにシェイプ形成ツール 図1 を活用してみましょう。必要なオブジェクトを用意して全体を選択し、シェイプ形成ツールに切り替えます。オブジェクト上をドラッグすると、なぞったオブジェクト同士が結合されます 図2 。

option (Alt) キーを押しながらドラッグすると、なぞった箇所が消去されます 図3 。パスファインダーの型抜きのような処理を行いたい場合に便利な操作です。同様の手順でその他のパーツも結合・削除してイラストを完成させましょう。

図1 シェイプ形成ツール

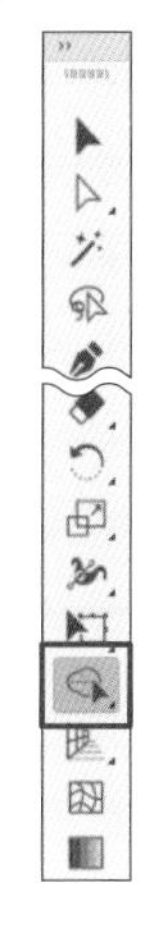

memo

デフォルト設定では、直前までカラーパネルに表示されている塗りのカラーが結合時に適用されます。

図2 オブジェクトを結合

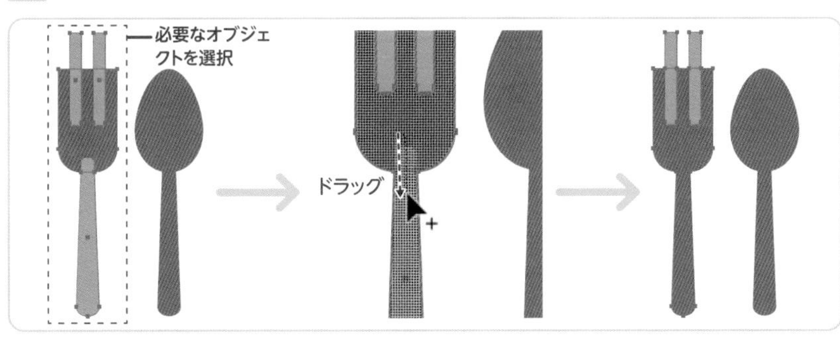

図3 オブジェクトで型抜き

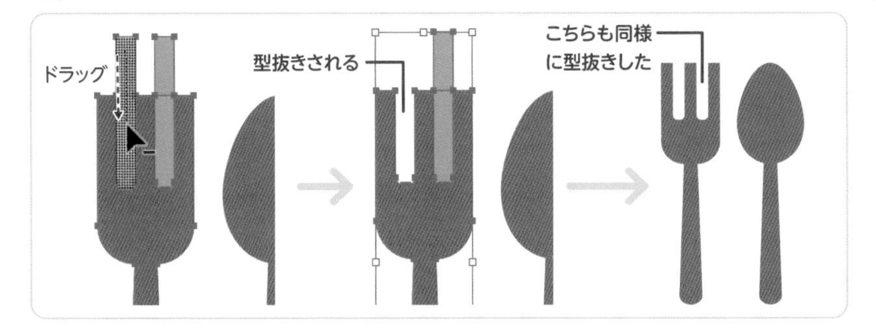

重なった線をトリムする

線画の処理にもシェイプ形成ツールが役立ちます。ここでは、図4のような線でできたイラストを用意しました。線同士がはみ出した状態で重なっている箇所が複数あります。

図4 イラスト例。一部線がはみだしている

線画のオブジェクト全体を選択し、シェイプ形成ツールに切り替えます。option（Alt）キーを押しながら線の上にカーソルを置くと、赤く強調表示されます図5①。この状態でクリックすると、強調表示されていた線が削除されます②。この操作を繰り返して、線がはみだしている箇所をすべて**トリム**すれば線画イラストの完成です。

WORD トリム
不要な部分を削除すること。

図5 はみ出した線を整理する

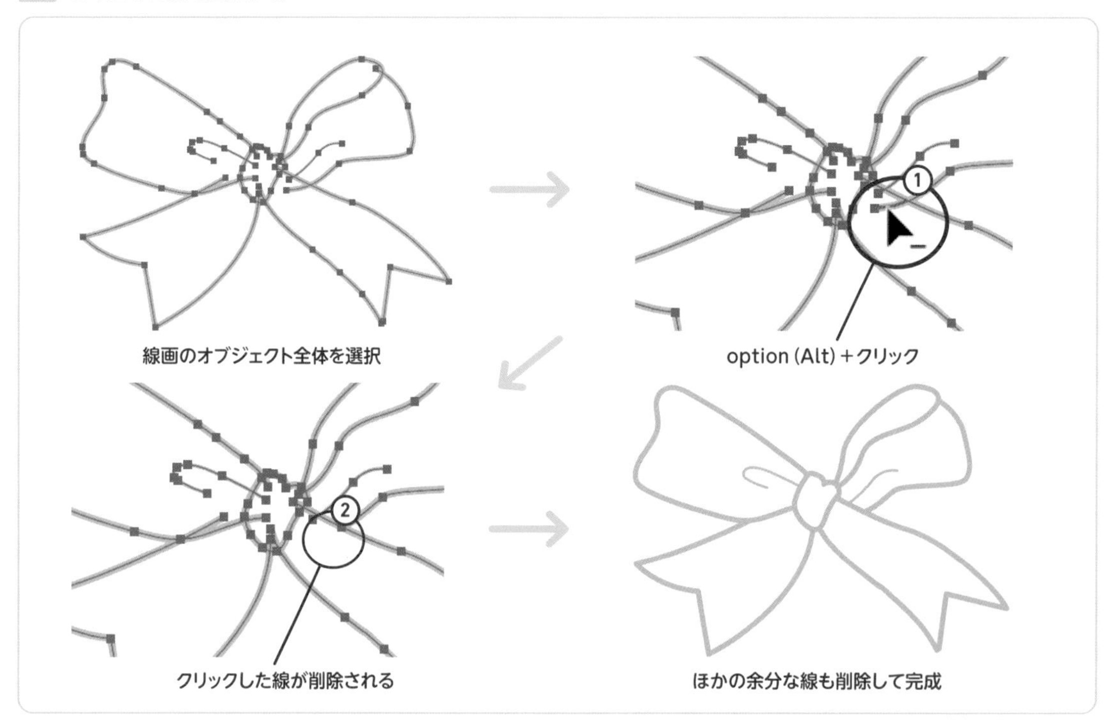

画像トレース

写真素材をベクター化したいときに便利なのが画像トレース機能です。写真をイラスト風に加工したり、線を抽出したり、さまざまな使い方ができます。

画像を配置してトレースする

Lesson8/08/画像トレース.ai

ベクター化したい写真を用意して、Illustrator書類上に配置します 図1 。リンク・埋め込みどちらの状態でもかまいません。

画像を選択し、コントロールパネルから［画像トレース］ボタンをクリックします 図2 。

画像トレース実行直後は、デフォルト設定が適用されて白黒のトレース結果になっています。

コントロールパネルの［画像トレースパネル］ボタンをクリックし、パネルから設定を変更しましょう 図3 。

パネル上部のボタンと［プリセット］のドロップダウンメニューからは、さまざまなプリセットが適用できます。カラーモードやパスの数、しきい値などの変更もこのパネルから行います。

memo

画像トレースは、オブジェクトメニュー→"画像トレース"→"実行"でも行えます。

図1 ベクター化したい写真を配置

図2 画像をトレース

図3 画像トレースパネル

トレース画像　プリセット：［デフォルト］

表示：トレース結果

［画像トレースパネル］ボタン

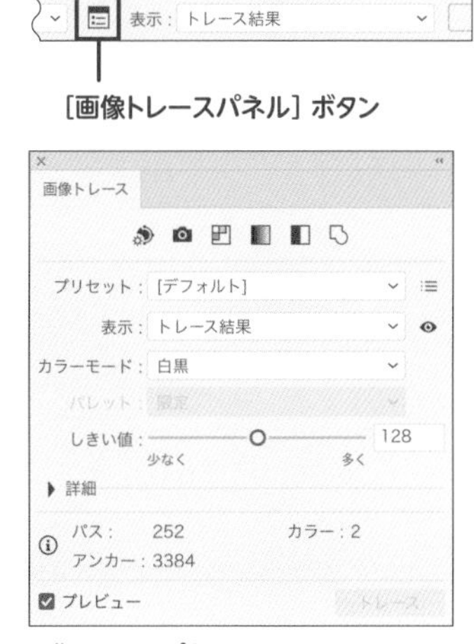

画像トレースパネル

ここではプリセットから[自動カラー]を選択し 図4 ①、さらに[パレット]を[限定]にしてから[カラー]を[5]に変更しました②。

このように、目的に応じたプリセットを利用してから設定を微調整すると作業がスムーズです。プレビューを有効にし、トレース結果を確認しながら調整しましょう 図5 。

図4 カラーの調整

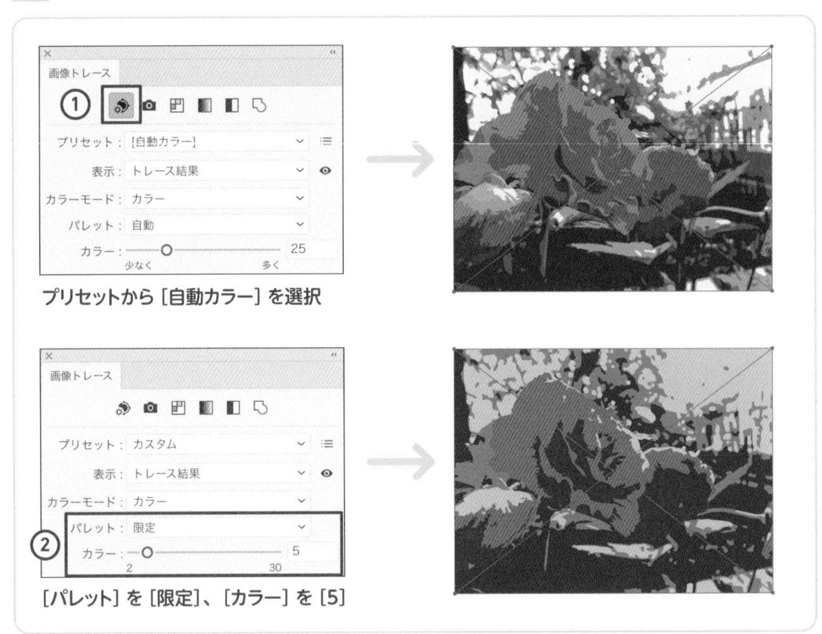

プリセットから［自動カラー］を選択

［パレット］を［限定］、［カラー］を［5］

図5 プリセットを使った画像トレースの例

カラー（高）

カラー（低）

グレースケール

白黒

アウトライン

トレース結果を拡張する

画像トレースの結果は拡張してベクターイメージに変換することができます。トレース結果を選択し、コントロールパネルの［拡張］ボタンをクリックします図6。拡張後は画像トレースパネルを使った再調整ができなくなりますが、通常のオブジェクトと同様に編集ができるようになります図7。

> **memo**
> 画像トレース結果の拡張は、オブジェクトメニュー→"画像トレース"→"拡張"でも行えます。

図6 トレース結果の拡張

図7 ベクターに変換

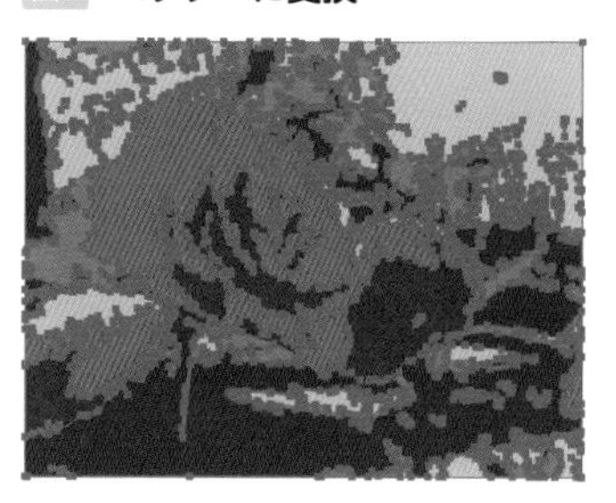

画像を線でトレースする

画像トレースパネルのプリセット［アウトライン］を適用すると図8、画像に対して線でトレース処理が行われます。通常の写真よりも、はっきりとした2階調の線画イラストなどで実行すると比較的きれいに線を抽出することができます。

ペイントソフトなどで描いた線画イラストを配置し、画像トレースを実行したら画像トレースパネルで［アウトライン］を適用します。プレビューをオンにして、しきい値などは適宜調整しましょう図9。

拡張すれば通常のオブジェクトと同様に編集ができます。線のカラーや線幅、ブラシなどを活用してアレンジしてもよいでしょう図10。アンカーポイント数が多くなってしまった場合は、オブジェクトメニュー→"パス"→"単純化..."で整理するのがおすすめです。

図8 プリセット［アウトライン］

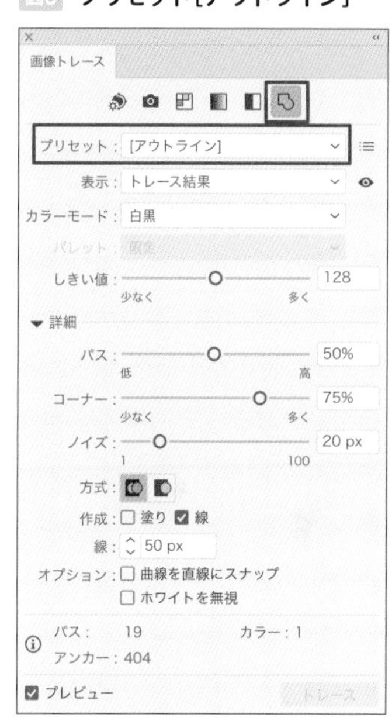

図9 線でトレース

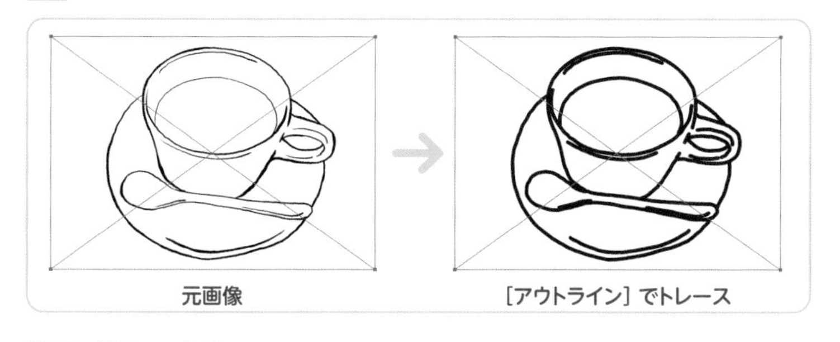

元画像　［アウトライン］でトレース

図10 拡張して編集

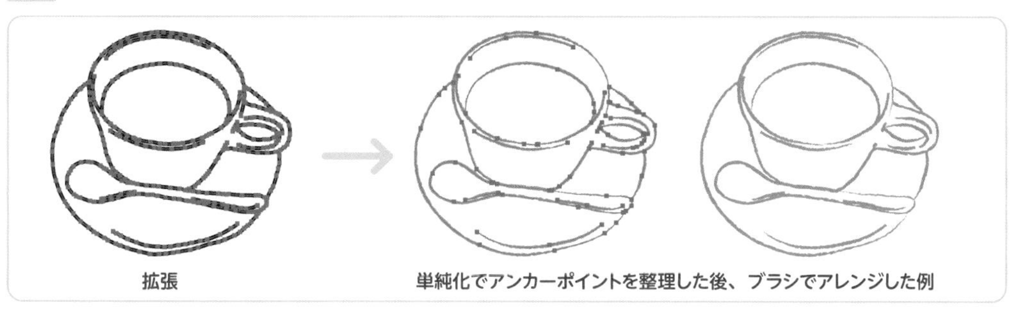

拡張　単純化でアンカーポイントを整理した後、ブラシでアレンジした例

ラバーバンド

THEME テーマ　ラバーバンドを有効にすると、ペンツールや曲線ツールで描けるパスをプレビューすることができます。ベジェ曲線の操作に自信がない場合にも便利なオプションです。

ラバーバンドを有効にして線を描く

Lesson8/09/ラバーバンド.ai

Illustratorメニュー（Windowsでは編集メニュー）→“環境設定”→“選択範囲・アンカー表示...”で、ラバーバンドが有効になっているか確認しましょう。[ラバーバンドを有効にする対象]で[ペンツール]と[曲線ツール]をオンにします 図1。

図1 [環境設定]ダイアログでラバーバンドを有効にする

ペンツールに切り替え、パスを描画してみましょう。直前のポイントから現在のポインタ位置まで描画されるパスがプレビューとして表示されます。直前のポイントがコーナーポイントの場合は直線が、スムーズポイントの場合は曲線がプレビューされます 図2。

曲線ツールでもラバーバンドが利用できます。ペンツールと異なり、曲線ツールはクリック操作だけでパスを描くツールです。操作に慣れないうちはラバーバンドを有効にしておくと作業がしやすいでしょう 図3。

図2 ペンツールの場合

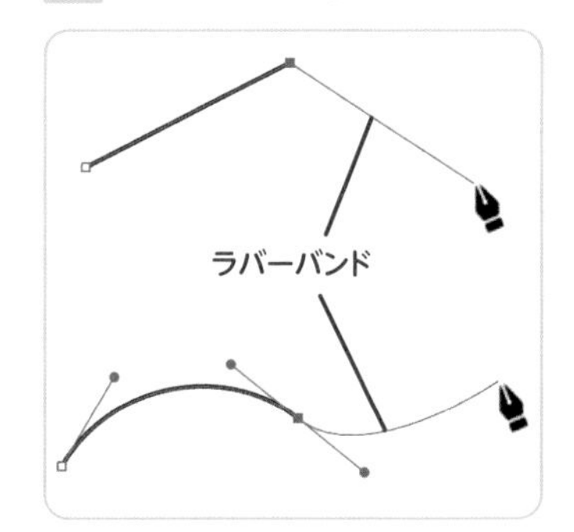

図3 曲線ツールの場合

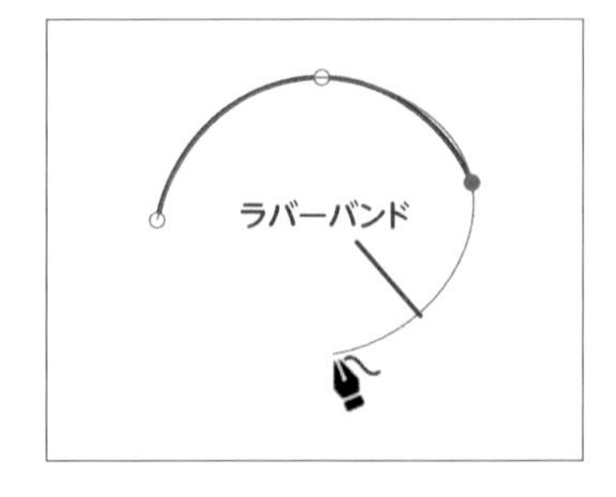

タブとインデント

THEME テーマ
メニューや目次、成分表示などを作成するときに便利なのがタブパネルを使った文字の整列です。特定の文字を基準に揃えたり、インデントを設定したり、使い方によってさまざまな処理が可能です。

タブパネルで文字を揃える

Lesson8/10/タブとインデント.ai

区切りたい位置にタブを入力したテキストオブジェクトを用意します 図1。タブを目視で確認したい場合は、書式メニュー→"制御文字を表示"を有効にしておきましょう 図2。

ウィンドウメニュー→"書式"→"タブ"を選択して、タブパネルを表示します 図3。テキストオブジェクトを選択し、タブパネルの[テキスト上にパネルを配置]ボタン(磁石アイコン)をクリックしましょう。選択しているテキストオブジェクトの真上にパネルが配置されます。

テキストオブジェクトを選択している状態で、適用したい揃え方をタブパネルのボタンから選択します。[位置] に数値を入力すると、揃える

図1 サンプルのテキスト

コーヒー ¥420
アイスティー ¥420
カレーライス ¥850
ハンバーグ ¥1,100

図2 制御文字を表示

コーヒー » ¥420¶
アイスティー » ¥420¶
カレーライス » ¥850¶
ハンバーグ » ¥1,100#

WORD 制御文字
タブや空白、改行など、通常では表示・印刷されないが、特別な役割を持つ文字のこと。

図3 タブパネル

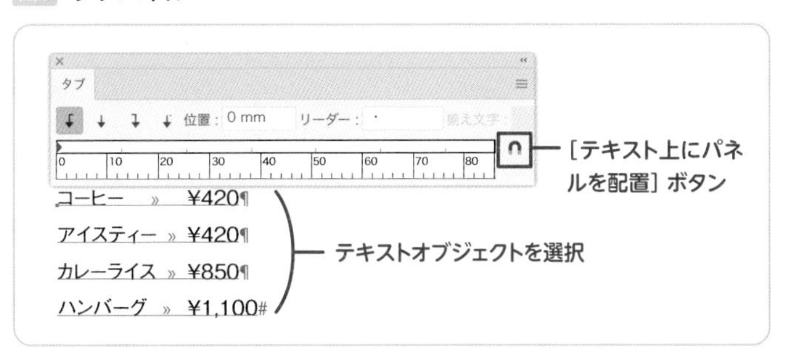

図4 右揃えタブを設定

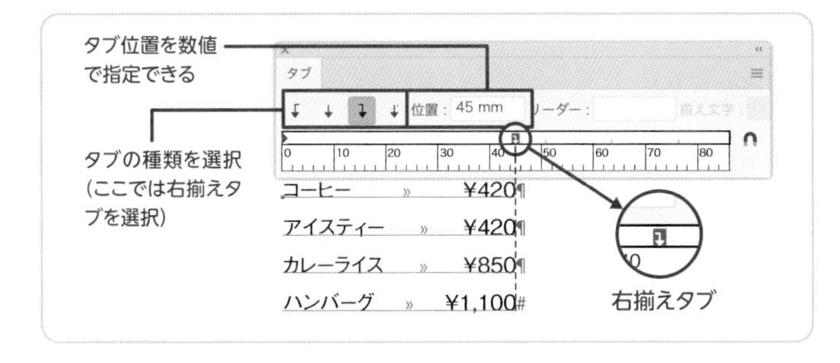

図5 左揃えタブ

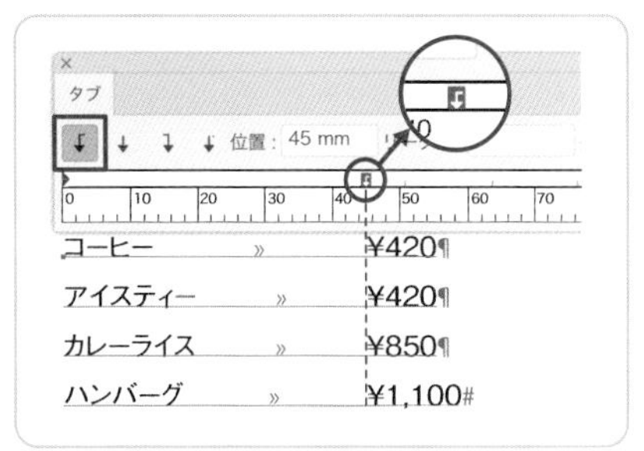

位置を正確に指定することができます。ここでは［右揃えタブ］、［位置］は45mmに設定しました（前ページ図4）。タブ揃えでは［左揃えタブ］（前ページ図5）、［中央揃えタブ］図6なども選択できます。

タブパネルの［リーダー］に文字を入力すると、入力した文字がタブの幅内で繰り返しされます。中黒「・」やピリオド「.」などを設定すれば、図7のようなリーダー罫を挿入することができます。リーダーの大きさや位置などを調整したい場合は、テキストに入力しているタブを直接選択してフォントサイズやベースラインシフトを設定しましょう。

小数点など特定の文字を基準に揃えたい場合は、［小数点揃えタブ］を設定して基準にしたい文字をタブパネルの［揃え文字］に入力します。図8では、小数点を基準に文字が揃うよう設定しました。［小数点揃えタブ］という名称ですが、揃え文字には小数点以外を設定しても有効です。

図6 中央揃えタブ

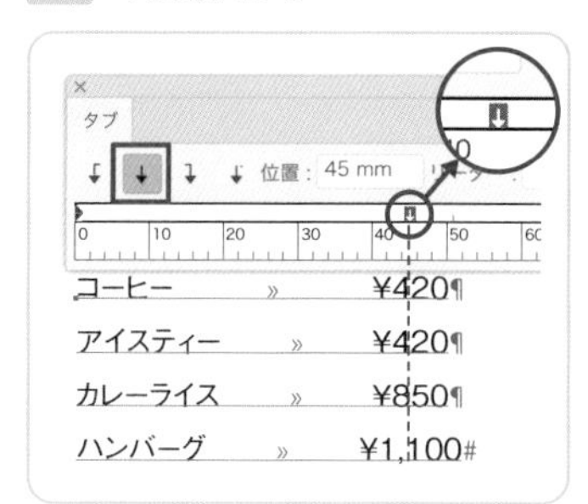

図7 タブリーダー

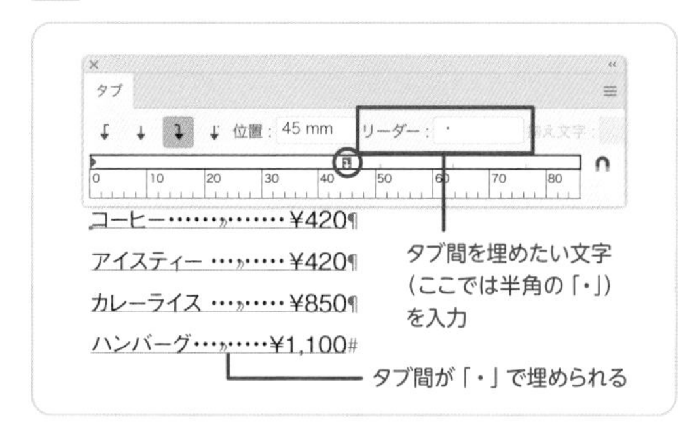

図8 小数点揃えタブ

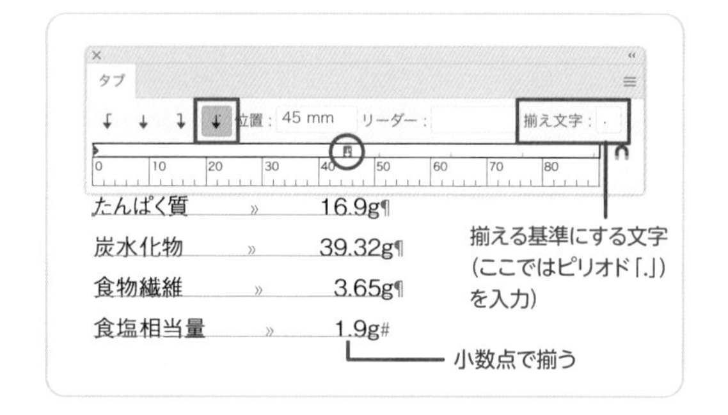

タブパネルでインデントを設定する

タブパネルではインデントの設定を行うこともできます。テキストオブジェクトを選択し、タブパネルのインデントマーカーをクリックしてから［位置］に数値を入力します。インデントマーカーは直接ドラッグして位置を指定することも可能です図9。

エリア内文字であれば、上下2つのインデントマーカーのうち、上のマーカーを動かすと1行目の字下げ図10、下のマーカーを動かすと2行目以降の字下げ図11の処理ができるようになっています。

図9 インデントマーカー

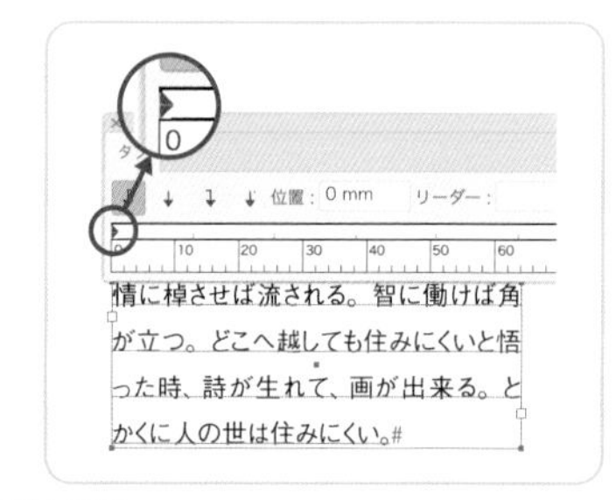

図10 1行目の字下げ

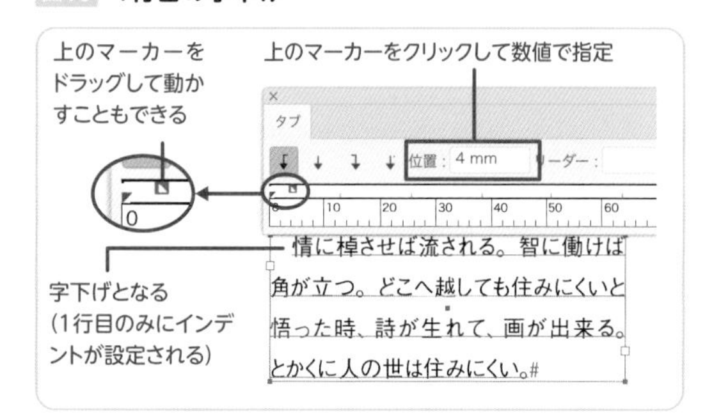

図11 2行目以降の字下げ

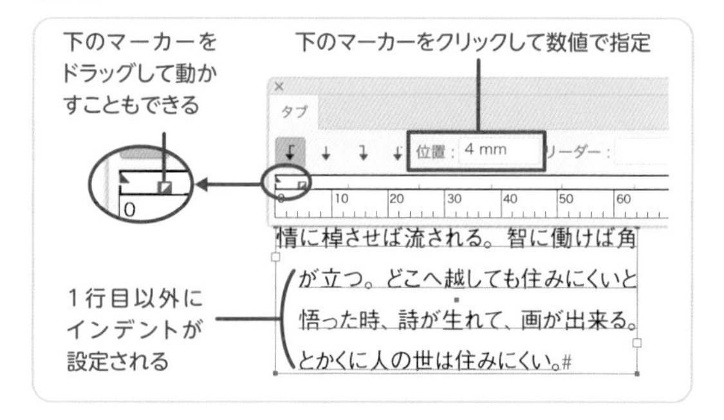

個別に変形

THEME テーマ　パーツごとに大きさを調整したいときは、“個別に変形...” を活用しましょう。[ランダム]のオプションを組み合わせるとさらに便利です。

パーツごとに大きさや角度を変更する

Lesson8/11/個別に変形.ai

楕円形で作ったベースとテキストを組み合わせてグループ化し、図1のようなパーツを4つ用意しました。

4つすべてを選択し、オブジェクトメニュー→“変形”→“個別に変形...”を実行します。[個別に変形] ダイアログが表示されたら [プレビュー] をオンにして、結果を確認しながら各項目に数値を設定します。ここでは[拡大・縮小]を[80%]、[回転]を[15°]に設定しました。[OK]をクリックすると変形が実行されます図2 図3。

拡大・縮小や回転など、通常の変形処理とは異なり、“個別に変形...”では選択したオブジェクトそれぞれが変形時の基準になります。作例のようなパーツを一括調整したい場面などで活用しましょう。

図1 4つのパーツ

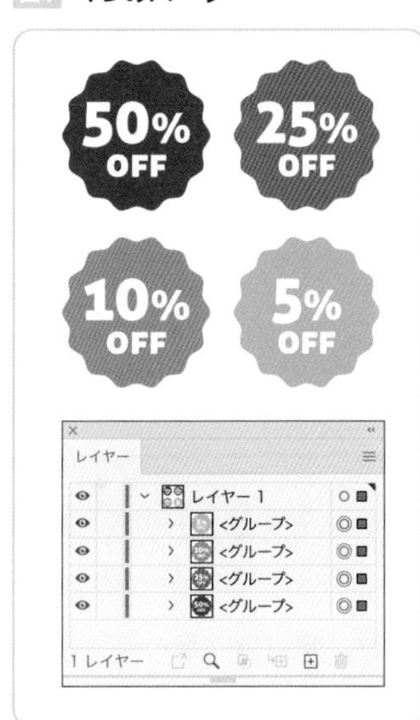

図2 80%縮小、15度回転

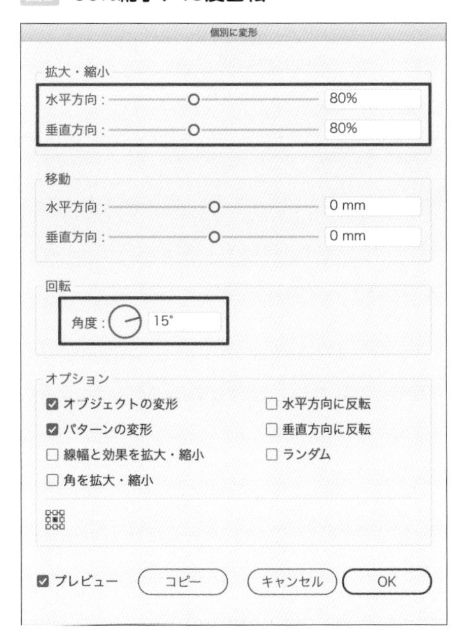

図3 パーツごとに縮小、回転される

ランダムに変形する

イラストが複数のパーツでできている場合は、あらかじめそれぞれをグループ化しておきましょう 図4。

全体を選択して“個別に変形...”を実行します。先ほどと同様の手順で、[個別に変形]ダイアログに変形の値を入力します。ここでは[拡大・縮小]、[移動]、[角度]に数値を設定しました。[オプション]の[ランダム]にチェックを入れると、設定した値の範囲内でランダムに変形されます 図5。

[プレビュー]または[ランダム]のオン/オフを切り替えるたびにランダム変形の結果が変わります 図6。何回か切り替えてみて、好みの状態になったところで[OK]をクリックして適用しましょう。

ランダム変形によってイラスト素材に動きを加えることができました 図7。気になる箇所があれば手作業でさらに調整してもよいでしょう。

図4 パーツごとにグループ化する

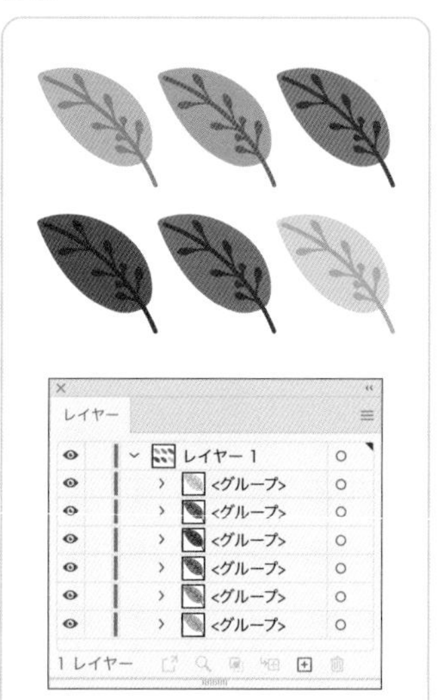

図5 変形値を設定して[ランダム]にチェックを入れる

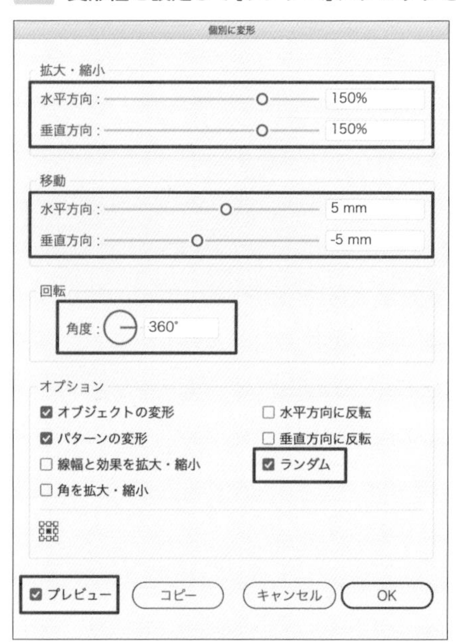

図6 設定がランダムに替わる

図7 気に入った結果で[OK]をクリック

ロック・隠す

ロック、表示の切り替えは頻繁に行う操作のひとつです。ショートカットやクリック操作など複数の方法が用意されていますので、目的に合わせて使い分けるようにしましょう。

ロック・表示を切り替える

Lesson8/12/ロック隠す.ai

オブジェクトのロック、表示の切り替えはどちらもオブジェクトメニュー、ショートカット、レイヤーパネルから行えます。

オブジェクトメニューを使う

オブジェクトメニュー→“ロック”または“隠す”→“選択”で実行します 図1 図2 。いずれも選択中のオブジェクトが対象です。ロック解除と表示は“すべてをロック解除”または“すべてを表示”から実行します。

図1 オブジェクトをロック

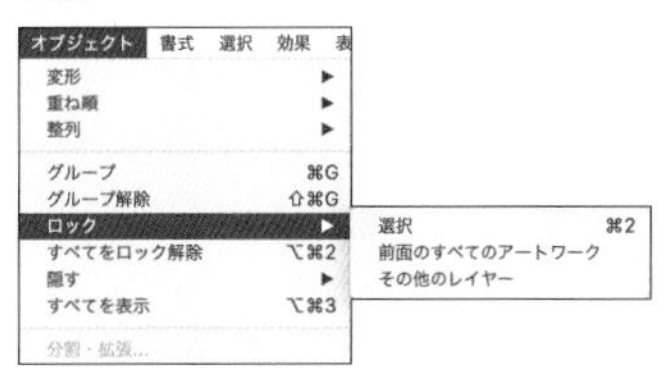

図2 オブジェクトを隠す

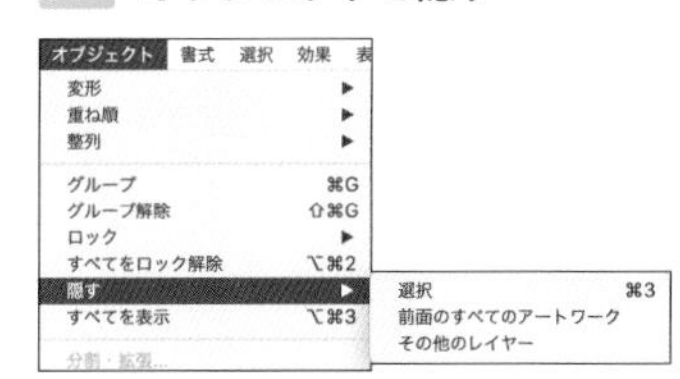

ショートカットを使う

以下のキーがデフォルトで設定されています。ロックや表示の切り替えは利用頻度の高い操作ですので、基本的にはショートカットで実行するのがおすすめです 図3 。

図3 ロック、表示切り替えのショートカット

選択範囲をロック	command (Ctrl) + 2
すべてをロック解除	option (Alt) + command (Ctrl) + 2
選択範囲を隠す	command (Ctrl) +3
すべてを表示	option (Alt) + command (Ctrl) + 3

レイヤーパネルを使う

レイヤーパネル左側の目玉アイコン（表示の切り替え）または鍵アイコン（ロックを切り替え）をクリックします。クリックするごとに表示／ロックの状態がトグルします。目玉アイコンまたは鍵アイコン上をドラッグすると、複数の項目をまとめて切り替えることもできます 図4 。

オブジェクトだけでなく個別のレイヤーも切り替えの対象にできるのがレイヤーパネルを利用する場合の特徴です。また、“すべてのレイヤー

図4 ドラッグ操作で複数ロックした例

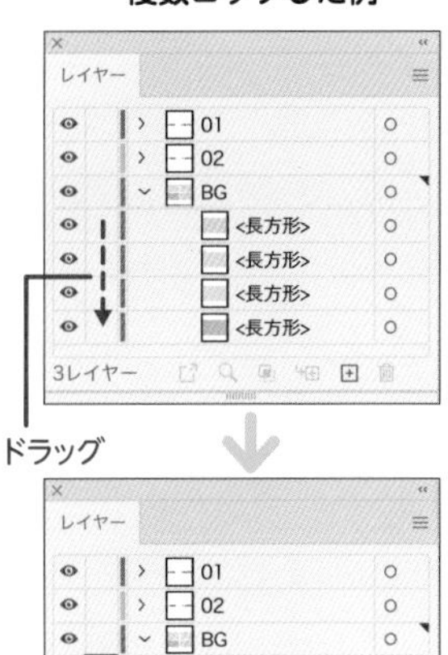

を表示"、"すべてのレイヤーをロック解除" などのレイヤーを対象にした一括操作はパネルメニューからのみ行えます 図5 。

図5 ロック、表示切り替えのショートカッ

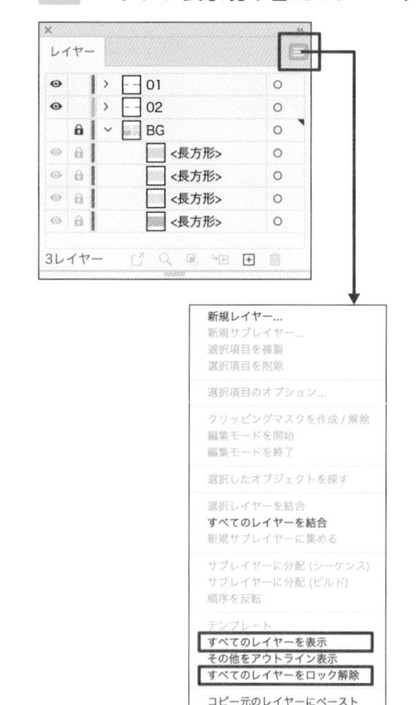

クリックでロック解除する

Illustrator 2020（24.3）以降ではオブジェクトを直接クリックしてロック解除することができます。デフォルトでは利用できない状態になっていますので、Illustratorメニュー（Windowsでは編集メニュー）→"環境設定"→"選択範囲・アンカー表示..."で［カンバス上のオブジェクトを選択してロック解除］をオンにしましょう 図6 。

図6 「環境設定」ダイアログのロック解除設定

環境設定
一般
選択範囲・アンカー表示
テキスト
単位
ガイド・グリッド
スマートガイド
スライス
選択範囲・アンカー表示
選択範囲
許容値：3 px
☑ カンバス上のオブジェクトを選択してロック解除
☑ 選択ツールおよびシェイプツールでアンカーポイントを表示
☑ ポイン
☐ オブジ
☐ Cmd +

［カンバス上のオブジェクトを選択してロック解除］をオンにしていると、ロックしたオブジェクトをクリックやドラッグで選択したときにグレーの鍵アイコンが表示されます。

ロックを解除するには鍵アイコンをクリックしましょう 図7 。ショートカットやメニューの"すべてをロック解除"を使った場合は、そのときロックされているすべてのオブジェクトが対象になってしまいます。全体ではなく、特定のオブジェクトだけをロック解除したい場面で役立つ機能です。

図7 鍵アイコンをクリックしてロックを解除できる

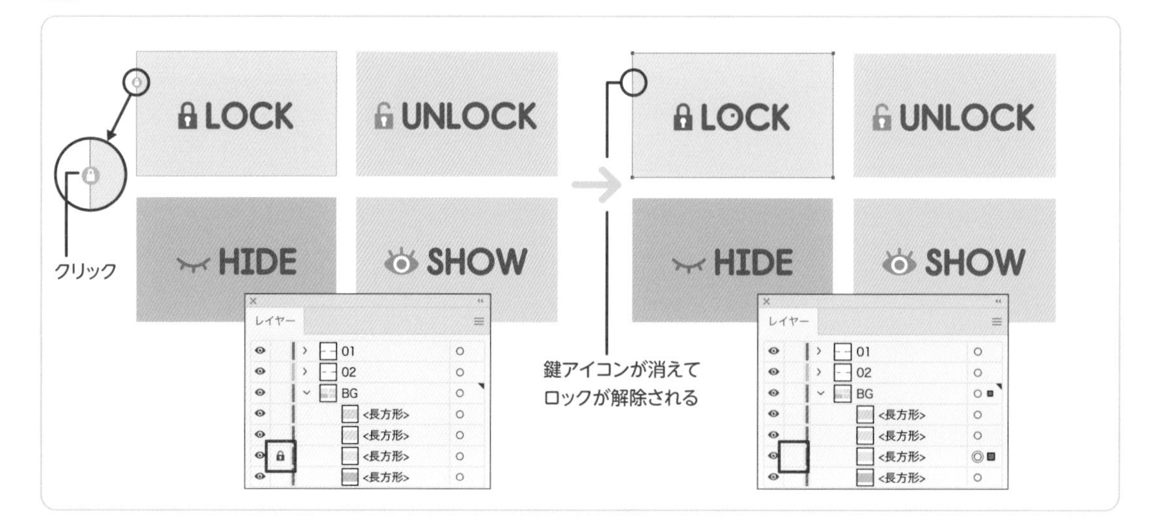

Adobe Fonts

THEME テーマ

Adobe FontsはCreative Cloudのユーザーであれば追加料金なしで豊富なフォントが使える便利なサービスです。CC 2019以降のIllustratorでは、文字パネルで直接フォントをプレビュー・アクティベートできるようになっています。

文字パネルでAdobe Fontsのフォントを管理する

Lesson8/13/AdobeFonts.ai

テキストオブジェクトを選択した状態で文字パネルの［フォントファミリを設定］をクリックし、ドロップダウンリストから［さらに検索］タブをクリックします 図1 ①。

フォントリストでフォント名をマウスオーバーすると、選択中のテキストオブジェクトでフォントがプレビューされます②。使うフォントを決めたら、フォント名の右側のアイコンから［アクティベートする］をクリックします③。④のようなダイアログが表示された場合は［OK］をクリックしましょう。

図1 Adobe Fontsからフォントを選択

フォント名のアイコンが［アクティベート済み］に切り替わったら、通常のフォントと同じように利用できます図2。

反対にアクティベートを解除したい場合は、［さらに検索］タブから同様の手順で［ディアクティベートする］ボタンをクリックしましょう。

図2 アクティベート完了

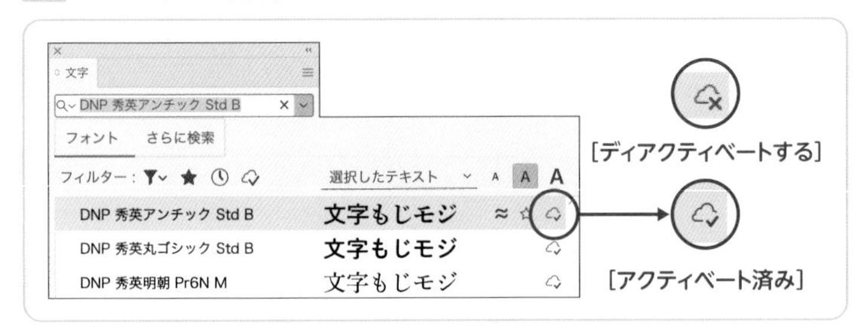

Adobe Fontsのサイトでフォントを管理する

Adobe IDにログインした状態で書式メニュー→"Adobe Fontsのその他のフォント..."を選択すると図3、ブラウザが起動してAdobe FontsのWebサイトへアクセスすることができます。

Adobe Fontsの［フォント一覧］ページ図4①では、左側②のメニューから言語や分類などを設定して検索結果をフィルタリングできるほか、フォントメーカー名などでも検索できるのが特徴です③。細かく条件を指定してフォントを検索したい場合に活用しましょう。

図3 Adobe FontsのWebサイトへアクセス

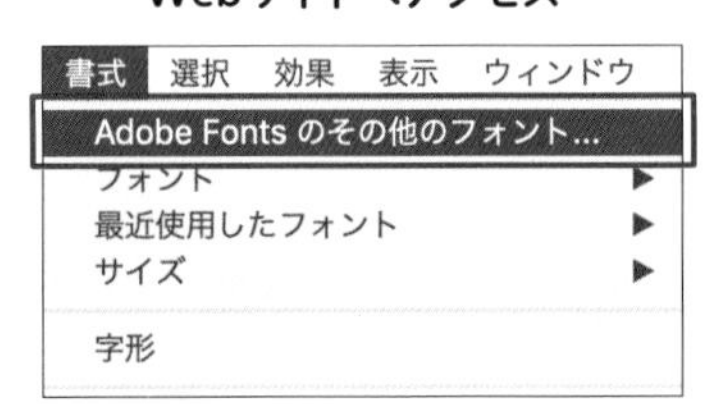

Adobe IDにログインした状態で選択

図4 Adobe FontsのWebサイトの［フォント一覧］ページ

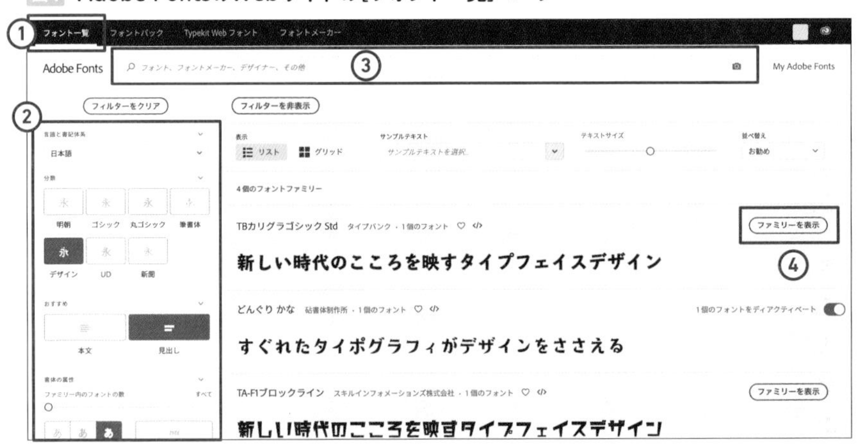

利用したいフォントの［ファミリーを表示］④をクリックしてフォントのページに切り替わったら図5、［アクティベート］ボタンからフォントを有効化できます。複数のウエイトがある場合は、右上のボタンでまとめて有効化することも可能です。ディアクティベートも同様の手順です。

図5 Adobe FontsのWebサイトの[フォント一覧]ページ

Adobe Fontsで注意したい「フォントの削除」

Adobe Fontsのフォントは、フォントベンダーでの提供終了などによってライブラリから削除される可能性を考慮しなければいけません。ファミリーの更新等で新しいバージョンのフォントが提供されることもありますが、提供終了後も使い続けるにはベンダーからあらためて同じフォントを購入する必要があります図6。モバイル環境でも共通のフォントが使えるなど便利な点も多いサービスですが、中長期的に体裁を保持しなければいけないデータではAdobe Fontsの利用を避けるのが無難と言えるでしょう。

図6 提供終了したフォントの一例

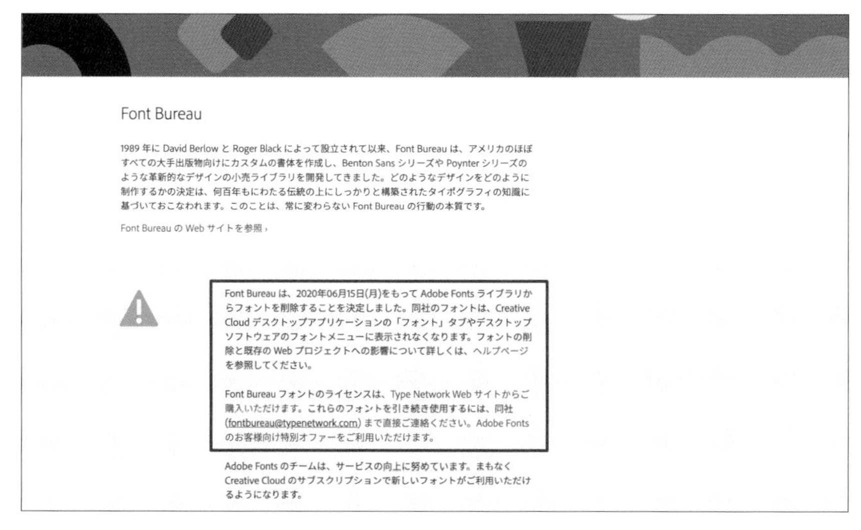

Adobe FontsのWebサイト上ではこのような表示になる

ガイド

THEME テーマ

オブジェクトの整列で目安が必要な際は、ガイドを作成して利用します。ガイドの線は表示していても印刷されず、自由な形状で作ることが可能なため、レイアウトの目安や加工指示などにも活用できます。

定規から水平・垂直なガイドを作成する

Lesson8/14/ガイド.ai

表示メニュー→"定規"→"定規を表示"を実行するか、command（Ctrl）+Rキーで定規を表示しましょう 図1。

ドキュメントウィンドウの上側と左側に表示された定規のどちらかにマウスポインタを置き、引き出すようにドラッグすると、水平または垂直なガイドを作成することができます 図2。

図1 "定規を表示"

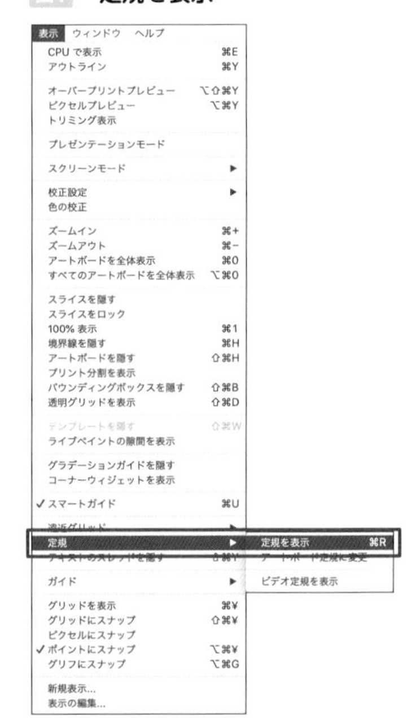

図2 ガイドを作成

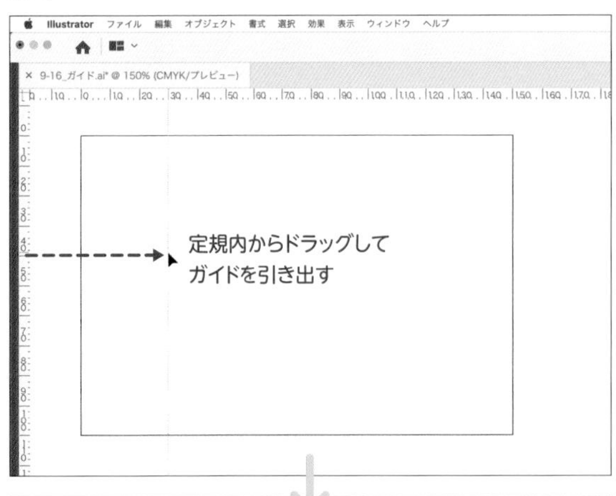

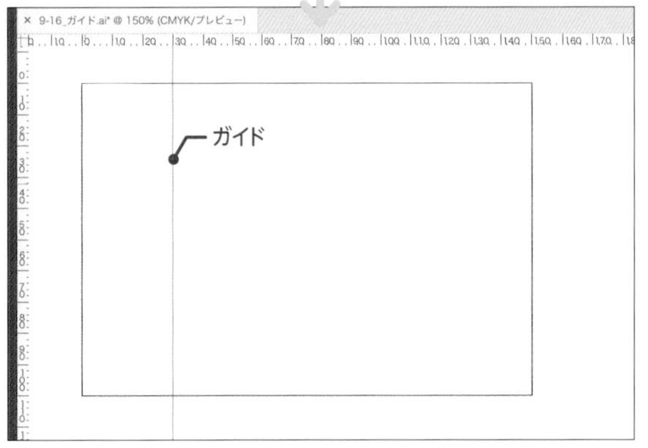

この方法で作成したガイドはカンバス全体に配置されるため、複数のアートボードを利用している場合は 図3 のようになることがあります。

図3 **複数のアートボードのガイド**

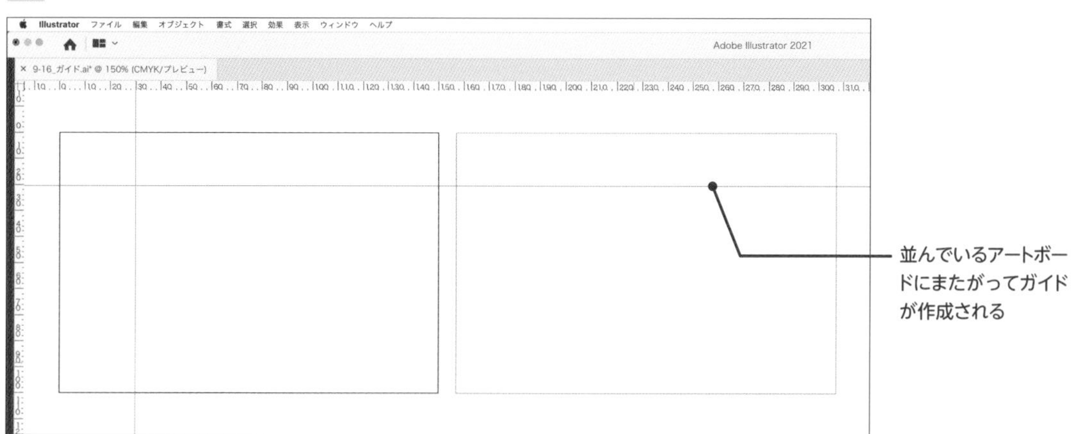

特定のアートボード内だけにガイドを作成したい場合は、アートボードツール 図4 でそのアートボードを選択してから、同様の要領でガイドを作成しましょう 図5 。

図4 **アートボードツール**

図5 **アードボードごとにガイドを作成する**

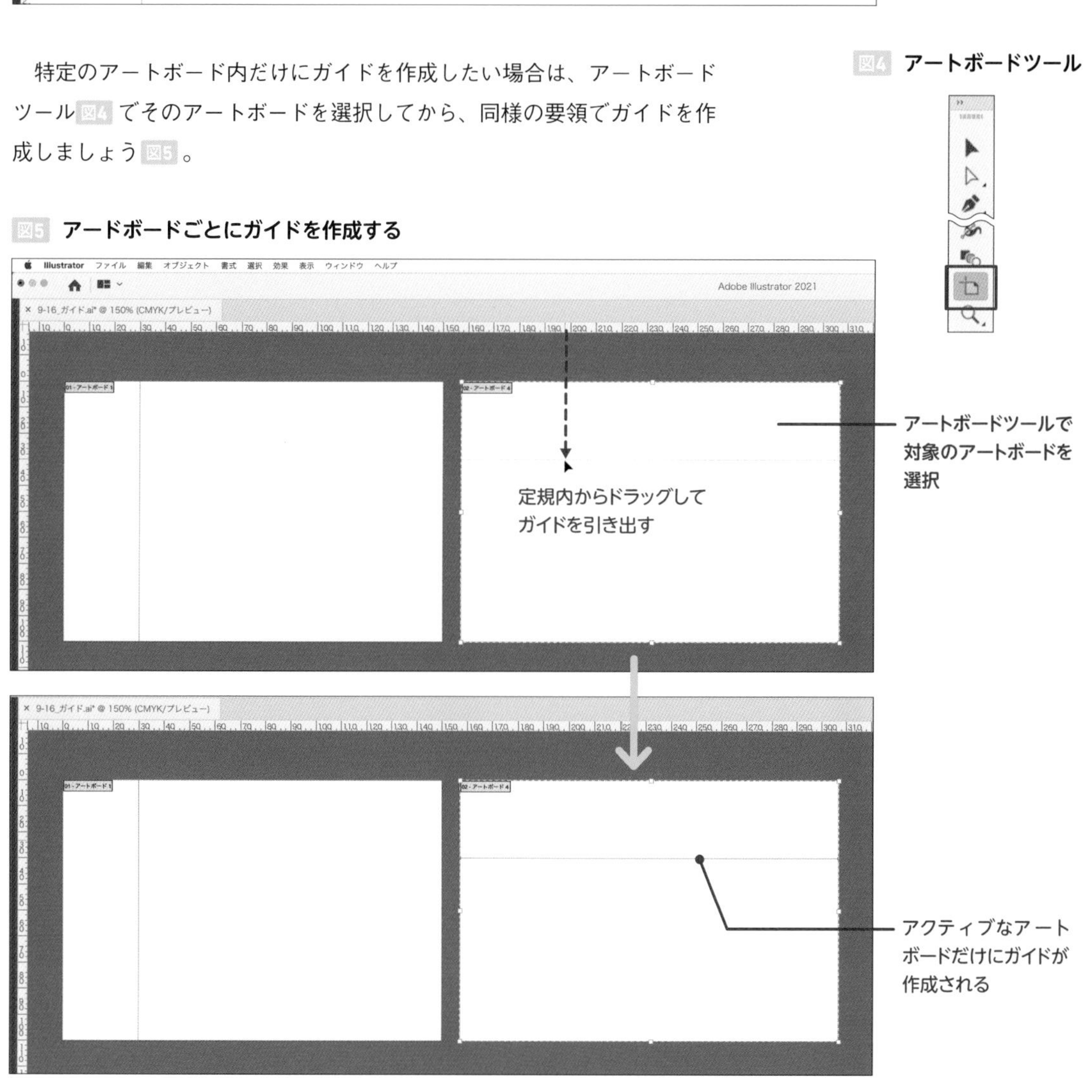

自由な形でガイドを作成する

長方形や直線など、ガイドにしたいオブジェクトを選択します。複数まとめて選択してもかまいません。表示メニュー→“ガイド”→“ガイドを作成”を実行するか、command (Ctrl) + 5キーを押すとガイドに変換されます 図6 。

図6 オブジェクトからガイドを作成

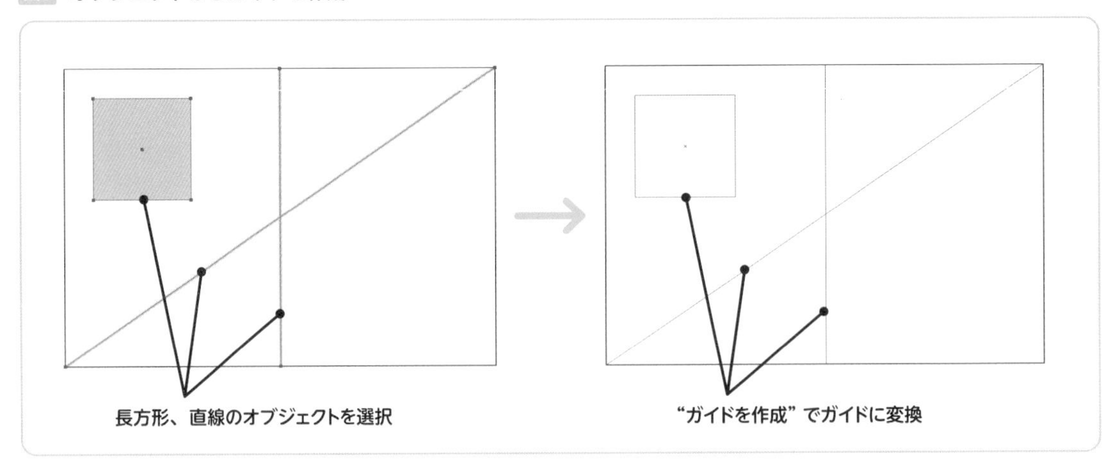

ガイドの表示を切り替える

ガイドの表示・非表示を切り替えたい場合は、表示メニュー→“ガイド”→“ガイドを隠す”または“ガイドを表示”を実行するか、command (Ctrl) +「;」キーを利用しましょう。頻繁に行う操作のため、ショートカットキーでの実行がおすすめです。

特定のガイドのみ表示を切り替えたい場合はレイヤーパネルを活用します。通常のオブジェクトと同様、目玉のアイコン をクリックすることで切り替えが可能です 図7 。

図7 ガイドごとに表示／非表示が設定できる

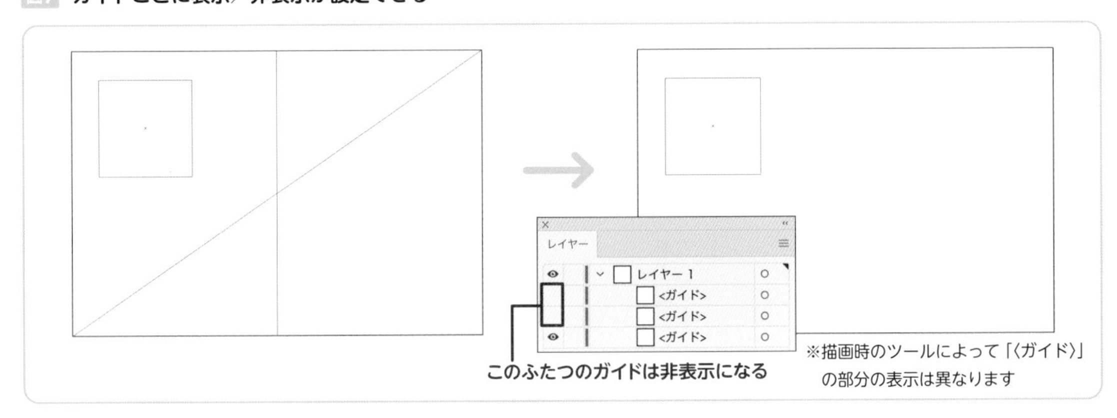

ガイドを編集または解除する

ガイドの位置や大きさなどを変更したい場合は、まずガイドのロックを解除しましょう。ガイドのロックは、表示メニュー→“ガイド”→“ガイドをロック解除” 図8 または、option (Alt) + command (Ctrl) + 「;」 キーで切り替え可能です。ガイドのロック解除後は変形や削除など、通常のオブジェクトと同じようにガイドを編集できるようになります。

ガイド化したオブジェクトを元のオブジェクトに戻したい場合は、ロックを解除したガイドを選択し、表示メニュー→“ガイド”→“ガイドを解除”を実行するか、option (Alt) + command (Ctrl) + 5キーを利用します。ガイドに変換する直前の状態に戻すことができます 図9 。

図8 ガイドのロックを解除

表示 ウィンドウ ヘルプ
CPU で表示 ⌘E
アウトライン ⌘Y
オーバープリントプレビュー ⌥⇧⌘Y
ピクセルプレビュー ⌥⌘Y
トリミング表示
プレゼンテーションモード
スクリーンモード
校正設定
色の校正
✓スマートガイド ⌘U
遠近グリッド
定規
テキストのスレッドを隠す ⇧⌘Y
ガイド
グリッドを表示 ⌘¥
グリッドにスナップ ⇧⌘¥
ピクセルにスナップ
✓ポイントにスナップ ⌥⌘¥
グリフにスナップ ⌥⌘G
新規表示...
表示の編集...
ガイドを隠す
ガイドをロック解除 ⌥⌘;
ガイドを解除 ⌥⌘5
ガイドを消去

図9 ガイドを解除(元のオブジェクトに戻す)

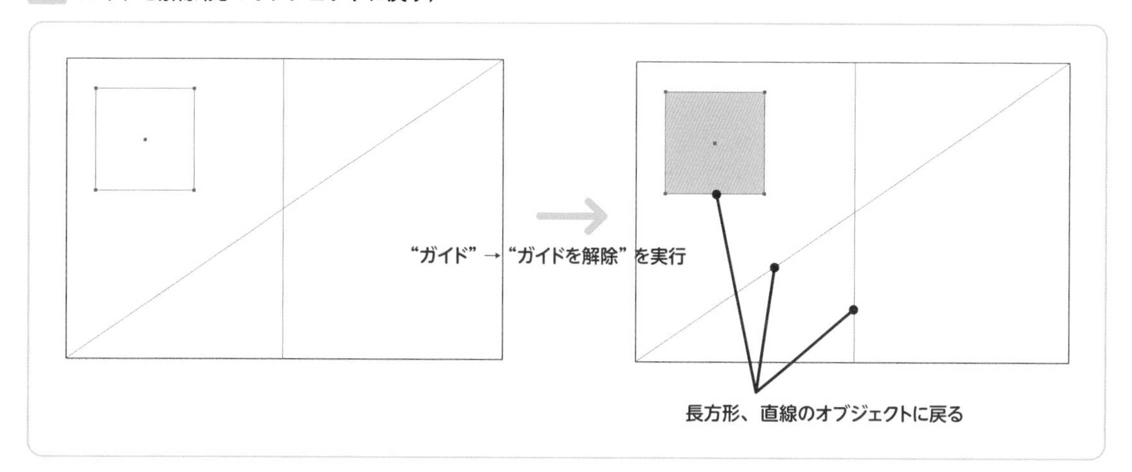

ガイドの削除

表示メニュー→“ガイド”→“ガイドを消去”を実行すると、カンバス上のすべてのガイドが削除されます。

特定のガイドのみを消去したい場合は、ガイドのロックを解除してから個別に選択・削除しましょう。または、レイヤーパネルで該当するガイドの行を選択して [選択項目を削除] ボタンをクリックしても削除ができます 図10 。レイヤーパネルで操作する場合は、ガイドのロックを解除していなくても削除が可能です。

図10 ガイドのロックを解除

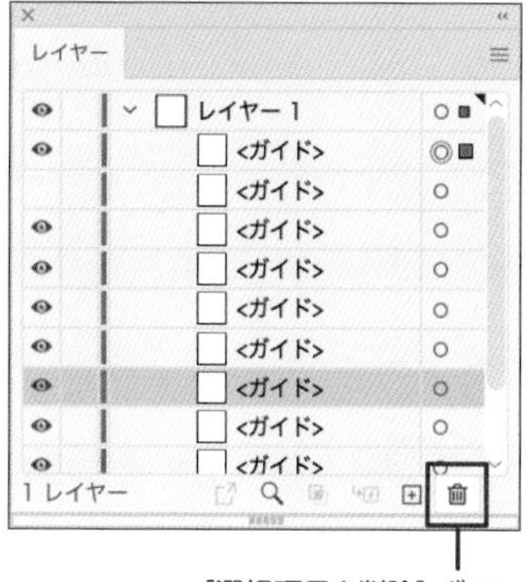

定規

ドキュメント上のオブジェクトの座標は定規の設定をもとに定義されています。原点位置の設定方法や、定規の使い分けについて押さえておきましょう。

定規を表示して原点を変更する

Lesson8/15/定規.ai

表示メニュー→"定規"→"定規を表示"を選択するか、command (Ctrl) + Rキーで定規を表示しましょう。定規が表示されるのはドキュメントウィンドウの上側と左側です 図1 。

デフォルト設定ではアートボードの左上が定規の原点に設定されています 図2 。

図1 定規

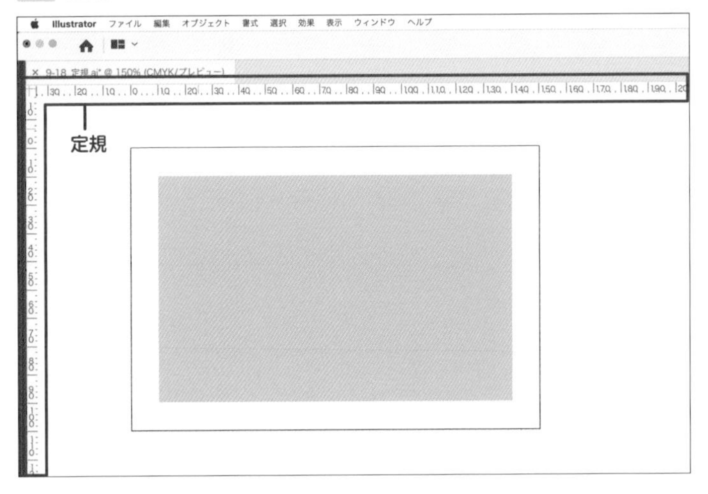

図2 原点

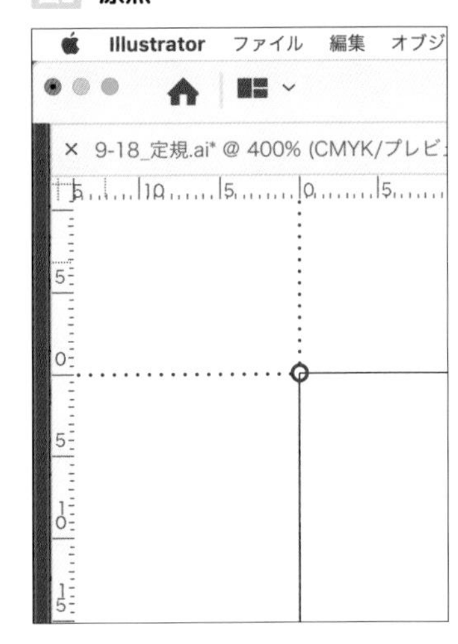

定規が交わっている左上の部分から原点にしたい位置へ十字カーソルをドラッグすると原点を変更できます 図3 。きちんと原点が移動しているか、オブジェクトの座標などで確認してみましょう。

図3 原点

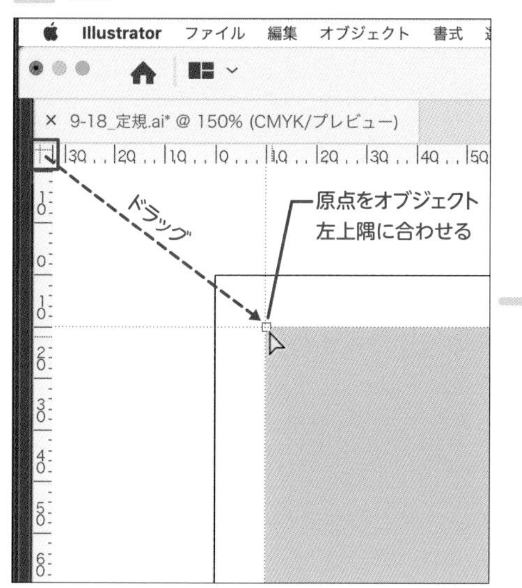

原点を移動するには垂直定規と水平定規が交差しているエリアからドラッグする

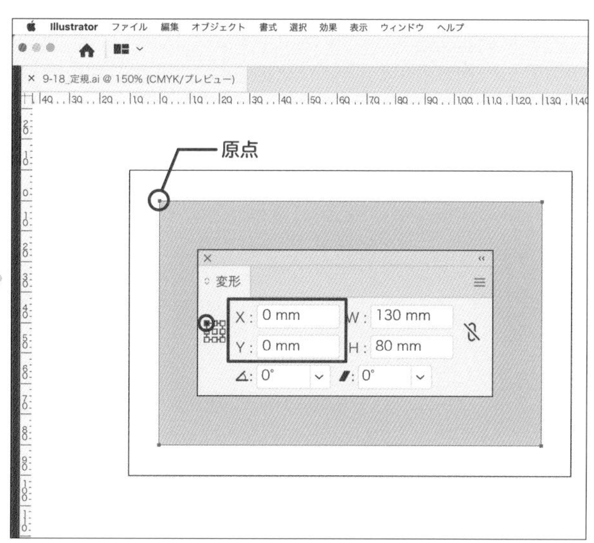

オブジェクトを選択し、変形パネルでオブジェクトの左上隅が原点になっていることを確認

設定した原点をリセットしたい場合は、定規が交わっている左上の部分をダブルクリックするとデフォルトの状態に戻せます 図4 。

図4 原点の位置をリセット

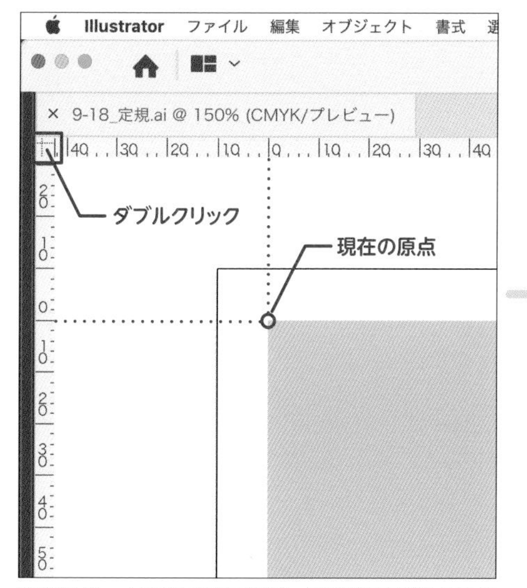

原点をリセットするには垂直定規と水平定規が交差しているエリアをダブルクリックする

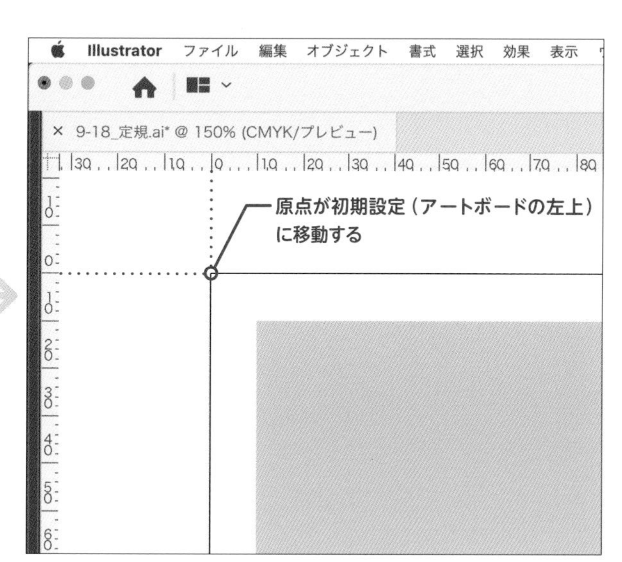

原点が初期設定の位置（アートボードの左上）に戻る

アートボード定規を利用する

デフォルトで設定されているウィンドウ定規では、原点をひとつしか設定することができません。カンバス全体を同じ座標で管理するため、複数のアートボードを利用しているとオブジェクトの座標を調整しにくくなることがあります 図5 。

図5 ウィンドウ定規はアートボードが複数あっても原点は変わらずひとつ

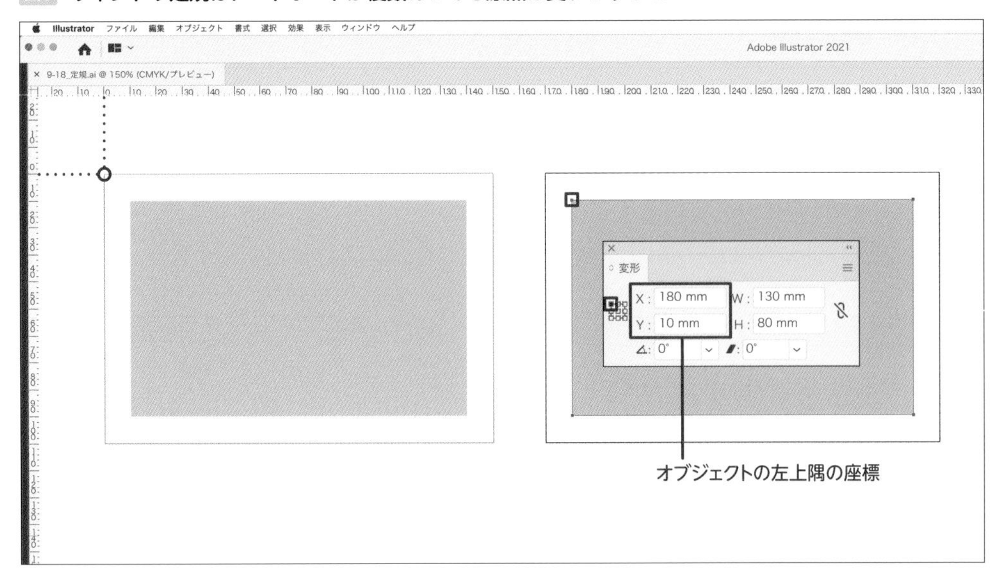

こういったケースでは、全体を見渡せるウィンドウ定規よりも、アートボード別に座標管理が行えるアートボード定規が便利です。

複数アートボードがあるドキュメントを開いている状態で、表示メニュー→"定規"→"アートボード定規に変更"を実行します。定規を表示していれば、定規の上で右クリック（またはcontrol+クリック）してコンテキストメニューから選択してもかまいません 図6 。

図6 "アートボード定規に変更"

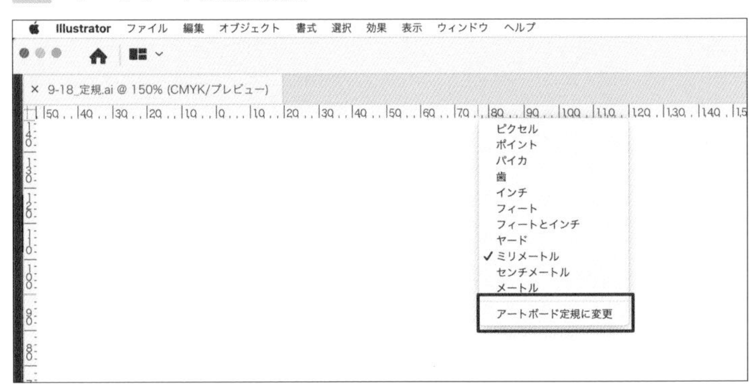

［アートボード定規に変更］を選択すると、アートボードごとに原点を設定できるようになります 図7 。アートボード定規でもデフォルトの原点はアートボードの左上ですが、アートボード別に異なる原点を設定することも可能です。

図7 **アートボード定規**

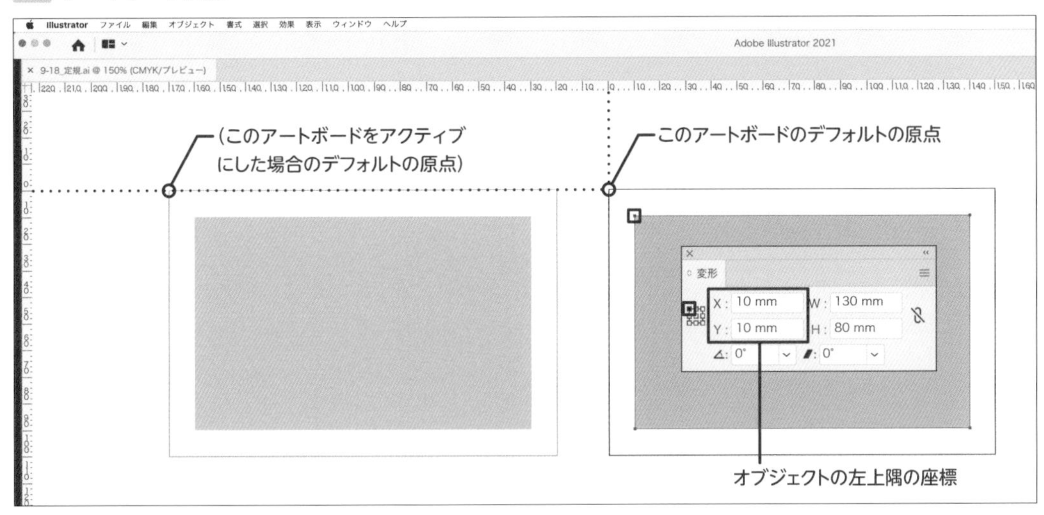

原点の変更で気をつけたいこと

パターンスウォッチ のタイリングは座標をもとに設定されています。そのため、ウィンドウ定規を利用しているときに原点を変更すると、パターンスウォッチを利用しているオブジェクトの見た目が変わってしまう可能性があります 図8 。体裁を正しく保持しなければいけないドキュメントで原点の再設定を行う際は十分に注意するようにしましょう。

165ページ **Lesson4-05**参照。

図8 **パターンスウォッチでは原点の位置によってタイリングの状態が異なる**

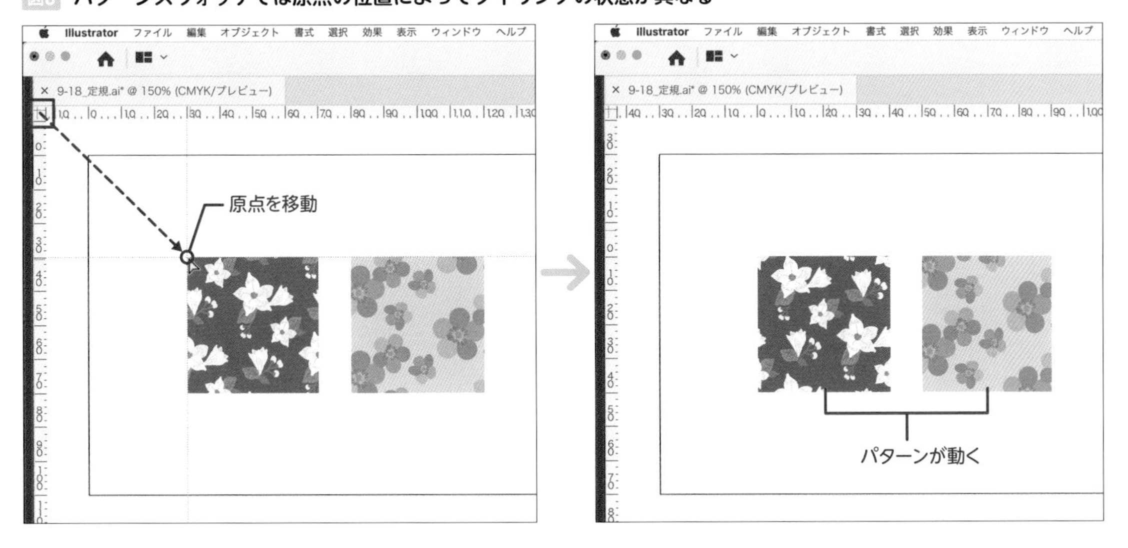

CCライブラリ

THEME テーマ

CCライブラリとはクラウド上の素材保管庫のような機能で、Adobe IDを持っていれば誰でも使うことができます。CCライブラリに保存した素材は別のドキュメントや異なるアプリケーションで再利用できます。

イラスト素材をライブラリに保存する

Lesson8/16/CCライブラリ.ai

ウィンドウメニュー→"CCライブラリ"からCCライブラリパネルを開きます 図1 。すでに保存されたライブラリがある場合は一覧でパネル上に表示されています 図2 。ここでは、新たにライブラリを作成して素材を保存してみましょう。CCライブラリパネルで［新規ライブラリを作成］をクリックし 図2 ①、好きな名前をつけて［作成］をクリックします②。

図1 CCライブラリパネルを開く

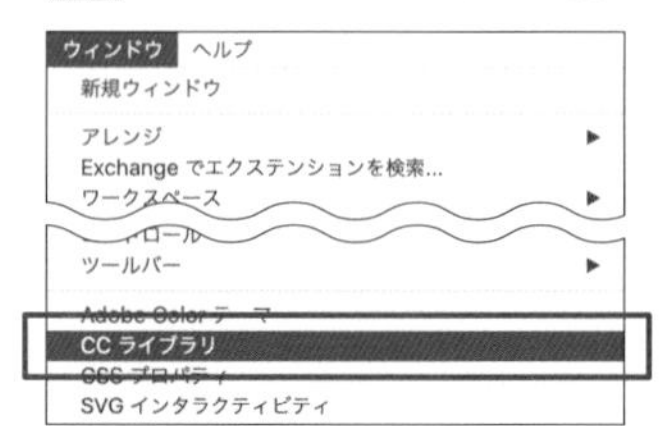

図2 新規のライブラリを作成

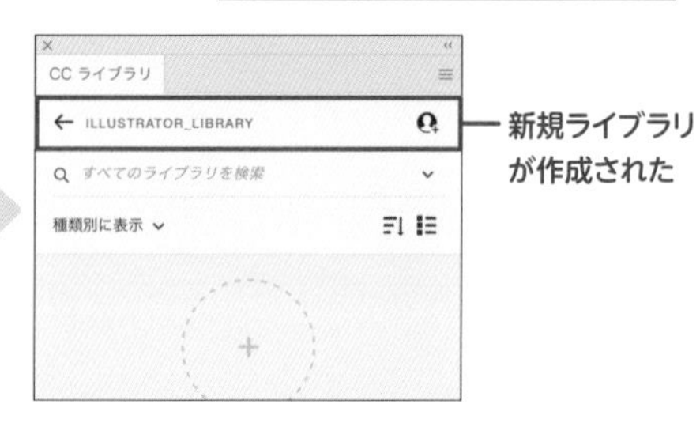

空のライブラリが作成されたら、素材として登録したいイラスト素材を選択し、CCライブラリパネルへ直接ドラッグ&ドロップします 図3 。同じ手順でその他の素材も登録してみましょう。作例では、全部で4つのイラストを登録しました。

図3 CCライブラリパネルにドラッグ&ドロップ

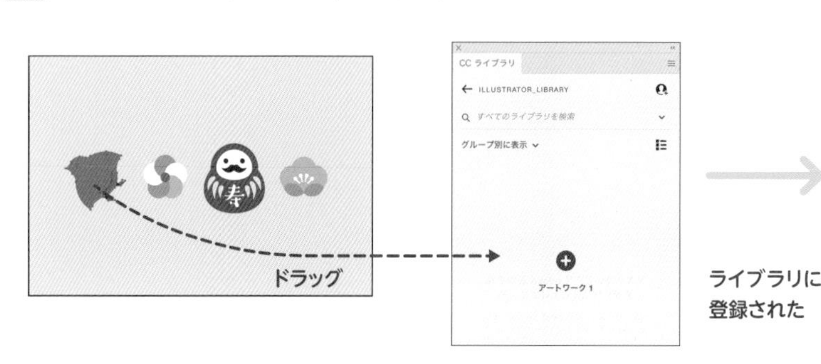

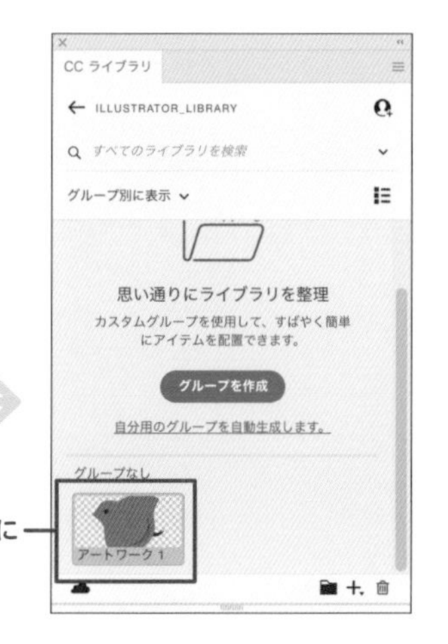

ライブラリ内に複数の素材がある場合は、グループ分けをすると素材が探しやすくなります。[グループを作成] をクリックし、わかりやすい名称をつけましょう。グループはパネル下側の [新規グループを作成] からでも作成可能です 図4 。パネル上の素材をグループ内にドラッグで移動して整理します。

図4 登録した素材をグループにまとめて整理

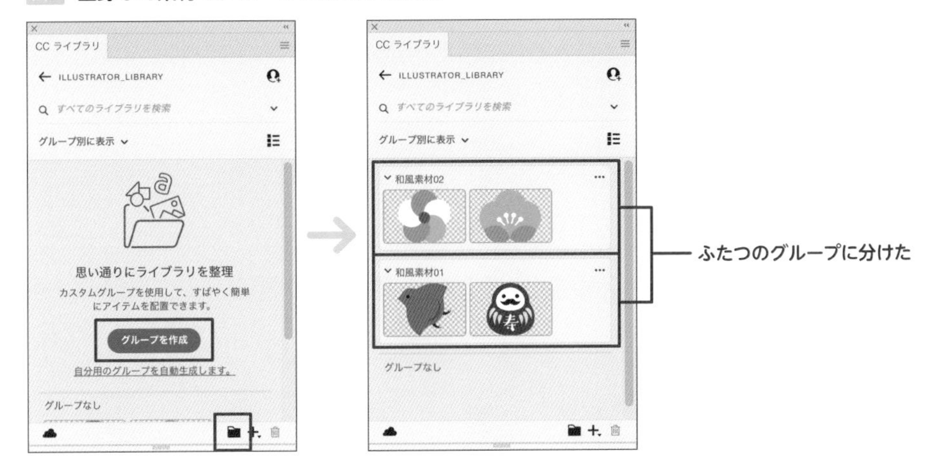

カラーやカラーグループをライブラリに保存する

単色のカラーをライブラリに保存したい場合は、カラーパネルに保存したい色を表示している状態でCCライブラリパネルの [エレメントを追加] をクリックしましょう。[カラー（塗り）] を選択すると保存されます 図5 。

図5 カラーをCCライブラリに登録

Index 用語索引

数字

1行目左(上)インデント …… 93
9スライス …… 213

アルファベット

Adobe Fonts …… 84, 303
CCライブラリ …… 314
CMYK …… 41, 139
em …… 89
GDN …… 268
Illustrator効果 …… 204
PDF/X-4:2008（日本） …… 265
PDFを書き出す …… 265
Photoshop効果 …… 204
.psdファイル …… 258
RGB …… 41, 139
Web制作に必要な設定 …… 268
Web用に保存(従来) …… 274
YDN …… 268

あ行

アートブラシ …… 147, 151
アートボード …… 24
アートボード定規 …… 312
アートボード定規に変更 …… 268
アートボードに整列 …… 76, 250
アートボードに変換 …… 273
アートボードを書き出す …… 271
アウトライン …… 199
アウトラインを作成 …… 229
アキを挿入 …… 90
麻の葉模様 …… 159
アピアランス …… 130
アピアランスパネル …… 130, 204
アピアランスを分割 …… 132, 196, 205
アンカーポイント …… 32
アンカーポイントを表示 …… 27
異体字 …… 118
市松模様 …… 158
インデント …… 93, 298
ウィンドウメニュー …… 22
上付き文字 …… 91
絵筆ブラシ …… 151
エリア内テキスト …… 82, 103
エリア内テキストの連結 …… 124
エリア内文字オプション …… 123
円形グラデーション …… 153
円弧 …… 218, 260
鉛筆ツール …… 50
扇形 …… 68
欧文フォント …… 89
オーバーレイ …… 177
オープンパス …… 32
押し出し・ベベル …… 283
オブジェクトの重なり順 …… 72
オブジェクトの整列 …… 76
オブジェクトの選択 …… 32
オブジェクトの選択(共通項目) …… 278
オブジェクトの分布 …… 77
オブジェクトのロック …… 301
オブジェクトを隠す …… 301
オブジェクトを再配色 …… 179
オブジェクトを編集 …… 223
オプションを表示 …… 21
オプティカル …… 90

か行

カーニング …… 89, 113
回転(変形) …… 262
回転(3D) …… 283
回転体 …… 282
回転ツール …… 62
ガイド …… 306
ガイドを作成 …… 308
隠す …… 301
拡大・縮小ツール …… 62
重なり順 …… 72
画像トレース …… 293
画像の解像度 …… 259
合体 …… 194, 198
角の種類 …… 67
角丸 …… 67
角丸(内側) …… 253
角を拡大・縮小 …… 190
加法混色 …… 41, 139
カラーグループ …… 144
カラーパネル …… 54
カラー分岐点 …… 153
カラー分岐点の不透明度 …… 157
カラーモード …… 41, 139
カラーモデル …… 141
カリグラフィブラシ …… 151
刈り込み …… 198
環境設定 …… 26
カンバス上のオブジェクトを選択してロック解除 …… 302
キーオブジェクトに整列 …… 79
キー入力 …… 268
基準点 …… 189
行送りを設定 …… 89
行揃え …… 93
共通 …… 278
曲線パスを描く …… 185
曲線をつなぐ …… 186
切り抜き …… 199
禁則処理 …… 93
均等配置(最終行左揃え) …… 105
グラデーション …… 152
グラフィックスタイル …… 136
グラフを作成する …… 284
クリッピングマスク …… 220
クリッピングマスクを解除 …… 225
クリップグループ …… 223

グループ化……33
グループ選択ツール……34
クローズパス……32
グローバルカラー……143
減法混色……41, 139
効果の拡張……205
交差……198
合成フォント……239
合流……198
コーナーウィジェット……36, 71, 191, 215
コーナーポイント……71
コーナーやパス先端に破線の先端を整列……60
個別に変形……64, 299
コントロールパネル……23

さ行

サイズバリエーションを作る……272
サイドベアリング……90
サブレイヤー……74
散布ブラシ……151
サンプルテキストを割り付け……27
シアーツール……62
シェイプ形成ツール……291
シェイプに変換……69
ジグザグ……195, 201
字形パネル……117
字下げ……93, 298
下付き文字……91
自動保存……29
定規……310
定規の原点……310
乗算……177
新規アートボード……25
新規線を追加……215
「新規ドキュメント」ダイアログ……16
新規レイヤーの作成……38
シンボルインスタンス……207, 208
シンボルパネル……206
シンボルへのリンクを解除……212
シンボルを登録……206
垂直比率……89
水平比率……89
スウォッチ……142
スウォッチパネル……53, 54, 142
スウォッチライブラリ……145
数字の字形……119
隙間オプション……289
スクリーン……177
スクリーン用に書き出し……271
スターツール……48
スタティックシンボル……207, 212
スナップオプション……268
スマートガイド……46
スレッドテキスト……124
青海波模様……161
制御文字を表示……297
整列パネル……76
セグメント……32
線……53, 128
線形グラデーション……153, 155
選択オブジェクト編集モード……34
選択した文字のトラッキングを設定……89
選択ツール……32
選択範囲に整列……76
線パネル……55, 128
線幅……58
線幅ツール……168, 170
線幅と効果を拡大・縮小……190
線幅ポイント……170
線分と間隔の正確な長さを保持……60
線ボックス……140
前面オブジェクトで型抜き……197, 198
前面へ……73
線路を作る……133

た行

ダイナミックシンボル……212
ダイレクト選択ツール……32
楕円形ツール……45
多角形ツール……48
多角形のプロパティ……68
裁ち落とし……24, 249
縦書き文字……99, 243
縦組み中の欧文回転……91, 111
縦中横……91, 111
タブ……297
単位を変更……28
段組の設定……123
単純化……52
段落前後のアキ……93
段落パネル……92
長方形ツール……45
直線／曲線に切り替える……186
直線ツール……50
直線パスを描く……184
ツールグループ……19
ツールバー……18
突き出しインデント……93
データをパッケージする……263
テキストオブジェクト……31
でこぼこ……216
等幅三分字形……119
透明パネル……173
ドキュメントのカラーモード……139
突出線端……61
トラッキング……89, 116
ドロップシャドウ……203

な行

中マド……198
塗り……53, 128
塗り足し……249

Index

塗りボックス……140

は行

ハーモニーカラーをリンク……181
配置……222
背面オブジェクトで型抜き……199
背面へ……73
バウンディングボックス……32, 36
歯車……71
パスオブジェクト……31
パス上文字ツール……107
パスのオフセット……201, 215, 252
パスの単純化……52
パスの編集……188
パスファインダー……194, 198
破線……59, 61
パターン……158
パターンオプションパネル……159
パターンの開始位置……165
パターンの編集……164
パターンブラシ……146, 151
パッケージ……263
パネル……20
パペットワープツール……230
パンク・膨張……203
ハンドル……36
ピクセルグリッドに整合(コントロールパネル)……47
ピクセルグリッドに整合(プロパティパネル)……271
ピクセルにスナップ……268
描画モード……172, 177
フォント……84
フォントサイズを設定……89
フォントスタイルを設定……88
フォントファミリを設定……88
フォントをアクティベート……86
複合シェイプ……199
複合パス……152
複数のアートボードを作成……25
縁取り文字……132, 236
不透明マスク……226
ブラシツール……50
ブラシの種類……151
ブラシパネル……56, 146
ブラシライブラリ……56
ブラックのアピアランス……30
フリーグラデーション……280
ブレンド……192
フローティングパネル……21
プロパティパネル……20
プロポーショナル……90
プロポーショナルメトリクス……113, 115
分割……198
ペアカーニング……90
ベースラインシフトを設定……91
ベクターイメージ……39
変形……202
変形の繰り返し……276
変形パネル……189
ペンツール……184
ポイントにスナップ……46
ポイント文字……82, 83, 95
方向線……185
ホーム画面……15

ま行

丸型線端……61
メトリクス……90
メニューバー……18
文字回転……91
文字間のカーニングを設定……89
文字組みアキ量設定……120
文字揃え……92
文字タッチツール……232
文字(縦)ツール……99
文字ツール……83
文字ツメ……90
文字に追従するフレーム……134
文字パネル……88
文字へのグラデーション適用……157
文字をアウトライン化……229

や行

約物……90
矢印……58
ユーザーインターフェイスの明るさ……28

ら行

ライブコーナー……37
ライブシェイプ……66
ライブシェイプに変換……69
ライブペイント……287
ラスターイメージ……40
ラスタライズ……177
ラバーバンド……296
ラフ……221
ランダムに変形する……300
リフレクトツール……62
リンクオブジェクト……31
レイヤー……37
レイヤーの重なり順……38
レイヤーの表示/非表示……38, 301
レイヤーのロック……38, 301
ロック(オブジェクト)……301
ロック解除……302

わ行

ワークスペース……16
ワークスペースの切り替え……16
ワークスペースを保存……17
ワープ効果……218
和文等幅……90